工业和信息化普通高等教育“十三五”规划教材立项项目

21世纪高等学校计算机规划教材

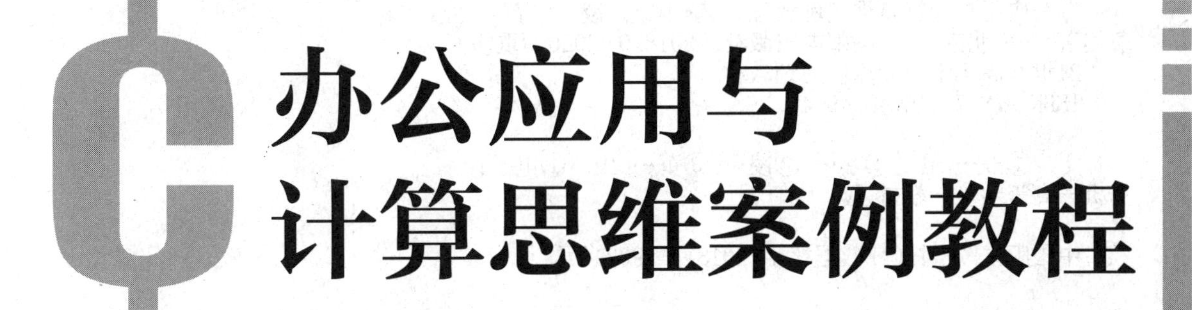

办公应用与计算思维案例教程

Office Application and Computational Thinking Cases Tutorial

李小航 凌云 黄蔚 编著

人民邮电出版社

北京

图书在版编目（CIP）数据

办公应用与计算思维案例教程 / 李小航，凌云，黄蔚编著. -- 北京：人民邮电出版社，2018.9（2020.9重印）
21世纪高等学校计算机规划教材
ISBN 978-7-115-48949-4

Ⅰ. ①办… Ⅱ. ①李… ②凌… ③黄… Ⅲ. ①电子计算机－高等学校－教材 Ⅳ. ①TP3

中国版本图书馆CIP数据核字(2018)第190240号

内 容 提 要

本书以实际案例的形式，介绍了 Microsoft Office 2010 相关软件、大数据技术相关软件的使用方法，以及程序设计的思维方法和编程技巧。

全书共 5 章，包含 33 个应用案例。第 1～3 章为计算机基础知识应用，分别介绍 Windows 7、Word 2010、Excel 2010 的使用方法，包含应用案例 1～10。第 4 章为大数据技术，介绍 Web Scraper、Access、MySQL 及 MongoDB 软件的使用方法，包含应用案例 11～16。第 5 章为计算思维与程序设计，介绍算法流程图绘制方法、程序设计、运行与调试等应用技巧，包含应用案例 17～33。书中案例由浅入深，操作步骤详尽，语言通俗易懂。

本书适合高等院校非计算机专业本科生使用，通过合理选取，也可满足于不同学时的教学要求。

◆ 编　　著　李小航　凌　云　黄　蔚
责任编辑　李　召
责任印制　彭志环
◆ 人民邮电出版社出版发行　　北京市丰台区成寿寺路 11 号
邮编　100164　　电子邮件　315@ptpress.com.cn
网址　http://www.ptpress.com.cn
固安县铭成印刷有限公司印刷
◆ 开本：787×1092　1/16
印张：21.5　　2018 年 9 月第 1 版
字数：565 千字　　2020 年 9 月河北第 3 次印刷

定价：59.80 元

读者服务热线：(010)81055256　印装质量热线：(010)81055316
反盗版热线：(010)81055315

前 言

随着经济社会的快速发展，计算机及相关技术也日新月异，“大数据”“人工智能”等成为时下热点。面对计算机技术的快速发展，高校的计算机普及教育也在与时俱进，不断地探索与改革。大学计算机基础课程主要由理论部分和实践部分构成，理论部分主要介绍计算机软硬件工作原理、网络与信息安全、人工智能、大数据技术，以及计算思维与程序设计等；实践部分主要介绍 Office 系列软件、大数据相关软件的使用方法，以及程序设计的思维方法和编程技巧。

本书为大学计算机基础课程的实践课程编写。全书共 5 章内容：第 1 章 Windows 7 操作系统，通过两个案例介绍 Windows 7 操作系统中的常用操作和技巧，主要是针对计算机基础较薄弱的读者，帮助他们快速掌握计算机的基本使用方法。第 2 章 Word 2010 文字处理软件，通过 3 个案例分别介绍 Word 基本操作、表格设计、长文档排版的操作技巧，帮助读者掌握文字编辑软件的使用方法。第 3 章 Excel 2010 电子表格软件，通过 5 个案例分别介绍 Excel 基本操作、基本计算与数据管理、高级编辑、高级函数、高级数据分析的操作技巧，内容涵盖电子表格的基本和高级操作方法，读者可根据需要选择。第 4 章大数据技术，通过 6 个案例分别介绍网络数据的抓取、Access 数据库、MySQL 数据库及 MongoDB 数据库的使用方法，帮助读者快速掌握数据抓取、数据存储的方法。第 5 章为计算思维与程序设计，通过 17 个案例分别介绍算法流程图绘制方法、程序设计、运行与调试等应用技巧，帮助读者快速入门。

本书的出版得到了江苏省高等教育教改立项研究课题（2017JSJG532）的资助。参与本书编写的有李小航、凌云、黄蔚、沈玮、张志强、熊福松，全书由李小航统稿。本书在编写过程中得到苏州大学计算机科学与技术学院公共基础教学部全体老师的大力支持，在此一并表示衷心的感谢。

虽然本书在编写过程中，力求案例内容由浅入深、新颖实用，操作步骤尽可能详细，语言尽量通俗易懂。但由于编者水平有限，加之时间仓促，书中难免存在不足之处，敬请广大读者和同行批评指正。

编　者

2018 年 5 月

目录

第 1 章 Windows 7 操作系统

1.1 管理文件和文件夹

1.1.1 案例概述

1. 案例目标

使用“Windows 资源管理器”，实现创建、复制、移动、删除、重命名、查找文件和文件夹等操作。

2. 知识点

本案例涉及的主要知识点如下。

（1）新建文件夹；

（2）删除文件及文件夹；

（3）复制文件及文件夹；

（4）移动文件及文件夹；

（5）重命名文件及文件夹；

（6）查找文件及文件夹；

（7）建立快捷方式；

（8）压缩、解压缩文件。

1.1.2 知识点总结

2009 年，微软发布 Windows 7。Windows 7 是微软操作系统一次重大的创新，它有更华丽的视觉效果，在功能、安全性、软硬件的兼容性、个性化、可操作性、功耗等方面都有很大的改进，这些新功能令 Windows 7 成为最易用的 Windows。

1. Windows 7 的桌面

Windows 7 的界面也称“桌面”，包括桌面图标（包括系统图标和快捷图标）、桌面背景、开始按钮、任务栏等，如图 1-1 所示。

（1）桌面图标

桌面图标主要包括系统图标和快捷图标。系统图标是操作系统自带的图标，如“计算机”是、“回收站”是等。可以根据需要添加系统图标。快捷图标是应用程序或者文件（夹）的快速链接，主要特征是图标的左下角有一个小箭头标记，双击图标可以打开相应的应用程序或文件（夹）。桌面图标的操作方法如表 1-1 所示。

图 1-1　Windows 7 的桌面

表 1-1　桌面图标的操作方法

操作	使用方法	概要描述
添加系统图标	快捷菜单	桌面空白处右击鼠标→选择“个性化”命令→打开“个性化”窗口→单击“更改桌面图标”按钮→打开“桌面图标设置”对话框→选中需要添加的图标→单击“确定”按钮
添加快捷图标到桌面	快捷菜单	选中目标文件或者程序→右击鼠标→选择“发送到”，然后选择“桌面快捷方式”命令
改变桌面图标的显示方式	快捷菜单	桌面空白处右击鼠标→选择“查看”或“排列方式”命令，选择相应命令修改桌面图标的显示方式

（2）任务栏和开始菜单

任务栏的组成如表 1-2 所示。

表 1-2　任务栏的组成

成员	概要描述
“开始”按钮和菜单	单击“开始”按钮→打开“开始”菜单。它由固定程序列表、常用程序列表、所有程序、搜索框、系统程序和“关机”选项按钮区组成
快速启动区	存放的是最常用程序的快捷方式。拖曳要添加的应用程序图标到快速启动区，即可将其添加到快速启动区。如果要删除，鼠标指针指向相应图标并右击鼠标，在弹出的快捷菜单中执行“将此程序从任务栏解锁”
任务按钮	显示正在运行的应用程序
语言区	显示当前的输入法。按【Ctrl】+【空格】组合键在中英文之间切换，按【Ctrl】+【Shift】组合键在不同的中文输入法之间切换
系统托盘	通过各种小图标形象地显示计算机软硬件的重要信息

任务栏默认在屏幕底部，可以将任务栏移动到桌面的左侧、右侧或顶部。在任务栏空白处单击鼠标右键，选择“属性”命令，在“任务栏和开始菜单属性”对话框中进行设置。

（3）常用快捷键

常用快捷键如表 1-3 所示。

表 1-3　　常用快捷键组合键

常用快捷键组合键	功能	常用快捷键组合键	功能
【F1】	打开帮助窗口	【F3】	进入搜索状态
【F2】	重命名选中的对象	【F5】	刷新资源管理器窗口
【PrintScreen】	复制当前屏幕图像到剪贴板	【Alt】+【PrintScreen】	复制当前窗口到剪贴板
【Ctrl+Space】	中/英文输入法间切换	【Ctrl】+【Shift】	所有输入法间切换
【Shift+Space】	全角/半角间切换	【Ctrl】+【.】	全角/半角标点转换
【Ctrl】+【A】	选中当前文件夹中的所有对象	【Ctrl】+【C】	将选中的对象复制到剪贴板
【Ctrl】+【V】	从剪贴板上粘贴最近一次剪切或复制的对象	【Ctrl】+【X】	将选中的对象剪切到剪贴板
【Ctrl】+【Z】	撤销最近一次操作	【Ctrl】+【Esc】	打开“开始”菜单
【Win】	打开或关闭“开始”菜单	【Win】+【D】	显示桌面
【Win】+【E】	打开“计算机”窗口	【Win】+【F】	打开“搜索”窗格

2. Windows 资源管理器

借助“Windows 资源管理器”，可以实现创建、复制、移动、删除、重命名、查找文件和文件夹等操作，界面如图 1-2 所示。启动 Windows 资源管理器的方法如表 1-4 所示。

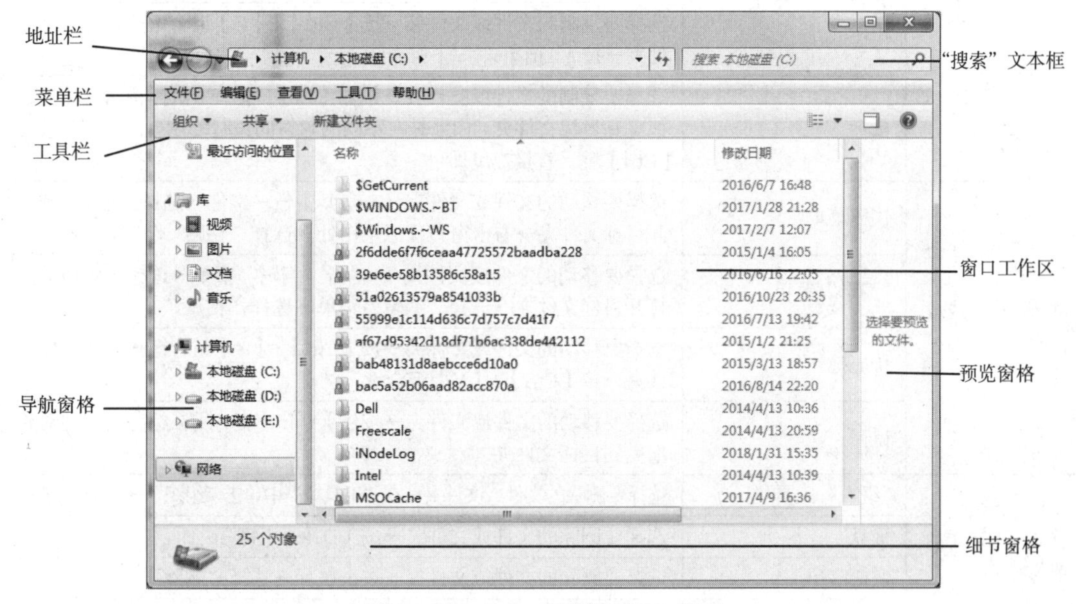

图 1-2 “Windows 资源管理器”界面

表 1-4　　启动“Windows 资源管理器”的方法

操作	使用方法	概要描述
启动“Windows 资源管理器”	快捷菜单	右键单击任务栏上的“开始”图标→选择“打开 Windows 资源管理器”
	图标	双击桌面上的“计算机”图标
	菜单栏	选择“开始”→“所有程序”→“附件”→“Windows 资源管理器”
	组合键	按【Win】+【E】组合键

3. 文件及文件夹的操作

文件（夹）操作方法如表 1-5 所示。

表 1-5 文件（夹）操作方法

操作	使用方法	概要描述
创建文件夹	菜单栏	选择“文件”→“新建”→“文件夹”
	工具栏	单击“新建文件夹”按钮
	快捷菜单	右击资源管理器右窗格空白处→选择“新建”→选择“文件夹”
选定文件或文件夹	选定单个文件（夹）	单击要选定的对象
	选定多个连续的文件（夹）	单击第一个文件或文件夹→按住【Shift】键，再单击最后一个文件或文件夹→松开【Shift】键
	选定多个不连续的文件（夹）	单击第一个文件或文件夹→按住【Ctrl】键，再依次单击要选定的其他文件或文件夹→选取结束后，松开【Ctrl】键
	选定所有文件（夹）	选择“编辑”菜单→“全选”命令，或按【Ctrl】+【A】组合键
	取消选定	窗口空白处单击
复制文件或文件夹	快捷菜单	选择要复制的文件或文件夹→右击其中任一文件→ 选择“复制”→打开目标文件夹→右击窗口任意空白处→选择“粘贴”
	“编辑”菜单	选择要复制的文件或文件夹→ 单击“编辑”菜单→选择“复制”→打开目标文件夹→单击“编辑”菜单→选择“粘贴”
	快捷键	选择要复制的文件或文件夹→按【Ctrl】+【C】组合键→打开目标文件夹→按【Ctrl】+【V】组合键
	鼠标	选择要复制的文件或文件夹→按住【Ctrl】键→用鼠标将选定的对象拖曳到目标文件夹。如果是在不同的盘符间进行复制，则不需要按住【Ctrl】键，直接拖曳即可
移动文件或文件夹	快捷菜单	选择要移动的文件或文件夹→右击其中任一文件→选择“剪切”→打开目标文件夹→右击窗口任意空白处→选择“粘贴”
	“编辑”菜单	选择要移动的文件或文件夹→ 单击“编辑”菜单→选择“剪切”→打开目标文件夹→选择“编辑”菜单→选择“粘贴”
	快捷键	选择要移动的文件或文件夹→按【Ctrl】+【X】组合键→打开目标文件夹→按【Ctrl】+【V】组合键
	鼠标	选择要移动的文件或文件夹→按住【Shift】键，用鼠标将选定的对象拖曳到目标文件夹
临时删除文件或文件夹	“组织”工具栏	选择要删除的文件或文件夹→在“工具栏”中单击“组织”→单击“删除”
	键盘	选择要删除的文件或文件夹→按【Delete】键
	快捷菜单	选择要删除的文件或文件夹→右击鼠标→选择“删除”
	鼠标	直接将要删除的文件或文件夹拖曳至“回收站”
永久删除文件或文件夹	键盘	选择要删除的文件或文件夹→按【Shift】+【Delete】组合键
重命名文件或文件夹	鼠标	选择要重命名的文件或文件夹→再次单击该文件或文件夹，然后输入新的文件名并按【Enter】键
	“组织”工具栏	选择要重命名的文件或文件夹→在“工具栏”中单击“组织”→单击“重命名”→输入新的文件名并按【Enter】键
	快捷菜单	选择要重命名的文件或文件夹→右击鼠标→ 选择“重命名”→输入新的文件名并按【Enter】键

续表

操作	使用方法	概要描述
创建快捷方式	快捷菜单	右击要创建快捷方式的文件或文件夹→选择“创建快捷方式”
查找文件和文件夹	“搜索”文本框	“地址栏”选择要搜索的盘符或文件夹→“搜索”文本框中输入要查找的文件名并按【Enter】键
改变文件的显示方式	“查看”菜单	单击“查看”菜单→选择“超大图标、大图标、中等图标、小图标、列表、详细信息、平铺、内容”中的一种
	工具栏	单击“更改您的视图”
改变文件排序方式	“查看”菜单	单击“查看”菜单→选择“排序方式”命令，然后选择按名称、日期、类型、大小或标记进行递增或递减排序
设置“文件夹选项”属性	“工具”菜单	单击“工具”菜单→选择“文件夹选项”→打开“文件夹选项”对话框→单击“查看”选项卡→在“高级设置”中选中需要项→单击“确定”按钮

4. 压缩和解压缩文件

压缩和解压缩文件的操作方法如表 1-6 所示。

表 1-6　压缩和解压缩文件的操作方法

操作	使用方法	概要描述
WinRAR 的安装	双击鼠标	双击下载后的安装文件→单击“浏览”按钮，选择好安装路径→单击“安装”按钮
压缩文件	单击鼠标右键	选择要压缩的文件或文件夹→右击鼠标，在弹出的快捷菜单中选择相应的压缩类型，如图 1-3 所示。 ● 选择“添加到???.rar”（???表示文件或文件夹名字）表示产生的压缩包文件和原文件名相同，并且保存在同一文件夹中。 ● 选择“添加到压缩文件”，打开“压缩文件名和参数”对话框，如图 1-4 所示。单击“浏览”按钮，选择生成的压缩文件保存在磁盘上的具体位置，在“压缩文件名”文本框中输入压缩包的名字，单击“确定”按钮。需要时，可以单击“设置密码”按钮，在弹出的“输入密码”对话框中输入密码，单击“确定”按钮退出
解压缩文件	单击鼠标右键	选择要解压的压缩包文件→右击鼠标→在快捷菜单中选择“解压文件”→打开“解压路径和选项”对话框，设置各选项后单击“确定”按钮
	双击鼠标	双击压缩文件→单击工具栏中的“解压到”按钮，设置各选项后单击“确定”按钮

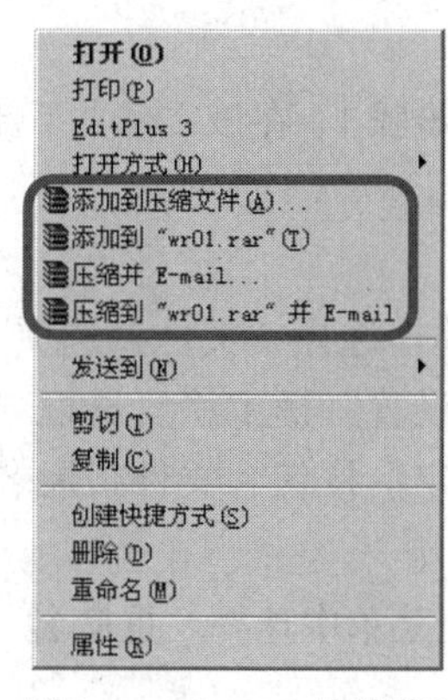

图 1-3　WinRAR 快捷菜单

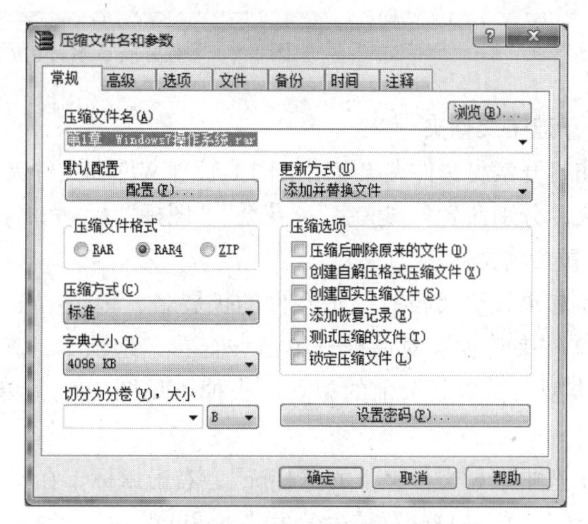

图 1-4　“压缩文件名和参数”对话框

1.1.3 应用案例1：管理文件和文件夹

1. 新建实验文件夹

（1）双击桌面的“计算机”，启动“Windows资源管理器”，双击打开D盘或E盘。

（2）在窗口右窗格空白处右击鼠标，在弹出的快捷菜单中选择“新建”→选择“文件夹”命令，创建一个默认文件名为“新建文件夹”的文件夹。

（3）选中“新建文件夹”名称，输入学号、名称、日期（如1812301001张三2018年9月27日）作为实验文件夹名称，按【Enter】键确认改名。

2. 下载案例素材包，保存到实验文件夹中并解压

（1）打开IE浏览器，输入网址http://sit.suda.edu.cn并按【Enter】键。单击主页上的“教学资源”→“其他资源”，查找超链接“应用案例1-管理文件和文件夹.rar”，选中并单击鼠标左键，在弹出的“文件下载”对话框中，选择保存路径为实验文件夹，单击“下载”按钮。

（2）切换到“Windows 资源管理器”，打开实验文件夹，选择刚下载的压缩包文件，右击鼠标，在弹出的快捷菜单中选择“解压到当前文件夹”，效果如图1-5所示。

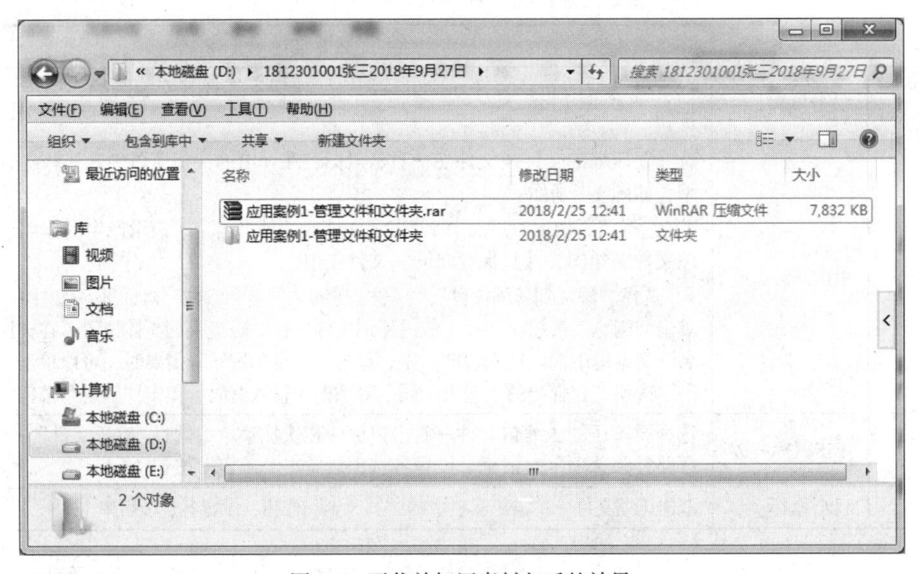

图1-5 下载并解压素材包后的效果

3. 新建子文件夹

双击打开素材文件夹“应用案例1-管理文件和文件夹”，参照步骤1，在该文件夹下新建3个子文件夹，分别命名为“文字”“花朵”“图标”。

4. 重命名文件

（1）如果计算机没有显示文件的扩展名，单击“工具”菜单→选择“文件夹选项”命令，弹出“文件夹选项”对话框→单击“查看”选项卡，在“高级设置”框中将复选框“隐藏已知文件类型的扩展名”前的“√”去掉（见图1-6），单击“确定”按钮，文件扩展名将被显示出来。

（2）选中素材文件夹下的“1.jpg”，右击鼠标，在弹出的快捷菜单中选择“重命名”命令，输入“rose”，将“1.jpg”重命名为“rose.jpg”。

5. 复制文件

（1）以“详细信息”方式显示文件，单击“Windows 资源管理器”右窗格中上方的文字“类型”，将文件按类型排序。

（2）单击排在第一个的“txt”文件，按住【Shift】键，再单击排在最后的“txt”文件，在选中的任意一个文件上右击鼠标，在弹出的快捷菜单中选择“复制”命令（或者按【Ctrl】+【C】组合键）。

（3）打开“文字”文件夹，在空白处右击鼠标，在弹出的快捷菜单中选择“粘贴”命令（或按【Ctrl】+【V】组合键），将素材文件夹下所有扩展名为“txt”的文件复制到“文字”文件夹。

6. 移动文件

（1）选择素材文件夹下所有扩展名为“jpg”的文件，右击鼠标，在弹出的快捷菜单中选择“剪切”命令（或者按【Ctrl】+【X】组合键）。

（2）打开“花朵”文件夹，在空白处右击鼠标，在弹出的快捷菜单中选择“粘贴”命令，将素材文件夹下所有扩展名为“jpg”的文件移动到“花朵”文件夹。

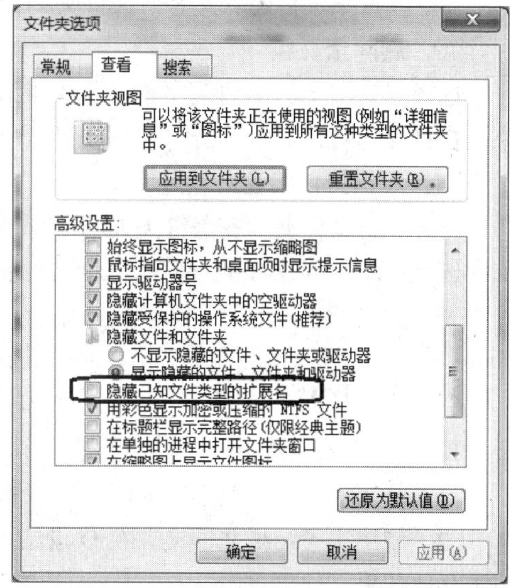

图 1-6 “文件夹选项”对话框

7. 删除文件

选中素材文件夹中的所有“txt”文件，右击鼠标，在弹出的快捷菜单中选择“删除”命令（或者直接按【Delete】键）。

8. 查找及复制 C 盘扩展名为“ico”的两个文件到“图标”文件夹

（1）打开 C 盘，在“搜索”文本框中输入“*.ico”并按【Enter】键，右窗格列出搜索结果（见图 1-7），选择其中两个文件，按【Ctrl】+【C】组合键复制文件。

图 1-7 查找文件

（2）打开“图标”文件夹，按【Ctrl】+【V】组合键完成复制。

9. 创建“文字”文件夹的快捷方式并发送到桌面

（1）选择“文字”文件夹，右击鼠标，在弹出的快捷菜单中选择“创建快捷方式”命令，创建“文字”文件夹的快捷方式，然后把它移到桌面。

（2）选择“文字”文件夹，右击鼠标，在弹出的快捷菜单中选择“发送到”→“桌面快捷方式”命令，在桌面创建“文字”文件夹的快捷方式。

10. 删除素材包

选择“应用案例 1-管理文件和文件夹.rar”，右击鼠标，在弹出的快捷菜单中选择“删除”命令，在打开的对话框中单击“是”按钮。

11. 压缩打包实验文件夹

打开实验文件夹所在盘符（如 D 盘或 E 盘），选择实验文件夹，右击鼠标，在弹出的快捷菜单中选择“添加到???.rar”命令，其中???表示实验文件夹名字，如“1812301001 张三 2018 年 9 月 27 日”。

1.1.4 练习

1. 实验准备工作。

（1）复制素材。从教学辅助网站下载素材文件“练习 1-Windows 练习 1.rar”至本地计算机。

（2）创建实验结果文件夹。在 D 盘或 E 盘上新建一个“Windows 练习 1-实验结果”文件夹，用于存放结果文件。

2. 在“Windows 练习 1-实验结果”文件夹下新建子文件夹“动物”“植物”“下载”。

3. 将下载的素材压缩文件“练习 1-Windows 练习 1.rar”，解压到“Windows 练习 1-实验结果”文件夹，将其中“aa.jpg”重命名为“cat.jpg”。

4. 将素材文件解压，把文件夹中的动物图片移动到“动物”文件夹中。

5. 将素材文件解压，把文件夹中的植物图片复制到“植物”文件夹中。

6. 将“Windows 练习 1-实验结果”文件夹中的植物图片删除，再从回收站恢复，然后再彻底删除。

7. 在 C 盘搜索 calc.exe 的文件，将其复制到“下载”文件夹。

8. 在 C 盘搜索所有第 1 个字母为 n，扩展名为.exe 的文件，将其中最小的两个文件复制到“下载”文件夹。（提示：搜索文本框输入“n*.exe”，将文件显示方式改为按“详细资料”显示，然后单击文字“大小”，按文件大小排序）

9. 创建“动物”文件夹的快捷方式并发送到桌面。

10. 压缩打包“Windows 练习 1-实验结果”文件夹。

1.2 Windows 综合运用

1.2.1 案例概述

1. 案例目标

熟练使用【Alt】+【PrintScreen】组合键截取整个屏幕和当前活动窗口；熟练使用常用的 Windows 附件程序；学会使用控制面板查看和设置计算机。

2. 知识点

本案例涉及的主要知识点如下。

（1）控制面板；
（2）画笔；
（3）写字板；
（4）截图工具；
（5）命令提示符；
（6）【Alt】+【PrintScreen】组合键的使用。

1.2.2　知识点总结

1. 控制面板

控制面板操作方法如表 1-7 所示。

表 1-7　控制面板操作方法

<table>
<tr><th>操作</th><th>使用方法</th><th colspan="2">概要描述</th></tr>
<tr><td rowspan="3">打开“控制面板”</td><td>“开始”菜单</td><td colspan="2">单击“开始”菜单→选择“控制面板”</td></tr>
<tr><td>桌面打开</td><td colspan="2">双击桌面上的“计算机”→单击工具栏中的“打开控制面板”</td></tr>
<tr><td>搜索打开</td><td colspan="2">“开始”菜单→在搜索栏直接输入“控制面板”，弹出选项时选择打开</td></tr>
<tr><td rowspan="10">“控制面板”显示方式</td><td rowspan="8">按“类别”</td><td>系统和安全</td><td>操作中心，Windows 防火墙，系统，Windows Update，电源选项，备份和还原，BitLocker 驱动器加密，管理工具</td></tr>
<tr><td>网络和 Internet</td><td>网络和共享中心，家庭组，Internet 选项</td></tr>
<tr><td>硬件和声音</td><td>设备和打印机，自动播放，电源选项，显示，Windows 移动中心</td></tr>
<tr><td>程序</td><td>程序和功能，默认程序，桌面小工具，自由落体的数据保护</td></tr>
<tr><td>用户账号和家庭安全</td><td>用户账户，家长控制，Windows CardSpace，凭据管理器</td></tr>
<tr><td>外观和个性化</td><td>个性化，显示，桌面小工具，任务栏和开始菜单，轻松访问中心，文件夹选项，字体</td></tr>
<tr><td>时钟、语言和区域</td><td>日期和时间，区域和语言</td></tr>
<tr><td>轻松访问</td><td>轻松访问中心，语音识别</td></tr>
<tr><td>“小图标”</td><td colspan="2">以小图标显示全部项目</td></tr>
<tr><td>“大图标”</td><td colspan="2">以大图标显示全部项目</td></tr>
</table>

2. 附件

常用附件操作方法如表 1-8 所示。

表 1-8　常用附件操作方法

操作	使用方法	概要描述
记事本	单击“开始”菜单→选择“所有程序”→选择“附件”→选择“记事本”	一个简单的纯文本编辑器，可以方便地记录日常事务，默认扩展名是.txt
写字板	单击“开始”菜单→选择“所有程序”→选择“附件”→选择“写字板”	写字板可以对文字进行格式编排，如设置字体、字形、字号、段落缩进、插入图片等，格式可以保存为 txt 格式、rtf 格式、doc 格式

续表

操作	使用方法	概要描述
计算器	单击“开始”菜单→选择“所有程序”→选择“附件”→选择“计算器”	Windows 自带的计算器，有标准型、科学型、程序员和统计信息类型
画图	单击“开始”菜单→选择“所有程序”→选择“附件”→选择“画图”	画图是 Windows 自带的一个绘图软件，可绘制直线、矩形、箭头等简单图形，可以对图片进行剪裁、复制、移动、旋转等操作，同时还提供了工具箱（包括铅笔、颜料桶、刷子、橡皮擦等工具），图片的保存格式可以为 bmp、jpg、png 等。 ● 绘制圆或正方形时，单击“椭圆形”或“矩形”按钮，再按住【Shift】键，单击并拖动鼠标，至合适位置松开鼠标即可。 ● 按【PrintScreen】键，可将整个屏幕复制到剪贴板上 ● 按【Alt】+【PrintScreen】组合键，将当前活动窗口复制到剪贴板上
命令提示符	单击“开始”菜单→选择“所有程序”→选择“附件”→选择“命令提示符”	由于 Windows 2000 及其后系统不支持直接运行 MS-DOS 程序，如果要执行 DOS 命令，可以通过“命令提示符”执行代码
截图工具 Snipping Tool	单击“开始”菜单→选择“所有程序”→选择“附件”→选择“截图工具”	Snipping Tool 是 Windows 7 操作系统自带的截图软件，比大部分截图软件方便、简洁
磁盘清理	单击“开始”菜单→选择“所有程序”→选择“附件”→选择“系统工具”→选择“磁盘清理”	搜索并删除计算机中的临时文件、Internet 缓存文件及其他不需要的文件
磁盘碎片整理程序	单击“开始”菜单→选择“所有程序”→选择“附件”→选择“系统工具”→选择“磁盘碎片整理程序”	对磁盘碎片文件进行搬运整理，以释放更多的磁盘空间和提高磁盘的响应速度

3. IE 浏览器的使用

随着信息技术的迅猛发展，网络应用已经深入人们日常生活的每一个角落。利用 IE 浏览器可以进行网页浏览，不同公司的浏览器窗口外观各有不同，但是大同小异。Internet Explorer 10 界面如图 1-8 所示。IE 浏览器操作方法如表 1-9 所示。

图 1-8 Internet Explorer 10 界面

表 1-9　　IE 浏览器操作方法

操作	使用方法	概要描述
浏览网页	地址栏	在地址栏输入主页地址
保存网页	“工具”按钮	单击“工具”按钮→选择“文件”→选择“另存为”→打开“保存网页”对话框，选择保存类型，输入文件名→单击“保存”按钮
收藏网页	“查看收藏夹”按钮	单击“查看收藏夹”按钮→选择“添加到收藏夹”→打开“添加收藏”对话框，输入名称→单击“添加”按钮
设为主页	“工具”按钮	单击“工具”按钮→选择“Internet 选项”→打开“Internet 选项”对话框，在主页文本框中输入主页网址→单击“确定”按钮
清理浏览记录	“工具”按钮	单击“工具”按钮→选择“Internet 选项”→打开“Internet 选项”对话框，在“浏览历史记录”中设置→单击“确定”按钮

4. 使用 Outlook 收发电子邮件

Microsoft Office Outlook 是微软办公软件套装的组件之一，它对 Windows 自带的 Outlook express 的功能进行了扩充。Outlook 的功能很多，可以用它来收发电子邮件、管理联系人信息、记日记、安排日程、分配任务。Outlook 2010 界面如图 1-9 所示，操作方法如表 1-10 所示。

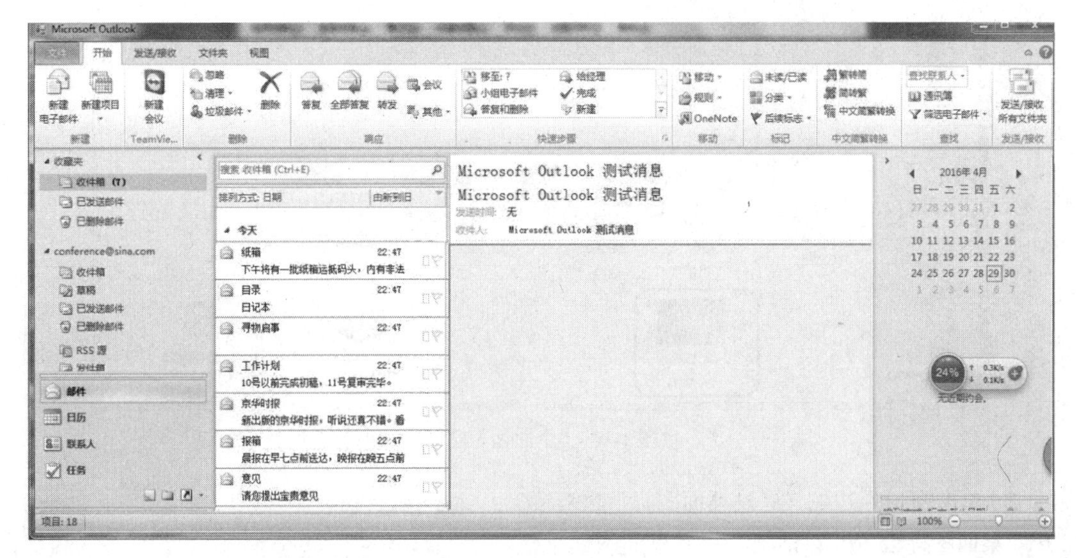

图 1-9　Outlook 2010 界面

表 1-10　　Outlook 2010 操作方法

操作	使用方法	概要描述
收邮件并下载附件	“收件箱”	单击“收件箱”→双击打开邮件→查看邮件内容→选中附件→右击鼠标→选择“另存为”→选择保存位置，输入文件名→单击“保存”按钮
回复邮件	“收件箱”	单击“收件箱”→双击打开要回复的邮件→单击“答复”按钮→在“主题”处输入邮件主题，在“正文”处输入正文内容→单击“发送”按钮
发送邮件	“新建电子邮件”	单击主页面的“新建电子邮件”按钮→弹出“写邮件”对话框→在“收件人”处输入收件人的邮件地址，在“抄送”处输入抄送人的邮件地址，在“主题”处输入邮件主题，单击“附加文件”按钮，选择添加的附件文件，在“正文”处输入正文内容→单击“发送”按钮

1.2.3 应用案例 2：Windows 综合运用

1. 实验准备工作

（1）复制素材。从教学辅助网站下载素材文件“应用案例 2- Windows 综合运用”至本地计算机，并将该压缩文件解压缩。本案例素材均来自该文件夹。

（2）创建实验结果文件夹。在 D 盘或 E 盘上新建一个“Windows 综合运用-实验结果”文件夹，用于存放结果文件。

2. 在桌面添加“控制面板”图标

（1）在桌面空白处右击鼠标，在弹出的快捷菜单中选择“个性化”命令，打开“个性化”窗口，如图 1-10 所示。

图 1-10 “个性化”窗口

（2）单击窗口左边的“更改桌面图标”超链接，打开“桌面图标设置”对话框，将“桌面图标”栏中的“控制面板”选中（见图 1-11），单击“确定”按钮。

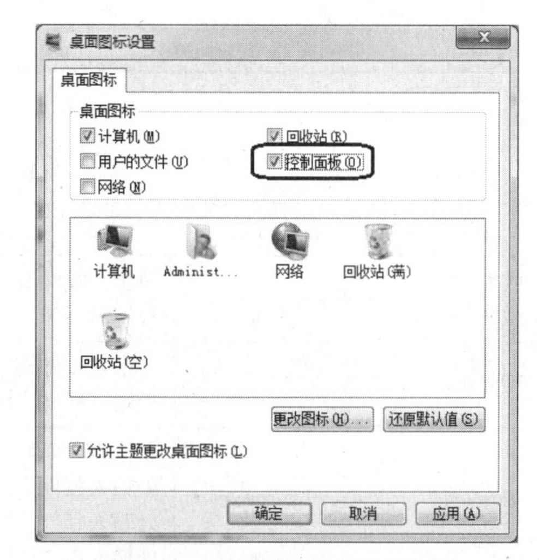

图 1-11 “桌面图标设置”对话框

3. 以“大图标”方式显示桌面图标

在桌面空白处右击鼠标，在弹出的快捷菜单中选择“查看”→选择“大图标”命令。

4. 修改桌面背景

（1）在桌面空白处右击鼠标，在弹出的快捷菜单中选择“个性化”命令，打开“个性化”窗口，如图 1-10 所示。

（2）单击窗口下方的“桌面背景”超链接，打开“桌面背景”对话框，选择“场景”中的第一张图片作为背景图片（见图 1-12），单击“保存修改”按钮。

图 1-12 “桌面背景”窗口

5. 截屏桌面并以位图形式保存为“我的桌面.bmp”

（1）按【Win】+【D】组合键显示桌面，按【PrintScreen】键，将整个屏幕复制到剪贴板上。

（2）启动附件中的“画图”程序，按【Ctrl】+【V】组合键将剪贴板上的内容复制到“画图”中，此时可以看到整个屏幕以图片形式呈现出来。

（3）单击“保存”按钮，弹出“保存为”对话框，保存类型选择“24 位位图”，保存路径为实验文件夹，文件名为“我的桌面.bmp”，单击“保存”按钮将图片保存。

（4）关闭“画图”程序。

6. 截屏“任务管理器”窗口，以位图形式保存到实验文件夹，取名为“我的任务管理器.bmp”

（1）按【Ctrl】+【Alt】+【Delete】组合键，单击屏幕中的“启动任务管理器”按钮，打开“Windows 任务管理器”窗口。

（2）按【Alt】+【PrintScreen】组合键（先按住【Alt】键不放，然后按【PrintScreen】键，最后一起松开）复制当前窗口图片到剪贴板。

（3）启动附件中的“画图”程序，按【Ctrl】+【V】组合键将剪贴板内容复制到画图中，此时可以看到“Windows 任务管理器”窗口以图片形式呈现出来，如图 1-13 所示。

（4）单击“保存”按钮，弹出“保存为”对话框，保存类型选择“24 位位图”，保存路径为实验文件夹，文件名为“我的任务管理器.bmp”，单击“保存”按钮将图片保存。

（5）关闭“画图”程序。

7. 用“写字板”打开案例目录下“我的计算机.rtf”，通过控制面板查看并填写计算机相关信息

（1）单击“开始”菜单→选择“所有程序”→选择“附件”→选择“写字板”，启动“写字板”，打开案例目录下“我的计算机.rtf”。

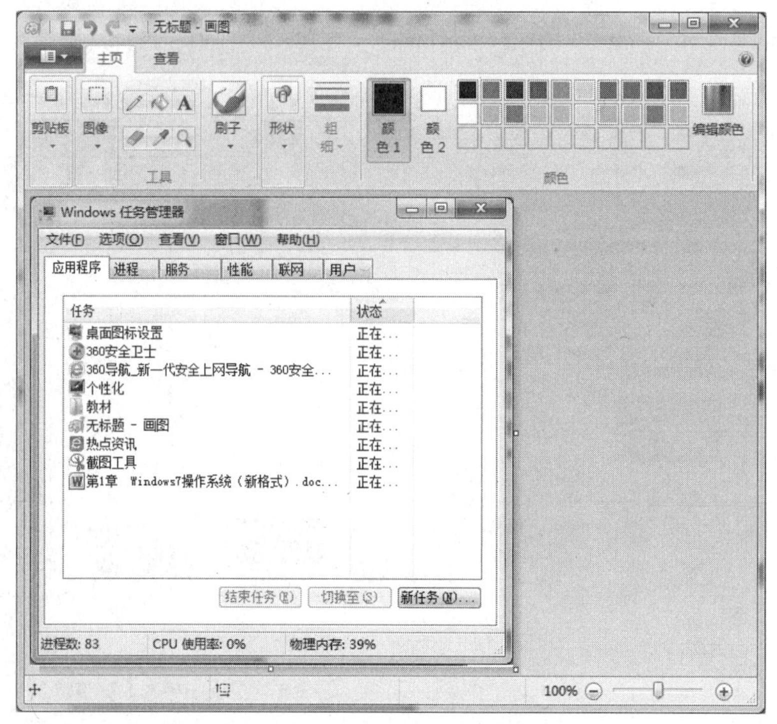

图 1-13　截屏活动窗口

（2）单击“开始”菜单→选择“控制面板”，打开“控制面板”→选择“查看方式”为“小图标”→单击“系统”超链接，打开“系统”窗口。

（3）“系统”窗口中可以查看计算机名、处理器、安装内存等相关信息（见图 1-14），输入到“我的计算机.rtf”相应内容后面。

图 1-14　系统窗口

（4）单击“控制面板”中的“设备管理器”超链接，打开“设备管理器”窗口（见图 1-15），将磁盘驱动器相关信息输入到“我的计算机.rtf”文件中。

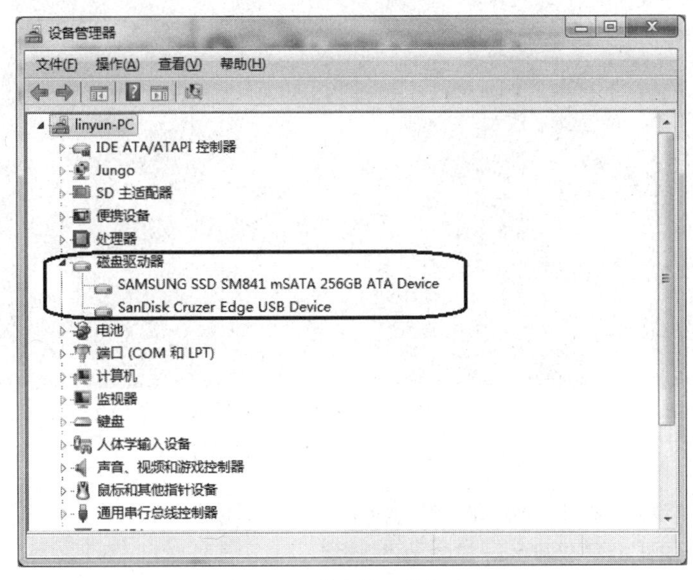

图 1-15 “设备管理器”窗口

（5）在桌面空白处右击鼠标，弹出快捷菜单，选择“屏幕分辨率”命令，打开“屏幕分辨率”窗口（见图 1-16），将当前屏幕分辨率相关信息输入到“我的计算机.rtf”文件中。

图 1-16 “屏幕分辨率”窗口

（6）单击“开始”菜单→选择“所有程序”→选择“附件”→选择“命令提示符”，启动“命令提示符”，输入“ipconfig/all”命令，这条命令是查询本地计算机的网络连接详细情况，包括 IP 子网掩码、网关、MAC 地址等信息，“以太网适配器 本地连接：”中的“物理地址”就是网卡的物理地址，将其输入到“我的计算机.rtf”文件中，如图 1-17 所示。

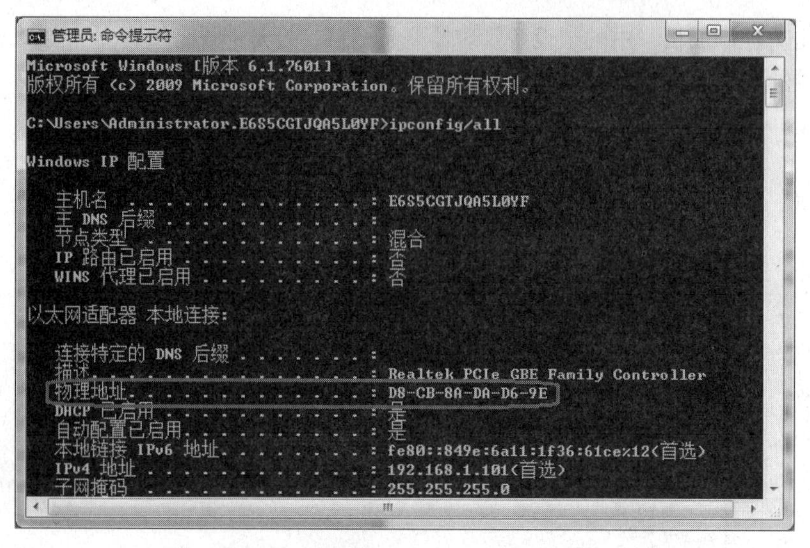

图 1-17 “管理员：命令提示符”对话框

（7）单击“写字板”窗口中的“保存”按钮，保存文件。

8. 参照图 1-18，设置“我的计算机.rtf”格式

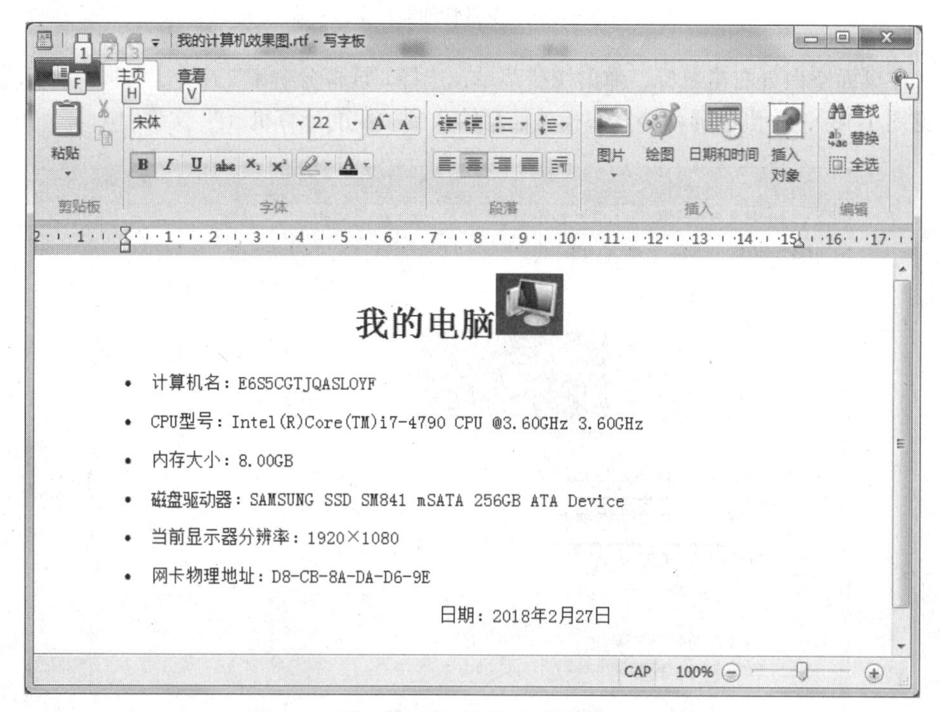

图 1-18 完成后的文档效果

（1）选中标题文字“我的电脑”，使用“主页”选项卡上的相应按钮将文字设为居中、宋体、加粗、22 号；设置正文部分文字为宋体、16 号。

（2）选中正文部分文字，单击“主页”选项卡中的“段落”组中的列表按钮，将正文设置成列表样式；单击行距按钮，选择“1.0”。

（3）使用“截图工具 Snipping Tool”截取桌面上的“计算机”图标，切换到桌面，单击“开始”菜单→选择“所有程序”→选择“附件”→选择“截图工具”，打开“截图工具”窗口，单击“新建”右边的小三角，选择截图类型为“矩形截图”，单击“新建”按钮，桌面变淡，进入截图状态，拖动鼠标选择桌面上的“计算机”图标，截图之后会弹出编辑器窗口，单击“文件”菜单→选择“另存为”，打开“另存为”对话框，保存路径为实验文件夹，“保存类型”为“JPEG文件”，文件名为“计算机图标截图.jpg”，单击“保存”按钮。

（4）切换回“我的计算机.rtf”，将光标定位在“我的电脑”后，单击“主页”选项卡中的“插入”组中的“图片”按钮，插入刚才保存的图片“计算机图标截图.jpg”。

（5）将光标定位在“日期:”后，单击“主页”选项卡中的“插入”组中的“日期和时间”按钮，插入当前计算机的日期，单击“段落”组中的“向右对齐文本”按钮。

（6）保存并关闭“我的计算机.rtf”文件。

9. 使用IE浏览器浏览网页并保存为“文本文件”

（1）启动IE浏览器，在地址栏输入地址http://www.suda.edu.cn，按【Enter】键。

（2）打开页面，单击“工具”按钮，弹出下拉列表，选择“文件”命令，弹出次级列表，选择“另存为”命令，如图1-19所示。

图1-19 选择“另存为”命令

（3）打开“保存网页”对话框，选择保存位置为实验文件夹，保存类型为“文本文件”，在“文件名”框中输入“欢迎访问苏州大学网站txt”，如图1-20所示。

（4）单击“保存”按钮。

10. 将苏州大学网址http://www.suda.edu.cn设为IE浏览器主页

（1）启动IE浏览器，单击“工具”按钮，弹出下拉列表，选择“Internet选项”命令。

（2）打开“Internet选项”对话框，单击“常规”选项卡，在主页框中输入主页网址http://www.suda.edu.cn，如图1-21所示。

（3）单击“确定”按钮。

11. 使用Outlook 2010写邮件

（1）启动Outlook 2010，单击主页面的“新建电子邮件”按钮。

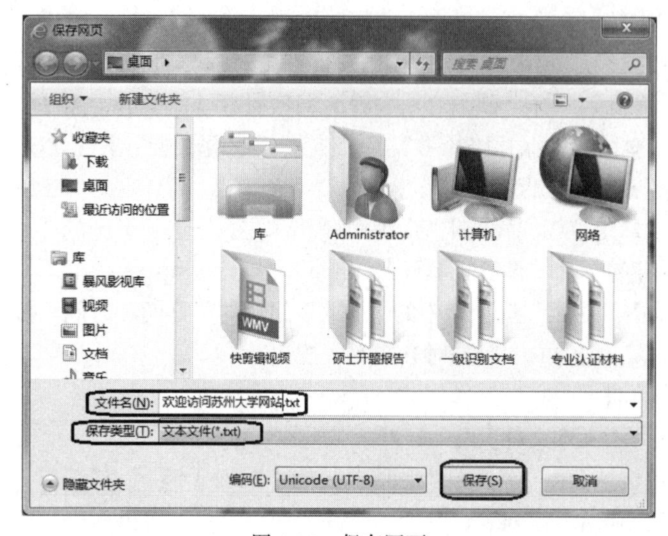

图 1-20　保存网页

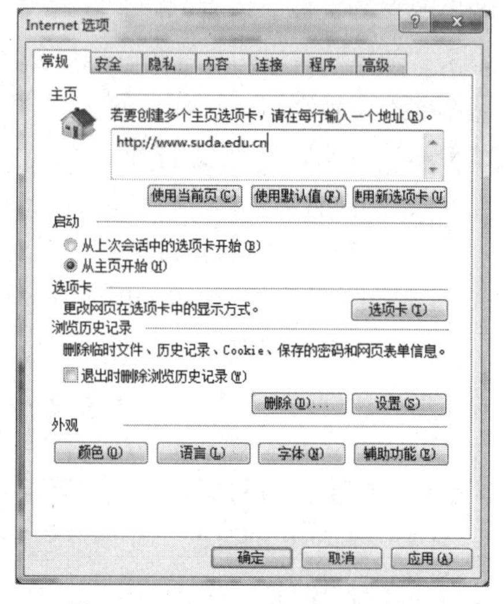

图 1-21　“Internet 选项”对话框

（2）弹出图 1-22 所示的写邮件对话框，在“收件人”文本框中输入收件人的邮件地址“wangling@mail.pchome.com.cn”，在“抄送”文本框中输入抄送人的邮件地址“liuwf@mail.pchome.com.cn”，在“主题”文本框中输入邮件主题“报告生产情况”。

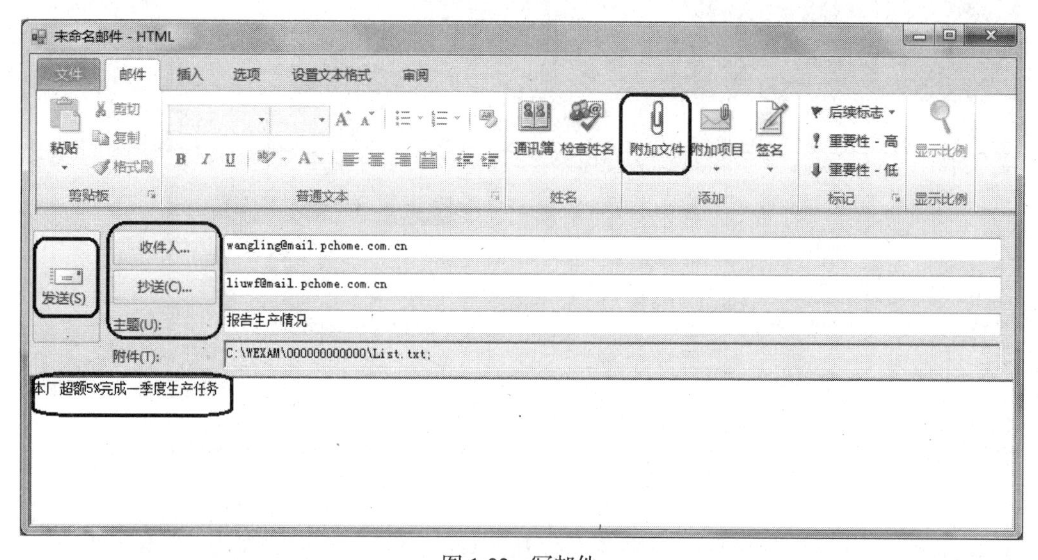

图 1-22　写邮件

（3）单击“附加文件”按钮，选择添加的附件文件“list.txt”，在“正文”处输入正文内容“本厂超额 5%完成一季度生产任务”。

（4）将此屏截屏保存为“写邮件.jpg”，保存在实验文件夹中。

（5）单击“发送”按钮。

1.2.4　练习

1. 实验准备工作。

（1）复制素材。从教学辅助网站下载素材文件“练习 2-Windows 练习 2.rar”至本地计算机，并将该压缩文件解压缩。

（2）创建实验结果文件夹。在 D 盘或 E 盘上新建一个“Windows 练习 2-实验结果”文件夹，用于存放结果文件。

2. 将“网络”图标添加到桌面。

3. 将桌面按“项目类型”排序，大图标显示。

4. 将素材包中“桌面背景.jpg”图片设置为桌面背景。

5. 更改桌面的“计算机”图标（可在列表中任意选择一个图标）。

6. 在桌面创建“计算器”的快捷方式。

7. 将“画图”图标添加到任务栏的快速启动区。

8. 将桌面截屏，保存文件名为“我的桌面.bmp”。

9. 把苏州大学网址 www.suda.edu.cn 设为浏览器主页，并将窗口截屏，保存文件名为“我的浏览器.bmp”。

10. 向陈彤发一个 E-mail，并将文件夹下的一个文本文件 myfile.txt 作为附件一起发出。具体内容如下。

【收件人】linf@bj163.com

【抄送】

【主题】投稿

【函件内容】林编辑，你好，我要发一篇文稿（见附件），请审阅。

第2章 Word 2010 文字处理软件

2.1 Word 文档中的图文混排

2.1.1 案例概述

1. 案例目标

Word 的最主要功能是文档排版，处理文字、图形、图像等多种对象。本案例通过制作一份校园小报，帮助读者掌握 Word 的基本操作，如输入文字、插入图片、设置边框底纹、控制页面布局等基本排版操作。

制作精美的校园小报，可以给校园生活留下一份美好的回忆。小报版面设计会影响读者的阅读兴趣。校园小报应具有自己的独特风格，有较强的青春气息，以生动活泼为主要特点。应灵活运用图文混排手段，将文字与图片混合排列。合理的版式布局能为文档增色不少。

2. 知识点

本案例涉及的主要知识点如下。

（1）文档的创建与保存；

（2）文本的输入与编辑；

（3）字体、段落、页面的格式设置；

（4）分隔符的使用；

（5）插入艺术字和文本框；

（6）插入图片；

（7）绘制图形；

（8）边框和底纹设置；

（9）项目符号和编号；

（10）分栏；

（11）格式刷的使用；

（12）查找和替换；

（13）设置页面背景；

（14）制作水印。

2.1.2　知识点总结

1. Word 的界面组成

启动 Word 2010 后，系统将自动打开一个默认名为“文档 1”的空白文档，工作界面如图 2-1 所示。界面主要由快速访问工具栏、标题栏、功能区、编辑区、功能选项卡和状态栏等部分组成。

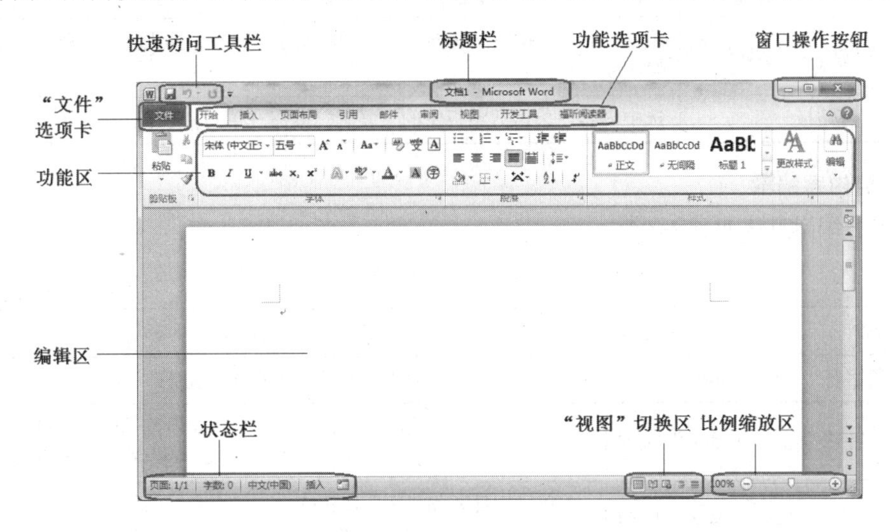

图 2-1　Word 2010 工作界面

2. 文档操作

文档操作方法如表 2-1 所示。

表 2-1　文档操作方法

操作	使用方法	概要描述
新建文档	“文件”选项卡	选择“新建”→选择模板→单击“创建”按钮
	快速访问工具栏	单击“新建”按钮。如果没有该按钮，可添加按钮：单击快速访问工具栏右侧的按钮→“新建”→按钮
	组合键	按【Ctrl】+【N】组合键
打开文档	“文件”选项卡	选择“打开”→“打开”对话框中选择位置和文件名→单击“打开”按钮
	快速访问工具栏	选择“打开”按钮。如果没有该按钮，可添加按钮：单击快速访问工具栏右侧的按钮→“新建”→单击按钮
	组合键	按【Ctrl】+【O】组合键
	资源管理器	双击文件图标。如果双击图标默认打开的是其他程序，设置打开 Word 的方法：右击文件图标→选择“打开方式”→选择“Microsoft Word”
	最近使用的文档	单击“文件”选项卡→选择“最近所用文件”，然后选择文件
保存文档	“文件”选项卡	选择“保存”。 选择“另存为...”（或文件从未保存过）→“另保存”对话框中选择文件存放的位置，输入文件名→单击“保存”按钮
	快速访问工具栏	单击“保存”按钮
	组合键	按【Ctrl】+【S】组合键

续表

操作	使用方法	概要描述
关闭文档	“文件”选项卡	选择“关闭”或选择“退出”。两者的区别是“关闭”只关闭一个文档，“退出”则关闭所有文件并退出 Word 软件
	文档窗口标题栏	单击“关闭”按钮
合并文档	“插入”选项卡	单击“对象”按钮→选择“文件中的文字”→在“插入文件”对话框中选取需要的文件
	剪贴板	选中内容→单击剪贴板中的“复制”按钮→单击剪贴板中的“粘贴”按钮

3. 文档内容编辑

文档内容编辑方法如表 2-2 所示。

表 2-2　文档内容编辑方法

操作		使用方法	概要描述
输入文本	普通字符	键盘	光标定位到插入点，直接用键盘输入文字
	插入特殊符号	“插入”选项卡	单击“符号”按钮→选择所需符号。如果符号列表中没有需要的符号，可单击“其他符号”→在“符号”对话框中选择更多符号
	插入日期和时间	“插入”选项卡	单击“日期和时间”按钮→在“日期和时间”对话框中选择一种格式→单击“确定”按钮
	插入与改写状态切换	键盘	按【Insert】键
移动文本		鼠标拖曳	选定文本→直接拖曳至目标位置
		“开始”选项卡	选定文本→单击“剪切”按钮→光标定位到目标位置→单击“粘贴”按钮
		快捷菜单	鼠标右击选定的文本→选择“剪切”→光标定位到目标位置→鼠标右击→选择“粘贴”
		快捷键	选定文本→按【Ctrl】+【X】组合键→光标定位到目标位置→按【Ctrl】+【V】组合键
复制文本		鼠标拖曳	选定文本→按住【Ctrl】拖曳至目标位置
		“开始”选项卡	选定文本→单击“复制”按钮→光标定位到目标位置→单击“粘贴”按钮
		快捷菜单	鼠标右击选定的文本→选择“复制”→光标定位到目标位置→鼠标右击→选择“粘贴”
		快捷键	选定文本→按【Ctrl】+【C】组合键→光标定位到目标位置→按【Ctrl】+【V】组合键
粘贴功能		“开始”选项卡	单击“剪贴板”组中的“粘贴”按钮（粘贴选项取决于复制或剪切的内容）
		快捷菜单	在粘贴位置右击鼠标（快捷菜单根据剪贴板的内容有不同的粘贴选项）
		“选择性粘贴”对话框	两种粘贴方式的区别如下。 ● 粘贴：被粘贴内容嵌入当前文档后立即断开与源文件的联系。 ● 粘贴链接：被粘贴内容嵌入当前文档的同时仍保持与源文件的联系

续表

操作		使用方法	概要描述
撤销		快速工具栏	单击“撤销”按钮（如果要撤销多步，可单击撤销按钮右侧的）
恢复与重做		快速工具栏	“重复/恢复”按钮会随当前操作状态的不同而自动变换。 ● “重复”按钮重复做最后执行的操作。 ● “恢复”按钮恢复最近一次撤销的操作
查找	简单查找	“开始”选项卡	单击“查找”按钮→“导航”窗格→在“搜索文档”文本框中输入需查找的字或词
	高级查找	“查找和替换”对话框	单击“查找”按钮右侧的→“高级查找”→在“查找和替换”对话框中单击“更多”按钮。 单击“格式”按钮可对查找的文字限定字体、字号、颜色等格式。 单击“不限定格式”按钮可取消已设好的查找格式
替换	简单替换	“开始”选项卡	单击“替换”按钮→在“查找和替换”对话框中单击“替换”选项卡→在相应文本框中输入字或词
	高级替换	“查找和替换”对话框	单击“更多”按钮，可设置搜索选项
定位		键盘	按【↑】、【↓】、【←】、【→】方向键
		鼠标	单击插入点
		“查找和替换”对话框	单击“查找”按钮右侧的→选择“转到”→单击“查找和替换”对话框的“定位”选项卡→选择定位目标

4. 格式设置

常用格式设置方法如表 2-3 所示。

表 2-3　常用格式设置方法

操作		使用方法	概要描述
字符格式	设置字体、字号、颜色等属性	“开始”选项卡	单击“字体”组的按钮，如字体、字号、颜色等
		“字体”对话框	单击“字体”组右下角的或者鼠标右击选中的文本→选择“字体”→单击打开的对话框中的“字体”选项卡
	设置字符缩放、间距和位置	“字体”对话框	单击“高级”选项卡，可设置以下选项。 ● 缩放：用于按文字当前尺寸的百分比横向扩展或压缩文字。 ● 间距：用于加大或缩小字符间的距离。 ● 位置：用于将文字相对于基准点提高或降低指定的磅值
	设置文本效果	“开始”选项卡	单击“字体”组中的“文本效果”按钮，在下拉列表中进行相关设置
段落格式	设置对齐方式	“开始”选项卡	单击对齐按钮
		“段落”对话框	单击“段落”组右下角的→打开“段落”对话框→单击“缩进和间距”选项卡
	设置缩进方式	标尺	拖动滑块调整缩进量。 ● 的上部是悬挂缩进滑块，下部是左缩进滑块。 ● 是首行缩进滑块。 ● 是右缩进滑块
		“段落”对话框	在“缩进和间距”选项卡中设置

续表

操作		使用方法	概要描述
段落格式	设置行间距	“开始”选项卡	单击“行距”按钮
		“段落”对话框	在“缩进和间距”选项卡中设置
	设置段落的换行和分页控制	“段落”对话框	在“换行和分页”选项卡中选中需要的选项。 ● 孤行控制：使段落最后一行文本不单独显示在下一页的顶部，或者段落首行文本不单独显示在上一页的底部。 ● 段中不分页：防止在选定段落中产生分页。 ● 与下段同页：防止在选定段落与其后继段落之间产生分页。 ● 段前分页：在段落前插入分页符
	设置中文版式	“段落”对话框	在“中文版式”选项卡中设置
首字下沉		“插入”选项卡	光标定位→单击“首字下沉”按钮→选择下沉方式
		“首字下沉”对话框	选择“首字下沉”下拉菜单中的“首字下沉选项”
项目符号	使用默认项目符号	“开始”选项卡	单击“项目符号”按钮
	选择项目符号	“开始”选项卡	单击“项目符号”按钮右侧的，在“项目符号库”中选择合适的符号
	定义新项目符号	“定义新项目符号”对话框	选择“定义新项目符号”命令→在“定义新项目符号”对话框中选择合适的符号或图片，同时可以设置项目符号的字体、对齐方式等属性
编号	使用默认编号	“开始”选项卡	单击“编号”按钮
	选择编号形式	“开始”选项卡	单击“编号”按钮右侧的，在“编号库”中选择编号形式
	定义新编号格式	“定义新编号格式”对话框	选择“定义新编号格式”命令→在“定义新编号格式”对话框中设置编号样式、编号格式、对齐方式、字体等属性
多级列表	输入内容时创建多级编号	“开始”选项卡	单击“多级编号”按钮→选择需要的编号。 输完某一级编号的内容后：按【Enter】键进入同级的下一个编号；按【Tab】键降为下一级编号；按【Shift】+【Tab】组合键返回上一级编号
	定义新的多级编号形式	“定义新多级列表”对话框	选择“定义新的多级列表”命令→在“定义新多级列表”对话框中指定编号的格式、样式、对齐方式、缩进量等属性
边框和底纹	设置段落边框	“开始”选项卡	选中段落→单击“边框”按钮（该按钮随上次所做选择的不同而变化）
		“边框和底纹”对话框	选中段落→单击“边框”按钮右侧的→选择“边框和底纹”→打开“边框和底纹”对话框→在“边框”选项卡中选择边框类型，框线的线型、颜色、粗细等→选择“应用于”段落
	设置字符边框	“开始”选项卡	选中文字→单击“字符边框”按钮
		“开始”选项卡	选中文字→单击“边框”按钮（该按钮随上次所做选择的不同而变化）
		“边框和底纹”对话框	选中文字→单击“边框”按钮右侧的→“边框和底纹”→打开“边框和底纹”对话框→在“边框”选项卡中选择边框类型，框线的线型、颜色、粗细等→选择“应用于”文字

续表

操作		使用方法	概要描述
边框和底纹	设置页面边框	“页面布局”选项卡	单击“页面边框”按钮
		“边框和底纹”对话框	在“页面边框”选项卡中设置
	设置底纹	“开始”选项卡	选中文字或段落→单击“底纹”按钮（该按钮随上次选择颜色的不同而变化）
		“边框和底纹”对话框	在“底纹”选项卡中设置。 ● “填充”用于设置底纹颜色。 ● “图案”用于设置不同深浅比例的纯色或带图案底纹
分栏		“页面布局”选项卡	单击“分栏”按钮→选择分栏方式
		“分栏”对话框	选择“更多分栏”→在“分栏”对话框中指定栏数、栏宽、栏间距及分隔线等
复制格式		“开始”选项卡	选定源文本→单击或双击“格式刷”按钮→选定目标文本。 ● 单击“格式刷”只复制一次。 ● 双击“格式刷”可以复制多次，停止复制格式则再次单击“格式刷”按钮
页面设置		“页面布局”选项卡	单击“页面设置”组中的按钮
		“页面设置”对话框	单击“页面设置”组右下角的→在打开的“页面设置”对话框中可设置“页边距”“纸张”“版式”“文档网格”
页面背景		“页面布局”选项卡	单击“页面颜色”按钮，在下拉颜色面板中选择预置的颜色。 ● 选择“其他颜色”可以指定标准色或自定义颜色。 ● 选择“填充效果”可以为页面指定渐变色、纹理、图案和图片等
插入分隔符	分页符	“插入”选项卡	单击“分页”按钮
		“页面布局”选项卡	单击“分隔符”按钮→在“分页符”中选择
	分节符	“页面布局”选项卡	单击“分隔符”按钮→在“分节符”中选择（默认一个文档为一节，当需要在同一文档不同部分有不同的页面设置时，必须插入分节符将文档分成多个节）
添加水印	使用内置水印	“页面布局”选项卡	单击“水印”按钮→选择水印样式。水印是 Word 文档中的半透明标志，如“机密”“严禁复制”等文字
	自定义水印	“水印”对话框	单击“水印”按钮，选择“自定义水印”命令→在“水印”对话框中设置水印的文字内容和字体格式，或者指定图片作为水印

5. 图文混排

图文混排基本操作方法如表 2-4 所示。

表 2-4　　图文混排基本操作方法

操作		使用方法	概要描述
插入图片	剪贴画	“插入”选项卡	光标定位到插入点→单击“剪贴画”按钮→在“剪贴画”窗格中输入搜索关键词并按【Enter】键→单击搜索到的剪贴画
	来自文件的图片	“插入图片”对话框	单击“插入”选项卡中的“图片”按钮→在“插入图片”对话框中设置文件搜索路径→选中搜索到的文件→单击“插入”按钮
设置图片格式	调整图片大小	鼠标拖曳	选定图片→拖曳任意一个控点，若按住【Ctrl】键拖曳控点，则以中心点成比例缩放
		图片工具	“格式”选项卡→单击“高度”或“宽度”框右侧的↕
		快捷菜单	选择“大小和位置”→在“布局”对话框中调节图片的高度和宽度
	设置环绕方式	图片工具	单击“自动换行”按钮→选择环绕方式
		“布局”对话框	单击“自动换行”按钮→选择“其他布局选项”→打开“布局”对话框→在“文字环绕”选项卡中选择合适的环绕方式
文本框	插入文本框	“插入”选项卡	单击“文本框”按钮→拖出一个矩形。文本框中插入的图片只能是嵌入式的，无法跟文本框中的文字进行图文混排
	转换横排与竖排文本框	“页面布局”选项卡	选中文本框，单击“文字方向”按钮
	设置框内文字的边距	快捷菜单	右击文本框→选择“设置形状格式”→打开“设置形状格式”对话框→在“文本框”选项中可以设置内部边距
艺术字	插入艺术字	“开始”选项卡	插入文本框→输入文字→单击“文本效果”按钮→选择文字样式。Word 2010 版中的艺术字退化成文本框，可以与正文文字一样进行变形、填充、加阴影和发光效果
		“插入”选项卡	单击“艺术字”按钮→选择“艺术字样式”→删除“请在此放置您的文字”后输入文字
	修改艺术字格式	“开始”选项卡	使用“字体”组中的各个按钮
			使用“文本效果”中的样式和命令
		绘图工具	使用“艺术字样式”组中的各个按钮
绘制图形	绘制自选图形	“插入”选项卡	单击“形状”按钮→选择形状→拖动鼠标可创建自选图形。拖动鼠标时按住【Shift】键建立的是规则图形，如正圆、正方形等
	图形中插入文字	快捷菜单	右击图形→选择“添加文本”→输入文字
	选定图形对象	鼠标加键盘	● 选定单个对象：鼠标单击对象。 ● 选定多个对象：按住【Shift】或【Ctrl】键分别单击对象。 如果要选定的对象被其他对象遮挡了，可单击任意一个对象后按【Tab】键或【Shift】+【Tab】组合键，按照创建对象的次序正向或反向依次切换对象，直到找到所需对象
	改变叠放次序	绘图工具或快捷菜单	选定对象→单击或选择“上移一层”或“下移一层”
	组合对象	绘图工具或快捷菜单	选中多个对象→“组合”。“取消组合”命令可以取消已经组合在一起的图形关系
	设置图形格式	绘图工具	使用“形状样式”组中的“形状填充”和“形状轮廓”按钮可设置图形的填充颜色和边框线

2.1.3　应用案例 3：校园小报

1. 案例效果图

本案例完成一份校园小报。小报的首页是校园风光，精美的图片配上抒情的文字，美好的校园生活扑面而来；次页转载了一篇人民日报的报道，文中对苏州大学等地方高校的发展予以了肯定。小报完成后的效果如图 2-2 所示。

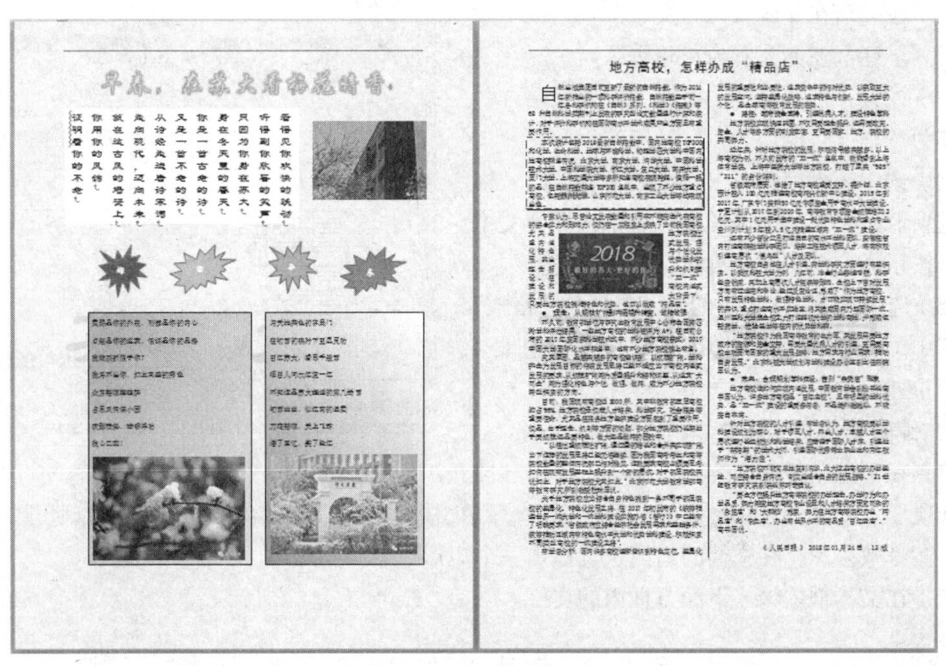

图 2-2　小报设计效果图

2. 实验准备工作

（1）复制素材。从教学辅助网站下载素材文件“应用案例 3-校园小报.rar”至本地计算机，并将该压缩文件解压缩。本案例素材均来自该文件夹。

（2）创建实验结果文件夹。在 D 盘或 E 盘上新建一个“校园小报-实验结果”文件夹，用于存放结果文件。

3. 新建文档并保存

（1）启动 Word 2010，新建一个空白文档。

（2）单击快速访问工具栏中的“保存”按钮，打开“另存为”对话框。

（3）选择保存位置为“校园小报-实验结果”文件夹，文件名为“校园小报”，保存类型为“Word 文档（*.docx）”。单击“保存”按钮。

4. 页面设置

（1）单击“页面布局”选项卡“页面设置”组右下角的按钮，打开“页面设置”对话框。

（2）单击“纸张”选项卡，将宽度设为“30 厘米”，高度设为“40 厘米”，如图 2-3 所示。单击“确定”按钮，完成页面设置。

5. 为小报增加一页

（1）单击“插入”选项卡“页”组中的“分页”按钮，也可以单击“页面布局”选项卡中的“分隔符”。

（2）返回第一页。

6. 制作第 1 个标题

（1）单击“插入”选项卡“文本”组中的“艺术字”按钮，在下拉列表中选择第 2 行第 2 列的艺术字类型。

（2）在“请在此放置您的文字”输入框中输入文字“早春，在苏大看梅花暗香”。

（3）设置文字“早春，在苏大看梅花暗香”的字体为“华文行楷”，字号为“48”。

（4）选中艺术字，单击“绘图工具”的“格式”选项卡，在“艺术字样式”组中选择“文本填充”按钮，单击“标准色”中的黄色。

（5）选中艺术字，在“绘图工具”的“格式”选项卡中，单击“排列”组中的“对齐”按钮，选择下拉列表中的“左右居中”。

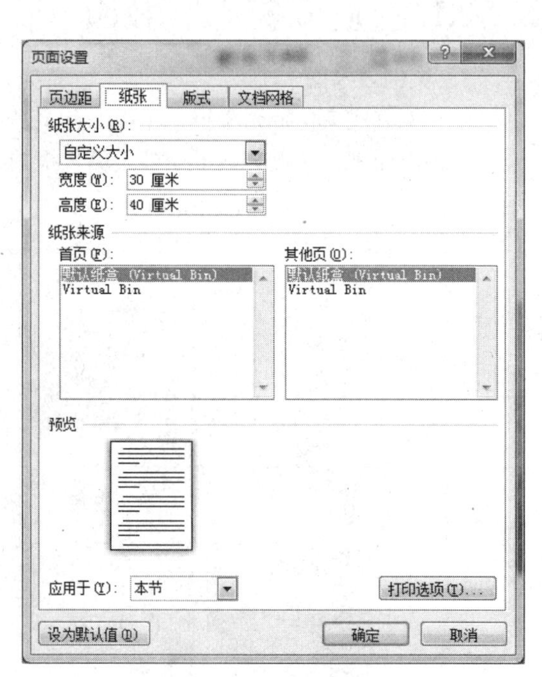

图 2-3 页面设置

7. 编辑第 1 个竖排文本框

（1）在不选中任何内容的情况下，单击“插入”选项卡“文本”组中的“文本框”按钮，在“文本框”下拉菜单中选择“绘制竖排文本框”命令，参考效果图，在文档的适当位置拖出一个矩形。

（2）在文本框中输入下面方框内的文字。

看得见你欢快的跃动
听得到你欣喜的笑声
只因为你身在苏大
身在冬天里的春天
你是一首古老的诗
又是一首不老的诗
从诗经走进唐诗宋词
走向现代，迈向未来
就在这古风的墙壁上
你用你的风韵
证明着你的不老

（3）选中文本框中的文字，设置字体为“隶书”，颜色为“黑色”，字号为“二号”。

（4）选中文本框中的全部段落，单击“开始”选项卡中的行距按钮，选择行距为“2.5”，如图 2-4 所示。

（5）选中文本框，在“绘图工具”的“格式”选项卡中，单击“形状样式”组右下角的按钮，弹出“设置形状格式”对话框，左侧单击“线条颜色”选项，右侧选中“无线条”单选按钮，如图 2-5 所示。单击“关闭”按钮。

8. 在文本框右侧插入图片

（1）不选中文本框，将光标定位在文本框外，单击“插入”选项卡中的“图片”按钮，插入素材文件夹中的“图书馆.PNG”文件。

（2）单击插入的图片，在“图片工具”的“格式”选项卡中，修改“大小”组中的高度为“5 厘米”。

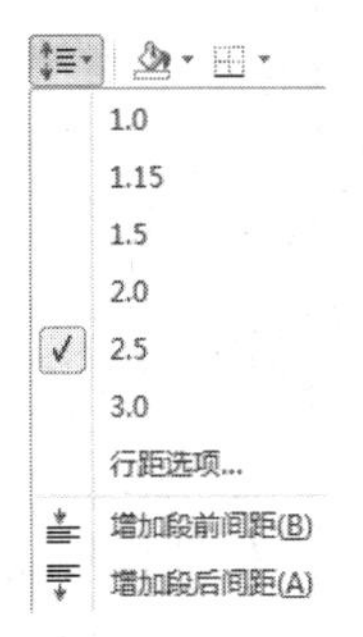

图 2-4　设置行距

图 2-5　设置文本框的线条颜色

（3）选中图片，在“图片工具”的“格式”选项卡中，单击“位置”按钮，在下拉菜单中选择“其他布局选项”，打开“布局”对话框，在“文字环绕”选项卡中选择“四周型”，单击“确定”按钮。

（4）参考效果图，将图片拖曳至适当位置。

9. 制作第 2 个标题

（1）参考效果图，在适当位置插入第 1 个自选图形。方法是单击“插入”选项卡中的“形状”按钮，选择“星与旗帜”中的“爆炸形 1”自选图形。

（2）继续插入第 2 个自选图形“爆炸形 2”。

（3）同时选中两个自选图形（方法是按住【Ctrl】键分别单击两个自选图形）。

（4）复制并粘贴选中的两个自选图形。

（5）参考效果图，合理调整 4 个自选图形的位置。

（6）右击第 1 个自选图形，选择快捷菜单中的“添加文字”，在自选图形中输入“梅”，并设置格式为楷体、三号、加粗。

（7）分别为第 2、3、4 个自选图形添加“雪”“争”“春”。

（8）用格式刷把第 1 个自选图形中的字体格式复制给第 2、3、4 个自选图形。

（9）选中自选图形，单击“绘图工具”中的“格式”选项卡，在“形状样式”组中单击“形状填充”按钮，分别把第 1、2、3、4 个自选图形的填充色设置为“红”“橙”“浅绿”和“浅蓝”。

10. 编辑第 2 个文本框

（1）参考效果图，在文档的适当位置插入一个横排文本框。

（2）光标定位在第 2 个文本框中，单击“插入”选项卡中的“对象”按钮右侧的▾，选择下拉菜单中的“文件中的文字”命令，弹出“插入文件”对话框，切换文件类型为“所有文件（*.*）”，选择素材文件夹中的“雪梅.txt”，在“文件转换”对话框中将“Windows（默认）”的文本编码选择为“简体中文（GB2312）”后，单击“确认”按钮。

（3）设置插入的文本字号为“四号”。

（4）在插入的文字后面，插入素材文件夹中的图片“雪梅.PNG”。

（5）选中文本框，单击“绘图工具”的“格式”选项卡，在“形状样式”组中单击“形状填充”按钮右侧的▾，选择“渐变”中第 1 行第 1 列效果，如图 2-6 所示。

11. 编辑第 3 个文本框

（1）参考效果图，在文档的适当位置插入一个横排文本框。

（2）光标定位到第 3 个文本框中，插入素材文件夹中的“东吴雪景.txt”中的文字，并设置字号为“四号”。

（3）在第 3 个文本框的最后插入素材文件夹中的图片“东吴雪景.PNG”。

（4）设置第 3 个文本框的填充色为第 3 行第 1 列的渐变效果。

12. 在第 2 页转载人民日报报道

（1）光标定位到第 2 页的段落中，插入素材文件夹中的“人民日报报道.txt”中的文字。

（2）添加标题。光标定位到正文之前，按【Enter】键在正文前插入一个空行。

（3）在空行上输入标题——地方高校，怎样办成“精品店”。

（4）选中标题，设置其格式为黑体、小一号、居中对齐。

（5）单击“开始”选项卡中“段落”组右下角的◲，打开“段落”对话框，在“缩进和间距”选项卡中设置标题的段前、段后间距均为“0.5 行”。

（6）除标题文字外，所有正文文本均设为“宋体”“小四”，首行缩进 2 字符，固定行距 16 磅。

（7）将光标定位到正文第 1 段，单击“插入”选项卡“文本”组的“首字下沉”按钮，在下拉列表中选择“首字下沉选项”命令，弹出“首字下沉”对话框，如图 2-7 所示。选择“下沉”，设置“下沉行数”为 2，单击“确定”按钮。

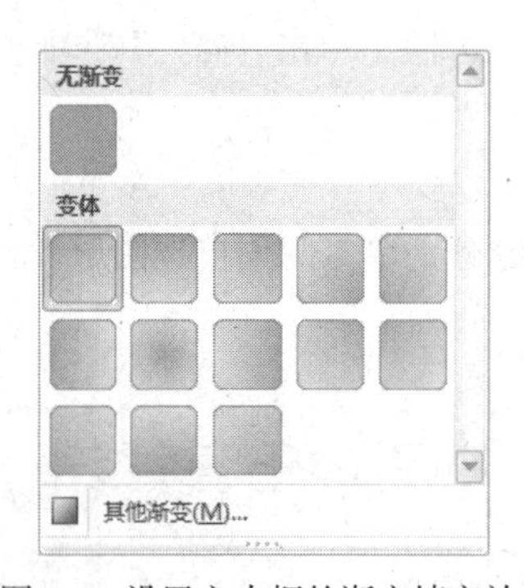

图 2-6 设置文本框的渐变填充效果

图 2-7 设置首字下沉

（8）选中第 4 段“理念：从规模扩张到内涵提升转变，做精做强”，设置字体为“黑体”，并单击“开始”选项卡“段落”组的“项目符号”按钮，设置项目符号格式。

（9）在选中第 4 段的同时，双击“格式刷”按钮，用鼠标拖曳方式刷过整个第 11 段、第 18 段（即“路径：……”和“未来：……”两段），为这两段设置相同的字体和项目符号。

（10）完成格式复制以后，再次单击“格式刷”按钮。

（11）将除首字和最后的段落标记的全部正文选中后，单击“页面布局”选项卡“页面设置”组中的“分栏”按钮，选择“更多分栏”命令，打开“分栏”对话框，设置栏数为 2，栏间间隔 3 个字符，并加分隔线，如图 2-8 所示。单击“确定”按钮即可。

（12）正文最后一段设为右对齐。

（13）参考效果图，在正文适当位置插入素材文件夹中的图片“最好的苏大.PNG”，设置图片环绕方式为“四周型环绕”，大小为“20%”，如图 2-9 所示。

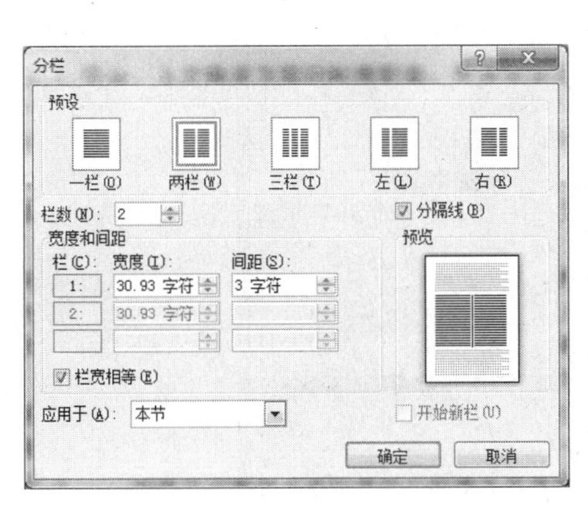

图 2-8　设置分栏

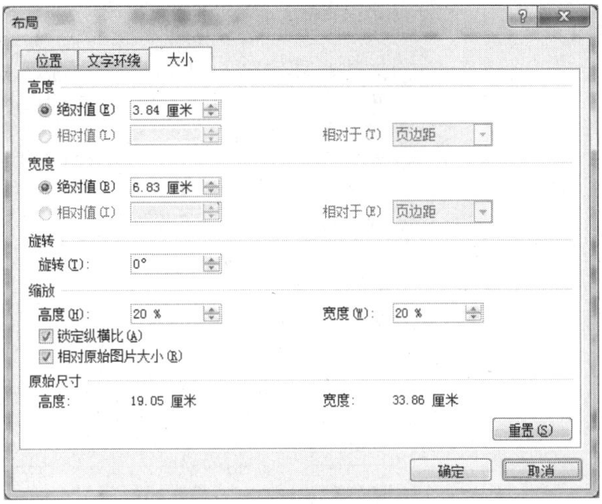

图 2-9　设置图片大小

13. 突出重点内容

（1）在正文中，单击“开始”选项卡中的“替换”按钮，弹出“查找和替换”对话框。在“替换”选项卡的“查找内容”文本框中输入“苏州大学”，单击“更多”按钮，如图 2-10 所示。

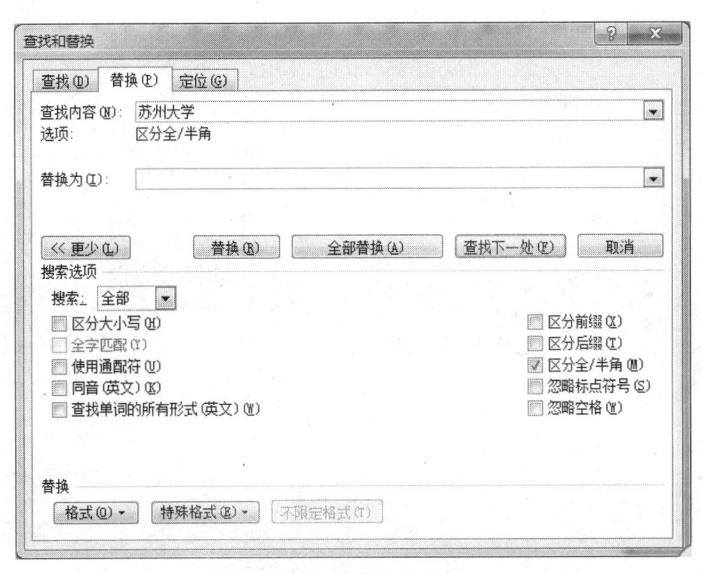

图 2-10　查找替换

（2）将光标定位到“替换为”文本框中，不用输任何文字即单击“格式”按钮，在下拉菜单中选择“字体”命令，在弹出的“替换字体”对话框的“字体”选项卡中设置字体颜色为红色、加粗、带着重号，单击“确定”按钮。

（3）单击“全部替换”按钮，弹出询问是否从头搜索的对话框，单击“否”按钮后关闭“查找和替换”对话框。

（4）选中找到的“苏州大学”，单击“开始”选项卡中的“边框和底纹按钮”田右侧的▾，在下拉菜单中选择“边框和底纹”命令，打开“边框和底纹”对话框，单击“底纹”选项卡，选择“填充色”为黄色，“应用于”选择“文字”，如图 2-11 所示。

图 2-11　设置文字底纹

（5）选中第 2 段（即含有苏州大学的段落），打开“边框和底纹”对话框，在“边框”选项卡中设置 1.5 磅粗红色长短点虚线（第 5 种样式）阴影边框，应用于“段落”，如图 2-12 所示。单击“确定”按钮。

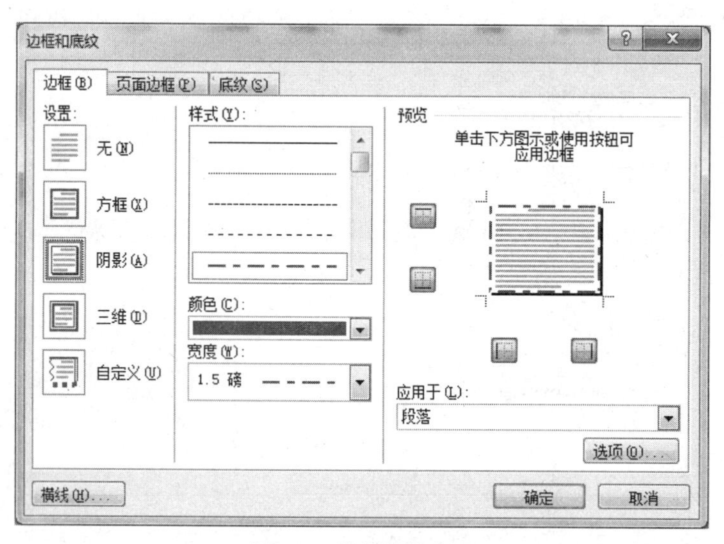

图 2-12　设置段落边框

14. 设置页面背景

在“页面布局”选项卡中，单击“页面背景”组中的“页面颜色”按钮，选择下拉菜单中的“填充效果”，打开“填充效果”对话框，单击“纹理”选项卡，选择“羊皮纸”纹理，如图 2-13 所示。单击“确定”按钮。

15. 添加水印

（1）在“页面布局”选项卡中，单击“页面背景”组中的“水印”按钮，在下拉菜单中选择“自定义水印”命令，弹出“水印”对话框。

（2）选中“文字水印”单选按钮，在“文字”文本框中输入“苏州大学”，字体为“隶书”，取消选中“半透明”复选框，设为“水平”版式，如图 2-14 所示。单击“确定”按钮。

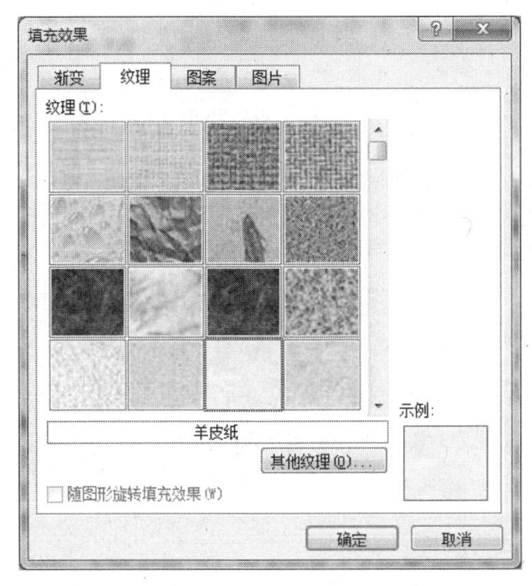

图 2-13　设置羊皮纸纹理页面背景

图 2-14　设置水印

16. **保存文件**

单击窗口左上角“快速访问工具栏”中的“保存”按钮，或单击“文件”选项卡，选择“保存”命令，保存操作结果。

2.1.4　练习

【练习 1】制作苏州大学宣传单。

完成本练习后的效果如图 2-15 所示。

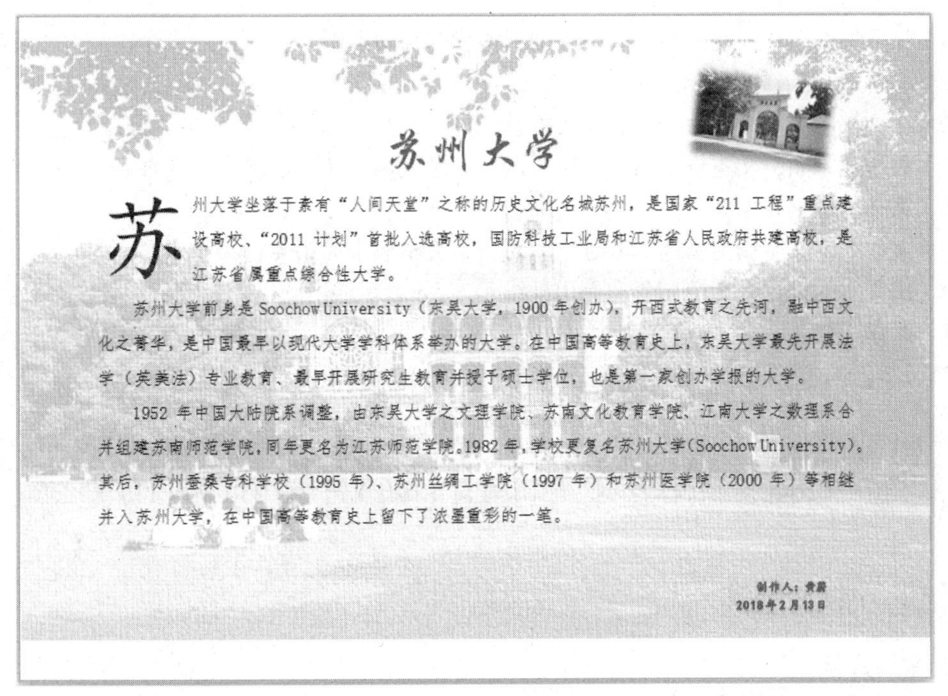
苏州大学

苏州大学坐落于素有“人间天堂”之称的历史文化名城苏州，是国家“211 工程”重点建设高校、“2011 计划”首批入选高校，国防科技工业局和江苏省人民政府共建高校，是江苏省属重点综合性大学。

苏州大学前身是 Soochow University（东吴大学，1900 年创办），开西式教育之先河，融中西文化之菁华，是中国最早以现代大学学科体系举办的大学。在中国高等教育史上，东吴大学最先开展法学（英美法）专业教育、最早开展研究生教育并授予硕士学位，也是第一家创办学报的大学。

1952 年中国大陆院系调整，由东吴大学之文理学院、苏南文化教育学院、江南大学之数理系合并组建苏南师范学院，同年更名为江苏师范学院。1982 年，学校更复名苏州大学(Soochow University)。其后，苏州蚕桑专科学校（1995 年）、苏州丝绸工学院（1997 年）和苏州医学院（2000 年）等相继并入苏州大学，在中国高等教育史上留下了浓墨重彩的一笔。

制作人：黄蔚
2018年2月13日

图 2-15　“苏州大学宣传单”效果图

具体要求如下。

1. 实验准备工作。

（1）复制素材。从教学辅助网站下载素材文件“练习 3-苏州大学宣传单.rar”至本地计算机，并将该压缩文件解压缩。

（2）创建实验结果文件夹。在 D 盘或 E 盘上新建一个“苏州大学宣传单-实验结果”文件夹，用于存放结果文件。

2. 打开“苏州大学宣传单.docx”，以原名另存在“苏州大学宣传单-实验结果”文件夹中。

3. 纸张设置为横向打印。

4. 在正文首部添加标题“苏州大学”，并设为初号、华文行楷、蓝色、居中对齐。

5. 设置所有正文为“仿宋”、三号字。

6. 第 1 段设为首字下沉 3 行，首字为楷体。

7. 正文其余段落均首行缩进两个字符。

8. 制作背景图片。

（1）插入素材文件夹中的“钟楼.PNG”。

（2）将图片的环绕方式设为“衬于文字下方”。

（3）用鼠标拖曳图片，将图片大小调整为接近于纸张大小。

（4）设置图片格式，将“图片颜色”重新着色为“冲蚀”效果，并设“艺术效果”为“纹理化”。

9. 插入图片。

（1）插入素材文件夹中的图片“东吴门.PNG”，并设置图片的宽度为 5 厘米，环绕方式为“浮于文字上方”。

（2）选中图片，参考效果图，将图片拖移至适当位置，并拖曳图片上边线中间控点上方的绿色小圆点，旋转一定角度。

（3）保持选中图片，在“图片工具”的“格式”选项卡中，选择“图片样式”为“柔化边缘矩形”。

10. 在文档右下角插入一个横排文本框。

（1）参考效果图，文本框中第 1 行输入制作人及其姓名（要求输入本人姓名）。

（2）第 2 行输入日期。

（3）文本框内文字设为楷体、五号，右对齐，文本效果为第 4 行第 5 个。

（4）将文本框设置为无填充色和无边框线。

11. 保存文档。

【练习 2】自由发挥，设计一份宣传你的家乡的宣传海报。

2.2 Word 表格的制作与格式化

2.2.1 案例概述

1. 案例目标

在日常生活中，为了说明人员信息、日程安排、工资收入等信息，人们通常会制作表格，以便方便地浏览和对比数据。虽然人们会更多地使用 Excel 来制作表格，但其实 Word 也提供了表格功能。

本案例将在 Word 中创建两张表格，第 1 张表格是“课程表”，第 2 张表格是“学生成绩表”。通过制作这两张表格，读者可掌握在 Word 中创建表格及对表格进行编辑和美化的方法，如合并单元格、设置边框和底纹、简单计算等。

2. 知识点

本案例涉及的主要知识点如下。

（1）表格的创建与编辑；

（2）合并、拆分单元格；

（3）设置单元格边框和底纹；

（4）设置表格属性；

（5）表格与文字的互相转换；

（6）表格的数据计算。

2.2.2 知识点总结

1. 表格基本操作

表格基本操作方法如表 2-5 所示。

表 2-5　表格基本操作方法

操作	使用方法	概要描述
创建表格	“表格”网格	在“插入”选项卡中单击“表格”按钮，根据需要的行列数在下拉列表的网格中拖动鼠标
	“插入表格”对话框	单击“表格”按钮→选择“插入表格”→在“插入表格”对话框中调整表格尺寸并选择“自动调整”方式→单击“确定”按钮
	手工绘制表格	单击“表格”按钮→选择“绘制表格”→在需要绘制表格的地方拖动鼠标（绘制表格主要用于创建不规则表格）
	快速表格	单击“表格”按钮→选择“快速表格”→选择所需的表格样式
选定表格	鼠标加键盘	• 选定整个表格：鼠标指针移至表格任意位置，表格左上角出现时单击该标记。 • 选择行：鼠标移至表格所在行左侧文档选定区，鼠标指针变成一个指向右上方的空心箭头时单击鼠标左键。要选定连续多行，则在选定区上下拖动鼠标。 • 选择列：鼠标移至表格所在列的上方，鼠标指针变成一个向下垂直的黑色实心箭头时单击鼠标左键。要选定连续多列，则在表格上方左右拖动鼠标 • 选择单元格：鼠标移至待选定单元格的左边线，鼠标指针变成一个指向右上方的实心箭头时单击鼠标左键。 • 选择不连续区域：选定一个区域后，按住【Ctrl】键继续选择下一个区域。 • 选定单元格中的内容：与正文的选定方法相同，可单击鼠标左键并拖动
插入行、列、单元格	“表格工具”的“布局”选项卡	定位表格→单击“行和列”组中的按钮
	“插入单元格”对话框	单击“表格工具”的“布局”选项卡中“行和列”组右下角的→在“插入单元格”对话框中选择插入方式→单击“确定”按钮
	快捷菜单	定位插入点→右击鼠标→选择“插入”→选择某种插入方式

续表

操作	使用方法	概要描述
删除行、列、单元格	“表格工具”的“布局”选项卡	选定行、列或单元格→单击“删除”按钮→选择某种删除方式
	快捷菜单	选定行、列或单元格→右击鼠标→选择“删除行”“删除列”或“删除单元格”
合并与拆分单元格	“表格工具”的“布局”选项卡	选定单元格→单击“合并”组中的相应按钮
	快捷菜单	选定单元格区域→右击鼠标→选择“合并单元格”或“拆分单元格”

2. 修饰表格

修饰表格操作方法如表 2-6 所示。

表 2-6 修饰表格操作方法

操作	使用方法	概要描述
自动套用表格样式	“表格工具”的“设计”选项卡	将光标定位在表格中→单击“表格样式”组中的表格样式
设置行高和列宽	拖动鼠标	鼠标移至表格边框线上，鼠标指针变为双向箭头时拖动鼠标
	“表格工具”的“布局”选项卡	在表格中定位光标→在“单元格大小”组中调整行高和列宽
	“表格属性”对话框	单击表格工具“布局”选项卡“单元格大小”组右下角的 →在“表格属性”对话框的“行”“列”选项卡中设置行高和列宽
设置表格对齐和环绕方式	“表格属性”对话框	在“表格”选项卡中指定整个表格的对齐方式和文字环绕方式
设置表格的边框和底纹	“表格工具”的“设计”选项卡	单击“表格样式”组中的“边框”和“底纹”按钮
	“绘制表格”工具	选定线形、粗细和颜色后，直接在原有边框线上拖曳，可改变或设置边框线
	快捷菜单	选定表格→右击鼠标→选择“边框和底纹”→打开“边框和底纹”对话框。 ● “边框”选项卡中可以选择线形、颜色和宽度，在预览区可以设置表格的上、下及中间框线。 ● “底纹”选项卡中可以设置填充色和图案

3. 管理表格数据

管理表格数据操作方法如表 2-7 所示。

表 2-7 管理表格数据操作方法

操作	使用方法	概要描述
表格转换成文本	“表格工具”的“布局”选项卡	选中表格→单击“数据”组中的“转换为文本”按钮→在“表格转换成文本”对话框中指定文字分隔符→单击“确定”按钮
文本转换成表格	“插入”选项卡	在表格的数据项间设置统一的分隔符→选中数据→单击“表格”按钮→选择“文本转换成表格”→在“将文字转换成表格”对话框中指定表格的尺寸和文字分隔符位置→单击“确定”按钮
表格中数据的计算	“表格工具”的“布局”选项卡	定位单元格→单击“数据”组中的“公式”按钮→打开“公式”对话框→在公式文本框中输入公式→单击“确定”按钮

4. 域

域操作方法如表 2-8 所示。

表 2-8　　　　域操作方法

操作	使用方法	概要描述
插入域	组合键	按【Ctrl】+【F9】组合键→输入域代码
更新域	快捷键	选中域→按【F9】键
	快捷菜单	选中域→右击鼠标→选择“更新域”
切换域代码	组合键	● 切换单个域代码：选中域→按【Shift】+【F9】组合键。 ● 切换文档中所有域代码：按【Alt】+【F9】组合键
	快捷菜单	选中域→右击鼠标→选择“切换域代码”
锁定域	组合键	选中域→按【Ctrl】+【F11】组合键
解锁域	组合键	选中域→按【Ctrl】+【Shift】+【F11】组合键
解除域的链接	组合键	选中域→按【Ctrl】+【Shift】+【F9】组合键

2.2.3　应用案例 4：课程与成绩表

1. 案例效果图

本案例共完成两张表格，分别为“课程表”和“学生成绩表”，完成后的效果分别如图 2-16 和图 2-17 所示。

2018 年科技特长班课程表

<table>
<tr><th colspan="3">星期 课程 节次</th><th>星期一</th><th>星期二</th><th>星期三</th><th>星期四</th><th>星期五</th></tr>
<tr><td rowspan="4">上午</td><td>1</td><td>8:00-8:50</td><td rowspan="2">矩阵论</td><td></td><td rowspan="3">C++程序设计</td><td rowspan="2">大学物理</td><td rowspan="3">C++程序设计</td></tr>
<tr><td>2</td><td>9:00-9:50</td><td></td></tr>
<tr><td>3</td><td>10:10-11:00</td><td rowspan="2">英语阅读</td><td rowspan="2">概率统计</td><td rowspan="2">法律常识</td></tr>
<tr><td>4</td><td>11:10-12:00</td><td></td><td></td></tr>
<tr><td rowspan="4">下午</td><td>5</td><td>13:30-14:20</td><td rowspan="2">科技论文写作技巧</td><td rowspan="2">体育</td><td></td><td rowspan="2">英语口语</td><td rowspan="2">物理实验</td></tr>
<tr><td>6</td><td>14:30-15:20</td><td></td></tr>
<tr><td>7</td><td>15:40-16:30</td><td></td><td></td><td></td><td></td><td></td></tr>
<tr><td>8</td><td>16:40-17:30</td><td></td><td></td><td></td><td></td><td></td></tr>
</table>

图 2-16　“课程表”效果图

学生成绩表

学号	姓名	物理	C++	矩阵	概率	英语	法律	平均分
170401001	李艳烯	93	80	88	56	65	77	76.5
170401008	范欣怡	76	93	78	65	71	81	77.33
170401019	王怡萱	96	85	72	73	83	78	81.17
170401024	吴子茵	82	82	78	63	95	73	78.83
170401025	高秋萍	88	77	81	63	95	89	82.17
170401027	吕圣云	89	82	92	72	96	80	85.17
170401036	徐鑫	91	87	89	72	93	92	87.33
170402010	张钦云	77	73	89	62	89	88	79.67
170402014	温莉莉	73	90	90	75	92	79	83.17
170402017	陈婉婷	88	81	94	74	94	96	87.83
170402020	宋艺欣	80	83	92	71	95	80	83.5
170402021	姚雨欣	80	78	88	55	94	60	75.83
170402026	孙美成	79	94	81	73	90	86	83.83
170403022	王虎	90	93	68	73	76	88	81.33
170403025	潘玺	85	83	95	76	94	84	86.17
170403028	陈皓迪	94	77	84	71	92	81	83.17
170404010	李珊	70	92	65	92	81	75	79.17

图 2-17　“学生成绩表”效果图

2. 实验准备工作

（1）复制素材。从教学辅助网站下载素材文件“应用案例 4-课程与成绩表.rar”至本地计算机，并将该压缩文件解压缩。本案例素材均来自“课程与成绩表”文件夹。

（2）创建实验结果文件夹。在 D 盘或 E 盘上新建一个“课程与成绩表-实验结果”文件夹，用于存放结果文件。

3. 新建文档并保存

（1）启动 Word 2010，新建一个空白文档。

（2）单击快速访问工具栏中的“保存”按钮，打开“另存为”对话框。

（3）选择保存位置为“课程与成绩表-实验结果”文件夹，文件名为“课程与成绩表”，保存类型为“Word 文档（*.docx）”。单击“保存”按钮。

4. 为文档增加一页

（1）在文档首部按 3 次【Enter】键，增加 3 个空行。

（2）在第 3 行处单击“插入”选项卡“页”组中的“分页”按钮，或者单击“页面布局”选项卡中的“分隔符”。

（3）返回第一页首部。

5. 制作“课程表”的表格标题

（1）在第 1 页第 1 行输入表格标题文字“2018 年科技特长班课程表”。

（2）设置标题格式为楷体、二号，居中对齐。

6. 制作“课程表”的基本结构

（1）光标定位到第 2 行，在“插入”选项卡中单击“表格”按钮，选择下拉菜单中的“插入表格”命令，弹出“插入表格”对话框，设置表格尺寸为 7 列 9 行，如图 2-18 所示。单击“确定”按钮。

（2）选中第 1 行的第 1、第 2 个单元格，在“表格工具”的“布局”选项卡中单击“合并单元格”按钮。

（3）合并第 2 行～第 5 行的第 1 列单元格。

（4）合并第 6 行～第 9 行的第 1 列单元格。

（5）选中第 2 行～第 9 行的第 2 列单元格，在“表格工具”的“布局”选项卡中单击“拆分单元格”命令，打开“拆分单元格”对话框，拆分成 8 行 2 列，如图 2-19 所示，单击“确定”按钮。

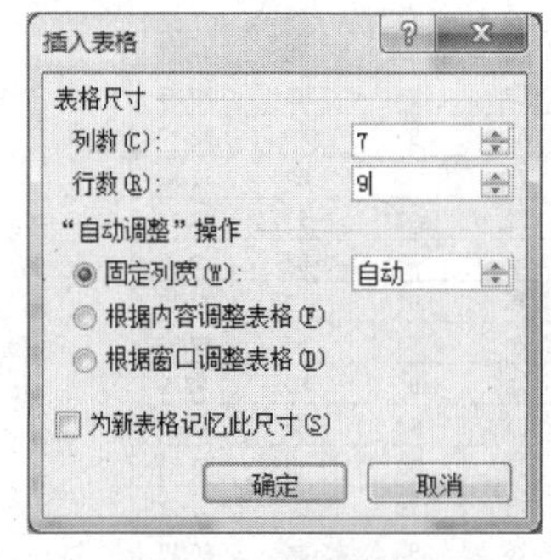

图 2-18　插入表格

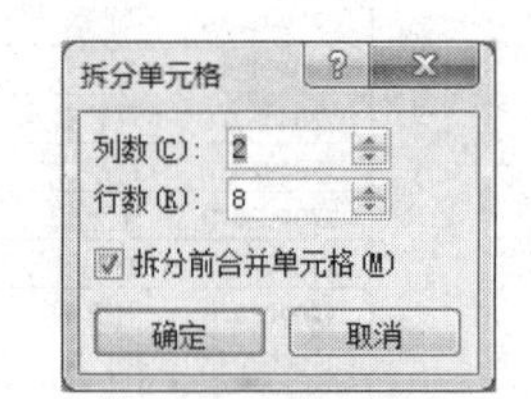

图 2-19　拆分单元格

（6）其余单元格的合并与拆分情况参考效果图设置。

7. 输入表格内容

参考效果图，输入表格内的文字。

8. 设置文字排列方向

选中“上午”和“下午”单元格，在“页面布局”选项卡的“页面设置”组中单击“文字方向”按钮，选择“垂直”。

9. 设置单元格对齐方式

（1）选中整个表格，在“表格工具”的“布局”选项卡中，单击“对齐方式”组中的“水平居中”按钮。

（2）将第1个单元格中的第1行文字“星期”右对齐，第3行文字“节次”左对齐。

10. 调整表格单元格的大小

参考效果图，将表格单元格的宽度与高度调整到合适的大小。

11. 设置表格边框

（1）选中整个表格，单击“表格工具”的“设计”选项卡，在“绘图边框”组中选择1.5磅单实线，然后在“表格样式”组中单击“边框”按钮右侧的▾，选择“外侧框线”。

（2）在“绘图边框”组中选择0.5磅双线，使用“绘制表格”工具，按照效果图在表格的合适位置拖曳，设置双线边框。

（3）绘制完成后再次单击“绘制表格”按钮取消绘制状态。

（4）使用“插入”选项卡中的“形状”工具，在第1个单元格中绘制直线自选图形作为两条斜线边框，设置线条颜色为黑色，并将两条直线组合起来。

12. 设置单元格底纹

选中第一行单元格，在“表格工具”的“设计”选项卡中，单击“表格样式”组中的底纹按钮右侧的▾，选择“白色，背景1，深色15%”（第2行第1列）。

13. 制作第2张表“学生成绩表”的表格标题

（1）光标定位到第2页的第1行，输入文字“学生成绩表”。

（2）用格式刷把第1个表格标题的格式复制给第2个表格的标题。

14. 制作第2张表“学生成绩表”

光标定位在第2页的第2行，将素材文件夹中的“成绩.txt”中的内容合并到本文档中（可以插入对象，也可以复制粘贴）。然后选中合并的文本内容，在“插入”选项卡中单击“表格”按钮，选择下拉菜单中的“文本转换成表格”命令，弹出对话框后，单击“确定”按钮。

15. 在表格最右边增加1列

（1）光标定位到最右边的任意一个单元格，右击鼠标，在快捷菜单中选择“插入”命令，选择级联菜单中的“在右侧插入列”。

（2）在第1行最后一个单元格中输入“平均分”。

16. 计算平均分

（1）将光标定位到第2行的最后一个单元格，单击“表格工具”的“布局”选项卡，在“数据”组中单击“公式”按钮，弹出“公式”对话框，在“粘贴函数”下拉列表中选择“AVERAGE”，编辑“公式”文本框中的内容为“AVERAGE(LEFT)”，如图2-20所示。单击“确定”按钮。

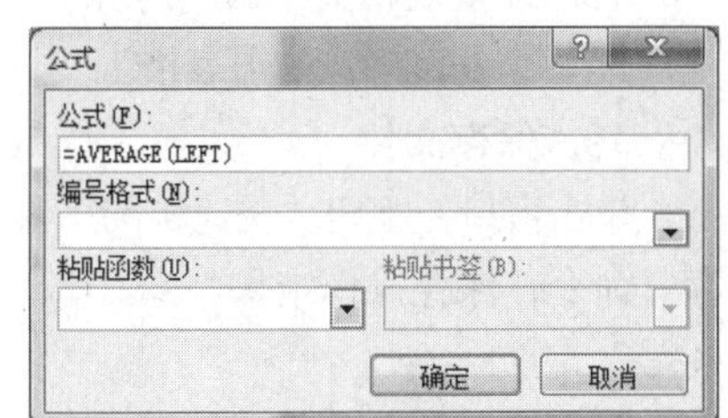

图2-20 “公式”对话框

（2）选中计算好的公式，按【Ctrl】+【C】组合键，再选中最右一列的所有空单元格，按【Ctrl】+【V】组合键，复制好每一行数据的平均分（此时数据全部相同）。

（3）保持选中所有的平均分单元格，按【F9】键更新域。

17. 修饰表格

（1）选中整个表格，单击"表格工具"的"设计"选项卡，在"表格样式"组中单击"表格样式"列表右侧的，在扩展的"表格样式"列表中单击第2行第1个内置样式，如图2-21所示。

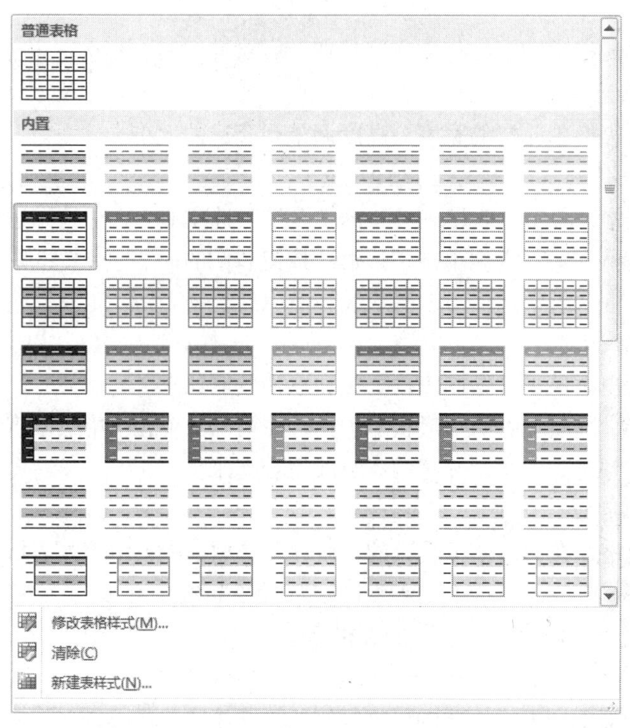

图2-21 单击"表格样式"列表中的内置样式

（2）选中第1列，单击"表格工具"的"布局"选项卡，在"单元格大小"组中设置宽度为"2.5厘米"。

（3）设置第2列的宽度为"1.8厘米"。

（4）选中第3列～第9列，单击"表格工具"的"布局"选项卡，在"单元格大小"组中单击"分布列"按钮，使得这几列的列宽均匀分布。

18. 设置表格文字居中对齐

选中整个表格，单击表格工具"布局"选项卡"对齐方式"组中的"水平居中"按钮。

19. 保存文件

单击窗口左上角"快速访问工具栏"中的"保存"按钮，或单击"文件"选项卡→选择"保存"命令，保存操作结果。

2.2.4 练习

【练习1】制作公开招聘报名表。

完成本练习后的效果如图2-22所示。

公开招聘报名表

<table>
<tr><td>姓 名</td><td></td><td>性 别</td><td></td><td>出生年月</td><td colspan="2">年 月</td><td rowspan="5">照片</td></tr>
<tr><td>出生地</td><td></td><td>政治面貌</td><td></td><td>婚姻状况</td><td colspan="2"></td></tr>
<tr><td>身份证号码</td><td colspan="3"></td><td>健康状况</td><td colspan="2"></td></tr>
<tr><td>最终学历毕业学校</td><td colspan="3"></td><td>毕业时间</td><td colspan="2"></td></tr>
<tr><td>所学专业</td><td colspan="2"></td><td>（拟）取得学历和学位</td><td colspan="3"></td></tr>
<tr><td>第一学历是否为本科</td><td></td><td colspan="2">本科是否为独立成民办学院</td><td></td><td colspan="2">有无工作经历</td><td></td></tr>
<tr><td>英语水平</td><td colspan="2">取得CAT___级证书或CAT___级___分</td><td>计算机等 级</td><td colspan="4">国家___级或省___级（计算机相关专业可不填）</td></tr>
<tr><td>联系电话</td><td colspan="2"></td><td>E-mail</td><td colspan="4"></td></tr>
<tr><td>应聘岗位名称</td><td colspan="7"></td></tr>
</table>

<table>
<tr><td rowspan="7">主要学习工作经历</td><td>起至时间</td><td>学习（工作）单位</td><td>任职</td><td>证明人</td></tr>
<tr><td></td><td></td><td></td><td></td></tr>
<tr><td></td><td></td><td></td><td></td></tr>
<tr><td></td><td></td><td></td><td></td></tr>
<tr><td></td><td></td><td></td><td></td></tr>
<tr><td></td><td></td><td></td><td></td></tr>
<tr><td></td><td></td><td></td><td></td></tr>
<tr><td>学生干部经历及论文科研项目情况</td><td colspan="4"></td></tr>
<tr><td>奖惩情况</td><td colspan="4"></td></tr>
<tr><td>自我评价</td><td colspan="4"></td></tr>
</table>

<table>
<tr><td rowspan="5">主要社会关系</td><td>关系</td><td>姓名</td><td>政治面貌</td><td>工作单位</td><td>任职</td></tr>
<tr><td></td><td></td><td></td><td></td><td></td></tr>
<tr><td></td><td></td><td></td><td></td><td></td></tr>
<tr><td></td><td></td><td></td><td></td><td></td></tr>
<tr><td></td><td></td><td></td><td></td><td></td></tr>
</table>

本人郑重承诺：本人所填写的所有信息均属实。如有虚假，本人愿承担一切后果。

图 2-22 “公开招聘报名表”效果图

具体要求如下。

1. 实验准备工作。

在 D 盘或 E 盘上新建一个“公开招聘报名表-实验结果”文件夹，用于存放结果文件。

2. 新建文档，并以“公开招聘报名表.docx”为文件名保存在“公开招聘报名表-实验结果”文件夹中。

3. 制作表格标题。

（1）在文档首部输入标题“公开招聘报名表”，按【Enter】键换行。

（2）设置标题格式为黑体、三号，居中对齐，段后间距设为 0.5 行。

4. 制作表格。

（1）参考效果图的表格结构，制作表格。

（2）设置表格的外框为 2.25 磅实线，内部边框为 1 磅实线。

（3）将“应聘岗位名称”下面的框线设置为 0.5 磅双线。

（4）参考效果图，在对应位置设置底纹为“白色，背景 1，深色 15%”。

5. 保存文件。

【**练习 2**】自由发挥，设计一张简洁、美观、大方的个人简历表。

2.3 Word 长文档排版

2.3.1 案例概述

1. 案例目标

在日常工作中，我们经常会遇到编辑、撰写的文档篇幅很大、字数很多的情况，如撰写论文、报告、小说等文体，字数往往数以万计。这类文档对于文章结构和文字格式有着严格和清晰的要求，一般要求包含封面、目录、正文等部分，正文又分为多个章节，每页还要标注页码、页眉等。这些设置如果全都手工去做的话，操作将相当烦琐。

本案例中，我们将按照苏州大学本科毕业论文的规范，对“毕业论文.docx”进行排版。通过对这篇论文的排版，读者可掌握 Word 中长文档的一些排版技巧，如创建样式、分节、添加页眉页脚、创建目录、题注、交叉引用等技术。

2. 知识点

本案例涉及的主要知识点如下。

（1）创建、使用和修改样式；

（2）大纲视图、导航窗格的灵活应用；

（3）节的设置；

（4）页眉和页脚的设置；

（5）目录编制；

（6）题注和交叉引用；

（7）脚注和尾注。

2.3.2 长文档排版的一般步骤

Word 中长文档的排版是有技巧的，通过几步简单的设置，就可以使文档格式有统一的风格，并且图、表的标题编号统一，大大提升办事效率。通常来说，长文档排版都有如下步骤。

1. 页面设置

如果写完所有文字之后发现文档、页边距不对，再去调整文档版式的话，你就会发现文档全都乱了。所以撰写长文档最关键的一点是先排版，再打字！排版的第一步就是页面设置，例如调整上下页边距、纸张的大小、装订线的位置等。

2. 设置样式

排版的第二步是设置样式，也就是规定各个部分的格式。

（1）设置正文样式

正文样式是 Word 最基本的样式，建议不要轻易修改默认的正文样式，因为一旦修改，整篇文档的样式大部分都被修改了。通常设置正文样式时，需要重新创建一个新的正文样式。

（2）设置各级标题样式

与正文样式不同，标题样式可以直接修改并使用默认的样式，因为标题很容易被识别。当然也可以创建新的样式。

3. 通过自定义多级列表给每个标题编上序号

关于多级列表的设置分如下两种情况。

（1）文档正文尚未输入完成。可以在样式设置完成后进行多级列表的设置。在进行多级列表设置时，要在“级别链接到样式”栏中进行正确的设置，确定链接。这种方法对于文章编辑、调整章节是非常有利的。设置好后，可以根据章节的增减变化自动调整编号。

（2）文档已经输入完成。其实此时没有必要再进行多级列表设置了，当章、节变化时，只能通过手动修改的方法改变编号。

4. 分节

给长篇文章排版时，文档结构中的不同组成部分，往往有不同的设置要求。例如正文以前的页码用大写罗马数字单独编排，正文开始则用阿拉伯数字连续编排等。对于这种情况，只有进行文档分节才能妥善解决。

5. 页眉和页脚的设置

页眉和页脚是文档中的常见元素，对于文档的美观、结构的清晰和阅读的方便都有很大帮助。长文档排版，对于页眉和页脚的格式往往都有明确的要求。例如首页页眉不同、奇偶页页眉不同、不同章节需要设置不同的页眉等。这种复杂的设置通常与分节有关。

6. 题注、交叉引用的使用

题注是对图片、表格、公式一类的对象进行注释的带编号的说明段落，例如每幅图片下方的“图 1.1　本文的研究思路”等文字，也就是插图的编号与注释。为图片编号后，还要在正文中设置引用说明，例如“如图 1.1 所示”。引用说明文字与图片是相互对应的，我们称这一引用关系是“交叉引用”。

7. 目录的生成

对于论文、报告、说明书等大型文档，目录是必不可少的组成要素。目录的设置要在文档格式大体排版完成后进行。要充分发挥 Word 的自动目录功能，必须先对文档进行样式设置。否则用户只能通过手动方式逐一设置目录，这样不但工作量大，而且不利于修改。在样式的基础上使用目录的自动生成功能，效率非常高。

2.3.3 知识点总结

1. 样式

样式操作方法如表 2-9 所示。

表 2-9　　样式操作方法

操作	使用方法	概要描述
打开“样式”窗格	“开始”选项卡	单击“样式”组右下角的
使用内置样式	“开始”选项卡	选择文本或段落→单击“样式”列表右下角的 按钮→展开“样式”列表→单击样式
	“样式”窗格	选择文本或段落→单击“样式”窗格中的样式
创建新样式	“根据格式设置创建新样式”对话框	“样式”窗格中单击“新建样式”按钮 →打开“根据格式设置创建新样式”对话框→完成设定后单击“确定”按钮
修改样式	快捷菜单	“样式”窗格中右击需要更改的样式→选择“修改”→打开“修改样式”对话框→完成设定后单击“确定”按钮
删除样式	快捷菜单	“样式”窗格中右击需要删除的样式→选择“从快速样式库中删除”

2. 长文档排版

长文档一般由封面、目录、标题、正文、辅文（前言、后记、引文、注文、附录、索引、参考文献）等组成。要自动生成目录，必须设置文档的大纲级别。大纲级别分标题和正文，标题可以带序号，如书稿的各个章节，也可以不带序号，如前言、附录、参考文献等。长文档排版操作方法如表 2-10 所示。

表 2-10　　长文档排版操作方法

<table>
<tr><th colspan="2">操作</th><th>使用方法</th><th>概要描述</th></tr>
<tr><td colspan="2" rowspan="2">快速浏览长文档</td><td>大纲视图</td><td>● 在“视图”选项卡中单击“大纲视图”按钮。
● 在窗口右下角的视图切换区中单击“大纲视图”按钮</td></tr>
<tr><td>导航窗格</td><td>在“视图”选项卡的“显示”组中选中“导航窗格”</td></tr>
<tr><td colspan="2" rowspan="4">调整大纲级别</td><td>“段落”对话框</td><td>打开“段落”对话框→在“缩进和间距”选项卡中选择合适的“大纲级别”→单击“确定”按钮</td></tr>
<tr><td>“样式”</td><td>内置样式本身已含有大纲级别的信息</td></tr>
<tr><td>“多级列表”</td><td>单击“开始”选项卡中的“多级列表”按钮→选择“定义新的多级列表”→在“定义新多级列表”对话框中选择大纲级别→单击“确定”按钮。其实多级编号本身是基于大纲级别的</td></tr>
<tr><td>“大纲视图”</td><td>切换到大纲视图→在“显示级别”下拉列表中设置大纲级别。也可以单击相应按钮，为升级，为降级，为升顶，为降底</td></tr>
<tr><td rowspan="6">编制目录</td><td>插入目录</td><td>“引用”选项卡</td><td>光标定位→单击“目录”按钮→单击“目录”组中的“目录”按钮→选择适合的目录。
● 手动表格：需用户输入目录条目的文字和页码。
● 自动目录：根据预置的目录样式按标题级别自动生成目录条目和页码。
● 插入目录：允许通过设置不同参数来控制生成自动目录的条目和页码</td></tr>
<tr><td>修改目录样式</td><td>“引用”选项卡</td><td>选中目录→单击“目录”按钮→选择“插入目录”→在“目录”对话框中改变目录显示的级别和制表符前导符等→单击“修改”按钮</td></tr>
<tr><td rowspan="3">更新目录</td><td>“引用”选项卡</td><td>选中目录→单击“更新目录”按钮</td></tr>
<tr><td>快捷菜单</td><td>右击目录，在弹出的快捷菜单中选择“更新域”命令</td></tr>
<tr><td>快捷键</td><td>选中目录→按【F9】键</td></tr>
<tr><td>页码控制</td><td>分“节”</td><td>第 1 步：正文前插入一个“正文”格式的空行。
第 2 步：空行处插入一个分隔符，分隔符类型选择“分节符→下一页”。
第 3 步：在正文第 1 页单击“插入”选项卡中的“页码”按钮→选择“设置页码格式”→在“页码格式”对话框中设置“页码编号”为“起始页码”，并设置为 1</td></tr>
<tr><td colspan="2" rowspan="2">插入题注</td><td>“引用”选项卡</td><td>选中图片或表格→在“引用”选项卡“题注”组中单击“插入题注”按钮</td></tr>
<tr><td>快捷菜单</td><td>选中图片或表格→右击鼠标→选择“插入题注”→在“题注”对话框中设置标签、位置和题注。在“题注”对话框中单击“新建标签”按钮可以添加自定义的标签</td></tr>
<tr><td colspan="2">交叉引用</td><td>“引用”选项卡</td><td>光标定位→选择“题注”组中的“交叉引用”按钮→在“交叉引用”对话框中选择引用类型和引用内容</td></tr>
<tr><td colspan="2">插入封面</td><td>“插入”选项卡</td><td>单击“页”组中的“封面”按钮→选择封面版式</td></tr>
</table>

3. 审阅文档

审阅文档操作方法如表 2-11 所示。

表 2-11　　审阅文档操作方法

操作		使用方法	概要描述
使用批注	添加批注	“审阅”选项卡	选择要插入批注的文字→单击“批注”组中的“新建批注”按钮→输入批注内容
	查看批注	“审阅”选项卡	单击“批注”组中的“上一条”或“下一条”按钮在批注间跳转
	删除批注	快捷菜单	右击批注→选择“删除批注”
		“审阅”选项卡	光标置于批注中→单击“批注”组中的“删除”按钮。单击“删除”按钮下的▾，可选择删除单个批注或者全部批注
修订文档		“审阅”选项卡	单击“修订”组中的“修订”按钮。要退出修订状态，可再次单击“修订”按钮
接受修订		“审阅”选项卡	光标置于修订位置处→单击“更改”组中“接受”按钮下方的▾→选择“接受修订”或“接受对文档的所有修订”
拒绝修订		“审阅”选项卡	光标置于修订位置处→单击“更改”组中“拒绝”按钮下方的▾→选择“拒绝修订”或“拒绝对文档的所有修订”

2.3.4 应用案例 5：本科毕业论文

1. 案例效果图

本案例要求按照苏州大学的本科毕业论文的格式规范完成一篇本科毕业论文的排版工作，完成后的效果如图 2-23～图 2-26 所示。

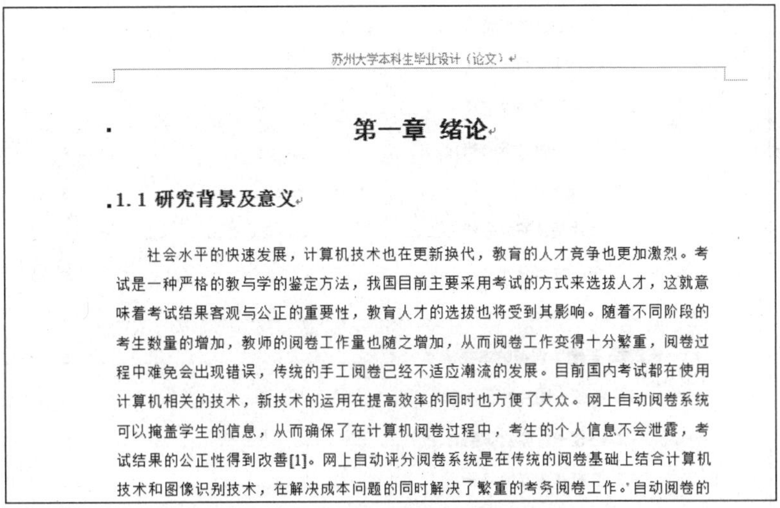

苏州大学本科生毕业设计（论文）

第一章 绪论

1.1 研究背景及意义

社会水平的快速发展，计算机技术也在更新换代，教育的人才竞争也更加激烈。考试是一种严格的教与学的鉴定方法，我国目前主要采用考试的方式来选拔人才，这就意味着考试结果客观与公正的重要性，教育人才的选拔也将受到其影响。随着不同阶段的考生数量的增加，教师的阅卷工作量也随之增加，从而阅卷工作变得十分繁重，阅卷过程中难免会出现错误，传统的手工阅卷已经不适应潮流的发展。目前国内考试都在使用计算机相关的技术，新技术的运用在提高效率的同时也方便了大众。网上自动阅卷系统可以掩盖学生的信息，从而确保了在计算机阅卷过程中，考生的个人信息不会泄露，考试结果的公正性得到改善[1]。网上自动评分阅卷系统是在传统的阅卷基础上结合计算机技术和图像识别技术，在解决成本问题的同时解决了繁重的考务阅卷工作。自动阅卷的

图 2-23　论文的章节标题与正文效果图

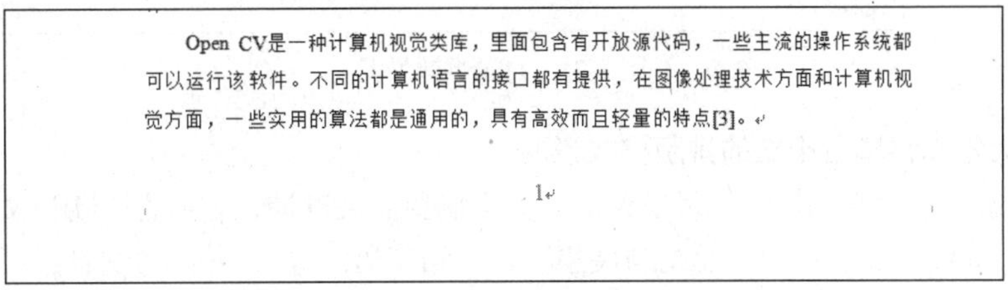

Open CV是一种计算机视觉类库，里面包含有开放源代码，一些主流的操作系统都可以运行该软件。不同的计算机语言的接口都有提供，在图像处理技术方面和计算机视觉方面，一些实用的算法都是通用的，具有高效而且轻量的特点[3]。

1

图 2-24　正文页码效果图

Answer card digital template parameter settings:The answer card for this sample has four areas,such as test area,name and class area,individual selection topics area,multiple selection topics area.It use this information to set the standard template.Design how to replace the sample card with a simple and easy to identify

III

图 2-25　正文前罗马数字页码效果图

苏州大学本科生毕业设计（论文）

目录

I

图 2-26　目录页效果图

2. 苏州大学本科毕业论文的排版格式说明

（1）论文组成。论文包括：①目录；②中英文摘要、关键词；③前言；④论文正文（从本处开始编页码）；⑤结论（也可为“总结与展望”或“结束语”等）；⑥参考文献；⑦致谢；⑧附录（可选，包括符号说明、原始材料等）。

（2）页面设置。纸张使用A4复印纸；页边距为上2厘米，下2厘米，左2.5厘米，右1.5厘米，装订线0.5厘米，页眉1.2厘米，页脚1.5厘米；页眉居中，以小五号字宋体键入“苏州大学本科生毕业设计（论文）”；页脚插入页码，居中。

（3）目录。分章节的论文，目录中每章标题用四号黑体字，每节标题用四号宋体字，并注明各章节起始页码，题目和页码用“……”相连。

（4）中文摘要、关键词。采用小四号宋体字。

（5）外文摘要、关键词。采用四号Times New Roman。

（6）章标题。中文采用黑体，外文采用Times New Roman，小二号，居中。

（7）节标题。中文采用宋体，外文采用Times New Roman，小三号；章节标题间、每节标题与正文间空一行。

（8）正文。中文采用小四宋体，外文采用四号Times New Roman。段落格式为：固定值，22磅，段前、段后均为0磅。

（9）参考文献。正文引用参考文献处应以方括号标注出。如“…效率可提高25%[1]。”表示此数据援引自文献1。参考文献的编写格式如下。

- 期刊文献的格式：[编号]作者、文章题目名、期刊名、年份、卷号、期数、页码。
- 图书文献的格式：[编号]作者、书名、出版单位、年份、版次。
- 会议文献的格式：[编号]作者、文章题目名、会议名（论文集）、年份、卷号、页码。

3. 实验准备工作

（1）复制素材。从教学辅助网站下载素材文件“应用案例5-本科毕业论文.rar”至本地计算机，并将该压缩文件解压缩。本案例素材均来自该文件夹。

（2）创建实验结果文件夹。在D盘或E盘上新建一个“本科毕业论文-实验结果”文件夹，用于存放结果文件。

4. 新建文档并保存

（1）启动Word 2010，新建一个空白文档。

（2）单击“快速访问工具栏”中的“保存”按钮，打开“另存为”对话框。

（3）选择保存位置为“本科毕业论文-实验结果”文件夹，文件名为“本科毕业论文”，保存类型为“Word文档（*.docx）”。单击“保存”按钮。

5. 页面设置

（1）单击“页面布局”选项卡“页面设置”组右下角的，打开“页面设置”对话框。在“页边距”选项卡中设置上、下2厘米，左2.5厘米，右1.5厘米，装订线0.5厘米；在“版式”选项卡中设置页眉1.2厘米，页脚1.5厘米，如图2-27所示。

（2）单击“插入”选项卡“页眉和页脚”组中的“页眉”按钮，选择“编辑页眉”命令，在页眉区键入“苏州大学本科生毕业设计（论文）”，并设置为小五号字、宋体，居中。

（3）在“页眉和页脚工具”的“设计”选项卡中，单击“导航”组中的“转至页脚”按钮，光标定位到页脚区，然后单击“页眉和页脚”组中的“页码”按钮，选择“当前位置”中的“普通数字”，并设置为居中。

（4）在“页眉和页脚工具”的“设计”选项卡中，单击“关闭”组中的“关闭页眉和页脚”按钮，返回正文编辑区。

6. 合并生成论文内容

（1）在正文处输入“目录”，按两次【Enter】键增加两行，并在第二个空行处插入一个分页符。

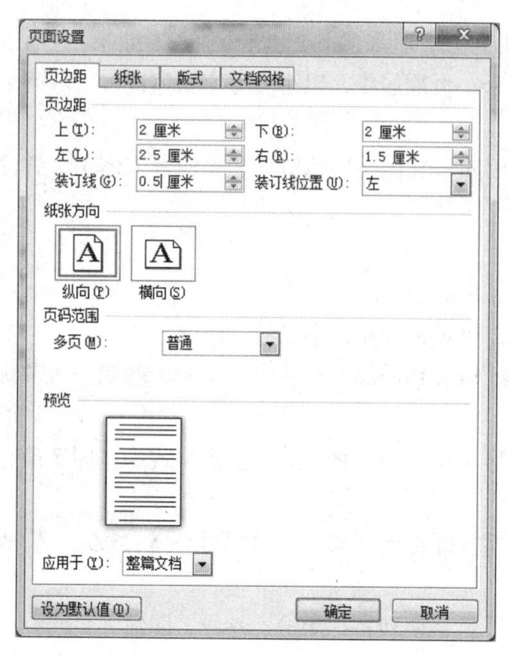

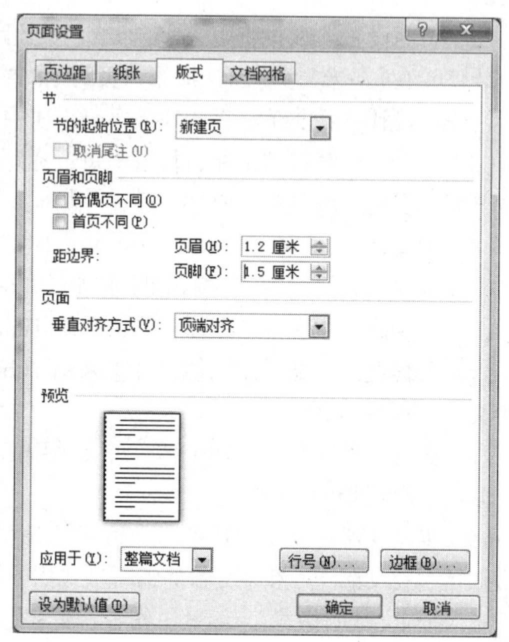

图 2-27　页面设置

（2）在正文最后一页输入“摘要”，按两次【Enter】键增加两行，并在第 1 个空行处插入“中文摘要.txt”中的全部内容，在最后一行处插入一个分页符。

（3）在正文最后一页输入“Abstract”，按两次【Enter】键增加两行，并在第 1 个空行处插入“英文摘要.txt”中的全部内容，在最后一行处插入一个分节符（下一页）。

（4）在正文最后一页输入“前言”，按两次【Enter】键增加两行，并在第 1 个空行处插入“前言.txt”中的全部内容，在最后一行处插入一个分节符（下一页）。

（5）在正文最后一页插入“正文.docx”中的全部内容，在最后一行处插入一个分页符。

（6）在正文最后一页输入“参考文献”，按两次【Enter】键增加两行，并在第 1 个空行处插入“参考文献.txt”中的全部内容，在最后一行处插入一个分页符。

（7）在正文最后一页输入“致谢”，按两次【Enter】键增加两行，并在第 1 个空行处插入“致谢.txt”中的全部内容。

7. 创建正文样式

（1）在“开始”选项卡中单击“样式”组右下角的按钮，打开“样式”窗格。

（2）在“样式”窗格中单击“新建样式”按钮，打开“根据格式设置创建新样式”对话框。

（3）在“名称”输入框中输入“论文正文”，如图 2-28 所示。

（4）单击“格式”按钮，选择“字体”命令，打开“字体”对话框，在“字体”选项卡中选择“中文字体”为“宋体”，“西文字体”为“Times New Roman”，如图 2-29 所示。设置完成后，单击“确定”按钮。

（5）单击“格式”按钮，选择“段落”命令，打开“段落”对话框。在“缩进和间距”选项卡中设置首行缩进 2 字符，“段前”“段后”间距 0 行，行距为“固定值”22 磅，如图 2-30 所示。设置完成后单击“确定”按钮。

（6）单击“根据格式设置创建新样式”对话框中的“确定”按钮后，选中全文，单击“样式”窗格中的“论文正文”样式。

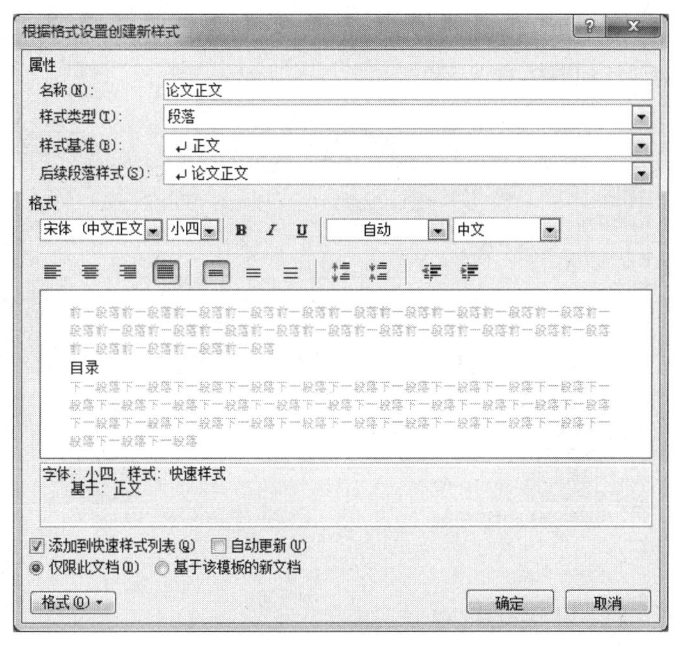

图 2-28　创建正文新样式

图 2-29　设置正文字体

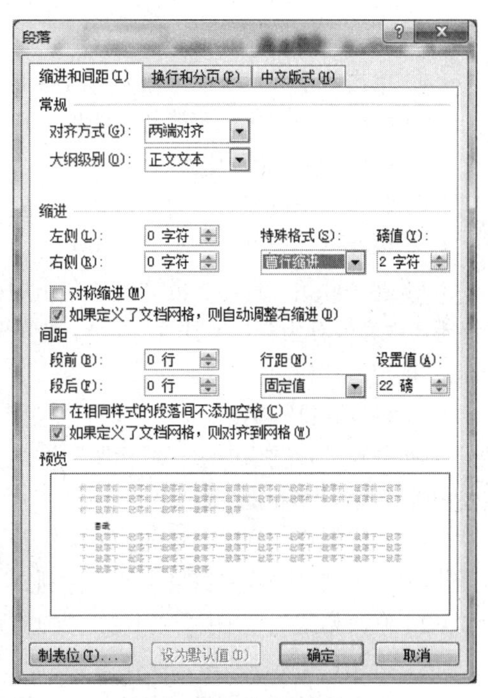

图 2-30　设置正文段落格式

8. 处理正文的西文字符格式

（1）在“开始”选项卡中，单击“编辑”组中的“替换”按钮，打开“查找和替换”对话框，单击“替换”选项卡中的“更多”按钮。

（2）将光标定位到“查找内容”文本框中，单击“特殊格式”按钮，选择“任意字母”命令。

（3）将光标定位到“替换为”文本框中，单击“格式”按钮，选择“字体”命令，在弹出的

“替换字体”对话框的“字体”选项卡中设置“西文字体”为 Times New Roman、四号，设置好后的“查找和替换”对话框如图 2-31 所示。

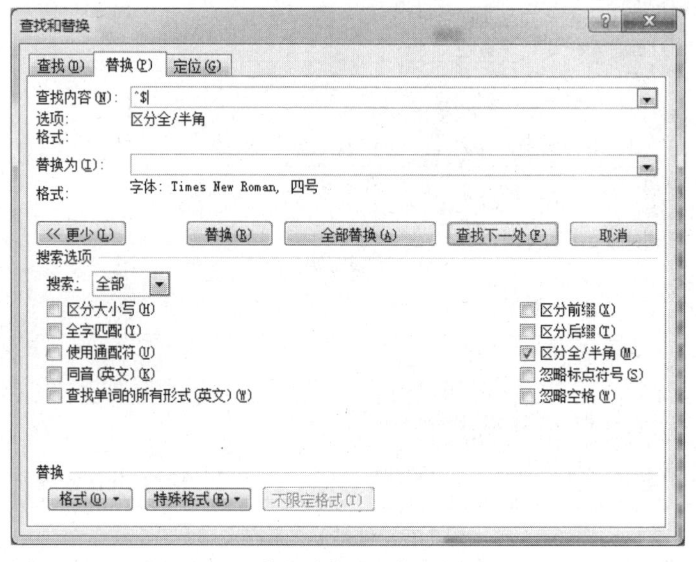

图 2-31 用替换功能设置英文字母的格式

（4）单击“全部替换”按钮，将所有英文字母设置为四号、Times New Roman。

（5）按同样的方法，用替换功能将所有“任意数字”设置为四号、Times New Roman。

9. 设置“章标题”格式

（1）将光标定位到文首的“目录”一段，选中该段落，单击“样式”窗格中的“标题 1”。

（2）修改格式为黑体、小二、居中。

（3）在“开始”选项卡的“样式”组中，单击“样式”列表右侧的 ，在展开的列表中选择“将所选内容保存为新快速样式”命令，在弹出的对话框中将“名称”设置为“章标题”（见图 2-32），单击“确定”按钮。

（4）将“摘要”“Abstract”“前言”“参考文献”“致谢”及每一章的标题均应用“章标题”样式。

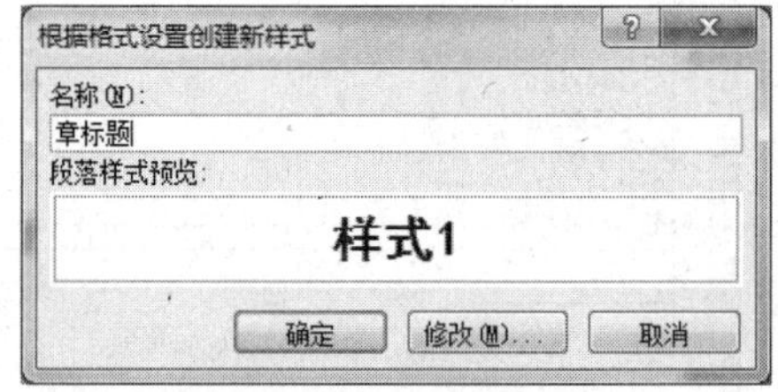

图 2-32 “根据格式设置创建新样式”对话框

10. 设置“节标题”格式

（1）将光标定位到第一章的 1.1 节标题处，选中该标题段落，单击“样式”窗格中的“标题 2”。

（2）修改格式为“宋体”“小三”“加粗”。

（3）将 1.1 节标题的格式保存为新样式“节标题”。

（4）将论文的所有同级标题应用“节标题”样式。

11. 设置“图片”格式

（1）将光标定位到第三章的 3.3 节的 3.3.2 小节，找到第 1 张图片，将光标定位到图片后的段落标记处。

（2）设置图片所在段的行距为“单倍行距”，以免图片被文字遮挡，并取消首行缩进。

（3）选中该图片所在的段落，保存该格式的样式为“图片”。

（4）将文中的所有图片均应用“图片”样式。

12. 为第 1 张图片添加“题注”并“交叉引用”该图片

（1）光标定位到第 1 张图片下面的段落，在“引用”选项卡中，单击“题注”组中的“插入题注”按钮，弹出“题注”对话框。

（2）单击“新建标签”按钮，在弹出的“新建标签”对话框中输入标签“图 3-”后单击“确定”按钮。

（3）返回“题注”对话框，在“题注”文本框中键入相应内容，如图 2-33 所示。单击“确定”按钮。

（4）删除图片下原有的图注，并设置新图注的格式为宋体、五号、居中对齐。

（5）选中新图注段落，将已设置的格式保存新样式为“图注”。

（6）找到图片上方段落中的“如图 3.3.2 所示”处，删除“图 3.3.2”，并将光标定位到“如”的后面。

（7）在“引用”选项卡中，单击“题注”组中的“交叉引用”按钮，弹出“交叉引用”对话框，将“引用类型”设置为“图 3-”，“引用内容”设置为“只有标签和编号”，如图 2-34 所示。单击“插入”按钮后单击“关闭”按钮。

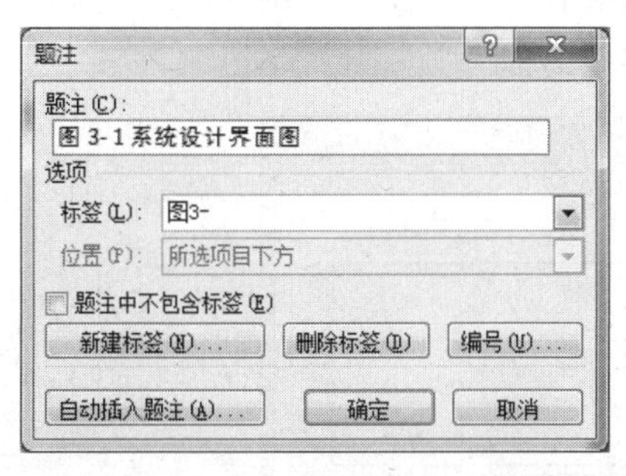

图 2-33　建立第三章的图片题注

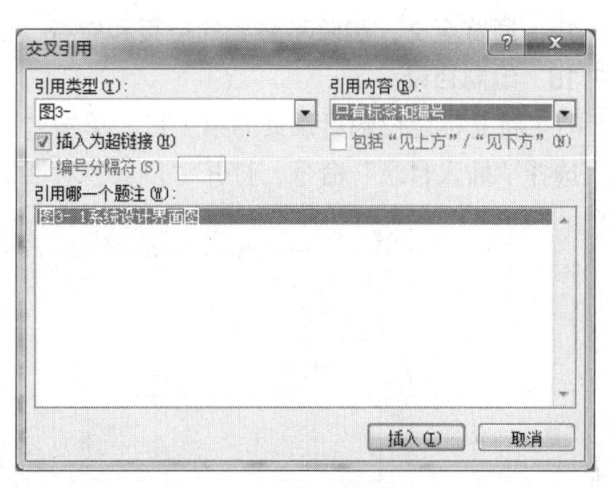

图 2-34　交叉引用题注

13. 为第四章的图片添加“题注”和应用样式

（1）光标定位到第四章的第 1 张图片下方的段落中，打开“题注”对话框。

（2）新建“图 4-”的标签，在“题注”文本框中按照图片下方的图注输入题注内容，单击“确定”按钮。

（3）删除原图注，并设置新图注的样式为“图注”。

（4）为第四章的第 2 张图片也建立题注并设置样式为“图注”。

14. 设置页码格式

（1）将光标定位到第 1 页，在“插入”选项卡的“页眉和页脚”组中，单击“页码”按钮，选择“设置页码格式”命令，弹出“页码格式”对话框，在“编号格式”下拉列表中选择“Ⅰ，Ⅱ，Ⅲ…”，如图 2-35 所示。单击“确定”按钮。

（2）将光标定位到“前言”中，双击页脚区的页码数字，切换到页脚编辑区，单击“页眉和页脚”工具，在“设计”选项卡中单击“链接到前一条页眉”按钮，取消链接。

（3）光标移到论文的正文节中，单击“链接到前一条页眉”按钮，取消跟上一节的链接。

（4）光标定位到正文第一章的第 1 页，在“页眉和页脚”工具的“设计”选项卡中，单击

“页眉和页脚”组中的“页码”按钮，选择“设置页码格式”命令，打开“页码格式”对话框，在“页码编号”中选中“起始页码”单选按钮，并设置为“1”，如图 2-36 所示。单击“确定”按钮。

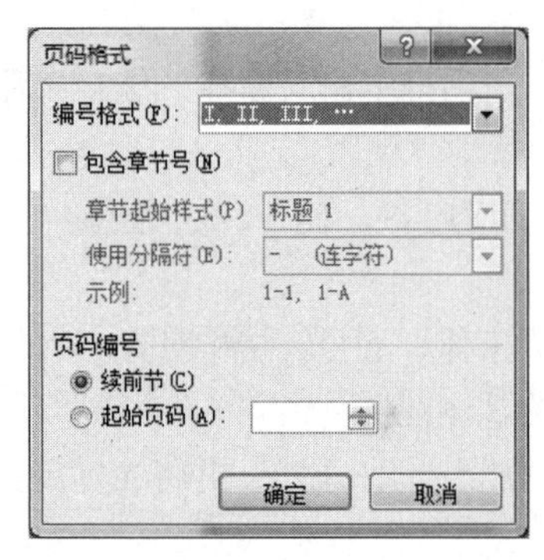

图 2-35　设置罗马数字格式的页码

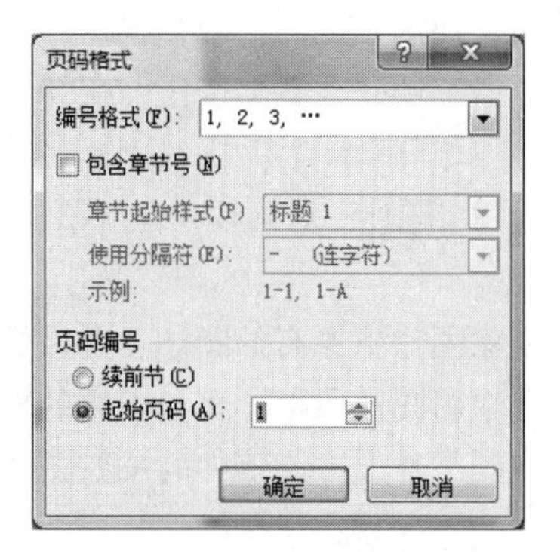

图 2-36　设置正文起始页码

（5）设置“前言”节中的页码格式“起始页码”为 0，并删除页码。

（6）单击“页眉和页脚”工具中的“关闭页眉和页脚”按钮，返回正文编辑区。

15. 通览全文，删除不必要的空页和空行，优化论文版面

16. 编制目录

（1）将光标定位到目录页的第 1 行，单击“引用”选项卡，在“目录”组中单击“目录”按钮，选择“插入目录”命令，打开“目录”对话框，如图 2-37 所示。

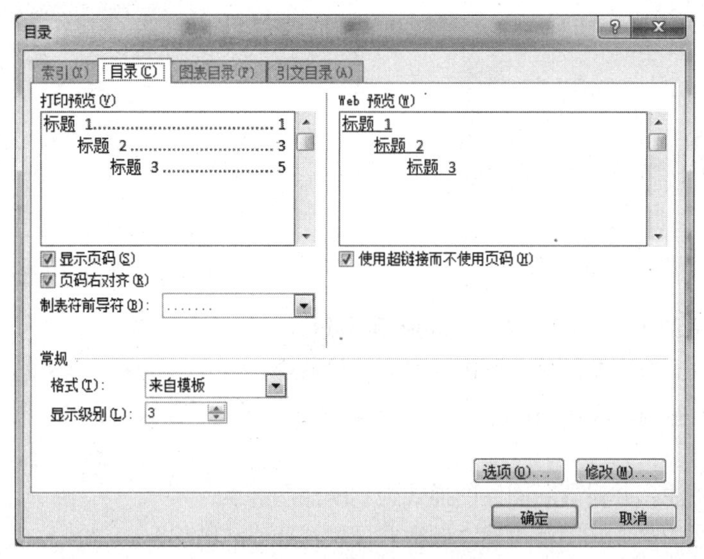

图 2-37　“目录”对话框

（2）单击“修改”按钮，打开“样式”对话框。

（3）在“样式”对话框中选择“目录 1”，单击“修改”按钮，打开“修改样式”对话框，单击“格式”按钮，选择“字体”命令，设置格式为黑体、四号，然后单击“修改样式”对话框中的“确定”按钮。

（4）在“样式”对话框中选择“目录 2”，单击“修改”按钮，打开“修改样式”对话框，单击“格式”按钮，选择“字体”命令，设置格式为宋体、四号。

（5）单击“样式”对话框的“确定”按钮后，返回“目录”对话框，单击“确定”按钮。

17. 保存文档

单击窗口左上角“快速访问工具栏”中的“保存”按钮，或单击“文件”选项卡→选择“保存”命令，保存操作结果。

2.3.5 练习

具体要求如下。

1. 实验准备工作。

（1）复制素材。从教学辅助网站下载素材文件“练习 5-硕士论文.rar”至本地计算机，并将该压缩文件解压缩。

（2）创建实验结果文件夹。在 D 盘或 E 盘上新建一个“硕士论文-实验结果”文件夹，用于存放结果文件。

2. 用 Word 2010 打开“硕士论文.docx”，另存在“硕士论文-实验结果”文件夹中。

3. 设置页面、页眉和页脚。

（1）采用 A4 纸，上、下页边距为 2.35 厘米，左边距 2 厘米，右边距 2.5 厘米，装订线在左侧 1 厘米。

（2）将文中的所有分页符改为分节符（下一页），并设置奇数页页眉横线左侧为“基于强化学习的 RoboCup 策略优化”，右侧为章节标题；偶数页页眉横线左侧为章节标题，右侧为“基于强化学习的 RoboCup 策略优化”。

（3）页码位于页脚区，居中排列。第 1 页自序言或引言部分开始，以小写的阿拉伯数字顺序编号。中英文摘要的页码用罗马数字（如Ⅰ、Ⅱ、Ⅲ等）编号，目录部分不编页码。

4. 创建样式。

（1）大标题用小二号黑体。

（2）小标题用四号黑体。

（3）参考文献及附录内容用四号楷体。

（4）正文用四号宋体。

5. 题注及编号。

（1）参考文献按文中引用的顺序附于文末，采用阿拉伯数字连续编号。

（2）图序及图名置于图的下方，分章编号，如“图 1-1”。

（3）表序及表名置于表的上方，分章编号，如“表 1-1”。

（4）公式的编号用括号括起写在右边行末，其间不加虚线，分章编号，如“公式 1-1”。

（5）题注的引用应使用交叉引用。

6. 添加目录。

（1）大标题采用四号黑体。

（2）小标题采用四号宋体。

（3）标题与页码间用“……”连接。

（4）目录仅从正文开始编录（正文之前的标题大纲级别应设为正文）。

7. 保存文件。

第3章 Excel 2010 电子表格软件

3.1 Excel 表格的基本编辑与美化

3.1.1 案例概述

1. 案例目标

各个企业和单位，都有大量的人员信息需要维护，随着企业规模越来越大，人员信息的数量也会越来越多。使用 Excel 来管理人员信息是一种很方便的手段，可以减轻统计人员的工作负担，提高工作效率。

本案例中，我们需要创建一个工作簿文件“员工信息表.xlsx”，其中包含 3 张工作表，分别为“员工信息登记表”“员工统计表”和“值班表”。本案例通过制作这 3 张工作表，帮助读者熟练掌握 Excel 中的一些基本操作，如输入数据、合并单元格、设置边框等。

2. 知识点

本案例涉及的主要知识点如下。

（1）工作簿的创建与保存；

（2）数据的输入与导入；

（3）合并单元格；

（4）使用填充柄填充数据；

（5）设置单元格字体、颜色及对齐方式；

（6）设置单元格边框和底纹；

（7）复制、删除工作表；

（8）冻结工作簿；

（9）修改工作表名称；

（10）设置工作表标签颜色；

（11）插入批注；

（12）使用格式刷。

3.1.2 知识点总结

1. Excel 基本概念

Excel 基本概念如表 3-1 所示。

表 3-1　　Excel 基本概念

名称	含义	说明
工作簿	扩展名为.xlsx 的 Excel 文件	启动 Excel 后，系统会自动创建一个名为“Book1”的工作簿
工作表	用于存储数据、处理数据	一个工作簿中可以包含很多张工作表，用户在同一时间只能对一张工作表进行操作，正处于操作状态的工作表叫作当前工作表
单元格	每个行与列交叉形成的若干小格	是 Excel 的基本元素，可以在单元格中输入数字、文字、日期、公式等数据。每个单元格都有一个地址，由“行号”与“列标”组成

2. 界面组成

通过“开始”菜单启动 Excel 2010 后，系统将自动打开一个默认名为“工作簿 1”的新工作簿，工作界面如图 3-1 所示。界面主要由快速访问工具栏、标题栏、功能区、编辑栏、工作表编辑区、工作表标签和状态栏等部分组成。

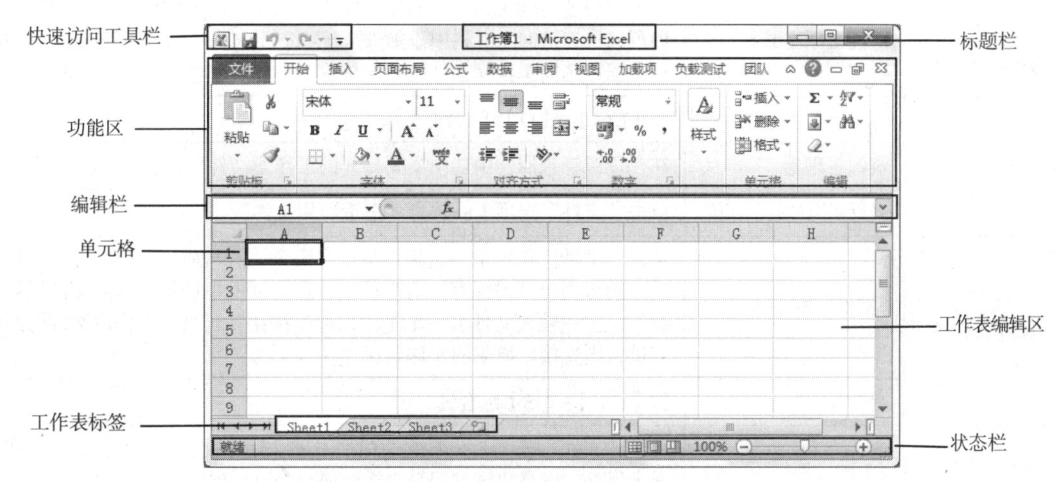

图 3-1　Excel 2010 工作界面

（1）快速访问工具栏。该工具栏位于工作界面的左上角，包含一组用户使用频率较高的工具，类似于 Excel 之前版本的“常用”工具栏，有“新建”“保存”“撤销”“恢复”等按钮。

（2）标题栏。该栏位于工作界面的顶端，显示出当前正在编辑的工作簿名称。

（3）功能区。该区位于标题栏的下方，是一个由选项卡组成的区域，常用的选项卡有文件、开始、插入、页面布局、公式、数据、审阅和视图。

（4）编辑栏。编辑栏主要用于显示、输入和修改活动单元格中的数据或公式。

（5）工作表编辑区。工作表编辑区位于工作簿窗口的中央区域，由行号、列标和网格线构成。行与列的相交处构成一个单元格。

（6）工作表标签。工作表标签位于工作簿窗口的左下角，默认名称为 Sheet1、Sheet2、Sheet3 等。单击不同的工作表标签可在工作表间进行切换。

（7）状态栏。状态栏位于窗口的底部，用于显示当前的相关状态信息。

3. 工作簿基本操作

工作簿基本操作如表 3-2 所示。

表 3-2　　工作簿基本操作

操作	使用方法	概要描述
创建工作簿	“文件”选项卡	单击“文件”选项卡→选择“新建”→在窗口中间选择“可用模板”中的“空白工作簿”→单击“创建”按钮
	快速访问工具栏	单击“快速访问工具栏”右侧的按钮→出现下拉菜单→选择“新建”，即可向“快速访问工具栏”中添加“新建”按钮→单击该按钮
	组合键	按【Ctrl】+【N】组合键
	根据现有的模板创建新工作簿	单击“文件”选项卡→选择“新建”→在窗口中间选择“样本模板”→选择需要的模板→单击“创建”按钮
	根据现有的工作簿创建	单击“文件”选项卡→选择“新建”→在窗口中间选择“根据现有内容新建”→选择需要的文件→单击“打开”按钮
打开工作簿	“文件”选项卡	单击“文件”选项卡→选择“打开”→在“打开”对话框中选择工作簿文件所在的位置和文件名→单击“打开”按钮
	快速访问工具栏	单击“快速访问工具栏”右侧的按钮→出现下拉菜单→选择“打开”，即可向快速访问工具栏中添加“打开”按钮→单击该按钮弹出“打开”对话框→选择工作簿文件所在的位置和文件名→单击“打开”按钮
	组合键	按【Ctrl】+【O】组合键
	资源管理器	在“资源管理器”中选中需要打开的工作簿文件后，直接双击鼠标左键
	最近使用过的工作簿	单击“文件”选项卡→选择“最近所用文件”
保存工作簿	“文件”选项卡	单击“文件”选项卡→选择“保存”命令→若当前工作簿文件从未保存过，则将弹出“另保存”对话框→在该对话框中选择工作簿文件所要存放的位置→输入文件名→单击“保存”按钮。若当前工作簿文件已经保存过，则直接以原来的文件名保存
	组合键	按【Ctrl】+【S】组合键
关闭工作簿	“文件”选项卡	单击“文件”选项卡→选择“关闭”，将关闭当前工作簿文件，若工作簿尚未保存，则会出现询问是否需要保存的对话框
	文档窗口标题栏	单击工作簿窗口右上角第二行的“关闭”按钮，关闭当前工作簿；单击工作簿窗口右上角的第一行的“关闭”按钮，关闭当前工作簿。若所有的工作簿均已关闭，则此时将退出 Excel 软件
	“文件”选项卡	单击“文件”选项卡→选择“退出”

4. 工作表基本操作

工作表基本操作如表 3-3 所示。

表 3-3　　工作表基本操作

操作		使用方法	概要描述
选择工作表	单个工作表	单击鼠标	单击工作簿底部相应的工作表标签即可选择相应的工作表
	相邻的多个工作表	单击鼠标	单击第一个工作表标签→按住【Shift】键→单击最后一个工作表标签

续表

<table>
<tr><th colspan="2">操作</th><th>使用方法</th><th>概要描述</th></tr>
<tr><td>选择工作表</td><td>不相邻的多个工作表</td><td>单击鼠标</td><td>单击第一个工作表标签→按住【Ctrl】键→单击所需的工作表标签。（当同时选择了多个工作表时，当前工作簿的标题栏将出现“工作组”字样。单击任意一个工作表标签可取消工作组，标题栏的“工作组”字样也同时消失）</td></tr>
<tr><td colspan="2" rowspan="3">重命名工作表</td><td>鼠标双击</td><td>双击要重命名的工作表标签→直接输入新的名字→输入完成后按【Enter】键</td></tr>
<tr><td>快捷菜单</td><td>右击要重命名的工作表标签→在弹出的快捷菜单中选择“重命名”→输入新的名字→输入完成后按【Enter】键</td></tr>
<tr><td>“开始”选项卡</td><td>单击“开始”选项卡→“单元格”→“格式”按钮→在下拉菜单中选择“重命名工作表”</td></tr>
<tr><td colspan="2" rowspan="3">插入新工作表</td><td>“插入工作表”按钮</td><td>单击工作表标签右侧的“插入工作表”按钮</td></tr>
<tr><td>快捷菜单</td><td>右击工作表标签→在弹出的快捷菜单中选择“插入”→在打开的对话框中单击“常用”选项卡→单击“工作表”图标→单击“确定”按钮</td></tr>
<tr><td>“开始”选项卡</td><td>单击“开始”选项卡→单击“单元格”组中的“插入”按钮→在弹出的下拉菜单中选择“插入工作表”命令</td></tr>
<tr><td colspan="2" rowspan="2">删除工作表</td><td>“开始”选项卡</td><td>选择要删除的工作表→单击“开始”选项卡“单元格”组中的“删除”按钮→在下拉菜单中选择“删除工作表”。删除的工作表被永久删除，不能恢复</td></tr>
<tr><td>快捷菜单</td><td>选择要删除的工作表→右击其中任意一个工作表标签→在弹出的快捷菜单中选择“删除”。删除的工作表被永久删除，不能恢复</td></tr>
<tr><td colspan="2" rowspan="3">移动或复制工作表</td><td>使用菜单</td><td>选中要移动或复制的工作表→单击“开始”选项卡“单元格”组中的“格式”按钮→在下拉菜单中选择“移动或复制工作表”命令→弹出“复制或移动工作表”对话框→在该对话框中选择好目标工作簿→选择工作表要移动或复制的位置→根据需要选择是否建立副本→单击“确定”按钮</td></tr>
<tr><td>鼠标右键</td><td>右击选中的工作表标签→在弹出的快捷菜单中选择“移动或复制工作表”→弹出“复制或移动工作表”对话框→在该对话框中选择好目标工作簿→选择工作表要移动或复制的位置→根据需要选择是否建立副本→单击“确定”按钮</td></tr>
<tr><td>鼠标拖动</td><td>打开目标工作簿→选中要移动或复制的工作表→按住鼠标左键→沿着标签栏拖动鼠标→当小黑三角形移到目标位置时，松开鼠标左键。若要复制工作表，则要在拖动工作表的过程中按住【Ctrl】键</td></tr>
<tr><td rowspan="4">拆分工作表</td><td rowspan="2">水平拆分</td><td>拖动鼠标</td><td>用鼠标向下拖动行拆分线（在垂直滚动条的顶端）至适当位置松开鼠标</td></tr>
<tr><td>“视图”选项卡</td><td>单击要进行水平拆分的行号→单击“视图”选项卡“窗口”组中的“拆分”按钮 拆分</td></tr>
<tr><td rowspan="2">垂直拆分</td><td>拖动鼠标</td><td>用鼠标向左拖动列拆分线（在水平滚动条的右端）至适当位置松开鼠标</td></tr>
<tr><td>“视图”选项卡</td><td>单击要进行垂直拆分的列号→单击“视图”选项卡“窗口”组中的“拆分”按钮 拆分</td></tr>
</table>

续表

操作		使用方法	概要描述
拆分工作表	同时进行水平、垂直拆分	“视图”选项卡	单击工作表中某单元格→单击“视图”选项卡“窗口”组中的“拆分”按钮 拆分
	取消拆分	“视图”选项卡	在工作表处于拆分状态时，再次单击“视图”选项卡“窗口”组中的“拆分”按钮，将同时取消水平拆分和垂直拆分的效果
冻结工作表	冻结首行	“视图”选项卡	单击“视图”选项卡“窗口”组中的“冻结窗格”按钮→在下拉列表中选择“冻结首行”
	冻结首列	“视图”选项卡	单击“视图”选项卡“窗口”组中的“冻结窗格”按钮→在下拉列表中选择“冻结首列”
	基于单元格冻结	“视图”选项卡	单击工作表中某单元格→单击“视图”选项卡“窗口”组中的“冻结窗格”按钮→在下拉列表中选择“冻结拆分窗格”
	取消冻结	“视图”选项卡	单击“视图”选项卡“窗口”组中的“冻结窗格”按钮→在下拉列表中选择“取消冻结窗格”

5. 单元格基本操作

单元格基本操作如表 3-4 所示。

表 3-4 单元格基本操作

操作		使用方法	概要描述
选择单元格	单个单元格	鼠标	用鼠标直接单击所要选择的单元格
	连续单元格	拖动鼠标	按住鼠标左键并拖动鼠标→到适当位置后松开
		【Shift】键	单击要选择区域的第一个单元格→按住【Shift】键的同时单击最后一个单元格
	不连续单元格	【Ctrl】键	单击任意一个要选择的单元格→按住【Ctrl】键的同时单击其他需要选择的单元格
	一行或一列	鼠标单击	单击所要选择的行号或列标
	连续的多行或多列	拖动鼠标	选中第一行或第一列→按下鼠标左键并拖动
		【Shift】键	选中第一行或第一列→按住【Shift】键的同时选中最后一行或一列
	不连续的多行或多列	【Ctrl】键	选中第一行或第一列→按住【Ctrl】键的同时选中其他需要选择的行或列
	全选	组合键	按【Ctrl】+【A】组合键
		全选按钮	单击工作表左上角的全选按钮
合并单元格		“合并后居中”按钮	选中要进行合并操作的单元格区域→单击“开始”选项卡“对齐方式”组中的“合并后居中”按钮。也可单击其右侧下拉箭头，在下拉列表中选择“合并后居中”
		“开始”选项卡	选中要进行合并操作的单元格区域→单击“开始”选项卡“对齐方式”组右下角的→打开“设置单元格格式”对话框→单击“对齐”选项卡→选中“合并单元格”复选框→单击“确定”按钮

续表

操作	使用方法	概要描述
取消合并单元格	“合并后居中”按钮	选中已经合并的单元格→单击“开始”选项卡“对齐方式”组中的“合并后居中”按钮。也可单击“合并后居中”按钮右侧箭头→在下拉列表中选择“取消单元格合并”
	“开始”选项卡	选中已经合并的单元格→单击“开始”选项卡“对齐方式”组右下角的→打开“设置单元格格式”对话框→单击对话框的“对齐”选项卡→取消选中“合并单元格”复选框→单击“确定”按钮
插入单元格	“开始”选项卡	选择要插入单元格的位置→单击“单元格”组中的“插入”按钮→在下拉列表中选择“插入单元格”
	快捷菜单	右击要插入单元格的位置→在弹出的快捷菜单中选择“插入”→在“插入”对话框，选择一种插入方式→单击“确定”按钮
插入行或列	“开始”选项卡	单击某单元格→单击“开始”选项卡“单元格”组中的“插入”按钮→在下拉列表中选择“插入工作表行”或“插入工作表列”
删除单元格、行与列	“开始”选项卡	选中要删除的单元格、行或列→单击“开始”选项卡“单元格”组中的“删除”按钮→选择“删除单元格”“删除工作表行”或“删除工作表列”
	快捷菜单	右击要删除的一个单元格→在弹出的快捷菜单中选择“删除”→在“删除”单元格对话框中，选择一种删除方式→单击“确定”按钮

6. 撤销和恢复

撤销和恢复操作如表3-5所示。

表3-5　撤销和恢复操作

操作	使用方法	概要描述
撤销	快速访问工具栏	单击“快速访问工具栏”的“撤销”按钮
	组合键	按【Ctrl】+【Z】组合键
恢复	快速访问工具栏	单击“快速访问工具栏”的“恢复”按钮
	组合键	按【Ctrl】+【Y】组合键

7. 输入数据

输入数据操作如表3-6所示。

表3-6　输入数据操作

操作		使用方法	概要描述
直接输入	文本类型	直接输入	● 一般的文本直接输入即可。 ● 按【Alt】+【Enter】组合键实现在单元格内换行。 ● 如果文本由纯数字组成，例如学生的学号、手机号、身份证号码、邮政编码等，在输入时应该在数字前加一个英文的单引号作为纯数字文本的前导符
	数值类型	直接输入	默认的对齐方式为右对齐。若要输入一个分数“2/3”，方法是先输入一个“0”，然后输入一个空格，再输入“2/3”，即“0 2/3”

续表

操作		使用方法	概要描述
直接输入	日期类型	直接输入	日期的一般格式为“年-月-日”或“月-日”或“日-月”。如果日期中没有给定年份，则系统默认使用当前的年份（以计算机系统的时间为准）
		组合键	按【Ctrl】+【;】组合键可以输入当时系统的日期
	时间类型	直接输入	时间的一般格式为“时：分：秒”，如果要同时输入日期与时间，需要在日期与时间之间输入一个空格
		组合键	按【Ctrl】+【Shift】+【;】组合键可以输入当前系统时间
	逻辑类型	直接输入	只有两个值，即 TRUE 与 FALSE，分别表示“真”与“假”
填充柄填充数据	相同数据	填充柄	在第一个单元格中输入数据，然后向上、下、左或右拖动填充柄即可
	等差序列	填充柄	在第一个单元格中输入序列的第一个数值→在第二个单元格中输入序列的第二个数值→将这两个单元格选中→拖动右下角的填充柄进行填充
	等比序列	“填充”按钮	输入第一个数据→选择“开始”选项卡“编辑”选项组中的“填充”按钮→在下拉菜单中选择“系列”命令→打开“序列”对话框→选择类型为“等比序列”→输入“步长值”和“终止值”→单击“确定”按钮
	自定义序列，如“赵”“钱”“孙”“李”“周”“吴”“郑”“王”	“Excel 选项”对话框	● 选择“文件”选项卡中的“选项”按钮，打开“Excel 选项”对话框。 ● 在左栏中选择“高级”命令，在右栏中选择“常规”组中的“编辑自定义列表”按钮，打开 “自定义序列”对话框。 ● 在“输入序列”列表框中，输入自定义序列。每个数据项一行，或用英文逗号分隔。 ● 单击“添加”按钮，将该序列添加到自定义序列列表中。 ● 添加了自定义序列后，若在 A1 单元格中输入“赵”，拖动 A1 单元格的填充柄即可生成该序列
导入数据	从文本文件导入	“数据”选项卡	选择“数据”选项卡“获取外部数据”组中的“自文本”按钮，打开“导入文本文件”对话框，选中文本文件后单击“打开”按钮
	从网站导入	“数据”选项卡	选择“数据”选项卡“获取外部数据”组中的“自网站”按钮→打开“新建 Web 查询”对话框→将 URL 地址粘贴到对话框中的“地址”栏→单击“转到”按钮→在网页的左侧有若干，单击某个箭头后，箭头符号变为，此时，网站中对应的区域被选中，该区域的内容即为需要导入 Excel 中的数据
	从 Access 导入	“数据”选项卡	选择“数据”选项卡“获取外部数据”组中的“自 Access”按钮→在打开的对话框中选中文件后单击“打开”按钮

8. 插入批注

插入批注操作如表 3-7 所示。

表 3-7 插入批注操作

操作	使用方法	概要描述
添加批注	“审阅”选项卡	选中单元格→选择“审阅”选项卡“批注”组中的“新建批注”按钮→在出现的批注区域中输入批注内容
	快捷菜单	右击单元格→在弹出的快捷菜单中选择“插入批注”命令→在出现的批注区域中输入批注内容
编辑批注	“审阅”选项卡	选中有批注的单元格→单击“审阅”选项卡中“批注”组里的“编辑批注”按钮→打开批注框→编辑其中的内容
	快捷菜单	右击单元格→在弹出的快捷菜单中选择“编辑批注”→打开批注框→编辑其中的内容
删除批注	“审阅”选项卡	选中有批注的单元格→单击“审阅”选项卡“批注”组中的“删除”按钮
	快捷菜单	右击有批注的单元格→在弹出的快捷菜单中选择“删除批注”命令
	【Delete】键	编辑批注时→单击批注框的边框→按【Delete】键删除批注

9. 格式设置

格式设置操作如表 3-8 所示。

表 3-8 格式设置操作

操作	使用方法	概要描述
套用表格格式	“开始”选项卡	选择“开始”选项卡“样式”组中的“套用表格格式”按钮
设置单元格格式	“开始”选项卡中的按钮	“字体”组、“数字”组、“对齐方式”组
	“设置单元格格式”对话框	通过“设置单元格格式”对话框可以进行更为全面的格式设置。单击上述任意一组右下角的时，将打开“设置单元格格式”对话框
设置行高或列宽	鼠标拖动	将鼠标指针移到某行行号的下框线或某列列标的右框线处→当鼠标指针变为✛或✛时→按住鼠标左键进行上下或左右移动→至合适位置后释放鼠标即可。当鼠标指针变为✛或✛时，双击鼠标可将行高和列宽设置为最适合的行高或列宽
	利用菜单设置	单击“开始”选项卡“单元格”组中的“格式”按钮→在下拉菜单中选择“行高”或“列宽”→打开“行高”或“列宽”对话框→输入数据
行或列的隐藏	设置行高或列宽	将要隐藏的若干行的行高或列的列宽设置为数值 0
	“开始”选项卡	单击“开始”选项卡“单元格”组中的“格式”按钮→在下拉菜单中选择“隐藏和取消隐藏”功能→在子菜单中选择“隐藏行”或“隐藏列”
	鼠标右键	选择好需要隐藏的若干行或若干列→在行标或列标上单击鼠标右键→在弹出的快捷菜单中选择“隐藏”
取消隐藏	鼠标拖动	将鼠标指针移到隐藏行下方的行框线或隐藏列右边的列框线附近，当鼠标指针变为✛，按住鼠标左键向下或向右拖动即可
	“开始”选项卡	选中包含隐藏行或隐藏列在内的若干行或列，如第 3 行被隐藏，则选中第 2 行到第 4 行→单击“开始”选项卡“单元格”组中的“格式”按钮→在下拉菜单中选择“隐藏和取消隐藏”→在子菜单中选择“取消隐藏行”或“取消隐藏列”
	鼠标右键	选中包含隐藏行或隐藏列在内的若干行或列→在行标或列标上单击鼠标右键→在弹出的快捷菜单中选择“取消隐藏”

续表

操作	使用方法	概要描述
格式的复制	格式刷	● 单击“格式刷”按钮可以复制一次格式。 ● 双击“格式刷”按钮可以将复制好的格式多次应用到新的单元格中
删除单元格格式	“开始”选项卡	单击“开始”选项卡“编辑”组中的“清除”按钮→在下拉列表中选择“清除格式”
	格式刷	选中一个未编辑过的空白单元格→单击格式刷→然后拖动鼠标去选中要删除格式的单元格区域

3.1.3 应用案例 6：员工信息表

1. 案例效果图

本案例中共完成 3 张工作表，分别为“员工统计表”“员工信息登记表”和“值班表”，完成后的效果分别如图 3-2～图 3-4 所示。

2018年度企业员工统计表

员工编号	姓名	性别	部门	身份证号	出生日期	毕业院校	专业	联系电话
1	王志强	男	行政部	322920197903021932	1979年3月2日	苏州大学	金融	13782638273
2	马爱华	女	生产部	330101197610120104	1976年10月12日	河海大学	计算机	18936262547
3	马勇	男	行政部	330203196908023318	1969年8月2日	苏州大学	工商管理	13978372648
4	王传	男	生产部	210302198607160938	1986年7月16日	南京大学	电子	18173717372
5	吴晓丽	女	售后部	210303198412082729	1984年12月8日	复旦大学	电子	18036382638
6	张晓军	男	销售部	130133197310132131	1973年10月13日	常熟理工大学	计算机	15738436238
7	朱强	男	销售部	622723198602013432	1986年2月1日	南京大学	电子	13826473624
8	朱晓晓	女	生产部	32058419701107020X	1970年11月7日	南京理工大学	工商管理	14729471294
9	包晓燕	女	行政部	21030319841208272X	1984年12月8日	苏州科技大学	财会	13972748264
10	顾志刚	男	销售部	210303196508131212	1965年8月13日	同济大学	计算机	13927251749
11	李冰	男	销售部	152123198510030654	1985年10月3日	浙江大学	金融	18036342834
12	任卫杰	男	研发部	120117198507020614	1985年7月2日	苏州大学	电子	18353826492
13	王刚	男	研发部	210303198105153618	1981年5月15日	苏州大学	计算机	18836254935
14	吴英	女	行政部	210304198503040065	1985年3月4日	南京理工大学	文秘	13976351832
15	李志	女	售后部	370212197910054747	1979年10月5日	苏州大学	物流	18027352813
16	刘畅	女	销售部	37010219780709298X	1978年7月9日	南京大学	计算机	13372648251

说明：
1. 2018年度已经离职人员不列入本次统计范围。
2. 2018年度连续请假超过三个月的人员不列入本次统计范围。

员工统计表 / 员工信息登记表 / 值班表

图 3-2 “员工统计表”工作表效果图

2. 实验准备工作

（1）复制素材。从教学辅助网站下载素材文件“应用案例 6-员工信息.rar”至本地计算机，并将该压缩文件解压缩。本案例素材均来自该文件夹。

（2）创建实验结果文件夹。在 D 盘或 E 盘上新建一个“员工信息表-实验结果”文件夹用于存放结果文件。

3. 新建工作簿和工作表

（1）新建一个 Excel 工作簿，保存至本次的实验结果文件夹内，文件名为“员工信息表.xlsx”。

（2）在工作表标签上单击鼠标右键，在弹出的快捷菜单中选择“重命名”命令，将工作簿中的 3 张默认工作表的名称分别修改为“员工统计表”“员工信息登记表”和“值班表”。

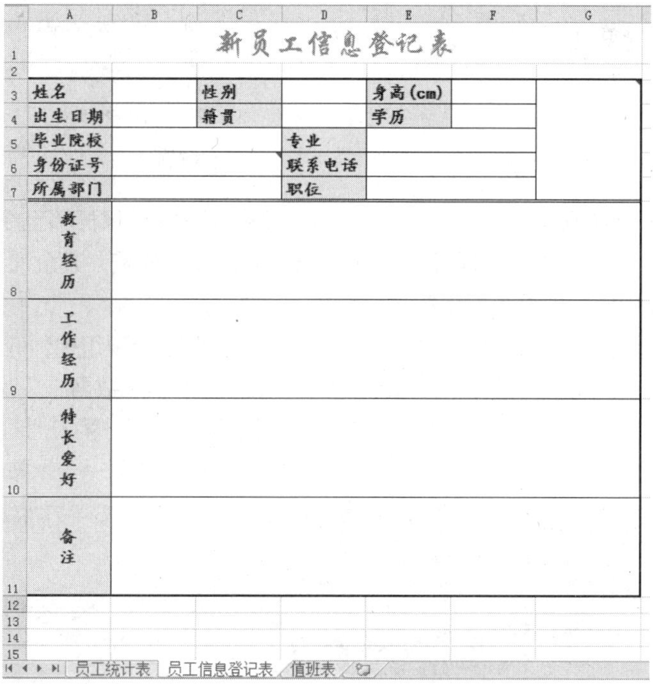

新员工信息登记表						
姓名		性别		身高（cm）		
出生日期		籍贯		学历		
毕业院校			专业			
身份证号			联系电话			
所属部门			职位			
教育经历						
工作经历						
特长爱好						
备注						

员工统计表 员工信息登记表 值班表

图 3-3 “员工信息登记表”工作表效果图

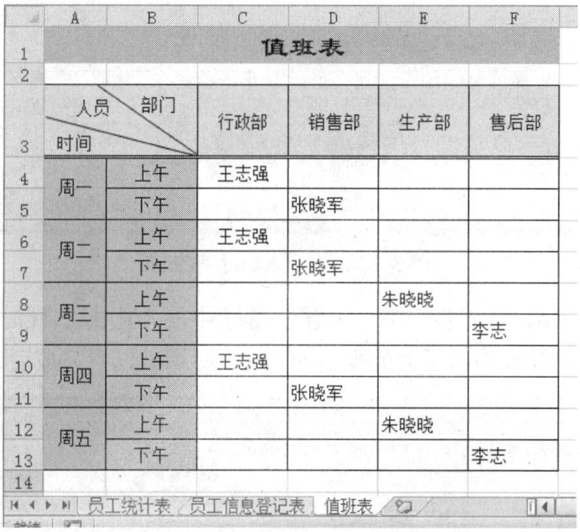

值班表					
部门 人员 时间		行政部	销售部	生产部	售后部
周一	上午	王志强			
	下午		张晓军		
周二	上午	王志强			
	下午		张晓军		
周三	上午			朱晓晓	
	下午				李志
周四	上午	王志强			
	下午		张晓军		
周五	上午			朱晓晓	
	下午				李志

员工统计表 员工信息登记表 值班表

图 3-4 “值班表”工作表效果图

4. 在“员工统计表”中输入标题，并设置格式

（1）在 A1 单元格中输入“2018 年度企业员工统计表”。

（2）选中 A1:I1 区域，单击“开始”选项卡“对齐方式”组中的“合并后居中”按钮 合并后居中，将标题文字合并居中。

（3）设置 A1 单元格的字体为“楷体”、字号为“24”、字体颜色为“深蓝，文字 2，淡色 40%”。

5. 输入“员工统计表”的表头数据，并设置格式

（1）在 A3:I3 单元格区域中依次输入表头的文字，内容如图 3-5 所示。

（2）设置 A3:I3 区域的字体为“宋体”、字号为“15”。

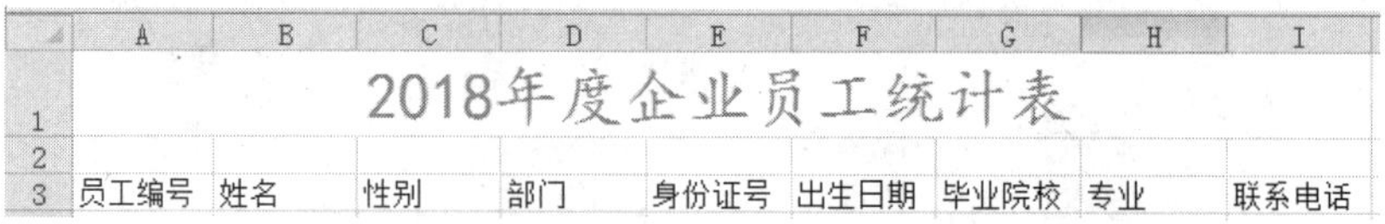

	A	B	C	D	E	F	G	H	I
1	2018年度企业员工统计表								
2									
3	员工编号	姓名	性别	部门	身份证号	出生日期	毕业院校	专业	联系电话

图 3-5 “员工统计表”的表头数据

（3）将 A 列至 I 列的列宽设置为最适合的列宽，具体方法为：鼠标移至在 A 列与 B 列的相交处，指针变为✛箭头时，双击鼠标即可。将 A 列设置为最合适列宽，其余列与此类似。

6. 在“员工统计表”中导入员工数据

（1）选中 B4 单元格后，在“数据”选项卡“获取外部数据”选项组中，单击“自文本”按钮。

（2）在“导入文本文件”对话框中，选择素材文件夹里的“员工数据.txt”文件。

（3）在“文本导入向导-第 1 步”中，设置原始数据类型为“分隔符号”，导入起始行为 2，文件原始格式为“简体中文”，如图 3-6 所示。设置完成后单击“下一步”按钮。

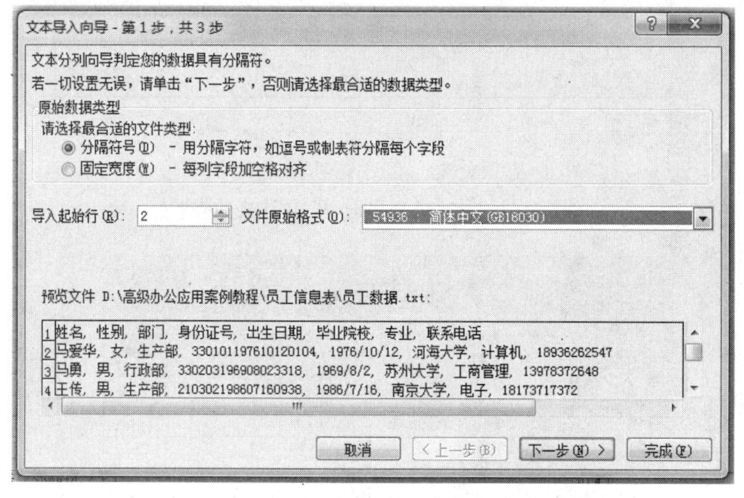

图 3-6 文本导入向导-第 1 步

（4）在“文本导入向导-第 2 步”中，设置分隔符号为“逗号”，此时在下方的数据预览区域中，可以发现原始数据已经分为若干列数据，如图 3-7 所示。设置完成后，单击“下一步”按钮。

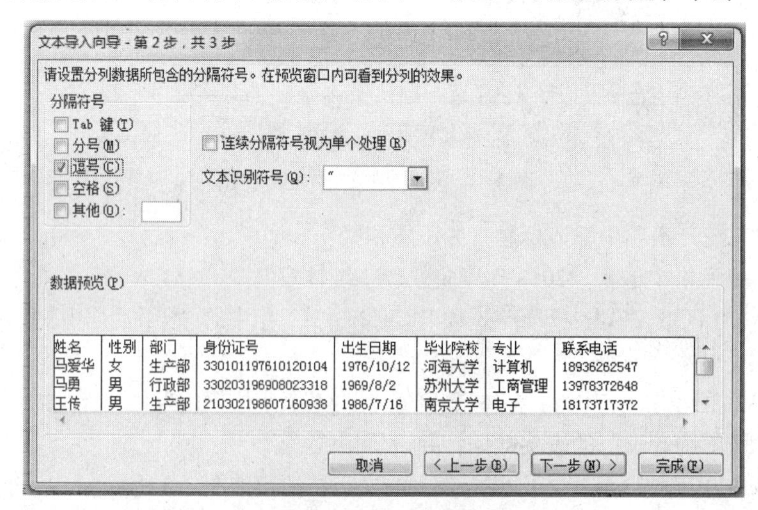

图 3-7 文本导入向导-第 2 步

（5）在“文本导入向导-第 3 步”中，可以设置各列数据的数据类型。请在数据预览区域选中“身份证号”列数据，再将其列数据格式设置为“文本”，如图 3-8 所示。设置完成后单击“完成”按钮。

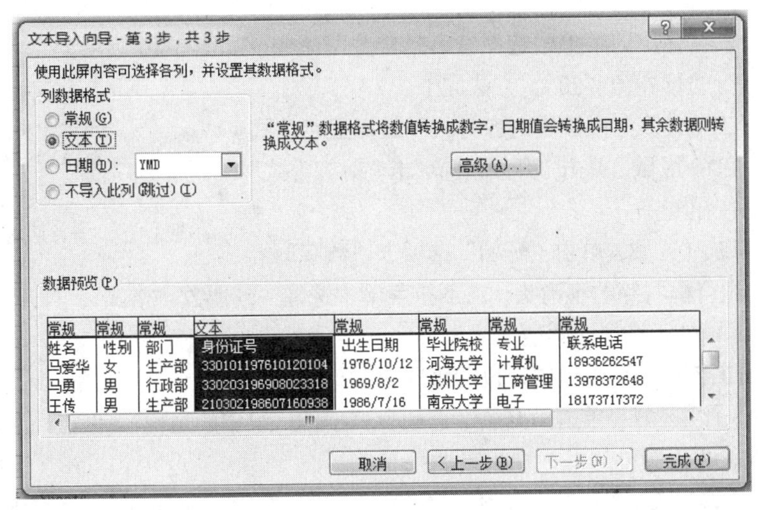

图 3-8 文本导入向导-第 3 步

（6）在“导入数据”对话框中，可以指定导入的数据存放的起始位置。本例中我们使用已经事先选好的单元格 B4，如图 3-9 所示。

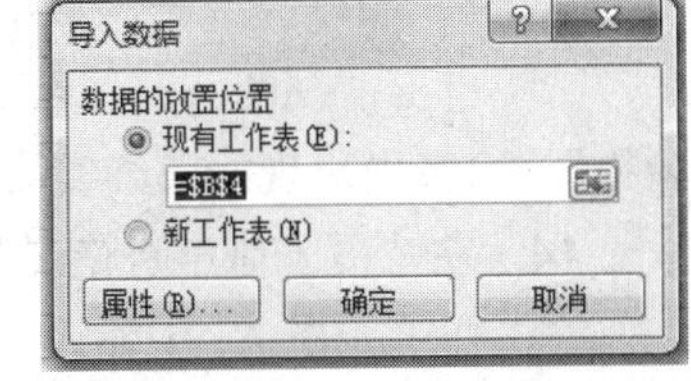

图 3-9 “导入数据”对话框

（7）单击“确定”按钮导入相应的数据。

7. 在“员工统计表”中插入一行数据

（1）在行号“4”上单击鼠标右键，在弹出的快捷菜单中选择“插入”命令，向表格中插入新的一个空白行。

（2）在增加的空白行的 B4:I4 区域中，分别输入如下数据。

王志强	男	行政部	322920197903021932	1979/3/2	苏州大学	金融	13782638273

需要注意的是在 E5 单元格中，不能直接输入数字“322920197903021932”，应该先输入一个英文的单引号后再输入数字，因此在 E5 单元格中输入的内容为“'322920197903021932”，这样身份证号码才不会被作为数值型数据来处理。

8. 在“员工统计表”中使用填充柄生成“员工编号”列数据

（1）在 A4 单元格中输入数字“1”，在 A5 单元格中输入数字“2”。

（2）拖动鼠标选中 A4:A5 区域后，鼠标移动至单元格区域黑框的右下角，当鼠标指针由空心十字形✜变为实心十字形✚时，拖动鼠标至 A19 单元格，填充一个等差序列。

9. 在“员工统计表”中设置行高

（1）在行标处选中第 4～19 行，单击鼠标右键，在弹出的快捷菜单中选择“行高”命令。

（2）在“行高”对话框中，设置行高为“16”。

10. 在“员工统计表”中增加“说明”数据

（1）在单元格 A21 中输入“说明:”。

（2）按【Alt】+【Enter】组合键，在单元格中输入多行数据，内容如下。

1.2018 年度已经离职人员不列入本次统计范围。
2.2018 年度连续请假超过三个月的人员不列入本次统计范围。

（3）选中 A21:I21 单元格区域，单击“开始”选项卡“对齐方式”组中的“合并后居中”按钮右侧的小三角，在弹出的菜单中选择“跨越合并”命令，如图 3-10 所示。

（4）设置本行的行高为“50”，方法同上。

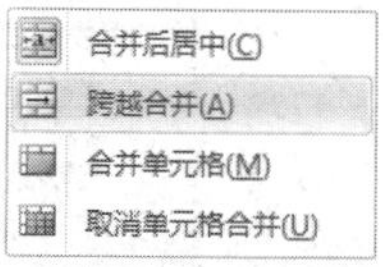

图 3-10 “合并后居中”按钮的菜单

11. 在“员工统计表”中设置对齐方式和数据显示格式

（1）选中 A3:I19 区域，单击“开始”选项卡“对齐方式”组中的“居中”按钮。

（2）选中 F4:F19 区域，单击“开始”选项卡“数字”组中“数字格式”组合框右侧的小箭头，在下拉菜单中选择“其他数字格式”，打开“单元格格式对话框”，设置该区域单元格数据类型为“××××年××月××日”。

12. 在“员工统计表”中设置边框和填充色

（1）选中 A3:I19 区域，单击“开始”选项卡“字体”组中的边框按钮，先设置该区域所有边框为细实线，再设置外边框为“粗匣框线”。

（2）选中 A3:I3 区域，将其填充颜色设置为“蓝色，强调文字颜色 1，淡色 80%”。

（3）选中 A21 单元格，设置其填充颜色为“橄榄色，强调文字颜色 3，淡色 40%”。

13. 在“员工统计表”中冻结窗格

（1）选中 B4 单元格，该单元格的上方与左侧是即将冻结的部分。

（2）单击“视图”选项卡“窗口”组中的“冻结窗格”按钮，在下拉菜单中选择“冻结拆分窗格”，窗口中出现两条细实线，滚动鼠标查看效果。

14. 在“员工信息登记表”中设置标题

（1）在单元格 A1 中输入“新员工信息登记表”，设置字体为“华文行楷”，字号为 25，字体颜色为“橙色，强调文字颜色 6，深色 25%”。

（2）将标题文字设置为在 A1:G1 范围内“合并后居中”。

15. 在“员工信息登记表”中输入数据并合并单元格

（1）参考案例效果图，分别在相应的单元格中输入内容。

（2）选中 B5:C5 区域，单击“开始”选项卡“对齐”组中的“合并后居中”按钮，或者打开“设置单元格格式”对话框，在“对齐”标签中，选中“合并单元格”复选框。

（3）分别将 E5:F5、B6:C6、E6:F6、B7:C7、E7:F7、G3:G7、B8:G8、B9:G9、B10:G10、B11:G11 单元格区域合并。

16. 在“员工信息登记表”中设置行高和列宽

（1）设置第 3～7 行的行高为 20，第 8～11 行的行高为 80。

（2）设置 A:F 列的列宽为 11，G 列的列宽为 14。

17. 在“员工信息登记表”中插入批注

（1）选中 G3 单元格后，单击“审阅”选项卡“批注”组中的“新建批注”按钮，输入批注内容为“照片”

（2）选中 B6 单元格，插入批注内容为：“身份证号码输入时请先输入一个英文的单引号，再接着输入身份证号码。”

18. 在“员工信息登记表”中设置边框、字体和填充色

（1）选中 A3 单元格，设置填充色为“蓝色，强调文字颜色 1，淡色 80%”，字体为楷体、加粗，字号为 14。

（2）选中 A3 单元格，双击“开始”选项卡“剪贴板”组中的“格式刷”按钮 格式刷，当鼠标指针旁增加了一个小刷子后，拖动鼠标分别选中需要设置字体和填充色的单元格区域。

（3）格式复制完成后，再次单击“格式刷”按钮，取消格式复制。

（4）参考图 3-3，设置表格的边框。

（5）选中 A8:A11 区域，单击“开始”选项卡“单元格”组中的“格式”按钮，在下拉列表中选择“设置”单元格格式，打开“设置单元格格式”对话框，在“对齐”选项卡中，选择文字方向为垂直排列，如图 3-11 所示。

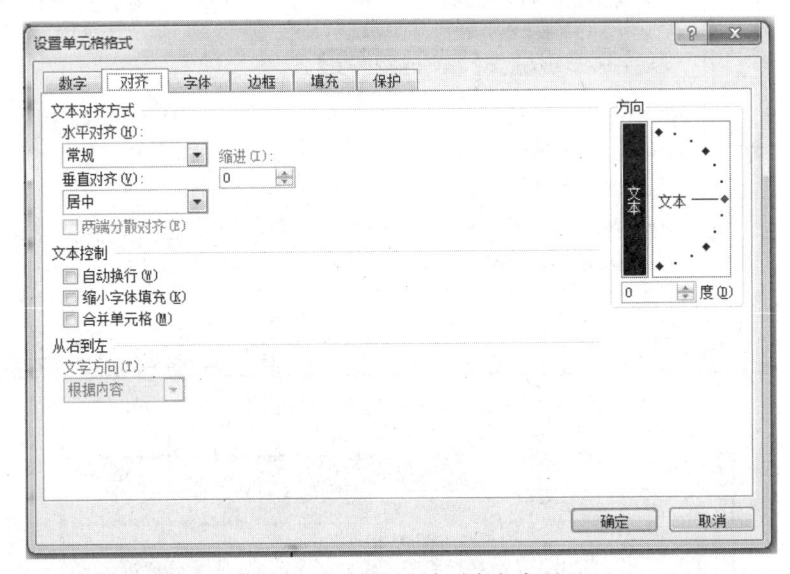

图 3-11　设置文本对齐方式

19. 在“值班表”中输入标题

（1）在 A1 单元格中输入“值班表”，并设置格式，字体为“隶书”，字号为 18。

（2）将标题数据设置为 A1:F1 范围内“合并后居中”，填充颜色为“白色，背景 1，深色 25%”。

20. 在“值班表”中设计行标题

（1）单击“文件”选项卡，选择“选项”命令，打开“Excel 选项”对话框。

（2）在对话框左侧选择“高级”，右侧滚动条拉到最下方后，单击“编辑自定义列表”，如图 3-12 所示。

（3）打开“自定义序列”对话框，在右侧的列表框输入“周一”“周二”“周三”“周四”“周五”，输入每个数据项后按【Enter】键。单击“添加”按钮，将该序列添加至左侧列表，如图 3-13 所示。

（4）分别单击“确定”按钮关闭两个对话框。

（5）在 A4 单元格中输入“周一”，拖动填充柄至 A8 单元格填充自定义序列。

（6）按住【Ctrl】键，分别单击行号 5～8，注意不能拖动鼠标，必须逐行单击行号。

（7）在选中的区域，单击鼠标右键，在弹出的菜单中选择“插入”命令，此时每行数据的下方均会插入一行新的空行。

（8）在 B4 单元格中输入“上午”，B5 单元格中输入“下午”。

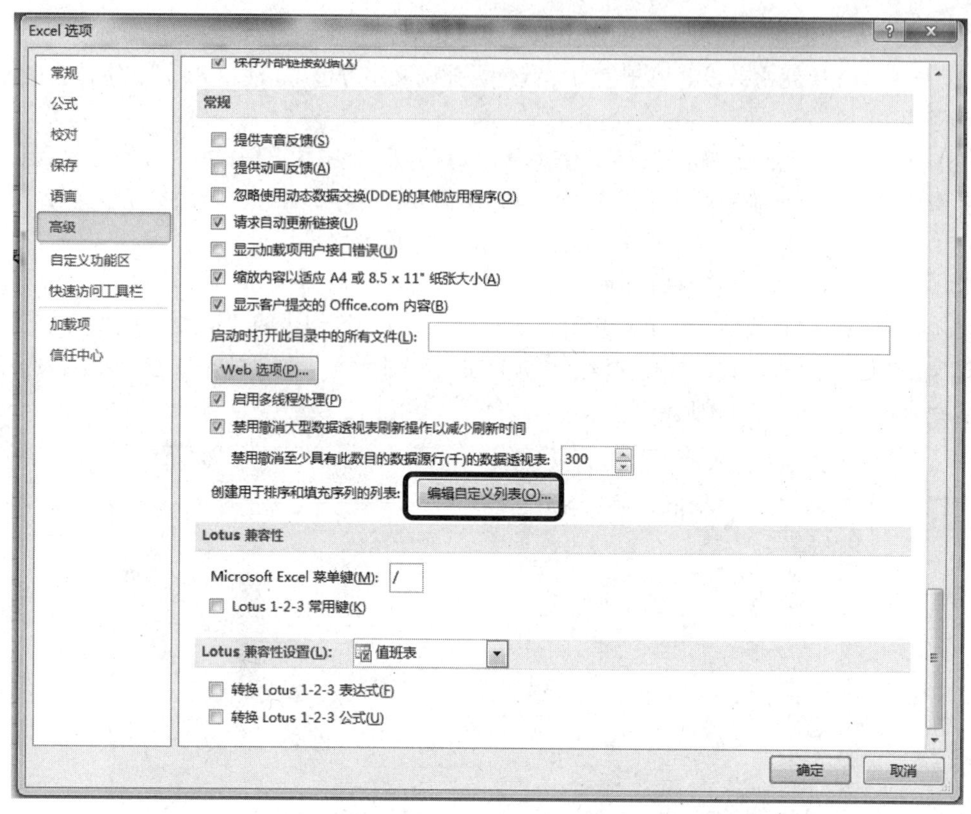

图 3-12 “Excel 选项”对话框

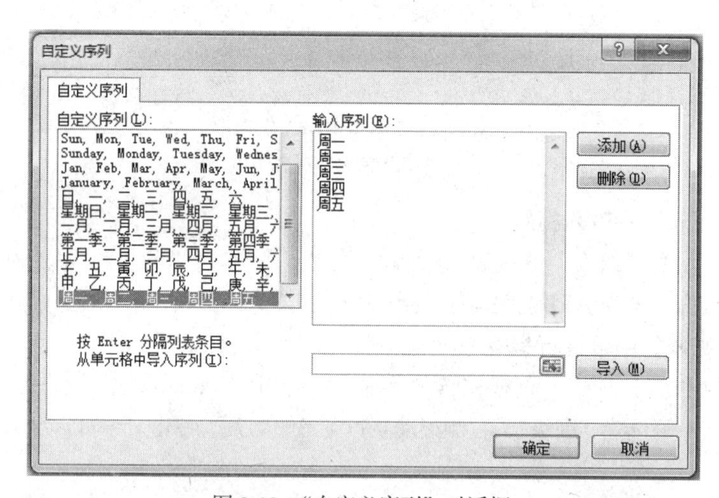

图 3-13 “自定义序列”对话框

（9）选中 B4:B5，使用填充柄填充至 B13。

（10）设置 A4:B13 区域数据居中对齐。

21. 在“值班表”中设计列标题

（1）在 C3:F3 区域中分别输入“行政部”“销售部”“生产部”“售后部”。

（2）设置 C3:F3 区域数据居中对齐。

22. 在“值班表”中设置行高、列宽及合并单元格

（1）设置第 3 行的行高为 45，第 4～13 行的行高为 20。

（2）设置 A 列宽度为 4，B:F 列的列宽为 8。

（3）将单元格区域 A3:B3、A4:A5、A6:A7、A8:A9、A10:A11、A12:A13 分别设置为“合并后居中”。

23. 在“值班表”中设置边框和填充色

（1）参考案例效果图，设置 A3:F13 区域的所有边框为细实线，并在列标题的下方使用双线分隔。

（2）设置 A3:F3 区域单元格的填充色为“红色，强调文字颜色 2，淡色 80%”。

（3）设置 A4:A13 区域单元格的填充色为“紫色，强调文字颜色 4，淡色 60%”。

（4）设置 B4:B13 区域单元格的填充色为 RGB{210,210,150}，方法为选择“其他颜色”，打开“颜色”对话框，分别设置红色、绿色、蓝色分量的值，如图 3-14 所示。

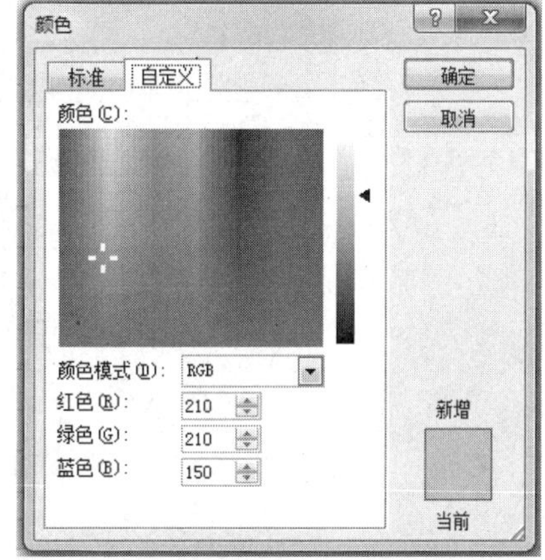

图 3-14 “颜色”对话框

24. 在“值班表”中编辑左上角单元格内容

（1）参照图 3-14，在 A3 单元格中绘制两条直线，并调整它们的位置和长度。方法是：单击“插入”选项卡“插图”组中的“形状”按钮，从“线条”形状中选择“直线”。将鼠标指针移至 A3 单元格（此时光标形状为细十字），按住鼠标左键并拖动至合适位置松开。

（2）此时在选项卡区域会出现“绘图工具”选项卡，选择其中“格式”选项卡，设置“形状格式”为“细线-深色 1”。

（3）采用同样的方法绘制另一条直线，也可使用剪贴板。

（4）在 A3 单元格中放置 3 个横排文本框，内容分别为“时间”“部门”和“人员”。方法是：单击“插入”选项卡“文本”组中的“文本框”按钮，选择“横排文本框”，将光标移至 A3 单元格，按住鼠标左键并拖动至合适位置松开，并在文本框中输入文字“时间”。

（5）设置 3 个文本框无填充颜色、无线条颜色。选中文本框，单击“格式”选项卡“形状样式”组中的“形状填充”按钮，选择“无填充颜色”；单击“格式”选项卡“形状样式”组中的“形状轮廓”按钮，选择“无轮廓”。

（6）参照图 3-4，调整文本框的位置、宽度和高度。

（7）其余文本框可采用同样方法绘制，也可使用剪贴板。

25. 在“值班表”中输入人员信息

（1）按住【Ctrl】键，同时选中 C4、C6、C10 单元格，输入“王志强”后，按【Ctrl】+【Enter】组合键，快速输入相同的数据。

（2）采用同样的方法在 D5、D7、D11 单元格中输入“张晓军”，在 E8、E12 单元格中输入“朱晓晓”，在 F9、F13 单元格中输入“李志”。

26. 保存工作簿

单击窗口左上角“快速访问工具栏”中的“保存”按钮，或单击“文件”选项卡→选择“保存”命令，保存操作结果。

3.1.4 练习

完成本练习后的效果如图 3-15～图 3-17 所示。

通讯录

说明：
1. 本通讯录只限公司内部使用，未经许可不得外传。
2. 联系方式发生变更后，本表可能更新不及时。

工号	姓名	职位	家庭住址	联系电话	QQ号码
XS001	徐震	助理	十字街8号2-102	13004579412	40328205
XS002	李张营	经理	石路3号2幢102	13182656905	129384092
XS003	何晶	副经理	玲珑花园51幢204	13205170582	39848204
XS004	张江峰	秘书	司前街58号16-302	13233727190	22883494
XS005	邓正北	采购	机场路12号太阳花园21-302	13402588578	288384932
XS006	王亚先	秘书	网陵园路249号21-1302	13771778570	284493824
XS007	冯涓	销售员	哈贝斯花园37-3902	13771816554	4850682
XS008	潘正武	销售员	海上花园20-305	13771826382	34394945
XS009	俞国军	副经理	贾旗路2号403	13771887785	484938278
XS010	苗伟	销售员	司前街12号34-204	13776007047	3948737593
XS011	蒋晴云	助理	北洋路452号北洋花园3-403	13812764178	493938294
XS012	翟海军	销售员	杨巷路236号阳光花园32-603	13814840329	3837294083
XS013	邵海荣	出纳	星港街348号2-702	13814979925	839204854
XS014	李海平	销售员	明阳街4号兴花园40-4-3	13861308184	9328174942

销售部员工通讯录 / 办公用品申领单 / 各部门物品库存

图 3-15 “销售部员工通讯录”工作表效果图

办公用品申领单

朗拓软件 LOGIC TECH

申请部门： 编号：

物品名称	型号	申领日期	申领数量	申请原因	备注
经办人：			部门负责人：		
领导审批意见：					

销售部员工通讯录 / 办公用品申领单 / 各部门物品库存

图 3-16 “办公用品申领单”工作表效果图

库存统计表

数量 品名 部门	水笔	文件夹	白板笔	记事本	订书机
销售部					
行政部					
研发部					
生产部					
售后部					

销售部员工通讯录 / 办公用品申领单 / 各部门物品库存

图 3-17 “各部门物品库存”工作表效果图

具体要求如下。

1. 实验准备工作。

（1）复制素材。从教学辅助网站下载素材文件“练习6-通讯录、库存及申领单.rar”至本地计算机，并将该压缩文件解压缩。

（2）创建实验结果文件夹。在D盘或E盘上新建一个“通讯录、库存及申领单-实验结果”文件夹用于存放结果文件。

2. 新建工作簿，并保存在“通讯录、库存及申领单”文件夹中，文件名为“通讯录、库存及申领单.XLSX”。

3. 修改工作表名称分别为“销售部员工通讯录”“办公用品申领单”和“各部门物品库存”。

4. 制作“销售部员工通讯录”工作表。

（1）参考图3-15输入标题“通讯录”，字体为“楷体”，字号为25，合并后居中。

（2）参考图3-15在相应的单元格内输入列标题并设置格式，字体为“宋体”、字号为16，填充颜色为“水绿色，强调文字颜色5，淡色40%”。

（3）导入练习素材中的“通讯录.txt”，自B5单元格开始存放，要求“联系电话”和“QQ号码”两列数据为文本型。

（4）使用填充柄填充A列的工号数据。

（5）根据图3-15，输入A2单元格的“说明”并设置该行的行高为50。

（6）设置A:F列为最适合的列宽。

（7）设置第4～18行的行高为18。

（8）参考图3-15，设置表格的边框。

（9）在C5单元格中设置冻结窗格。

5. 制作“办公用品申领单”工作表。

（1）A1单元格中输入标题文字“办公用品申领单”，设置字号为30。

（2）参考图3-16，在对应的单元格中输入对应的文字。

（3）设置列宽，A列、B列、C列、F列的列宽为11，D列列宽为8，E列列宽为18。

（4）设置行高，第1行行高为50，第4行行高为25，第5～11行行高为16，第12行行高为35，第13行行高为50。

（5）分别合并如下单元格区域：A12:C12，D12:F12和A13:F13。

（6）设置A4:F4单元格区域文字加粗、居中对齐，A12、D12、A13单元格文字加粗、垂直靠上对齐。

（7）参照图3-16设置对应的边框框线。

（8）参照图3-16在适当的位置插入练习素材中的图片LOGO.JPG，调整其大小，并对图片重新着色为“茶色，背景颜色2 浅色”。

（9）对B4单元格添加批注，内容为“请填写完整的型号。”。

6. 制作“各部门物品库存”工作表。

（1）参照图3-17在A1单元格中输入标题“库存统计表”，设置字体为“楷体”、字号为30，在A1:F1范围内“跨列居中”。

（2）将序列“销售部、行政部、研发部、生产部、售后部”添加到Excel的自定义序列中，并在A4:A8单元格中使用填充柄填充该序列。

（3）在B3:F3单元格中输入图3-17所示的内容，所有输入的内容均居中对齐。

（4）设置第 3 行行高为 40，第 4～8 行行高为 20。

（5）设置 A 列列宽为 15，B:F 列列宽为 10。

（6）参考图 3-17 设置表格左上角的斜线表头。

（7）设置 A3:F3、A4:A8 的填充色为“红色，强调文字颜色 2，淡色 60%”。

（8）参照图 3-17 设置表格的边框。

7. 保存工作簿文件。

3.2 Excel 表格的基本计算与管理

3.2.1 案例概述

1. 案例目标

Excel 电子表格软件除了提供基本的表格编辑功能外，最强大的功能还在于对于数据的计算和管理。Excel 提供了丰富的函数和数据管理功能，为各行各业的日常工作带来了更方便、更快捷的处理方式。

对于教学机构来说，学生考试成绩的统计和分析显得至关重要。本案例中我们制作出一张学生的成绩统计表，根据各种客观需求，通过对表中的数据进行计算和分析得出相关结果，同时还可以将分析结果以图表的方式展现出来。

2. 知识点

本案例涉及的主要知识点如下。

（1）常见函数的使用，如 SUM、AVERAGE、RANK.EQ、COUNT、COUNTIF、IF、MAX、MIN 等；

（2）图表的制作；

（3）数据的排序；

（4）数据的自动筛选；

（5）数据的分类汇总；

（6）打印设置，包括页面设置、页眉页脚、打印区域、打印标题等。

3.2.2 知识点总结

1. 运算符

Excel 中常用的运算符如表 3-9 所示。

表 3-9 Excel 中常用的运算符

运算符	说明
数值运算符	数值运算符的运算对象主要是数值类型的数据，主要有“+”“–”“*”“/”和“^”
字符运算符	字符运算符的运算对象为文本类型的数据，只有一种连接运算“&”，连接运算的结果类型仍然为文本类型
关系运算符	关系运算符包括“=”“<>”“>”“>=”“<”“<=”。关系表达式的运算结果为逻辑型，即其值只能是 TRUE 或 FALSE

2. 插入公式

插入公式操作如表 3-10 所示。

表 3-10 插入公式操作

操作	使用方法	概要描述
创建和编辑公式	直接输入	单击单元格→直接输入公式；单击单元格→单击编辑栏→输入公式； 公式输入结束后，单击编辑栏左侧的“输入”按钮✓或直接按【Enter】键即可； 所有公式必须以“=”开头，后面跟运算符、常量、单元格引用、函数名等

3. 使用公式时常见的错误代码

使用公式时常见的错误代码如表 3-11 所示。

表 3-11 使用公式时常见的错误代码

错误代码	含义
####	单元格中的数据太长或结果太大，导致单元格列宽不够显示所有数据
#DIV/0!	除数为 0
#VALUE!	使用了错误的引用
#REF!	公式引用的单元格被删除了
#N/A	用于所要执行的计算的信息不存在
#NUM!	提供的函数参数无效
#NAME?	使用了不能识别的文本

4. 公式中单元格的引用方式

公式中单元格的引用方式如表 3-12 所示。

表 3-12 公式中单元格的引用方式

引用方式	说明
相对引用	直接给出列号与行号的引用方法为相对引用，如 A1、C5 等。使用相对引用的单元格地址在公式发生复制和移动时，其单元格地址也会发生相对的变化。如在 B6 单元格的编辑栏上输入的公式为“=SUM(B2:B5)”，表示在 B6 单元格中计算 B2:B5 的总和，公式中对单元格的引用方式为相对引用。当使用填充柄拖动鼠标至 E6 单元格时，E6 单元格编辑栏中显示的公式为 “=SUM(E2:E5)”
绝对引用	在列号与行号的前面加符号“$”的引用方法为绝对引用，如$A$2、$C$5 等。使用绝对引用的单元格地址在公式发生复制和移动时，行号和列号均保持不变
混合引用	混合引用有两种：行绝对列相对，如 A$1；行相对列绝对，如$A1。使用混合引用的单元格地址，在公式发生复制和移动时，若列号前有“$”符号，则列号不变、行号相对变化，若行号前有“$”符号，则行号不变、列号相对变化
不同工作表中单元格的引用	同工作簿不同工作表间的单元格引用格式为“工作表名![$]列标[$]行号”
不同工作簿中单元格的引用	不同工作簿间的单元格引用格式为“[工作簿文件名]工作表名![$]列标[$]行号”

5. 输入函数

输入函数操作如表 3-13 所示。

表 3-13　　输入函数操作

操作	使用方法	概要描述
输入函数	手工输入	在编辑栏中采用手工输入函数，前提是用户必须熟悉函数名的拼写、函数参数的类型、次序及含义
	使用函数向导	单击编辑栏上的“插入函数”按钮 fx，或者单击“公式”选项卡中的“插入函数”按钮 fx

6. 常用函数

常用函数如表 3-14 所示。

表 3-14　　常用函数

函数名	格式	功能
SUM	SUM(参数 1,参数 2,…)	求各参数之和
AVERAGE	AVERAGE(参数 1,参数 2,…)	求各参数的平均值
MAX	MAX(参数 1,参数 2,…)	求若干参数中的最大值
MIN	MIN(参数 1,参数 2,…)	求若干参数中的最小值
COUNT	COUNT(参数 1,参数 2,…)	统计参数中数值数据的个数，非数值数据与空单元格不计算在内
COUNTIF	COUNTIF(条件区域,条件)	统计条件区域中，满足指定条件单元格的个数
IF	IF(条件,表达式 1,表达式 2)	若条件成立则返回表达式 1 的结果，否则返回表达式 2 的结果
INT	INT(数值表达式)	返回不大于数值表达式的最大整数
ABS	ABS(数值表达式)	返回数值表达式的绝对值
ROUND	ROUND(数值表达式,n)	对数值表达式四舍五入，返回精确到小数点第 n 位的结果。$n>0$ 表示保留 n 位小数；$n=0$ 表示只保留整数部分；$n<0$ 表示从整数部分从右到左的第 n 位上四舍五入
RANK.EQ	RANK.EQ(待排数据,数据区域［,n］)	返回待排数据在数据区域中的排列序号。缺省 n 或 $n=0$，表示降序排列；若 n 为非 0 的值，表示按升序排序

7. 图表的组成要素

Excel 的图表由许多图表项组成，包括图表标题、图例、数据系列、网格线等，如图 3-18 所示。

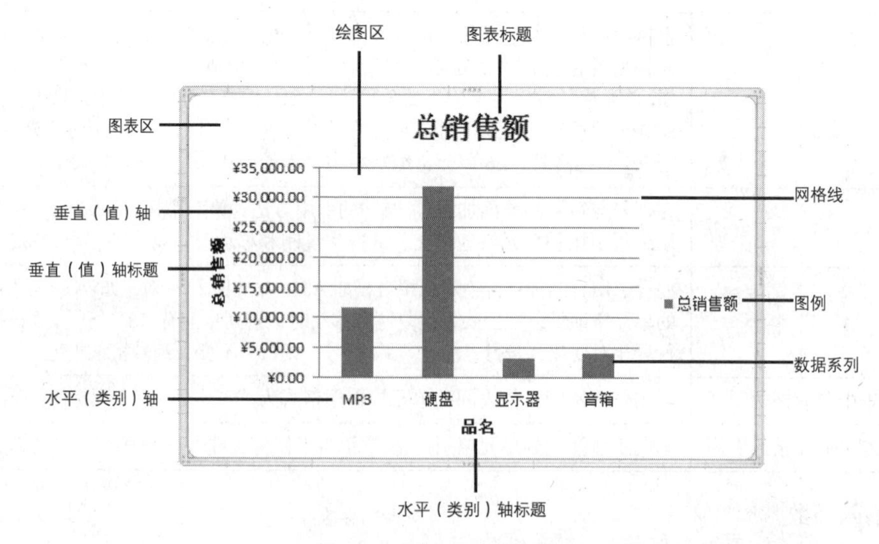

图 3-18　图表的组成要素

8. 图表基本操作

图表基本操作如表 3-15 所示。

表 3-15 图表基本操作

操作	使用方法	概要描述
创建图表	快捷键	选中要创建图表的源数据区域后，有以下两种方法创建图表。 ● 按【F11】键，可基于默认图表类型（柱形图），迅速创建一张新工作表，用来显示建立的图表。 ● 按【Alt】+【F1】组合键，在当前工作表中创建一个基于默认图表类型（柱形图）的图表
	“插入”选项卡	选中要创建图表的源数据区域→在“插入”选项卡“图表”组中选择需要的图表→在打开的子类型中，选择需要的图表类型
图表的编辑和美化	“设计”选项卡	在“设计”选项卡中，可以更改图表类型、图表数据源、图表布局、图表区格式和图表位置等
	“布局”选项卡	在“布局”选项卡中，可以修改图表的标题、图例、坐标轴等
	“格式”选项卡	在“格式”选项卡中可以设置图表的边框格式、字体格式、填充颜色等

9. 数据管理操作

数据管理操作如表 3-16 所示。

表 3-16 数据管理操作

操作		使用方法	概要描述
排序		利用排序按钮	将光标定位在需要排序的列中任何一个单元格中（该单元格一定要在数据清单内），有以下两种方法进行排序。 ● 单击“数据”选项卡“排序和筛选”组中的AZ↓或ZA↓按钮。 ● 单击“开始”选项卡“编辑”组中的“排序和筛选”按钮→在下拉菜单中选择AZ↓或ZA↓按钮
		利用对话框	将光标定位在数据列表中的任意一个单元格中→单击“数据”选项卡“排序和筛选”组中的“排序”按钮→打开“排序”对话框→设置排序的关键字和排序方式→单击“确定”按钮。 若要对数据清单中的数据按两个或两个以上关键字进行排序，则单击“添加条件”按钮，对话框中将多出一行“次要关键字”。根据排序需求，设置次要关键字，以及其排序依据等信息即可
筛选	自动筛选	“数据”选项卡或“开始”选项卡	选中数据清单中的任意一个单元格→单击“数据”选项卡中“排序和筛选”组的“筛选”按钮→单击所需要筛选的字段旁的筛选箭头→在下拉列表中选择相关筛选项进行筛选。 （1）在值列表中筛选：根据需要筛选的列数据中的现有值，来选择需要筛选的数据。 （2）根据数据筛选：根据列数据中的数据大小、内容等来筛选，如筛选出品名中含有“草”字的相关数据。 （3）多条件筛选：反复多次执行筛选步骤即可。需要注意的是，多个筛选条件之间为“并且”的关系，也就是说，所有筛选条件都满足的数据才会显示
	取消筛选	“数据”选项卡或“开始”选项卡	单击“开始”选项卡“编辑”组中的“排序和筛选”按钮→在下拉菜单中再次选择“筛选”命令。取消筛选时，所有筛选结果都会取消，即所有因筛选而被隐藏的行将全部显示

续表

操作		使用方法	概要描述
分类汇总	创建分类汇总	“数据”选项卡	对分类字段进行排序→选择“数据”选项卡“分级显示”组中的“分类汇总”按钮→打开“分类汇总”对话框→设置分类字段和汇总方式→单击“确定”按钮。在分类汇总的结果中，左侧出现了分级按钮 1 2 3，单击不同的按钮可显示不同级别的明细数据
	删除分类汇总	“数据”选项卡	选择“数据”选项卡中“分级显示”组中的“分类汇总”按钮→打开“分类汇总”对话框→单击对话框左下角的“全部删除”按钮

10. 打印设置及窗口操作

打印设置及窗口操作如表 3-17 所示。

表 3-17　　　　打印设置及窗口操作

操作	使用方法	概要描述
页面布局	“页面布局”选项卡	页面布局包括设置页面的方向、纸张的大小、页边距、打印方向、页眉和页脚等。选择“页面布局”选项卡，在功能区中显示了各项页面布局功能的按钮，如页边距、纸张方向、页面大小等
	“页面设置”对话框	单击“页面布局”选项卡“页面设置”选项组右下角的 ，打开“页面设置”对话框。 （1）“页面”选项卡：主要设置打印方向、纸张大小等。同时还可以设置打印的起始页码及打印的质量。 （2）“页边距”选项卡：设置上、下、左、右的页边距，以及表格内容在纸张中水平和垂直方向上的对齐方式。 （3）“页眉/页脚”选项卡：设置打印时纸张的页眉和页脚。 （4）“工作表”选项卡：设置打印区域、打印标题，以及其他打印选项，如网格线、行号列标、批注等
打印	“文件”选项卡	选择“文件”选项卡中的“打印”功能→窗口右侧显示打印的相关设置和文档的预览效果→单击“打印”按钮即可打印该文档

3.2.3　应用案例 7：成绩统计分析表

1. 案例效果图。本案例中共完成 3 张工作表，分别为“成绩汇总表”“成绩分析表”和“重点培养对象”，完成后的效果分别如图 3-19～图 3-21 所示。

2. 实验准备工作

（1）复制素材。从教学辅助网站下载素材文件“应用案例 7-成绩统计分析表.rar”至本地计算机，并将该压缩文件解压缩。本案例素材均来自该文件夹。

（2）创建实验结果文件夹。在 D 盘或 E 盘上新建一个“成绩统计分析表-实验结果”文件夹，用于存放结果文件。

3. 打开素材中的工作簿文件“成绩统计表.xlsx”，将其保存至“成绩统计分析表-实验结果”文件夹中。

4. 在“成绩汇总表”工作表中，参照样张，将单元格区域 A1:K1 合并后居中，设置表的标题文字字体为楷体，字形为加粗，字号为 18。

具体操作步骤略。

	A	B	C	D	E	F	G	H	I	J	K
1	成绩统计表										
2	学号	姓名	性别	班级	高数	英语	体育	哲学	总分	名次	等第
3	100005	马爱华	女	二班	59	90	86	84	319	32	良好
4	100006	张晓军	男	二班	62	74	90	99	325	26	良好
5	100007	李冰	女	二班	59	52	62	89	262	87	合格
6	100008	刘甜甜	男	二班	57	69	87	69	282	70	良好
7	100009	刘畅	男	二班	66	57	82	85	290	65	良好
8	100011	马勇	女	二班	59	60	89	57	265	85	合格
9	100012	李志	女	二班	89	68	68	96	321	29	良好
10	100020	张山	女	二班	77	70	80	76	303	51	良好
11	100026	李宁宁	男	二班	97	63	96	66	322	28	良好
12	100027	张乐	女	二班	78	71	88	65	302	53	良好
13	100029	李阳	女	二班	57	99	84	68	308	44	良好
14	100030	张进明	男	二班	78	73	66	87	304	50	良好
15	100031	陆小东	男	二班	99	61	78	81	319	32	良好
16	100034	林泰	女	二班	56	86	86	90	318	34	良好
17	100041	马钥	女	二班	74	86	83	86	329	23	良好
18	100048	李张营	男	二班	64	74	71	90	299	55	良好
19	100055	苗伟	女	二班	62	95	88	86	331	20	良好
20	100056	马云龙	女	二班	85	85	75	88	333	17	良好
21	100061	李明明	男	二班	76	65	76	62	279	72	合格
22	100065	李力伟	女	二班	88	63	70	56	277	75	合格
23	100066	孟庆龙	男	二班	79	97	54	77	307	47	良好
24	100067	陆凯峰	男	二班	55	92	65	80	292	63	良好
25	100071	李海平	男	二班	67	99	75	79	320	31	良好
26	100077	马成坤	男	二班	52	92	60	71	275	78	合格
27	100078	李庆庆	男	二班	67	64	69	91	291	64	良好
28	100081	林浩	女	二班	83	83	92	85	343	11	优秀
29	100087	赖国荣	女	二班	65	86	51	91	293	62	良好
30	100088	莫虎	男	二班	55	61	58	63	237	89	不合格
31	100089	罗斌	女	二班	53	94	81	71	299	55	良好
32				二班 计数					29		
33	100001	吴晓丽	男	三班	60	88	85	85	318	34	良好
34	100002	王刚	男	三班	60	88	85	85	318	34	良好
35	100003	朱强	男	三班	80	53	88	87	308	44	良好
36	100004	王勇	女	三班	94	90	81	82	347	8	优秀
37	100010	任卫杰	女	三班	71	73	73	72	289	66	良好

成绩汇总表 / 成绩分析表 / 重点培养对象

图 3-19 “成绩汇总表”工作表效果图

各科目成绩分析

	高数	英语	体育	哲学
考试人数	90	90	90	90
平均分	75	77	77	79
最高分	99	100	99	99
最低分	50	52	42	50
优秀人数	30	38	31	38
优秀率	33%	42%	34%	42%
不及格人数	18	14	10	8
不及格率	20%	16%	11%	9%

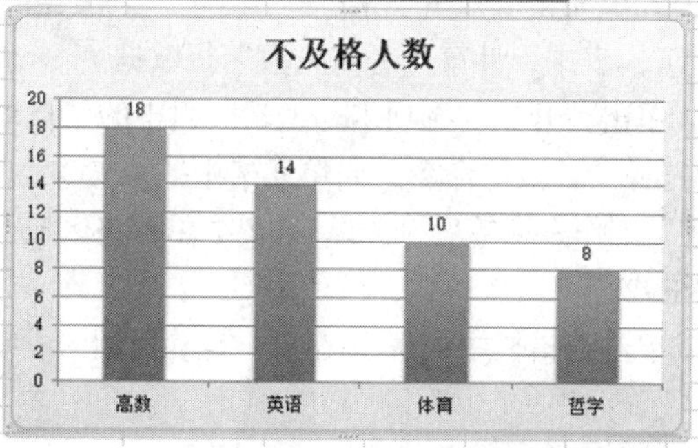

图 3-20 “成绩分析表”工作表效果图

	A	B	C	D	E	F	G	H	I	J	K
1	学号	姓名	性别	班级	高数	英语	体育	哲学	总分	名次	等第
2	100023	赵川	女	三班	97	95	85	88	365	4	优秀
3	100062	于爱民	女	一班	99	95	92	97	383	1	优秀
4	100063	陈键	女	一班	98	95	90	87	370	3	优秀
5	100079	孙建国	女	三班	97	94	86	86	363	5	优秀
6	100082	仵杰	女	一班	92	95	99	60	346	9	优秀

图 3-21 “重点培养对象”工作表效果图

5. 在“成绩汇总表”工作表中，计算“总分”列数据。

（1）在I3单元格中利用SUM函数，对E3:H3区域内数据求和。

（2）使用填充柄，将公式填充至I92单元格。

6. 在“成绩汇总表”工作表中，按照总分计算“名次”列数据。

（1）单击J3单元格后，单击“公式”选项卡“函数库”组中的“其他函数”按钮，在下拉菜单中选择“统计”子菜单中的RANK.EQ函数。

（2）在打开的“函数参数”对话框中，设置各个参数的值（见图3-22），注意第二个参数Ref中的单元格区域必须按【F4】键将其切换为绝对引用方式。

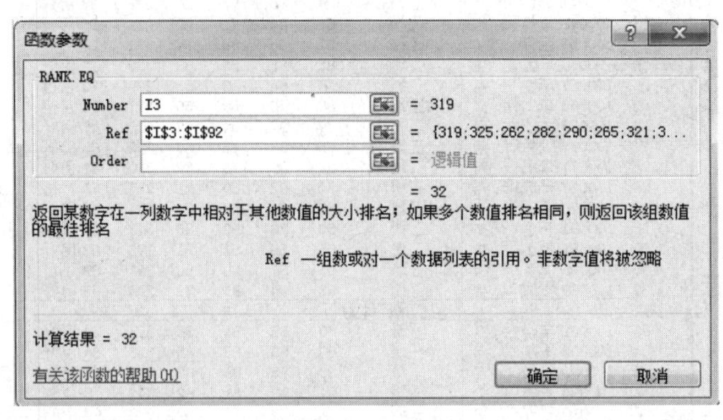

图3-22 RANK.EQ“函数参数”对话框

（3）单击“确定”按钮，使用填充柄，将公式填充至J92单元格。

7. 在“成绩汇总表”工作表中，计算“等第”列数据，若总分在340分以上，则等第为优秀，若总分在280以上，则等第为良好，若总分在240分以上，则等第为合格，其余为不合格。

（1）在K3单元格中输入公式“=IF(I3>=340,"优秀",IF(I3>=280,"良好",IF(I3>=240,"合格","不合格")))”，注意公式中的所有标点符号均为英文输入法中的标点符号。

（2）使用填充柄，将公式填充至K92单元格。

8. 在“成绩分析表”工作表中，计算“考试人数”行数据。

（1）选中B4单元格，单击“开始”选项卡“编辑”组中的“自动求和”按钮右侧的小箭头 Σ 自动求和 ，在下拉列表中选择“计数”命令，向单元格中插入COUNT函数。

（2）单击“成绩汇总表”工作表标签后，选择E3:E92单元格区域，此时编辑栏中显示公式为“=COUNT(成绩汇总表!E3:E92)”。

（3）单击【Enter】键或单击编辑栏中的 ✓ 按钮后，自动返回“成绩分析表”工作表并显示计算结果。

（4）使用填充柄，将公式填充至E4单元格。

9. 在“成绩分析表”工作表中，计算“平均分”行、“最高分”行和“最低分”行数据，“平均分”保留0位小数。

分别使用“平均值”函数AVERAGE、“最大值”函数MAX和“最小值”函数MIN，具体操作步骤略。

10. 在“成绩分析表”工作表中，计算“优秀人数”和“优秀率”行数据，“优秀率”以百分数显示，保留0位小数。

（1）单击 B8 单元格后，单击“公式”选项卡“函数库”组中的“其他函数”按钮，在下拉菜单中选择“统计”子菜单中的 COUNTIF 函数。

（2）在打开的“函数参数”对话框中，将光标设置于参数 Range 后的文本框中，再单击“成绩汇总表”工作表标签后，选择 E3:E92 单元格区域。

（3）将光标切换到对话框中参数 Criteria 后的文本框中，输入“>=85”。

（4）此时函数参数对话框如图 3-23 所示，单击“确定”按钮关闭对话框。

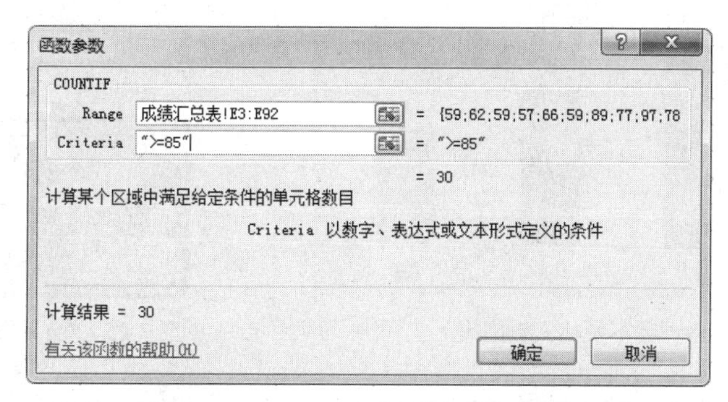

图 3-23 COUNTIF“函数参数”对话框

（5）使用填充柄，将公式填充至 E8 单元格。

（6）在 B9 单元格中输入公式“=B8/B4”后，按【Enter】键。

（7）设置 B9 单元格的数字格式为百分比，保留 0 位小数。

（8）使用填充柄，将公式填充至 E9 单元格。

11. 在“成绩分析表”工作表中，计算“不及格人数”和“不及格率”行数据，“不及格率”以百分数显示，保留 0 位小数。

步骤与上一步类似，此处不再赘述。

12. 在“成绩分析表”工作表中，制作各门课程不及格人数的“簇状柱形图”。

（1）选中 A3:E3 和 A10:E10 区域，单击“插入”选项卡“图表”组中的“柱形图”按钮，在下拉菜单中选择“簇状柱形图”。

（2）选中生成的图表，单击“图表工具”选项卡“布局”选项卡“标签”组中的“图例”按钮，在下拉菜单中选择“无”，使图表中不显示图例。

（3）选中生成的图表，单击“图表工具”选项卡“布局”选项卡“标签”组中的“数据标签”按钮，在下拉菜单中选择“数据标签外”，使图表的柱形图上方显示数据标签。

（4）选中生成的图表，在“图表工具”选项卡“格式”选项卡“形状样式”组中，设置图表的形状样式为“细微效果-橄榄色，强调颜色 3”。

（5）选中生成的图表，单击“图表工具”选项卡“格式”选项卡“形状样式”组中的“形状轮廓”按钮 形状轮廓，设置图表的轮廓边框为“紫色，强调文字 4，淡色 80%”。

（6）单击任意一根柱形来选择所有的数据系列后，在“图表工具”选项卡“格式”选项卡“形状样式”组中，设置数据系列的形状样式为“中等效果-橄榄色，强调颜色 3”。格式设置后的图表效果如图 3-24 所示。

13. 在“成绩汇总表”工作表中，筛选出高数和英语成绩都排在前 15 名的数据，并将筛选结果复制到新工作表中。

（1）在数据列表中任意选择一个单元格，单击“开始”选项卡“编辑”组中的“排序和筛选”

按钮，在下拉菜单中选择“筛选”命令。

（2）单击“高数”列标题右侧筛选按钮，在下拉菜单中选择“数字筛选”中的“10个最大值”命令，打开“自动筛选前10个”对话框，修改其中的数字为“15”，如图3-25所示。

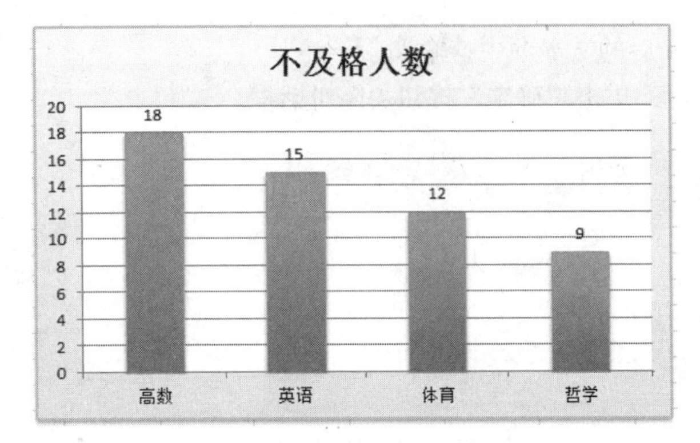

图3-24 各课程不及格人数图表

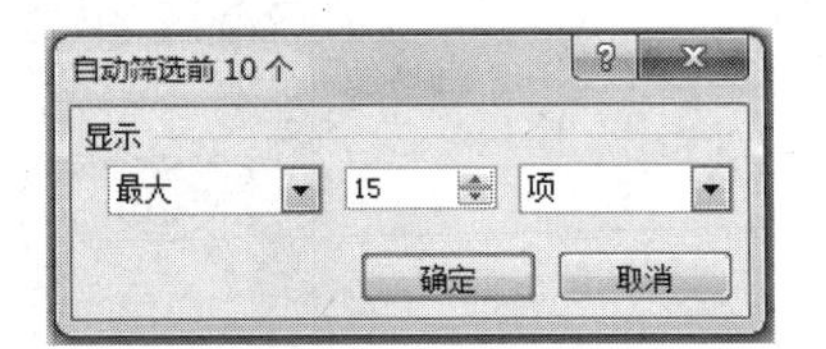

图3-25 “自动筛选前10个”对话框

（3）同样单击“英语”列标题右侧的筛选按钮，也筛选出前15名的数据。

（4）将筛选结果包括标题行，复制到新工作表的A1单元格中，并将新工作表重命名为“重点培养对象”。

（5）在“成绩汇总表”工作表中，再次单击“开始”选项卡“编辑”组中的“排序和筛选”按钮，在下拉菜单中选择“筛选”命令，取消数据筛选。

14. 在“成绩汇总表”工作表中，分类汇总出各班级的考试人数。

（1）选中D列中的任意一个单元格，单击“开始”选项卡“编辑”组中的“排序和筛选”按钮，在下拉菜单中选择“升序”命令，将数据列表按照班级排序。注意，做分类汇总时，此步骤一定不能省略。

（2）单击“数据”选项卡“分级显示”组中的“分类汇总”按钮，打开“分类汇总”对话框。

（3）在对话框中设置“分类字段”为“班级”，“汇总方式”为“计数”，在“选定汇总项”下拉表中选中“总分”复选框或其他任意一门课程。

（4）选中“替换当前分类汇总”“每组数据分页”“汇总结果显示在数据下方”复选框，对话框如图3-26所示。

（5）单击“确定”按钮关闭对话框。

15. 在“成绩汇总表”工作表中，设置打印区域、打印标题及页眉页脚。

（1）选中A1:K31区域，单击“页面布局”选项卡“页面设置”组中的“打印区域”按钮，在下拉菜单中选择“设置打印区域”命令。

（2）选中A33:K60区域，单击“页面布局”选项卡“页面设置”组中的“打印区域”按钮，在下拉菜单中选择“添加到打印区域”命令。

（3）选中A62:K94区域，单击“页面布局”选项卡“页面设置”组中的“打印区域”按钮，在下拉菜单中选择“添加到打印区域”命令。

（4）单击“页面布局”选项卡“页面设置”组中的“打印标题”按钮，打开“页面设置”对话框。

（5）单击对话框中的“顶端标题行”后的文本框，再选中工作表中的第1～2行，对话框如图3-27所示。

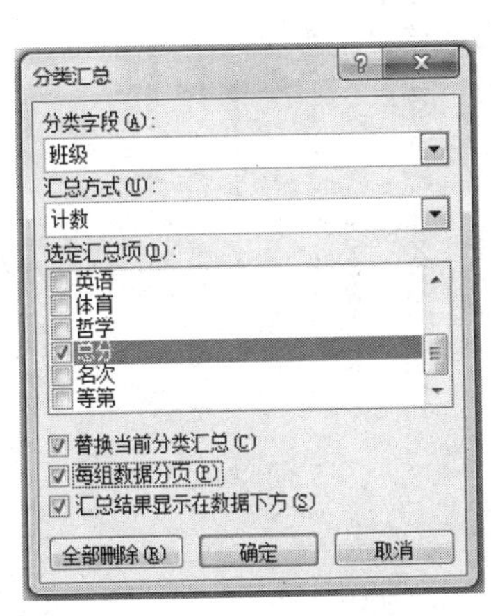

图3-26 “分类汇总”对话框

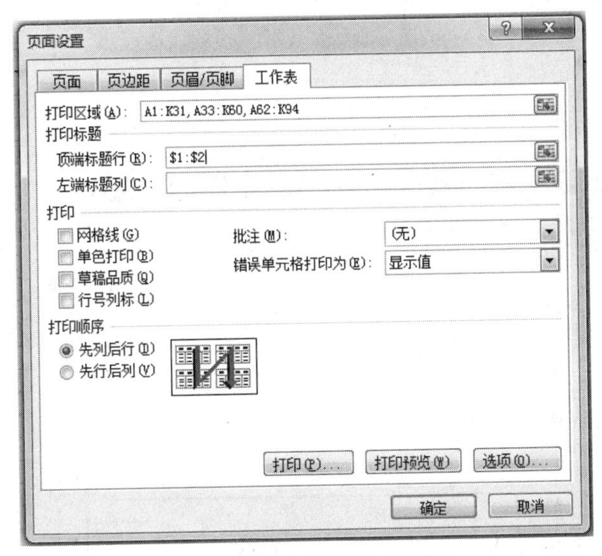

图3-27 “页面设置”对话框

（6）在“页面设置”对话框中单击“页面/页脚”选项卡，单击“自定义页眉”按钮，打开“页眉”对话框。

（7）将插入光标移到“左”编辑框后单击“日期”按钮，将插入光标移到“右”编辑框后单击“时间”按钮，在“中”编辑框中输入文字“期中考试”，对话框如图3-28所示。

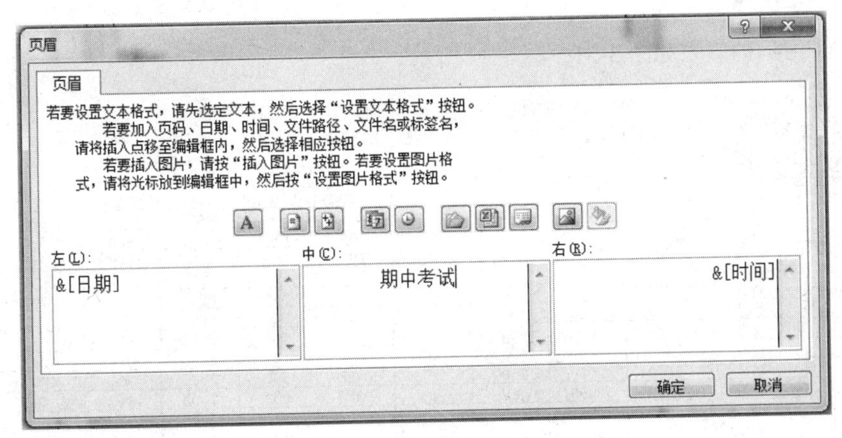

图3-28 “页眉”对话框

（8）单击“确定”按钮，返回“页面设置”对话框。

（9）在“页面设置”对话框中，单击“页脚”下拉列表框，选择“第1页，共 ? 页”。

（10）页眉和页脚设置完成后的界面如图3-29所示。此时，可单击对话框中的“打印预览”按钮查看效果。

（11）单击“确定”按钮关闭对话框。此时工作表的打印预览效果如图3-30所示。

16. 保存工作簿。单击窗口左上角“快速访问工具栏”中的“保存”按钮，或单击“文件”选项卡→选择“保存”命令，保存操作结果。

图 3-29 “页面设置”对话框

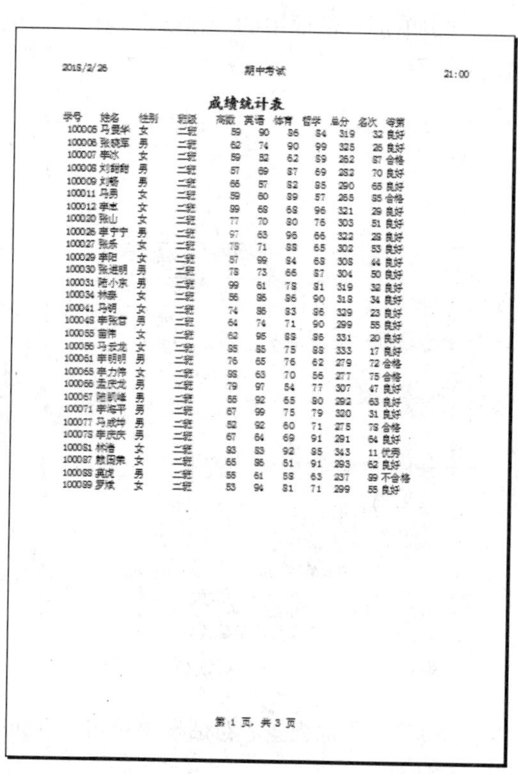

2018/2/26 期中考试 21:00

成绩统计表

学号	姓名	性别	班级	高数	英语	体育	哲学	总分	名次	等第
100005	马爱华	女	二班	59	90	86	84	319	32	良好
100006	张晓军	男	二班	62	74	90	99	325	26	良好
100007	李冰	女	二班	59	52	62	89	262	87	合格
100008	刘甜甜	男	二班	57	69	87	69	282	70	良好
100009	刘畅	男	二班	66	57	82	85	290	65	良好
100011	马勇	女	二班	59	60	89	57	265	85	合格
100012	李志	女	二班	89	68	68	96	321	29	良好
100020	张山	女	二班	77	70	80	76	303	51	良好
100026	李宁宁	男	二班	97	63	96	66	322	28	良好
100027	张乐	女	二班	78	71	88	65	302	53	良好
100029	李阳	女	二班	57	99	84	68	308	44	良好
100030	张进明	男	二班	78	73	66	87	304	50	良好
100031	陆小东	男	二班	99	61	78	81	319	32	良好
100034	林泰	女	二班	56	86	86	90	318	34	良好
100041	马明	女	二班	74	86	83	86	329	23	良好
100048	李张哲	男	二班	64	74	71	90	299	55	良好
100055	苗伟	女	二班	62	95	88	86	331	20	良好
100056	马云龙	女	二班	85	85	75	88	333	17	良好
100061	李明明	男	二班	76	65	76	62	279	72	合格
100065	李力伟	女	二班	88	63	70	56	277	75	合格
100066	孟庆龙	男	二班	79	97	54	77	307	47	良好
100067	陆凯峰	男	二班	55	92	65	80	292	63	良好
100071	李海平	男	二班	67	99	75	79	320	31	良好
100077	马成坤	男	二班	52	92	60	71	275	78	合格
100078	李庆庆	男	二班	67	64	69	91	291	64	良好
100081	林浩	女	二班	83	83	92	85	343	11	优秀
100087	魏国荣	女	二班	65	86	51	91	293	62	良好
100088	莫虎	男	二班	55	61	58	63	237	99	不合格
100089	罗琳	女	二班	53	94	81	71	299	55	良好

第 1 页，共 3 页

图 3-30 “成绩汇总表”打印预览效果图

3.2.4 练习

完成本练习后的效果如图 3-31～图 3-33 所示。

	A	B	C	D	E	F	G	H	I	J	K	L
1	员工姓名	所属部门	基本工资	岗位工资	绩效工资	请假天数	请假扣款	全勤奖	应发工资	社保扣款	个人所得税	实发工资
2	郭彩霞	财务部	3200	2500	1200	0	0	500	7400	888	740	5772
3	马成坤	财务部	2130	1600	800	0	0	500	5030	603.6	503	3923.4
4	邵海荣	财务部	2130	1600	800	1	100	0	4430	531.6	221.5	3676.9
5	沈阳	财务部	3000	1900	1200	0	0	500	6600	792	660	5148
6	徐震	财务部	2400	1600	1000	0	0	500	5500	660	550	4290
7	俞国军	财务部	2400	1600	1000	1	100	0	4900	588	245	4067
8		财务部 最大值										5772
9	冯涓	行政部	3200	2500	1000	0	0	500	7200	864	720	5616
10	李霞	行政部	4000	3000	1500	0	0	500	9000	1080	1350	6570
11	李张营	行政部	2400	1800	1000	0	0	500	5700	684	570	4446
12	任　伟	行政部	2400	1600	1000	2	200	0	4800	576	240	3984
13	王泵	行政部	3500	2000	1500	0	0	500	7500	900	750	5850
14	朱　丹	行政部	3200	2500	800	0	0	500	7000	840	700	5460
15		行政部 最大值										6570
16	陈聪	后勤部	2400	1600	1000	2	200	0	4800	576	240	3984
17	高留刚	后勤部	2130	1600	600	0	0	500	4830	579.6	241.5	4008.9
18	高庆丰	后勤部	3500	2000	1500	0	0	500	7500	900	750	5850
19	郭米露	后勤部	2400	1600	1000	1	100	0	4900	588	245	4067
20	刘琪琪	后勤部	3200	2500	1000	0	0	500	7200	864	720	5616
21	朱鹤颖	后勤部	4000	3000	1500	0	0	500	9000	1080	1350	6570
22		后勤部 最大值										6570
23	陈键	生产部	3200	2500	1800	0	0	500	8000	960	1200	5840
24	刁文峰	生产部	3200	2500	800	0	0	500	7000	840	700	5460
25	郭浩然	生产部	2130	1600	600	0	0	500	4830	579.6	241.5	4008.9
26	纪晓	生产部	2130	1600	800	0	0	500	5030	603.6	503	3923.4
27	蒋　红	生产部	2130	1600	600	0	0	500	4830	579.6	241.5	4008.9

工资表　工资分析　高收入人员

图 3-31 “工资表”工作表效果图

	A	B
1		
2	总人数	54
3	最高实发工资	6570
4	最低实发工资	3676.9
5	平均实发工资	4743.727778
6	实发工资在5000及以上的人数	22
7	全勤人数比例	25.9%

图 3-32 “工资分析”工作表效果图

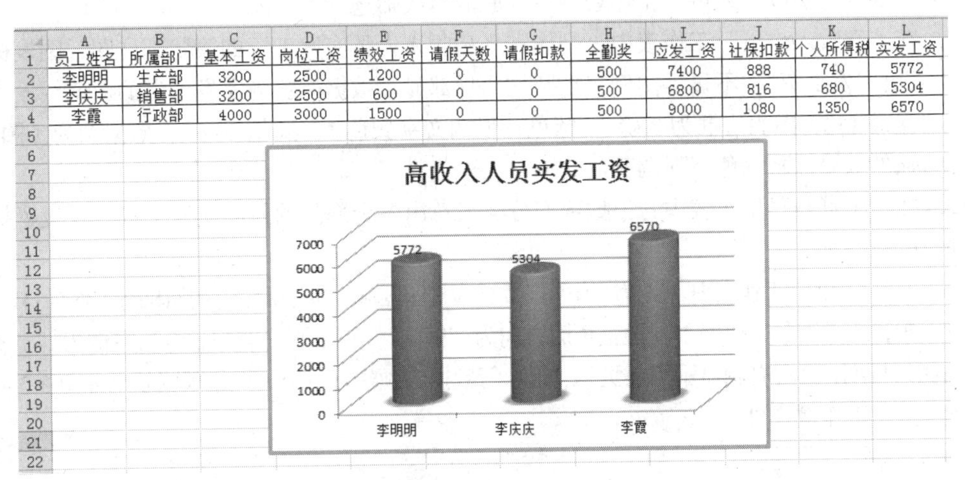

	A	B	C	D	E	F	G	H	I	J	K	L
1	员工姓名	所属部门	基本工资	岗位工资	绩效工资	请假天数	请假扣款	全勤奖	应发工资	社保扣款	个人所得税	实发工资
2	李明明	生产部	3200	2500	1200	0	0	500	7400	888	740	5772
3	李庆庆	销售部	3200	2500	600	0	0	500	6800	816	680	5304
4	李霞	行政部	4000	3000	1500	0	0	500	9000	1080	1350	6570

图 3-33 “高收入人员”工作表效果图

具体要求如下。

1. 实验准备工作。

（1）复制素材。从教学辅助网站下载素材文件“练习 7-工资统计表.rar”至本地计算机，并将该压缩文件解压缩。

（2）创建实验结果文件夹。在 D 盘或 E 盘上新建一个“工资统计表-实验结果”文件夹，用于存放结果文件。

2. 打开练习素材文件“工资统计表.xlsx”，将其保存至“工资统计表-实验结果”文件夹。

3. 在“工资表”工作表中，计算“请假扣款”列数据，扣款规则为每请假 1 天扣款 100 元。

4. 在“工资表”工作表中，计算“全勤奖”列数据，若无请假则全勤奖为 500，若有请假则全勤奖为 0。

5. 在“工资表”工作表中，计算“应发工资”列数据，应发工资=基本工资+岗位工资+绩效工资−请假扣款+全勤奖。

6. 在“工资表”工作表中，计算“社保扣款”列数据，社保扣款比例为应发工资的 12%。

7. 在“工资表”工作表中，计算“个人所得税”列数据，假定个人所得税按照表 3-18 所示的税率征收。

表 3-18 个人所得税税率

工资金额/元	税率
3500 以下	0%
3500 及以上，5000 以下	5%
5000 及以上，8000 以下	10%
8000 及以上	15%

8. 在“工资表”工作表中，计算“实发工资”列数据，实发工资=应发工资−社保扣款−个人所得税。

9. 在“工资分析”工作表中，计算 B2:B7 区域的对应结果，其中全勤人数比例以百分数显示，保留一位小数。

10. 在“工资表”工作表中，筛选出应发工资在 5000 元以上的姓“李”的员工信息，并在将筛选结果复制到“高收入人员”工作表中后，取消本次筛选。

11. 在“高收入人员”工作表中，制作一张高收入人员实发工资的簇状圆柱图，图表标题为“高收入人员实发工资”，不显示图例，在圆柱形顶部显示数据标签为实发工资的数值。设置图表样式为“样式 13”，图表边框为 3 磅、“蓝色，强调文字颜色 1，淡色 40%”，数据系列（圆柱形）样式为“强烈效果，水绿色，强调颜色 5”。

12. 在“工资表”工作表中，根据部门分类汇总出各个部门的最高实发工资，并设置打印时每个部门单独一页。

13. 在“工资表”工作表中，设置所有明细数据为打印区域，即分类汇总的结果行不作为打印区域。

14. 在“工资表”工作表中，设置页面方向为“横向”，表格水平居中，页眉左侧为“工资明细表”、右侧为日期，页脚右侧显示当前页码，第 1 行数据为顶端标题行。打印预览效果如图 3-34 所示。

15. 保存工作簿文件。

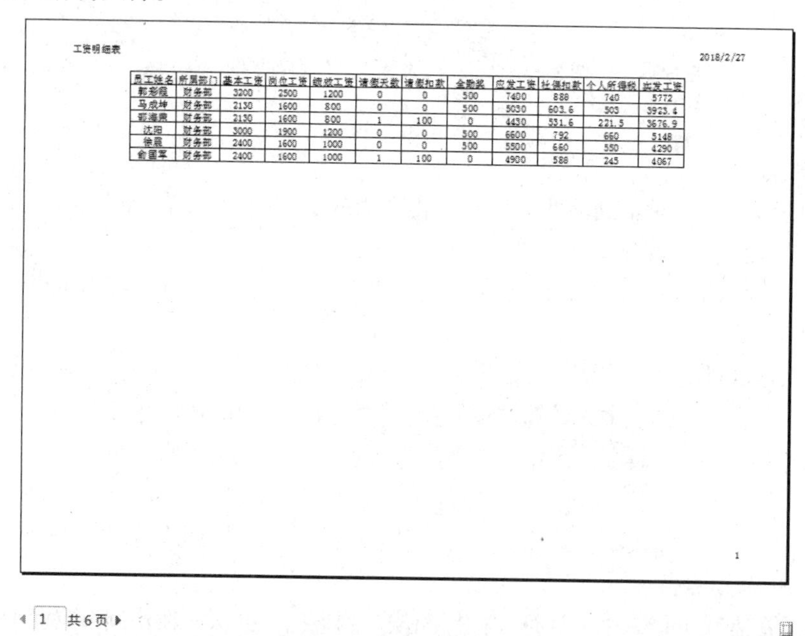
工资明细表

2018/2/27

员工姓名	所属部门	基本工资	岗位工资	绩效工资	请假天数	请假扣款	全勤奖	应发工资	社保扣款	个人所得税	实发工资
郭彩霞	财务部	3200	2500	1200	0	0	500	7400	888	740	5772
马成坤	财务部	2130	1600	800	0	0	500	5030	603.6	503	3923.4
邵海燕	财务部	2130	1600	800	1	100	0	4430	531.6	221.5	3676.9
沈阳	财务部	3000	1900	1200	0	0	500	6600	792	660	5148
徐晨	财务部	2400	1600	1000	0	0	500	5500	660	550	4290
俞国军	财务部	2400	1600	1000	1	100	0	4900	588	245	4067

1

图 3-34 “工资表”打印预览效果图

3.3 Excel 表格的高级编辑

3.3.1 案例概述

1. 案例目标

在实际工作中，除了使用简单函数，还可以使用很多高级函数，本案例主要使用数学函数和逻辑函数。为了帮助企业更好地统计出销售情况，本案例中我们制作出一张业务员销售统计及库存分析表，通过各业务员的销售情况统计出产品的库存及毛利，并根据业务员的业绩和评分情况来评定业务员的星级。

2. 知识点

本案例涉及的主要知识点如下。

（1）数据有效性的设置；

（2）工作表中单元格的保护；

（3）条件格式的设置；

（4）数据的合并计算；

（5）数学函数的使用，如 SUMIF、SUMPRODUCT 等；

（6）逻辑函数的使用，如 IF、AND、OR 等。

3.3.2 知识点总结

1. 数据有效性

数据有效性操作如表 3-19 所示。

表 3-19 数据有效性操作

操作	使用方法	概要描述
设置数据有效性	“数据”选项卡	选中某单元格→单击“数据”选项卡“数据工具”组中的“数据有效性”按钮→弹出“数据有效性”对话框→单击“设置”选项卡→选择“允许”下拉列表中的有效性类型（见表 3-20）→在“输入信息”选项卡中，输入相应的提示信息→在“出错警告”选项卡中，输入出错时的警告信息

表 3-20 有效性类型

有效性类型	说明
任何值	默认值，表示数据无约束，可以输入任何值
整数	表示输入的数据必须是符合条件的整数
小数	表示输入的数据必须是符合条件的小数
序列	表示输入的数据必须是指定序列内的数据。例如，设置性别字段的有效性：性别只能为男或女，则在“允许”下拉列表中选择“序列”，在“来源”编辑框中输入“男,女”。特别注意此处的分隔符应使用英文的逗号，不能使用中文的逗号
日期	表示输入的数据必须是符合条件的日期
时间	表示输入的数据必须是符合条件的时间
文本长度	表示输入的数据的长度必须满足指定的条件
自定义	允许使用公式、表达式来指定单元格中数据必须满足的条件。公式或表达式的返回值为 TRUE 时数据有效，返回值为 FALSE 时数据无效

2. 工作簿的保护与共享

工作簿的保护与共享操作如表 3-21 所示。

表 3-21　　　　工作簿的保护与共享操作

操作	使用方法	概要描述
保护工作簿	“文件”选项卡	单击“文件”选项卡→选择“信息”→在中间窗格中选择“保护工作簿”按钮→打开快捷菜单→选择相应的保护选项。 （1）标记为最终状态：再次打开 Excel 文档时提示该工作簿为最终版本，并且工作簿的属性设为只读，不支持用户修改。 （2）用密码进行加密：弹出“加密文档”对话框，文档的权限更改为“需要密码才能打开此工作簿”，当关闭文档再次打开时，需要正确的密码。 （3）保护当前工作表：限制其他用户对工作表进行单元格格式修改、插入或删除行、插入或删除列、排序、自动筛选等操作，可对工作表实施保护。 （4）保护工作簿结构：防止他人对打开的工作簿进行调整窗口大小或添加、删除、移动工作表等操作，可对工作簿设置保护
保护单元格	快捷菜单	• 选中允许用户修改的单元格区域。 • 单击鼠标右键，在快捷菜单中选择“设置单元格格式”命令，打开“设置单元格格式”对话框。 • 在对话框中的“保护”选项卡中，取消选中“锁定”复选框。 • 右击工作表标签，在弹出的快捷菜单中选择“保护工作表”→打开 “保护工作表”对话框，取消选中“选定锁定单元格”复选框
工作簿的共享	“审阅”选项卡	单击“审阅”选项卡“更改”组中的“共享工作簿”按钮→打开“共享工作簿”对话框→单击“编辑”选项卡→选中“允许多用户同时编辑，同时允许工作簿合并”复选框
查看工作簿的修订内容	“审阅”选项卡	单击“审阅”选项卡“更改”组中的“修订”按钮 修订 →在下拉菜单中选择“突出显示修订”命令→打开 “突出显示修订”对话框→选中“编辑时跟踪修订信息，同时共享工作簿”复选框→根据需要选中其他复选框
合并工作簿修订内容	“审阅”选项卡	单击“审阅”选项卡“更改”组中的“修订”按钮→在下拉菜单中选择“接受/拒绝修订”命令→打开 “接受或拒绝修订”对话框→根据需要选择修订时间、修订人与位置→单击“确定”按钮

3. 条件格式

条件格式操作如表 3-22 所示。

表 3-22　　　　条件格式操作

操作	使用方法	概要描述
设置条件格式	“开始”选项卡	单击“开始”选项卡“样式”组中的“条件格式”按钮→根据需要选择一种条件格式的类型，如“突出显示单元格规则”→在子菜单中选择相应的设置规则
修改条件格式规则	“管理规则”命令	选择“条件格式”中的“管理规则”命令，打开“条件格式规则管理器”对话框，在其中修改规则
取消条件格式	“清除规则”命令	选择“条件格式”中的“清除规则”命令，可以一次性清除所选单元格规则或者整个工作表格式规则等

4. 合并计算

合并计算操作如表 3-23 所示。

表 3-23 合并计算操作

操作	使用方法	概要描述
合并计算	“数据”选项卡	单击“数据”选项卡“数据工具”组中的“合并计算”按钮→打开“合并计算”对话框→选择相应的函数→添加需要的引用位置→单击“确定”按钮

5. 数学函数

数字函数如表 3-24 所示。

表 3-24 数学函数

函数名	格式	功能	说明
RAND	RAND()	返回大于等于 0 且小于 1 的均匀分布随机实数	若要生成 *a* 与 *b* 之间的随机整数，请使用函数：INT(RAND()*(*b*–*a*)+*a*)
FACT	FACT(Number)	返回 Number 的阶乘	如果 Number 不是整数，则截尾取整。如果 Number 为负，则返回错误值 #NUM!
POWER	POWER(Number,Power)	返回 Number 的 Power 次乘幂	POWER(5,2)表示 5^2 即 25
MOD	MOD(Number,Divisor)	返回两数相除的余数	结果的正负号与除数相同
SQRT	SQRT(Number)	返回 Number 的平方根	如果 Number 为负值，函数 SQRT 返回错误值 #NUM!
PRODUCT	PRODUCT(Number1,[Number2],...)	计算所有参数的乘积	
SUMIF	SUMIF(Range,Criteria,[Sum_range])	对范围中符合指定条件的值求和	如果省略了 Sum_range，则对 Range 区域中符合条件的单元格求和
SUMPRODUCT	SUMPRODUCT(Array1,[Array2],[Array3], ...)	在给定的几组数组中，将数组间对应的元素（元素的位置号相同）相乘，并返回乘积之和	数组参数必须具有相同的维数，否则，函数 SUMPRODUCT 将返回错误值#VALUE!。它将非数值型的数组元素作为 0 处理
INT	INT(Number)	返回小于等于 Number 的最大整数	

6. 逻辑函数

逻辑函数如表 3-25 所示。

表 3-25 逻辑函数

函数名	格式	功能	说明
NOT	NOT(Logical)	对参数值求反。TRUE 的取反为 FALSE，FALSE 的取反为 TRUE	Logical 为一个可以计算出 TRUE 或 FALSE 的逻辑值或逻辑表达式
AND	AND(Logical1,Logical2,...)	所有参数的逻辑值为 TRUE 时，返回 TRUE；只要有一个参数的逻辑值为 FALSE，则函数返回 FALSE	
OR	OR(Logical1,Logical2,...)	任何一个参数逻辑值为 TRUE，即返回 TRUE；所有参数的逻辑值为 FALSE，即返回 FALSE	

续表

函数名	格式	功能	说明
IF	IF(Logical_test,Value_if_true,Value_if_false)	根据对条件表达式真假值的判断，返回不同结果	IF 函数最多支持 7 层嵌套，其中 Logical_test 参数可由几个条件组成，此时只需配合 AND、OR 等函数使用即可

3.3.3 应用案例 8：业务员销售统计及库存分析表

1. 案例效果图。

本案例中共完成 4 张工作表，分别为“一季度销售记录”“一季度进货统计”“库存及毛利”和“业务员考核”，完成后的效果分别如图 3-35～图 3-38 所示。

	A	B	C	D	E	F
1	日期	业务员	产品	销售数量	销售单价	销售金额
2	2017/1/4	何宏禹	TCL	3	3850	11550
3	2017/1/6	方依然	TCL	1	3850	3850
4	2017/1/6	李良	长虹	6	3600	**21600**
5	2017/1/7	高嘉文	创维	3	3920	11760
6	2017/1/8	高嘉文	创维	3	3920	11760
7	2017/1/8	高嘉文	飞利浦	2	4250	8500
8	2017/1/8	张一帆	小米	2	3600	7200
9	2017/1/9	何宏禹	TCL	4	3850	15400
10	2017/1/10	高嘉文	三星	2	4550	9100
11	2017/1/11	张一帆	TCL	2	3850	7700
12	2017/1/13	高嘉文	创维	4	3920	15680
13	2017/1/13	方依然	飞利浦	4	4250	17000
14	2017/1/15	叶佳	索尼	2	4800	9600
15	2017/1/19	高嘉文	TCL	1	3850	3850
16	2017/1/19	何宏禹	长虹	4	3600	14400
17	2017/1/21	高嘉文	创维	5	3920	**19600**
18	2017/2/2	何宏禹	创维	4	3920	15680
19	2017/2/5	游妍妍	飞利浦	5	4250	**21250**
20	2017/2/5	叶佳	三星	4	4550	**18200**
21	2017/2/6	游妍妍	创维	5	3920	**19600**
22	2017/2/6	李良	飞利浦	3	4250	12750
23	2017/2/6	游妍妍	索尼	4	4800	**19200**
24	2017/2/9	叶佳	TCL	3	3850	11550
25	2017/2/10	孙建	索尼	1	4800	4800
26	2017/2/11	林木森	TCL	2	3850	7700
27	2017/2/15	李良	索尼	1	4800	4800

一季度销售记录 / 1月进货 / 2月进货 / 3月进货 / 一季度进货统计

图 3-35 “一季度销售记录”工作表效果图

	A	B
1	产品	进货数量
2	TCL	70
3	长虹	60
4	创维	100
5	飞利浦	45
6	小米	30
7	索尼	35
8	三星	45
9		

图 3-36 “一季度进货统计”工作表效果图

	A	B	C	D	E	F
1	产品	进货单价	进货数量	销售单价	销售数量	库存
2	TCL	3000	70	3800	49	21
3	长虹	2900	60	3600	13	47
4	创维	3400	100	3920	50	50
5	飞利浦	3550	45	4250	21	24
6	小米	3400	30	3600	12	18
7	索尼	4350	35	4800	8	27
8	三星	4000	45	4550	12	33
9						
10						
11	一季度毛利合计：		101600			

图 3-37 “库存及毛利”工作表效果图

	A	B	C	D	E
1	业务员	销售金额	领导评分	同行评分	星级评定
2	何宏禹	100530	89	88	四星级
3	方依然	24450	92	89	三星级
4	李良	90250	86	90	四星级
5	高嘉文	138350	90	88	五星级
6	张一帆	25950	88	86	三星级
7	叶佳	106830	92	88	五星级
8	游妍妍	90740	85	86	四星级
9	孙建	52500	90	88	三星级
10	林木森	27300	82	85	三星级

图 3-38 “业务员考核”工作表效果图

2. 实验准备工作。

（1）复制素材。从教学辅助网站下载素材文件“应用案例 8-业务员销售统计及库存分析表.rar”至本地计算机，并将该压缩文件解压缩。本案例素材均来自该文件夹。

（2）创建实验结果文件夹。在 D 盘或 E 盘上新建一个“业务员销售统计及库存分析表-实验结果”文件夹，用于存放结果文件。

3. 打开素材中的工作簿文件“业务员销售统计及库存分析表.xlsx”，将其保存至“业务员销售统计及库存分析表-实验结果”文件夹中。

4. 在“一季度销售记录”工作表中，根据表 3-26 的价格，生成“销售单价”和“销售金额”列数据。

表 3-26 产品销售单价

产品名称	销售单价
TCL	3850
长虹	3600
创维	3920
飞利浦	4250
小米	3600
索尼	4800
三星	4550

（1）在 E2 单元格中输入公式“=IF(C2="TCL",3850,IF(C2="长虹",3600,IF(C2="创维",3920,IF(C2="飞利浦",4250,IF(C2="小米",3600,IF(C2="索尼",4800,4550))))))”。

（2）使用填充柄，将公式填充至 E55 单元格。

（3）在 F2 单元格中输入公式“=E2*D2”。

（4）使用填充柄，将公式填充至 F55 单元格。

5. 在“一季度销售记录”工作表中，设置“日期”列数据的有效性规则为 2017 年第一季度日期。

（1）选中 A 列数据，单击“数据”选项卡“数据工具”组中的“数据有效性”按钮，打开“数据有效性”对话框。

（2）在对话框的“设置”选项卡中，设置“允许”值为“日期”，“开始日期”为“2017-1-1”，“结束日期”为“2017-3-31”。设置好的对话框如图 3-39 所示。

（3）在对话框的“输入信息”标签和“出错警告”选项卡中，分别按图 3-40 和图 3-41 所示进行设置。

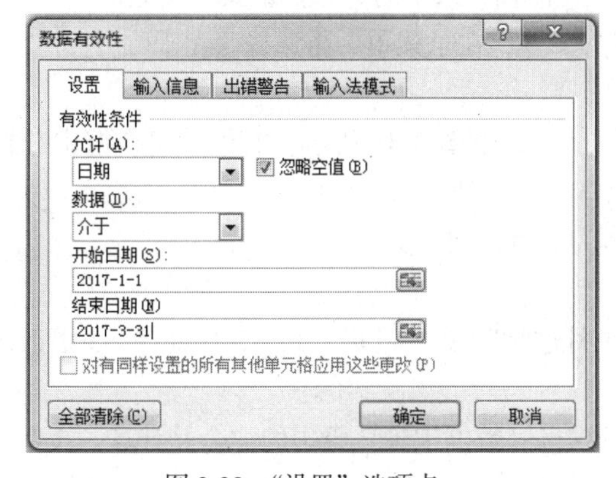

图 3-39 “设置”选项卡

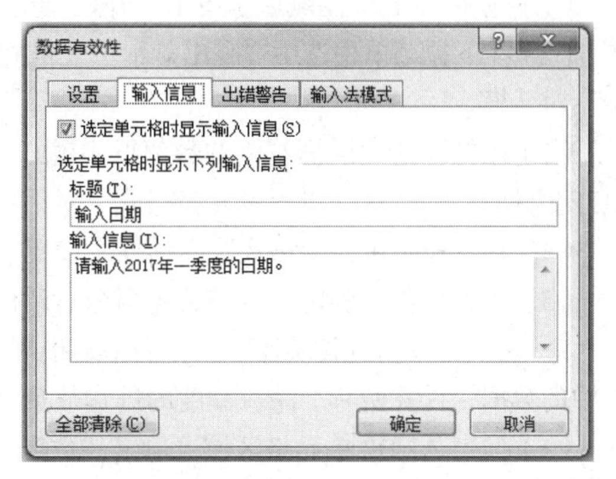

图 3-40 “输入信息”选项卡

（4）单击“确定”按钮关闭对话框。

（5）选中A1单元格，取消该单元格的所有数据有效性设置，即将其“允许”值设为“任何值”，删除输入信息和出错警告。

（6）设置完成后，当在A列中输入的日期不符合规则时，Excel将弹出图3-42所示提示对话框。

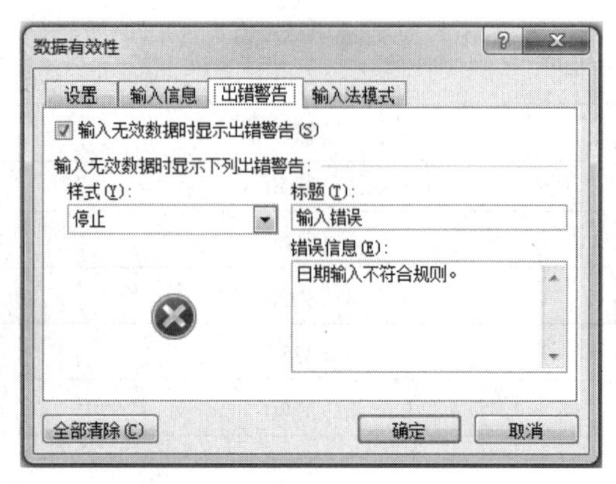

图3-41 “出错警告”选项卡

图3-42 “输入错误”对话框

6. 在“一季度销售记录”工作表中，设置“业务员”列数据的有效性。

（1）选中B列数据，单击“数据”选项卡“数据工具”组中的“数据有效性”按钮，打开“数据有效性”对话框。

（2）在对话框的“设置”选项卡中，设置“允许”值为“序列”。

（3）将光标定位在“来源”下面的文本框后，使用鼠标选中“业务员考核”工作表中的A2:A10区域，对话框如图3-43所示。

（4）单击“确定”按钮关闭对话框后，选中B列任一单元格查看效果。

（5）选中B1单元格，取消该单元格的数据有效性设置。

7. 在“一季度销售记录”工作表中，设置“产品”列数据的有效性。

步骤同上，序列的来源为“库存及毛利”工作表中的A2:A8。

8. 在“一季度销售记录”工作表中，设置“销售金额”列数据的条件格式，突出显示销售金额在18000以上的数据。

（1）选中F2:F55区域后，单击“开始”选项卡“样式”组中的“条件格式”按钮。

（2）在下拉菜单中选中“突出显示单元格规则”命令，在子菜单中再选择“大于”，打开“大于”对话框。

（3）在打开的对话框左侧的数值框中输入“18000”，如图3-44所示，右侧的组合框中选择“自定义格式”，打开“设置单元格格式”对话框。

（4）在“设置单元格格式”对话框中设置字体为蓝色、加粗文字。

（5）分别单击“确定”按钮关闭两个对话框。

9. 在“一季度进货统计”工作表中，根据“1月进货”“2月进货”和“3月进货”3张工作表中的数据，计算所有产品一季度的进货数量。

（1）选中A2:B2单元格区域，单击“数据”选项卡“数据工具”组中的“合并计算”按钮，打开“合并计算”对话框。

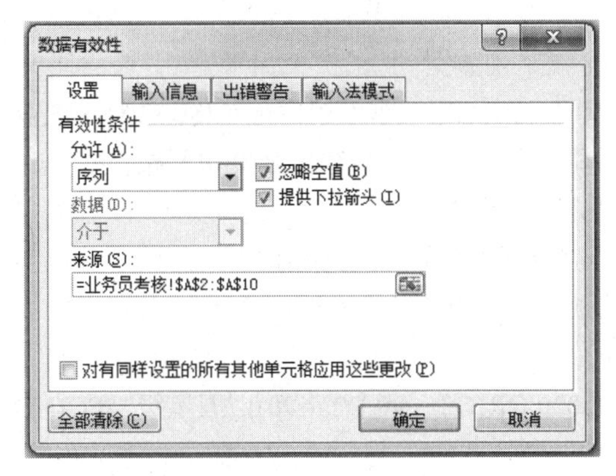

图 3-43　“设置”选项卡

图 3-44　“大于”对话框

（2）在对话框的“函数”下拉列表中选择“求和”。

（3）将光标定位在“引用位置”下面的文本框中，再选中“1 月进货”工作表中的 A2:B8 单元格区域后，单击对话框中的“添加”按钮。

（4）选择“2 月进货”工作表中的 A2:B7 单元格区域后，单击对话框中的“添加”按钮。

（5）选择“3 月进货”工作表中的 A2:B8 单元格区域后，单击对话框中的“添加”按钮。

（6）选中“标签位置”中的“最左列”复选框，此时对话框如图 3-45 所示。

（7）单击“确定”按钮关闭对话框。

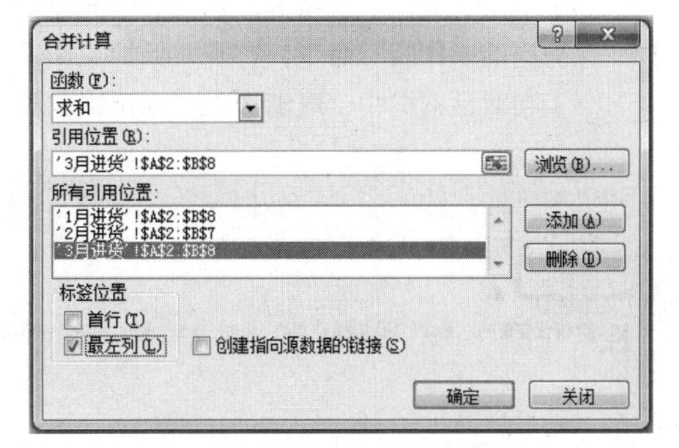

图 3-45　“合并计算”对话框

10. 复制“一季度进货统计”工作表中的 B2:B8 区域，将其粘贴到“库存及毛利”工作表中 C2:C8 区域。

11. 在“库存及毛利”工作表中，计算“销售数量”列数据。

（1）在 E2 单元格中输入公式“=SUMIF()”，将光标定位在一对括号的中间进行参数的输入。

（2）输入第一个参数 Range：选中“一季度销售记录”工作表中的 C2:C55 区域，并按【F4】键使其绝对引用。

（3）输入一个英文的逗号后，继续输入第二个参数 Criteria：选中“库存及毛利”工作表中的 A2 单元格。

（4）输入一个英文的逗号后，继续输入第三个参数 Sum_range：选中“一季度销售记录”工作表中的 D2:D55 区域，并按【F4】键使其绝对引用。

（5）此时编辑栏中的公式为：“=SUMIF(一季度销售记录!$C$2:$C$55,库存及毛利!A2,一季度销售记录!$D$2:$D$55)”，单击【Enter】键或单击✔按钮返回计算结果。

（6）使用填充柄，将公式填充至 E8 单元格。

12. 在“库存及毛利”工作表中，计算“库存”列数据。

步骤略。

13. 在“库存及毛利”工作表中，计算“一季度毛利合计”列数据。

（1）选中 C11 单元格，输入公式“=SUMPRODUCT(E2:E8,D2:D8)-SUMPRODUCT (E2:E8,B2:B8)”。

（2）按【Enter】键或单击✔按钮返回计算结果。

14. 在“业务员考核”工作表中，计算 “销售金额”列数据。

本步骤与第 11 步类似，在 B2 单元格中生成公式“=SUMIF(一季度销售记录!$B$2:$B$55,业务员考核!A2,一季度销售记录!$F$2:$F$55)”，并使用填充柄，将公式填充至 B10 单元格。

15. 在“业务员考核”工作表中，计算“星级评定”列数据。

评定方法为：若销售金额大于等于 100000 元，且在领导或同行评分中有 90（含 90）分以上的为五星级业务员；销售业绩大于等于 80000 元，且领导或同行评分中有 85（含 85）分以上的为四星级业务员；其他为三星级业务员。

（1）在 E2 单元格中输入公式“=IF(AND(B2>=100000,OR(C2>=90,D2>=90)),"五星级",IF(AND(B2>=80000,OR(C2>=85,D2>=85)),"四星级","三星级"))”。

（2）按【Enter】键或单击✔按钮返回计算结果。

（3）使用填充柄，将公式填充至 E10 单元格。

16. 在“业务员考核”工作表中，设置单元格保护，使业务员姓名列不可修改。

（1）选中 B2:E10 区域，单击鼠标右键，在快捷菜单中选择“设置单元格格式”命令，打开“设置单元格格式”对话框。

（2）在对话框的“保护”选项卡中，取消选中“锁定”复选框，如图 3-46 所示。

（3）单击“确定”按钮关闭对话框。

（4）单击“文件”选项卡，在窗口中间窗格中，单击“保护工作簿”按钮，在下拉菜单中选择“保护当前工作表”命令，打开“保护工作表”对话框。

（5）在对话框框中，取消选中“选定锁定单元格”复选框，如图 3-47 所示。

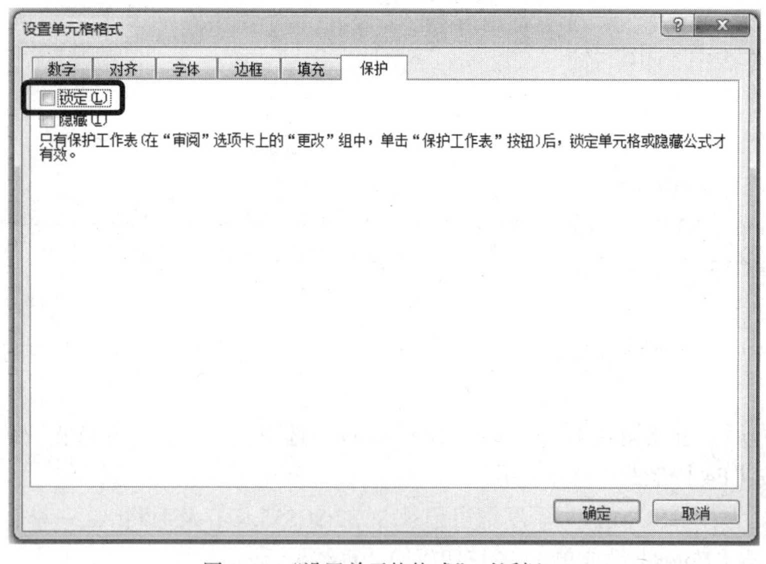

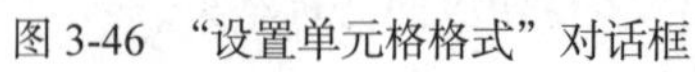
图 3-46 “设置单元格格式”对话框

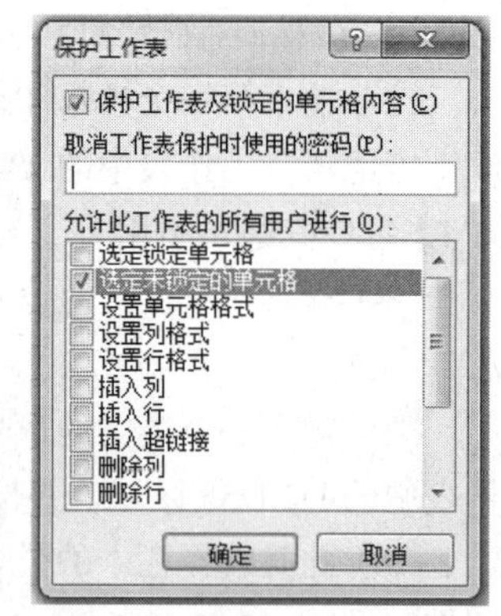

图 3-47 “保护工作表”对话框

（6）单击“确定”按钮关闭对话框，此时除了 B2:E10 可以被选中编辑外，其余单元格均为只读。

17. 保存工作簿。

单击窗口左上角“快速访问工具栏”中的“保存”按钮，或单击“文件”选项卡→选择“保存”命令，保存操作结果。

3.3.4 练习

完成本练习后的效果如图 3-48～图 3-50 所示。“二月图书销售汇总”工作表和“三月图书销售汇总”工作表与图 3-49 类似。

	A	B	C	D	E	F	G
1	2017年一季度图书销售明细						
2							
3	日期	图书名称	单价	数量	金额	销售类型	利润
4	2017/1/4	《Excel实战演练》	22	588	12936	批发	1294
5	2017/1/6	《Office办公应用》	28	495	13860	批发	1386
6	2017/1/6	《Office商务办公助手》	20	80	1600	零售	240
7	2017/1/7	《Word高阶教程》	32	577	18464	批发	1846
8	2017/1/8	《Office商务办公助手》	20	38	760	零售	114
9	2017/1/8	《Office办公应用》	28	65	1820	零售	273
10	2017/1/8	《Office商务办公助手》	20	475	9500	批发	950
11	2017/1/9	《Word高阶教程》	32	34	1088	零售	163
12	2017/1/10	《Office商务办公助手》	20	460	9200	批发	920
13	2017/1/11	《Word高阶教程》	32	40	1280	零售	192
14	2017/1/13	《Excel实战演练》	22	320	7040	批发	704
15	2017/1/13	《Word高阶教程》	32	47	1504	零售	226
16	2017/1/15	《Excel实战演练》	22	68	1496	零售	224
17	2017/1/15	《Office办公应用》	28	53	1484	零售	223
18	2017/1/19	《Office办公应用》	28	244	6832	批发	683
19	2017/1/19	《Office办公应用》	28	42	1176	零售	176
20	2017/1/19	《Excel实战演练》	22	558	12276	批发	1228
21	2017/1/19	《Word高阶教程》	32	70	2240	零售	336
22	2017/1/21	《Excel实战演练》	22	47	1034	零售	155
23	2017/1/21	《Office商务办公助手》	20	57	1140	零售	171
24	2017/2/2	《Excel实战演练》	22	338	7436	批发	744
25	2017/2/2	《Office办公应用》	28	494	13832	批发	1383
26	2017/2/5	《Office办公应用》	28	79	2212	零售	332
27	2017/2/5	《Office商务办公助手》	20	54	1080	零售	162

图书销售明细 / 一月图书销售汇总 / 二月图书销售汇总 / 三月图书销售汇总 / 一季度图书销售汇总

图 3-48 “图书销售明细”工作表效果图

	A	B	C
1	一月图书销售汇总		
2			
3	图书名称	销售数量	利润
4	《Excel实战演练》	1581	3604.7
5	《Office办公应用》	899	2741.2
6	《Office商务办公助手》	1110	2395
7	《Word高阶教程》	768	2763.2

图 3-49 “一月图书销售汇总”工作表效果图

	A	B	C	D
1	2017年一季度图书销售汇总			
2				
3	图书名称	销售数量	利润	是否畅销
4	《Office办公应用》	3387	10939.6	畅销
5	《Office商务办公助手》	3697	7910	
6	《Word高阶教程》	1346	4892.8	滞销
7	《Excel实战演练》	2866	6806.8	
8	《PowerPoint美化技能》	2738	7108.75	

图 3-50 “一季度图书销售汇总”工作表效果图

具体要求如下。

1. 实验准备工作。

（1）复制素材。从教学辅助网站下载素材文件“练习 8-图书销售统计表.rar”至本地计算机，并将该压缩文件解压缩。

（2）创建实验结果文件夹。在 D 盘或 E 盘上新建一个“图书销售统计表-实验结果”文件夹，用于存放结果文件。

2. 打开练习素材文件“图书销售统计表.xlsx”，将其保存至“图书销售统计表-实验结果”文件夹中。

3. 在“图书销售明细”工作表中，根据表 3-27 所示的图书单价，使用函数自动生成“单价”列数据。

表 3-27　　图书单价　　单位：元

图书名称	单价
《Excel 实战演练》	22
《Office 办公应用》	28
《Office 商务办公助手》	20
《Word 高阶教程》	32
《PowerPoint 美化技能》	25

4. 在“图书销售明细”工作表中，计算“金额”列数据。

5. 在“图书销售明细”工作表中，计算“利润”列数据。若销售类型为批发，则利润为销售金额的 10%；若销售类型为零售，则利润为销售金额的 15%。计算结果保留 0 位小数。

6. 在“图书销售明细”工作表中，设置“日期”列数据的有效性，使该列只能输入 2017 年一季度的日期。

7. 在“图书销售明细”工作表中，设置“图书名称”列的数据有效性，使该列数据只能为表 3-27 的图书名称之一。

8. 在“一月图书销售汇总”“二月图书销售汇总”和“三月图书销售汇总”工作表中，分别计算每个月的图书销售数量和利润。（提示：使用 SUMIF 函数分别对“图书销售明细”工作表中的对应月份数据进行计算）

9. 在“一季度图书销售汇总”工作表中，使用合并计算，计算出所有图书一季度的销售数量。

10. 在“一季度图书销售汇总”工作表中，利用函数计算图书是否畅销。若图书一季度总销量在 2800 本以上，且利润高于 10000 元，则为“畅销”；若图书一季度总销售在 1500 本以下，则为“滞销”。

11. 在“一季度图书销售汇总”工作表中，设置 A4:D8 区域可以编辑和设置单元格格式，其他单元格区域均为只读。

12. 设置 A3:D8 区域内框和外框均为细实线。

13. 保存工作簿文件。

3.4　Excel 表格的高级函数

3.4.1　案例概述

1. 案例目标

在实际工作中有很多高级函数的运用，本案例主要使用日期函数、查找引用函数和文本函数等高级函数。为了帮助人事部门更好地统计奖金和工资的信息，本案例中我们制作出一张工资奖金统计表，通过不同地区不同销售额，计算人员对应的提成比例，并根据姓名查找对应的奖金和工资信息。

2. 知识点

本案例涉及的主要知识点如下。

（1）日期函数的使用，如 YEAR、MONTH、DAY、TODAY、DATE 等。

（2）查找引用函数的使用，如 HLOOKUP、VLOOKUP、MATCH 等。

（3）文本函数的使用，如 LEFT、RIGHT、MID、TEXT、LEN 等。
（4）信息函数的使用，如 ISBLANK、ISNUMBER 等。
（5）数据库函数的使用，如 DSUM、DCOUNT、DMAX、DMIN 等。

3.4.2 知识点总结

1. 日期与时间函数

日期与时间函数如表 3-28 所示。

表 3-28　　日期与时间函数

函数名	格式	功能	说明
NOW	NOW()	返回当前日期和时间所对应的序列号	无参函数
TODAY	TODAY()	返回当前日期的序列号	无参函数
YEAR	YEAR(Serial_number)	返回某日期对应的年份	返回值为 1900～9999 的整数
MONTH	MONTH(Serial_number)	返回以序列号表示的日期中的月份	
DAY	DAY(Serial_number)	返回以序列号表示的某日期的天数	
DATE	DATE(Year,Month,Day)	返回指定日期的序列号	
WEEKDAY	WEEKDAY(Serial_number,Return_type)	返回某日期为星期几	默认情况下，其值为 1（星期日）～7（星期六）之间的整数。 Return_type 为确定返回值类型的数字，其含义见表 3-29
DATEDIF	DATEDIF(Start_date,End_date,Unit)	返回两个日期之间间隔的年数、月数或天数等	该函数是一个隐秘函数，在 Excel 的插入函数对话框和函数帮助中都没有 DATEDIF 函数，但是可以直接输入函数名称来使用 DATEDIF 函数。Unit 为所需信息的返回类型，其含义见表 3-30

表 3-29　　WEEKDAY 函数中参数 Return_type 的含义

Return_type	函数返回的数字含义
1 或省略	数字 1（星期日）～7（星期六）
2	数字 1（星期一）～7（星期日）
3	数字 0（星期一）～6（星期日）

表 3-30　　DATEDIF 函数中参数 Unit 的含义

Return_type	信息的返回类型
Y	时间段中的整年数
M	时间段中的整月数
D	时间段中的天数

2. 查找与引用函数

查找与引用函数如表 3-31 所示。

表 3-31 查找与引用函数

函数名	格式	功能	说明
ADDRESS	ADDRESS(Row_num,Column_num,Abs_num,A1,Sheet_text)	按照给定的行号和列标，建立文本类型的单元格地址	Abs_num 指定返回的引用类型，具体含义见表 3-32
COLUMN	COLUMN(Reference)	返回给定引用的列标	如果省略 Reference，则假定为是对函数所在单元格的引用
ROW	ROW(Reference)	返回引用的行号	如果省略 Reference，则假定为是对函数所在单元格的引用
LOOKUP	LOOKUP(Lookup_value,Lookup_vector,Result_vector)	函数 LOOKUP 的向量形式是在单行区域或单列区域（向量）中查找数值，然后返回第二个单行区域或单列区域中相同位置的数值	Lookup_vector 的数值必须按升序排序，否则函数 LOOKUP 不能返回正确的结果。如果函数 LOOKUP 找不到 Lookup_value，则查找 Lookup_vector 中小于或等于 Lookup_value 的最大数值
HLOOKUP	HLOOKUP(Lookup_value,Table_array,Row_index_num,Range_lookup)	在表格的首行查找指定的数值，并由此返回表格中指定行的对应列处的数值	Range_lookup 为逻辑值，如果为 TRUE 或省略，则返回近似匹配值；如果为 FALSE，则将查找精确匹配值，如果找不到，则返回错误值#N/A!
VLOOKUP	VLOOKUP(Lookup_value,Table_array,Col_index_num,Range_lookup)	在表格或数值数组的首列查找指定的数值，并由此返回表格或数组指定列的对应行处的数值	
INDEX	INDEX(Array,Row_num,Column_num)	返回数组中指定行列交叉处的单元格的数值	
MATCH	MATCH(Lookup_value,Lookup_array,Match_type)	返回在指定方式下与指定数值匹配的数组中元素的相应位置	Match_type 的取值及含义见表 3-33
INDIRECT	INDIRECT(Ref_text, A1)	返回由文本字符串指定的引用	

表 3-32 ADDRESS 函数中参数 Abs_num 的取值及含义

Abs_num 的取值	含义
1 或省略	绝对引用
2	绝对行号，相对列标
3	相对行号，绝对列标
4	相对引用

表 3-33 MATCH 函数中参数 Match_type 的取值及含义

Match_type 的取值	含义
1 或省略	查找小于或等于 Lookup_value 的最大数值。Lookup_array 必须按升序排列
0	查找等于 Lookup_value 的第一个数值。Lookup_array 可以按任何顺序排列
-1	查找大于或等于 Lookup_value 的最小数值。Lookup_array 必须按降序排列

3. 文本函数

文本函数如表 3-34 所示。

表 3-34 文本函数

函数名	格式	功能	说明
FIND	FIND(Find_text,Within_text,Start_num)	查找其他文本字符串（Within_text）内的文本字符串（Find_text），并从Within_text的首字符开始返回Find_text 的起始位置编号	区分大小写，参数 Find_text 不能使用通配符。Start_num 表示查找的起始位置
SEARCH	SEARCH(Find_text,Within_text,Start_num)	返回从 Start_num 开始首次找到特定字符或文本字符串的位置上特定字符的编号	不区分大小写，参数 Find_text 可以使用通配符，包括“？”和“*”。“？”可匹配任意的单个字符，“*”可匹配任意一串字符
LEN	LEN(Text)	返回文本字符串中的字符数	
LEFT	LEFT(Text,Num_chars)	返回文本字符串中的第一个或前几个字符	
RIGHT	RIGHT(Text,Num_chars)	返回文本字符串中最后一个或多个字符	
MID	MID(Text,Start_num,Num_chars)	返回文本字符串中从指定位置开始的特定数目的字符	
TRIM	TRIM(Text)	除了单词之间的单个空格外，清除文本中所有的空格	
REPLACE	REPLACE(Old_text,Start_num,Num_chars,New_text)	使用其他文本字符串并根据所指定的字符数替换某文本字符串中的部分文本	需要在某一文本字符串中替换指定位置处的任意文本时使用该函数
SUBSTITUTE	SUBSTITUTE(Text,Old_text,New_text,Instance_num)	在文本字符串中用 New_text 替代 old_text	需要在某一文本字符串中替换指定的文本时使用该函数
TEXT	TEXT(Value,Format_text)	将数值转换为按指定数字格式表示的文本	Format_text 为“设置单元格格式”对话框中“数字”选项卡上“分类”框中“自定义”类别中的数字格式

4. 数据库函数

数据库函数主要用于对数据清单或数据库中的数据进行分析。简单来说，数据库函数就是将普通的统计函数与高级筛选合二为一。

数据库函数都具有如下相同的参数。

- Database 构成列表或数据库的单元格区域。
- Field 指定函数所使用的数据列。列表中的数据列必须在第一行具有标志项。
- Criteria 为一组包含给定条件的单元格区域。可以为参数 Criteria 指定任意区域，只要它至少包含一个列标志和列标志下方用于设定条件的单元格。

Excel 中常用的数据库函数见表 3-35。

表 3-35 数据库函数

函数名	功能
DAVERAGE	返回列表或数据库中满足指定条件的列中数值的平均值
DCOUNT	返回数据库或列表的列中满足指定条件并且包含数字的单元格个数。参数 Field 为可选项，如果省略，则函数 DCOUNT 返回数据库中满足条件 Criteria 的所有记录数
DCOUNTA	返回数据库或列表的列中满足指定条件的非空单元格个数。参数 Field 为可选项，如果省略，则函数 DCOUNTA 将返回数据库中满足条件的所有记录数
DMAX	返回列表或数据库的列中满足指定条件的最大数值
DMIN	返回列表或数据库的列中满足指定条件的最小数值
DPRODUCT	返回列表或数据库的列中满足指定条件的数值的乘积
DSUM	返回列表或数据库的列中满足指定条件的数字之和

5. 信息函数

信息函数如表 3-36 所示。

表 3-36 信息函数

函数名	格式	功能
ISBLANK	ISBLANK(Value)	返回是否引用了空单元格
ISERR	ISERR(Value)	返回是否为除#N/A 以外的任意错误值
ISERROR	ISERROR(Value)	返回是否为任意错误值（#N/A、#VALUE!、#REF!、#DIV/0!、#NUM!、#NAME?或#NULL!）
ISLOGICAL	ISLOGICAL(Value)	返回是否为逻辑值
ISNA	ISNA(Value)	返回是否为错误值#N/A（值不存在）
ISNONTEXT	ISNONTEXT(Value)	返回是否为不是文本的任意项（注意此函数在值为空白单元格时返回 TRUE）
ISNUMBER	ISNUMBER(Value)	返回是否为数字
ISREF	ISREF(Value)	返回是否为引用
ISTEXT	ISTEXT(Value)	返回是否为文本
CELL	CELL(Info_type, [Reference])	返回某一引用区域的左上角单元格的格式、位置或内容等信息。Info_type 为一个文本值，指定所需要的单元格信息的类型，其取值及含义见表 3-37。Reference 若忽略，则返回给最后更改的单元格的相关信息。按【F9】键可以刷新单元格，该单元格即成为最后更改的单元格

表 3-37 CELL 函数中参数 Info_type 的取值与含义

Info_type 的取值	含义
"address"	引用中第一个单元格的引用，文本类型
"col"	引用中单元格的列标
"color"	如果单元格中的负值以不同颜色显示，则为 1，否则返回 0
"contents"	引用中左上角单元格的值，不是公式

续表

Info_type 的取值	含义
"filename"	包含引用的文件名（包括全部路径），文本类型。如果包含目标引用的工作表尚未保存，则返回空文本（""）
"format"	与单元格中不同的数字格式相对应的文本值。如果单元格中负值以不同颜色显示，则在返回的文本值的结尾处加“-”；如果单元格中为正值或所有单元格均加括号，则在文本值的结尾处返回“()”
"parentheses"	如果单元格中为正值或全部单元格均加括号，则为 1，否则返回 0
"prefix"	与单元格中不同的“标志前缀”相对应的文本值。如果单元格文本左对齐，则返回单引号（'）；如果单元格文本右对齐，则返回双引号（"）；如果单元格文本居中，则返回插入字符（^）；如果单元格文本两端对齐，则返回反斜线（\）；如果是其他情况，则返回空文本（""）
"protect"	如果单元格没有锁定，则为 0；如果单元格锁定，则为 1
"row"	引用中单元格的行号
"type"	与单元格中的数据类型相对应的文本值。如果单元格为空，则返回“b”。如果单元格包含文本常量，则返回“l”；如果单元格包含其他内容，则返回“v”
"width"	取整后的单元格的列宽。列宽以默认字号的一个字符的宽度为单位

3.4.3　应用案例 9：工资、奖金统计表

1. 案例效果图。本案例中共完成 3 张工作表，分别为“人员信息”“奖金计算”和“工资统计”，完成后的效果分别如图 3-51～图 3-53 所示。

2018年3月人员信息表

	A	B	C	D	E	F
3	姓名	性别	身份证号码	年龄	出生日期	所属部门
4	吴赟斐	男	320981199010190999	27	1990/10/19	综合研发部
5	顾小芳	女	320586198301175823	35	1983/1/17	第二事业部
6	莫俊锋	男	320682198505041739	32	1985/5/4	业务拓展部
7	黄诚	男	320581198612183335	31	1986/12/18	第二事业部
8	钱江	女	320911198910176021	28	1989/10/17	业务拓展部
9	金彦杰	女	320501198910165045	28	1989/10/16	业务拓展部
10	申道伟	男	320282198611192897	31	1986/11/19	第一事业部
11	吴健	男	320501198905035094	28	1989/5/3	第一事业部
12	钱杰	男	320621198702102630	31	1987/2/10	综合研发部
13	王明亮	男	320503198907112017	28	1989/7/11	第二事业部
14	王瑜佳	男	320586199004143918	27	1990/4/14	第三事业部
15	范志鼎	男	362330198910230011	28	1989/10/23	第一事业部
16	惠宏旻	男	320830198707060035	30	1987/7/6	业务拓展部
17	陈晨	男	320503198105012516	36	1981/5/1	第二事业部
18	顾婷	女	320282198512103262	32	1985/12/10	第三事业部
19	马骁杰	男	320282198811071416	29	1988/11/7	第三事业部
20	王军浩	男	320981198902205215	29	1989/2/20	第三事业部
21	孙硕	男	410223198809225537	29	1988/9/22	第二事业部
22	耿燕辉	男	320681198707304035	30	1987/7/30	第一事业部
23	王永丽	女	32072119831108002X	34	1983/11/8	第二事业部
24	孔鑫	男	320511198711053510	30	1987/11/5	综合研发部
25	尚庆松	女	320502198704071765	30	1987/4/7	第三事业部
26	黄海新	男	320981198902205215	29	1989/2/20	综合研发部
27	顾冯	女	321283198102014221	37	1981/2/1	第三事业部
28	刘磊	男	320503198510042516	32	1985/10/4	第二事业部
29	李晓琳	男	32132419890318201X	28	1989/3/18	业务拓展部
30	钱鋆	男	32058619871227923X	30	1987/12/27	第一事业部
31	吴金陶	男	320481198711164214	30	1987/11/16	第三事业部

提成比例　人员信息　奖金计算　工资统计

图 3-51　“人员信息”工作表效果图

提成及奖金

姓名	地区	金额	提成比例	奖金
陈晨	华北	¥ 323,000	1.10%	¥ 3,553.0
范志鼎	华东	¥ 432,000	1.50%	¥ 6,480.0
耿燕辉	华南	¥ 388,000	1.30%	¥ 5,044.0
顾冯	华南	¥ 535,000	2.30%	¥ 12,305.0
顾婷	华东	¥ 323,000	1.00%	¥ 3,230.0
顾小芳	西北	¥ 630,000	2.50%	¥ 15,750.0
黄诚	华东	¥ 630,000	2.10%	¥ 13,230.0
黄海新	华南	¥ 630,000	2.30%	¥ 14,490.0
惠宏旻	华东	¥ 388,000	1.15%	¥ 4,462.0
金彦杰	华南	¥ 535,000	2.30%	¥ 12,305.0
孔鑫	西北	¥ 388,000	1.50%	¥ 5,820.0
李晓琳	华南	¥ 290,000	0.90%	¥ 2,610.0
刘磊	西北	¥ 323,340	1.25%	¥ 4,041.8
马骁杰	华东	¥ 620,000	2.10%	¥ 13,020.0
莫俊锋	华东	¥ 633,450	2.10%	¥ 13,302.5
钱江	华南	¥ 630,000	2.30%	¥ 14,490.0
钱杰	华东	¥ 323,000	1.00%	¥ 3,230.0
钱鋆	华南	¥ 290,000	0.90%	¥ 2,610.0
尚庆松	西北	¥ 388,000	1.50%	¥ 5,820.0
申道伟	华南	¥ 324,000	1.10%	¥ 3,564.0
孙硕	西北	¥ 535,000	2.50%	¥ 13,375.0
王军浩	西北	¥ 625,000	2.50%	¥ 15,625.0
王明亮	西北	¥ 323,000	1.25%	¥ 4,037.5
王永丽	华东	¥ 323,000	1.00%	¥ 3,230.0
王瑜佳	华南	¥ 535,000	2.30%	¥ 12,305.0
吴健	华南	¥ 323,000	1.10%	¥ 3,553.0
吴金陶	华东	¥ 430,000	1.50%	¥ 6,450.0
吴赟斐	华北	¥ 630,000	2.30%	¥ 14,490.0

提成比例 人员信息 奖金计算 工资统计

图 3-52 “奖金计算”工作表效果图

工资发放统计表

姓名	部门	底薪	奖金	合计	大写金额
钱鋆	第一事业部	¥ 500	¥ 2,610.0	¥ 3,110.0	叁仟壹佰壹拾圆零角零分
王明亮	第二事业部	¥ 500	¥ 4,037.5	¥ 4,537.5	肆仟伍佰叁拾柒圆伍角零分
陈晨	第二事业部	¥ 400	¥ 3,553.0	¥ 3,953.0	叁仟玖佰伍拾叁圆零角零分
王永丽	第二事业部	¥ 400	¥ 3,230.0	¥ 3,630.0	叁仟陆佰叁拾圆零角零分
吴健	第一事业部	¥ 500	¥ 3,553.0	¥ 4,053.0	肆仟零伍拾叁圆零角零分
李晓琳	业务拓展部	¥ 600	¥ 2,610.0	¥ 3,210.0	叁仟贰佰壹拾圆零角零分
钱杰	综合研发部	¥ 600	¥ 3,230.0	¥ 3,830.0	叁仟捌佰叁拾圆零角零分
金彦杰	第三事业部	¥ 400	¥12,305.0	¥ 12,705.0	壹万贰仟柒佰零伍圆零角零分
王瑜佳	第三事业部	¥ 500	¥12,305.0	¥ 12,805.0	壹万贰仟捌佰零伍圆零角零分
钱江	第一事业部	¥ 500	¥14,490.0	¥ 14,990.0	壹万肆仟玖佰玖拾圆零角零分
申道伟	第一事业部	¥ 500	¥ 3,564.0	¥ 4,064.0	肆仟零陆拾肆圆零角零分
刘磊	第二事业部	¥ 400	¥ 4,041.8	¥ 4,441.8	肆仟肆佰肆拾壹圆柒角伍分
惠宏旻	业务拓展部	¥ 400	¥ 4,462.0	¥ 4,862.0	肆仟捌佰陆拾贰圆零角零分
孔鑫	综合研发部	¥ 500	¥ 5,820.0	¥ 6,320.0	陆仟叁佰贰拾圆零角零分
孙硕	第二事业部	¥ 600	¥13,375.0	¥ 13,975.0	壹万叁仟玖佰柒拾伍圆零角零分
顾冯	第三事业部	¥ 600	¥12,305.0	¥ 12,905.0	壹万贰仟玖佰零伍圆零角零分
范志鼎	第一事业部	¥ 400	¥ 6,480.0	¥ 6,880.0	陆仟捌佰捌拾圆零角零分
吴金陶	第三事业部	¥ 500	¥ 6,450.0	¥ 6,950.0	陆仟玖佰伍拾圆零角零分
顾婷	业务拓展部	¥ 500	¥ 3,230.0	¥ 3,730.0	叁仟柒佰叁拾圆零角零分
尚庆松	第三事业部	¥ 500	¥ 5,820.0	¥ 6,320.0	陆仟叁佰贰拾圆零角零分
耿燕辉	业务拓展部	¥ 400	¥ 5,044.0	¥ 5,444.0	伍仟肆佰肆拾肆圆零角零分
吴赟斐	综合研发部	¥ 400	¥14,490.0	¥ 14,890.0	壹万肆仟捌佰玖拾圆零角零分
黄海新	综合研发部	¥ 500	¥14,490.0	¥ 14,990.0	壹万肆仟玖佰玖拾圆零角零分
顾小芳	第二事业部	¥ 600	¥15,750.0	¥ 16,350.0	壹万陆仟叁佰伍拾圆零角零分
王军浩	第三事业部	¥ 600	¥15,625.0	¥ 16,225.0	壹万陆仟贰佰贰拾伍圆零角零分
马骁杰	第三事业部	¥ 400	¥13,020.0	¥ 13,420.0	壹万叁仟肆佰贰拾圆零角零分
莫俊锋	业务拓展部	¥ 500	¥13,302.5	¥ 13,802.5	壹万叁仟捌佰零贰圆肆角伍分
黄诚	第二事业部	¥ 500	¥13,230.0	¥ 13,730.0	壹万叁仟柒佰叁拾圆零角零分

第一事业部工资高于10000元的人数： 1

部门	奖金
第一事业部	>10000

图 3-53 “工资统计”工作表效果图

2. 实验准备工作。

（1）复制素材。从教学辅助网站下载素材文件“应用案例 9-工资奖金统计表.rar”至本地计算机，并将该压缩文件解压缩。本案例素材均来自该文件夹。

（2）创建实验结果文件夹。在 D 盘或 E 盘上新建一个“工资奖金统计表-实验结果”文件夹，用于存放结果文件。

3. 打开素材中的工作簿文件“工资奖金统计表.xlsx”，将其保存至“工资奖金统计表-实验结果”文件夹中。

4. 在“人员信息”工作表中，制作动态更新的标题，图 3-51 中圈出的数字为根据当前日期动态更新。

（1）在 A1 单元格中输入公式“=YEAR(TODAY()) & "年" & MONTH(TODAY()) & "月人员信息表"”。注意标点符号均为英文输入法中的标点符号。

（2）按【Enter】键返回计算结果。

5. 在“人员信息”工作表中，计算“性别”列数据，判断规则为：首先判断身份证是否输入，若未输入则返回“未输入身份证号码”；再判断身份证号码是否为 18 位，若不是 18 位，则返回“身份证号码错误”；最后判断性别，身份证号码的第 17 位数为性别位，若该数字是奇数，则为男性，反之为女性。

（1）在 B4 单元格中输入公式“=IF(ISBLANK(C4),"未输入身份证号码",IF(LEN(C4)=18,IF(MOD(MID(C4,17,1),2)=0,"女","男"),"身份证号码错误"))”。其中 MID(C4,17,1)表示从身份证号码的第 17 位开始取 1 位数，即性别位。MOD 函数返回性别位除以 2 后的余数，若为 0 则为偶数。

（2）按【Enter】键返回计算结果。

（3）使用填充柄，将公式填充至 B31 单元格。

6. 在“人员信息”工作表中，计算“出生日期”列数据，判断规则为：身份证号码的第 7～10 位为出生日期的年份，第 11～12 位为出生日期的月份，第 13～14 位为出生日期的日。

（1）在 E4 单元格中输入公式“=DATE(MID(C4,7,4),MID(C4,11,2),MID(C4,13,2))”。

（2）按【Enter】键返回计算结果。

（3）使用填充柄，将公式填充至 E31 单元格。

7. 在“人员信息”工作表中，计算“年龄”列数据，年龄为周岁。

（1）在 D4 单元格中输入公式“=YEAR(TODAY()-E4)-1900”。将当前日期减去出生日期后将得到一个新的日期，这个日期中的年份即为年龄，但由于 Excel 中的日期都是从 1900-1-1 开始计算的，因此取出这个日期的年份后应减去 1900。

（2）按【Enter】键返回计算结果。

（3）使用填充柄，将公式填充至 D31 单元格。

8. 在“奖金计算”工作表中，计算“提成比例”列数据。

（1）在 D4 单元格中输入公式“=HLOOKUP(C4,提成比例!$A$2:$I$6,MATCH(B4,提成比例!$A$2:$A$6,0))”。其中 MATCH 函数的第三个参数必须设置为 0，表示精确匹配，否则匹配时将给出错误的结果。

（2）按【Enter】键返回计算结果。

（3）使用填充柄，将公式填充至 D31 单元格。

9. 在“奖金计算”工作表中，计算“奖金”列数据。

步骤略。

10. 在“工资统计”工作表中，根据“人员信息”表中的数据，生成“部门”列数据。

（1）在 B3 单元格中输入公式“=VLOOKUP(A3,人员信息!$A$4:$F$31,6,FALSE)”。第四个参数必须为 FALSE，表示精确匹配。

（2）按【Enter】键返回计算结果。

（3）使用填充柄，将公式填充至 B30 单元格。

11. 在“工资统计”工作表中，根据“奖金计算”表中的数据，生成“奖金”列数据。

（1）在 D3 单元格中输入公式“=VLOOKUP(A3,奖金计算!$A$4:$E$31,5,FALSE)”。第四个参数必须为 FALSE，表示精确匹配。

（2）按【Enter】键返回计算结果。

（3）使用填充柄，将公式填充至 D30 单元格。

12. 在“工资统计”工作表中，计算“合计”列数据。

步骤略。

13. 在“工资统计”工作表中，计算“大写金额”列数据。

（1）在 F3 单元格中输入公式“=TEXT(INT(E3),"[DBNUM2]")&"圆"&TEXT(LEFT(RIGHT(TEXT(E3,"00000000.00"),2),1),"[DBNUM2]")&" 角 "&TEXT(RIGHT(RIGHT(TEXT(E3,"00000000.00"),2),1),"[DBNUM2]")&"分""。

其中 INT(E3)表示取出金额中的整数部分。TEXT(INT(E3),"[DBNUM2]")函数是一个格式化函数，第二个参数"[DBNUM2]"表示将金额中的整数部分以大写金额的方式表达。TEXT(E3,"00000000.00")表示将合计的金额格式化为都具有两位小数的数值。

（2）按【Enter】键返回计算结果。

（3）使用填充柄，将公式填充至 F30 单元格。

14. 在“工资统计”工作表的 D32 单元格中，计算第一事业部工资高于 10000 元的人数。

（1）在工作表的空白部分构造条件区域，如图 3-54 所示。

（2）在 D32 单元格中输入公式“=DCOUNT(A2:F30,C2,H2:I3)”。

（3）按【Enter】键返回计算结果。

15. 保存工作簿。

单击窗口左上角“快速访问工具栏”中的“保存”按钮，或单击“文件”选项卡→选择“保存”命令，保存操作结果。

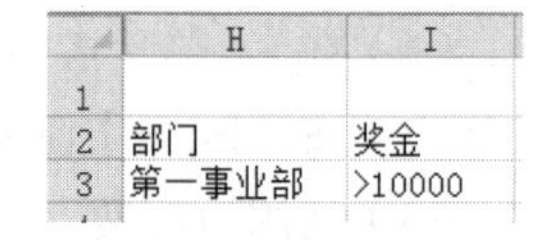

	H	I
1		
2	部门	奖金
3	第一事业部	>10000

图 3-54　条件区域

3.4.4　练习

完成本练习后的效果如图 3-55～图 3-57 所示。

	A	B	C	D	E	F
1	药品信息表					
2						
3	药品编号	品名	类别	零售价	零售单位	类别
4	YP003	灵芝草	饮片原料	¥ 150.00	元/袋（250g）	FALSE
5	YP004	冬虫夏草	饮片原料	¥ 260.00	元/盒（10g）	FALSE
6	QX002	周林频谱仪	医疗器械	¥ 225.00	元/台	FALSE
7	QX003	颈椎治疗仪	医疗器械	¥ 198.00	元/个	FALSE
8	BJ007	燕窝	保健品	¥ 198.00	元/盒	FALSE
9	BJ005	朵儿胶囊	保健品	¥ 77.46	元/盒	FALSE
10	BJ003	排毒养颜	保健品	¥ 67.20	元/盒	FALSE
11	BJ004	太太口服液	保健品	¥ 38.00	元/盒	FALSE
12	QX004	505神功元气带	医疗器械	¥ 69.50	元/个	FALSE
13	QX007	月球车	医疗器械	¥ 58.05	元/个	FALSE
14	ZC007	国公酒	中成药	¥ 11.40	元/瓶	FALSE
15	BJ002	红桃K	保健品	¥ 44.80	元/瓶	FALSE
16	YP007	枸杞	饮片原料	¥ 18.00	元/袋（100g）	FALSE
17	YP001	人参	饮片原料	¥ 0.13	元/g	FALSE
18	XY004	青霉素	西药	¥ 25.00	元/盒	FALSE
19	ZC005	感冒冲剂	中成药	¥ 12.30	元/盒	FALSE
20	ZC002	舒肝和胃丸	中成药	¥ 11.00	元/盒	FALSE
21	XY006	去痛片	西药	¥ 8.64	元/瓶	FALSE

图 3-55　“药品信息”工作表效果图

	A	B	C	D	E	F	G	H
1	2018年3月4日销售清单							
2								
3	品名	类别	销售数量	零售价	金额	大写金额		
4						圆	角	分
5	国公酒	中成药	5	¥ 11.40	¥ 57.00	伍拾柒	零	零
6	红桃K	保健品	1	¥ 44.80	¥ 44.80	肆拾肆	捌	零
7	枸杞	饮片原料	2	¥ 18.00	¥ 36.00	叁拾陆	零	零
8	感冒冲剂	中成药	2	¥ 12.30	¥ 24.60	贰拾肆	陆	零
9	朵儿胶囊	保健品	4	¥ 77.46	¥ 309.84	叁佰零玖	捌	肆
10	排毒养颜	保健品	2	¥ 67.20	¥ 134.40	壹佰叁拾肆	肆	零
11	太太口服液	保健品	3	¥ 38.00	¥ 114.00	壹佰壹拾肆	零	零
12	505神功元气带	医疗器械	1	¥ 69.50	¥ 69.50	陆拾玖	伍	零
13	月球车	医疗器械	1	¥ 58.05	¥ 58.05	伍拾捌	零	伍
14	人参	饮片原料	250	¥ 0.13	¥ 32.50	叁拾贰	伍	零
15	青霉素	西药	1	¥ 25.00	¥ 25.00	贰拾伍	零	零
16	周林频谱仪	医疗器械	1	¥ 225.00	¥ 225.00	贰佰贰拾伍	零	零
17	舒肝和胃丸	中成药	2	¥ 11.00	¥ 22.00	贰拾贰	零	零
18	灵芝草	饮片原料	2	¥ 150.00	¥ 300.00	叁佰	零	零
19	冬虫夏草	饮片原料	1	¥ 260.00	¥ 260.00	贰佰陆拾	零	零
20	颈椎治疗仪	医疗器械	1	¥ 198.00	¥ 198.00	壹佰玖拾捌	零	零
21	燕窝	保健品	1	¥ 198.00	¥ 198.00	壹佰玖拾捌	零	零
22								

图 3-56 “日销售清单”工作表效果图

	A	B	C	D
1	请选择一个类别：	饮片原料		类别
2				饮片原料
3	查询结果如下			
4	最高销售额	¥300.00		
5	销售总金额	¥628.50		
6	利润率	14%		
7	总利润	¥ 87.99		
8				

图 3-57 “各类别利润查询”工作表效果图

具体要求如下。

1. 实验准备工作。

（1）复制素材。从教学辅助网站下载素材文件“练习 9-药品销售信息表.rar”至本地计算机，并将该压缩文件解压缩。

（2）创建实验结果文件夹。在 D 盘或 E 盘上新建一个“药品销售信息表-实验结果”文件夹，用于存放结果文件。

2. 打开练习素材文件“药品销售信息表.xlsx”，将其保存至“药品销售信息表-实验结果”文件夹。

3. 在“药品信息”工作表中，根据药品编号生成“类别”列数据。编号规则为前两个字母表示药品类别，具体分类信息见表 3-38。

表 3-38 编号规则

编号开头	类别
YP	饮片原料
QX	医疗器械
ZC	中成药
XY	西药
BJ	保健品

4. 在“日销售清单”工作表中，使用公式生成标题如“2018 年 3 月 4 日销售清单”，其中的年月日的数字随着日期的变化自动更新。

5. 在“日销售清单”工作表中，使用函数根据“药品信息”工作表中的数据，查询“类别”列和“零售价”列数据。

6. 在“日销售清单”工作表中，计算“金额”列数据。

7. 在“日销售清单”工作表中，使用函数生成“大写金额”的 3 列数据。

8. 在“各类别利润查询”工作表中，对 B1 单元格设置数据有效性，使其可以从列表中选择

“药品信息”工作表中的各类别。

9. 在“各类别利润查询”工作表中，在B4单元格中使用数据库函数计算“最高销售额”，当B1单元格中未选择类别时，B4单元格中显示“请先选择类别”，否则显示对应类别的计算结果。提示：构造条件区域时，可以引用B1单元格中的内容。

10. 在“各类别利润查询”工作表中，在B5单元格中计算“销售总金额”，当B1单元格中未选择类别时，B5单元格中显示“请先选择类别”，否则显示对应类别的计算结果。

11. 在“各类别利润查询”工作表中，在B6单元格中根据“利润率”工作表中的数据查询各类别药品的“利润率”，当B1单元格中未选择类别时，B5单元格中显示“请先选择类别”，否则显示对应类别的计算结果。

12. 在“各类别利润查询”工作表中，在B7单元格中计算该类别药品的“总利润”，当B1单元格中未选择类别时，B5单元格中显示“请先选择类别”，否则显示对应类别的计算结果。

13. 保存工作簿文件。

3.5 Excel表格的高级数据分析

3.5.1 案例概述

1. 案例目标

Excel具备很强的数据管理和分析的功能，本案例通过使用Excel的高级数据管理功能，制作了一个人事档案表，在该表中实现了自定义排序、动态图表、高级筛选等常见的办公管理操作。

2. 知识点

本案例涉及的主要知识点如下。

（1）高级排序；

（2）高级筛选；

（3）迷你图；

（4）动态图表；

（5）数据透视表及数据透视图。

3.5.2 知识点总结

1. 高级排序

高级排序操作如表3-39所示。

表3-39 高级排序操作

操作	使用方法	概要描述
按行排序	“数据”选项卡	单击“数据”选项卡“排序和筛选”组中的“排序”按钮→打开“排序”对话框→单击“选项”按钮→打开“排序选项”对话框→在“方向”中选中“按行排序”单选按钮→单击“确定”按钮
自定义序列排序	“数据”选项卡	打开“排序”对话框→设置“次序”为“自定义序列”→打开“自定义序列”对话框→在右侧的“输入序列”中输入需要的自定义序列→单击“添加”按钮→单击“确定”按钮→返回“排序”对话框→选中已经添加的序列

2. 高级筛选

使用高级筛选，需要按如下规则建立条件区域。

（1）条件区域必须位于数据列表区域外，即与数据列表之间至少间隔一个空行和一个空列。

（2）条件区域的第一行是高级筛选的标题行，其名称必须和数据列表中的标题行名称完全相同。条件区域的第二行及以下行是条件行。

（3）同一行中条件单元格之间的逻辑关系为“与”，即条件之间是“并且”的关系。

（4）不同行中条件单元格之间的逻辑关系为“或”，即条件之间是“或者”的关系。

高级筛选操作如表 3-40 所示。

表 3-40　　高级筛选操作

操作	使用方法	概要描述
高级筛选	“数据”选项卡	根据需要构建好相应的“条件区域”→单击“数据”选项卡“排序和筛选”组的“高级”按钮 高级 →打开“高级筛选”对话框→选择需要的“列表区域”和“条件区域”→单击“确定”按钮

3. 迷你图、动态图表及混合图表

迷你图、动态图表及混合图表操作如表 3-41 所示。

表 3-41　　迷你图、动态图表及混合图表操作

操作		使用方法	概要描述
迷你图	插入	“插入”选项卡	单击“插入”选项卡“迷你图”组中的“折线图”按钮→打开“创建迷你图”对话框→在数据范围中选择合适的范围→单击“确定”按钮
	删除	“迷你图工具”选项卡	迷你图无法使用【Delete】键来删除，要删除迷你图，必须在“迷你图工具”选项卡“设计”子选项卡“分组”组中，单击“清除”按钮
动态图表		使用函数	● 创建动态数据区域，具体方法为：在数据行右侧的空白单元格中，输入公式“ =INDIRECT(ADDRESS(ROW(),CELL("COL")))”。 ● 将公式填充至该列中其他的单元格。 ● 将光标定位于某数据列中的任何一个单元格，按【F9】键，公式所在的空白列将显示对应的数据列内容。 ● 根据该列数据插入图表。 ● 若要动态改变图表内容，则选中其他数据列中任一单元格后，按【F9】键即可
混合图表		鼠标右键	在制作好的图表上，选择一个数据系列→单击右键→在弹出的快捷菜单中选择“更改系列图表类型”命令

4. 数据透视表和数据透视图

数据透视表和数据透视图操作如表 3-42 所示。

表 3-42　　数据透视表和数据透视图操作

操作	使用方法	概要描述
创建数据透视表	“插入”选项卡	● 选择要创建数据透视表的源数据区域。 ● 单击“插入”选项卡“表格”组中的“数据透视表”按钮，打开“创建数据透视表”对话框。 ● 根据实际情况设置列表区域和数据透视表要存放的位置。 ● 单击“确定”按钮。 ● 在新建的工作表右侧的显示“数据透视表字段列表”中，用鼠标将需要的字段拖动到“数据透视表字段列表”窗格下方的对应区域

续表

操作		使用方法	概要描述
编辑数据透视表	更改和设置字段	鼠标拖动	使用鼠标将已经添加的字段拖回到“数据透视表字段列表”中，再重新拖动需要的字段到数据透视表中
	更改汇总方式	“值字段设置”对话框	鼠标指针移动到窗口右侧的“数值”框中→单击 求和项:数量 ▼ 按钮→在子菜单中选择“值字段设置”命令→打开“值字段设置”对话框
	设置数据透视表格式	“数据透视表工具”选项卡	● “选项”子选项卡，提供了更改数据源、更改汇总方式、更数据排序方式等功能。 ● “设计”子选项卡，提供了设置数据透视表布局、数据透视表样式等功能
创建数据透视图		“插入”选项卡	单击“插入”选项卡中“数据透视表”按钮右下角的黑色下拉箭头→在下拉菜单中选择“数据透视图”→拖动需要的字段到数据透视图中→在生成数据透视表的同时，系统也会生成对应的数据透视图
		“数据透视表工具”选项卡	选中建立好的数据透视表→在“数据透视表工具”选项卡“选项”子选项卡中，单击“数据透视图”按钮

5. 其他实用操作

其他实用操作如表 3-43 所示。

表 3-43　　　　其他实用操作

操作	使用方法	概要描述
通过自定义快速输入数据	“设置单元格格式”对话框	单击“设置单元格格式”对话框的“数字”选项卡→在“分类”列表中选择“自定义”选项→在右侧“类型”文本框中输入形如：“[=1]"男";[=2]"女"”，注意所有标点符号均为英文输入法中的标点符号
插入表单控件	“开发工具”选项卡	● 单击“文件”选项卡，在左侧窗格中选择“选项”，打开“Excel 选项”对话框。在对话框左侧选择“自定义功能区”后，在右侧的列表框中，选中“开发工具”复选框，单击“确定”按钮。 ● 单击“开发工具”选项卡“控件”组中的“插入”按钮，在下拉菜单中选择需要插入的表单控件。 ● 在单元格中拖动鼠标绘制出一个大小合适的控件。 ● 在控件上单击鼠标右键，在快捷菜单中选择“编辑文字”命令可以更改控件上显示的文字内容
分类汇总嵌套	“数据”选项卡	根据分类字段进行多关键字排序，再根据不同的分类字段分别进行分类汇总，每次分类汇总时，取消“分类汇总”对话框中的“替换当前分类汇总”复选框即可

3.5.3 应用案例 10：人事档案表

1. 案例效果图。本案例中共完成 4 张工作表，分别为“人事档案”“收入调整历史”和两张数据透视表，完成后的效果分别如图 3-58～图 3-61 所示。

行号	工号	姓名	性别	部门	级别	出生日期	婚姻状况	基本工资	补贴	扣款	实发工资
1					人事档案信息表						
7					高级 计数						3
12					经理 计数						4
14					普通 计数						1
19					资深 计数						4
20				销售1组 计数							12
23					高级 计数						2
25					经理 计数						1
30					普通 计数						4
33					资深 计数						2
34				销售2组 计数							9
38					高级 计数						3
42					经理 计数						3
45					普通 计数						2
50					资深 计数						4
51				销售3组 计数							12
52				总计数							33

图 3-58 “人事档案”工作表效果图

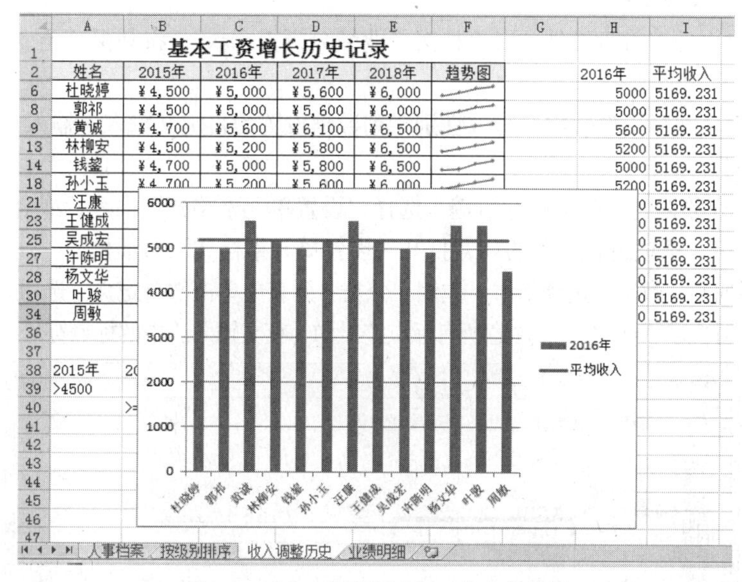

图 3-59 “收入调整历史”工作表效果图

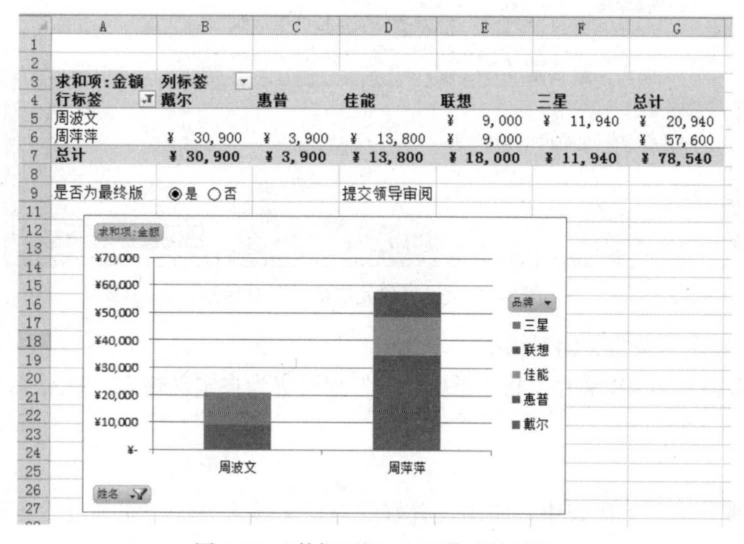

求和项:金额	列标签					
行标签	戴尔	惠普	佳能	联想	三星	总计
周波文				¥ 9,000	¥ 11,940	¥ 20,940
周萍萍	¥ 30,900	¥ 3,900	¥ 13,800	¥ 9,000		¥ 57,600
总计	¥ 30,900	¥ 3,900	¥ 13,800	¥ 18,000	¥ 11,940	¥ 78,540

图 3-60 “数据透视 1”工作表效果图

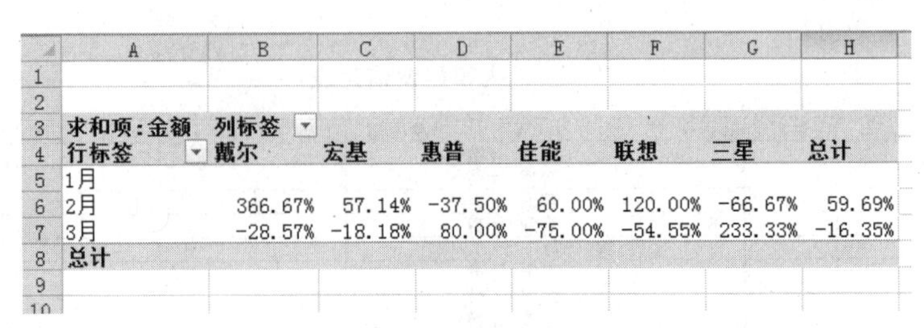

	A	B	C	D	E	F	G	H
1								
2								
3	求和项:金额	列标签						
4	行标签	戴尔	宏基	惠普	佳能	联想	三星	总计
5	1月							
6	2月	366.67%	57.14%	-37.50%	60.00%	120.00%	-66.67%	59.69%
7	3月	-28.57%	-18.18%	80.00%	-75.00%	-54.55%	233.33%	-16.35%
8	总计							
9								
10								

图 3-61 “数据透视 2”工作表效果图

2. 实验准备工作。

（1）复制素材。从教学辅助网站下载素材文件“应用案例 10-人事档案及业绩分析表.rar”至本地计算机，并将该压缩文件解压缩。本案例素材均来自该文件夹。

（2）创建实验结果文件夹。在 D 盘或 E 盘上新建一个“人事档案及业绩分析表-实验结果”文件夹，用于存放结果文件。

3. 打开素材中的工作簿文件“人事档案及业绩分析表.xlsx”，将其保存至“人事档案及业绩分析表-实验结果”文件夹中。

4. 在“人事档案”工作表中，将“性别”列数据设置为自定义输入，输入“1”表示“男”，输入“2”表示“女”。

（1）选中 C 列数据后，单击鼠标右键，选择“设置单元格格式”命令，或者在“开始”选项卡中，单击“数字”选项组右下角的 ，打开“设置单元格格式”对话框。

（2）在对话框的“数字”选项卡中，左侧“分类”列表中单击“自定义”选项。在右侧“类型”文本框中输入“[=1]"男";[=2]"女"”，注意所有标点符号均为英文输入法中的标点符号，如图 3-62 所示。

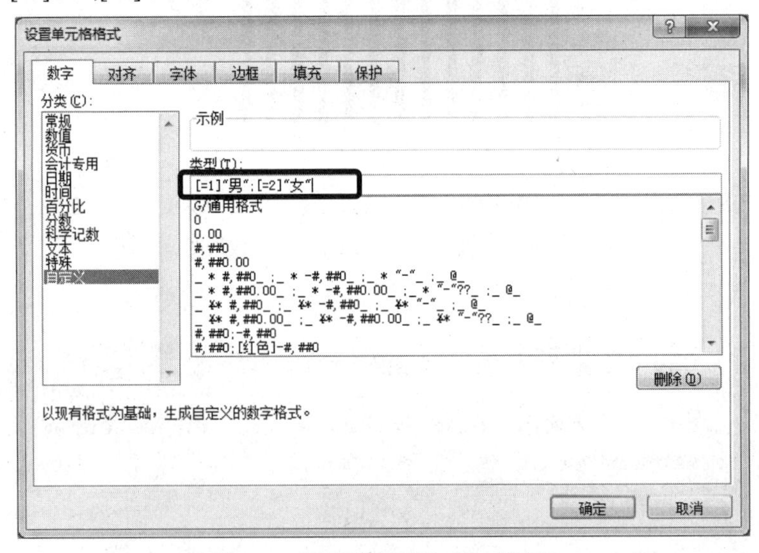

图 3-62 “设置单元格格式”对话框

（3）单击“确定”按钮关闭对话框。

5. 在“人事档案”工作表中，将“婚姻状况”列设置为自定义输入，输入“1”表示“未婚”，输入“2”表示“已婚”。

步骤略。

6. 在“人事档案”工作表中，使用设置好的自定义输入方法，完善最后几行数据，数值如表 3-44 所示。

表 3-44 相关数据

姓名	性别	婚姻状况
曹强	男	未婚
阮林峰	男	未婚
孙言	女	未婚
杨晔祺	女	未婚
申魏	男	已婚

7. 在“人事档案”工作表中，将“级别”列数据，按照“经理、资深、高级、普通”的顺序排列，并将结果复制到新工作表。

（1）选中数据列表中任意一个单元格，单击“数据”选项卡“排序和筛选”组中的“排序”按钮，打开“排序”对话框。

（2）“主要关键字”下拉列表中选择“级别”，“次序”下拉列表中选择“自定义”，打开“自定义序列”对话框。

（3）在对话框右侧的文本框中，添加新序列后，单击 “添加”按钮，如图 3-63 所示。注意每项数据输入完成后，按【Enter】键换行。

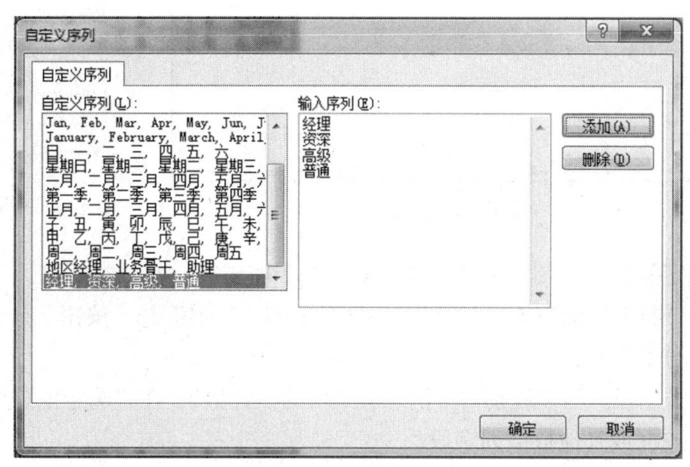

图 3-63 “自定义序列”对话框

（4）单击“确定”按钮关闭“自定义序列”对话框，此时“排序”对话框如图 3-64 所示。

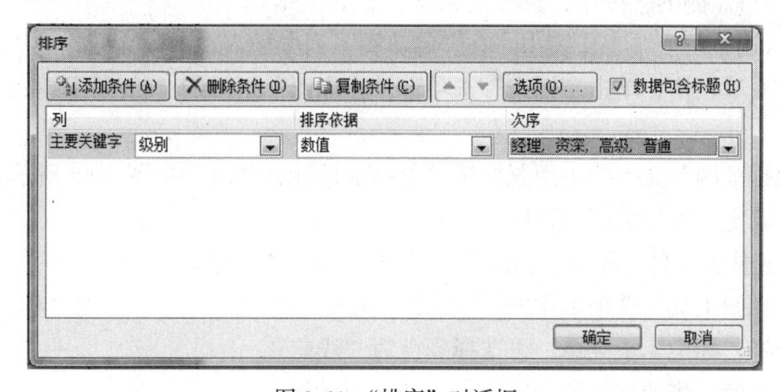

图 3-64 “排序”对话框

（5）单击“确定”按钮，关闭对话框。

（6）新建一张工作表，重命名为“按级别排序”，并将排序后的数据列表复制到其中。

8. 在“人事档案”工作表中，分类汇总出各部门不同级别的总人数。

（1）选中数据列表中任意一个单元格，单击“数据”选项卡“排序和筛选”选项组中的“排序”按钮，打开“排序”对话框。

（2）添加两个排序条件，主要关键字为“部门”，次要关键字为“级别”，均为升序排列，如图 3-65 所示。

（3）单击“确定”按钮关闭“排序”对话框。

（4）单击“数据”选项卡“分级显示”组中的“分类汇总”按钮，打开“分类汇总”对话框。

（5）设置“分类字段”为“部门”，“汇总方式”为“计数”，在“选定汇总项”下拉列表中选中“实发工资”复选框或其他数值列字段，如图 3-66 所示。

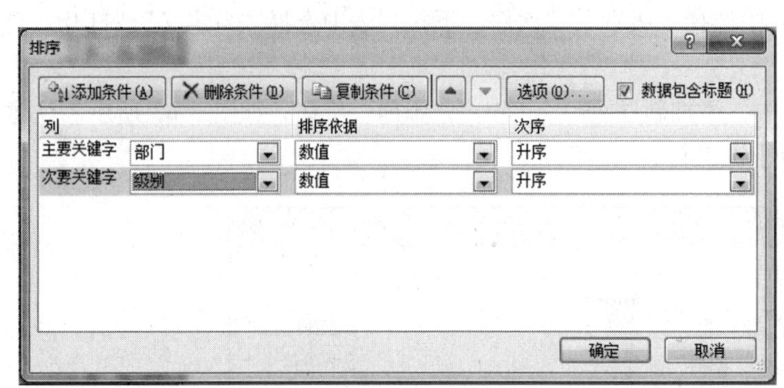

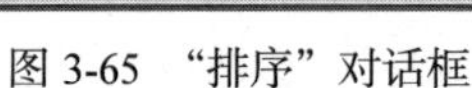
图 3-65 “排序”对话框

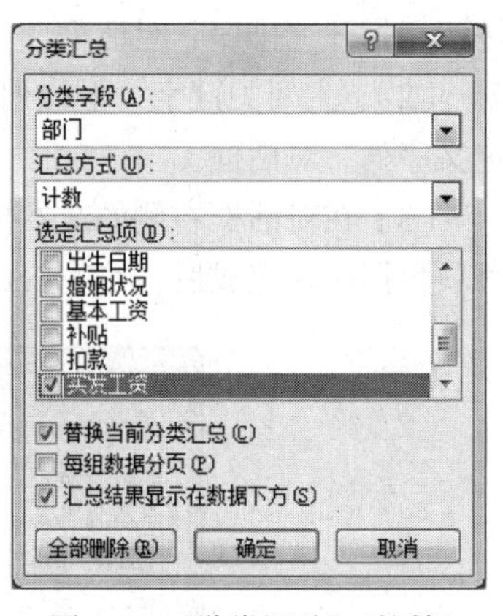

图 3-66 “分类汇总”对话框

（6）单击“确定”按钮关闭“分类汇总”对话框，完成第一次分类汇总。

（7）再次单击“数据”选项卡 “分级显示”组中的“分类汇总”按钮，打开“分类汇总”对话框，进行第二次分类汇总。

（8）设置“分类字段”为“级别”，“汇总方式”为“计数”，在“选定汇总项”下拉列表中选中“实发工资”复选框或其他数值列字段。

（9）取消选中对话框中的“替换当前分类汇总”复选框，如图 3-67 所示。

（10）单击“确定”按钮关闭“分类汇总”对话框，完成第二次分类汇总。

（11）单击窗口左侧的3按钮，折叠汇总项后如图 3-58 所示。

9. 在“收入调整历史”工作表中，在“趋势图”列中插入表示收入变化的迷你图。

（1）选中 F3 单元格，单击“插入”选项卡“迷你图”组中的“折线图”按钮，打开“创建迷你图”对话框。

（2）在“数据范围”文本框中用鼠标选中 B3:E3 单元格区域，如图 3-68 所示。

（3）单击“确定”按钮关闭对话框。

（4）单击“迷你图工具”选项卡中的“设计”选项卡，在“显示”组中，选中“标记”复选框。

（5）在“迷你图工具”选项卡中的“设计”选项卡“样式”组中，单击“标记颜色”按钮，在下拉菜单中选择“标记”子菜单，再选择颜色为“浅蓝”。

（6）使用填充柄，将迷你图的设置填充至 F35 单元格。

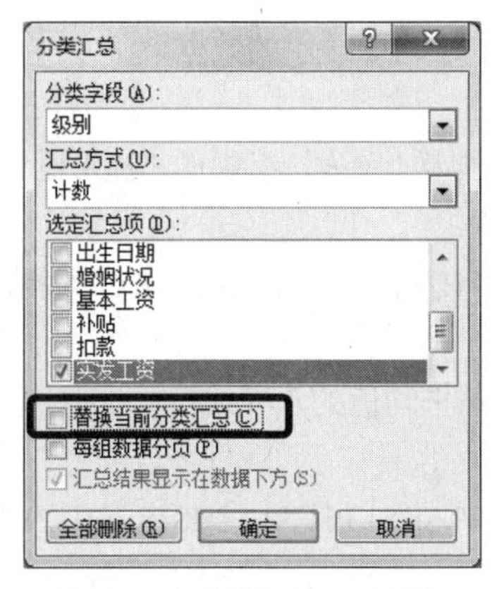

图 3-67 “分类汇总”对话框

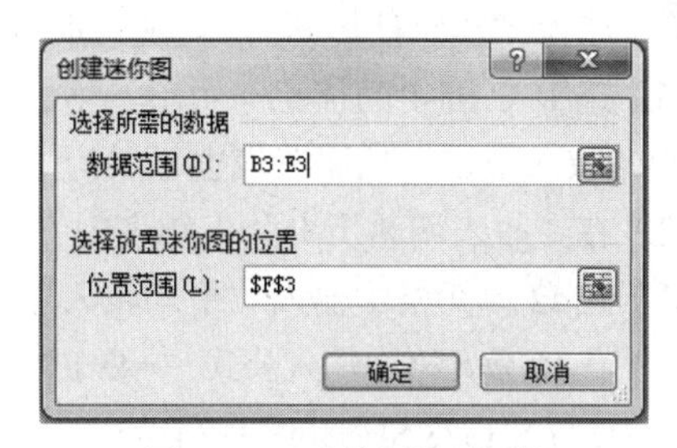

图 3-68 “迷你图”对话框

10. 在“收入调整历史”工作表中，筛选出 2015 年工资大于 4500（单位为元，下同），或者 2017 年工资大于等于 5500 并且小于 6000 的员工记录。

（1）在 A38:C40 区域中输入高级筛选的筛选条件，如图 3-69 所示。

（2）选中 A2:F35 区域中的任意一个单元格，单击“数据”选项卡“排序和筛选”组中的“高级”按钮 高级，打开“高级筛选”对话框。

（3）对话框的设置如图 3-70 所示。

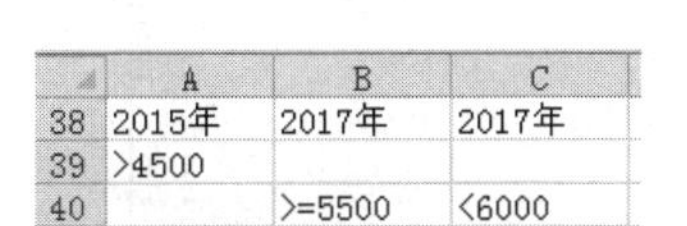

	A	B	C
38	2015年	2017年	2017年
39	>4500		
40		>=5500	<6000

图 3-69 条件区域

图 3-70 “高级筛选”对话框

（4）单击“确定”按钮关闭对话框。

11. 在“收入调整历史”工作表中，根据筛选出的数据制作动态图表，动态显示员工不同年度的收入。

（1）选中 H2 单元格，在单元格中输入公式 “=INDIRECT(ADDRESS(ROW(), CELL("COL")))”。请参考 3.4.2 内容理解该公式的含义。

（2）按【Enter】键后，将出现的“循环引用警告”对话框，如图 3-71 所示。单击“确定”按钮关闭该对话框。

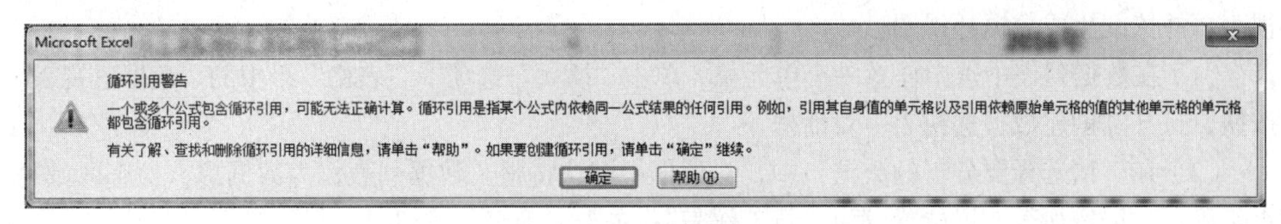

图 3-71 循环引用警告

（3）使用填充柄，将公式填充至 H34 单元格，此时所有公式的计算结果均为“0”。

（4）选中 B 列中的任意一个单元格，按【F9】键，此时 H 列中显示的数据域 B 列相同，为 2015 年的收入数据。

（5）选中 A 列和 H 列的相关数据区域，单击“插入”选项卡“图表”组中的“柱形图”按钮，在菜单中选择“簇状柱形图”，生成一张 2015 年的收入统计图表。

（6）选中 C 列中的任意一个单元格，按【F9】键，此时 H 列中显示的数据域 C 列相同，为 2016 年的收入数据，从而图表也显示为 2016 年的收入。

12. 在“收入调整历史”工作表中，给动态图表添加一条平均值的水平线。

（1）在 I2 单元格中输入“平均收入”。

（2）在 I6 单元格中输入公式“=AVERAGE($H$6,$H$8,$H$9,$H$13,$H$14,$H$18, $H$21,$H$23,$H$25,$H$27,$H$28,$H$30,$H$34)”。

（3）按【Enter】键后，出现“循环引用警告”对话框，单击“确定”按钮，忽略该错误。

（4）使用填充柄，将公式填充至 I34 单元格。

（5）在 B 列中选中任意一个单元格后，按【F9】键，此时 I 列为 2015 年的平均收入。

（6）在图表的空白区单击鼠标右键，在快捷菜单中选择“选择数据”命令，打开“选择数据源”对话框。

（7）将 I3:I34 区域添加至对话框中的“图表数据区域”，如图 3-72 所示。

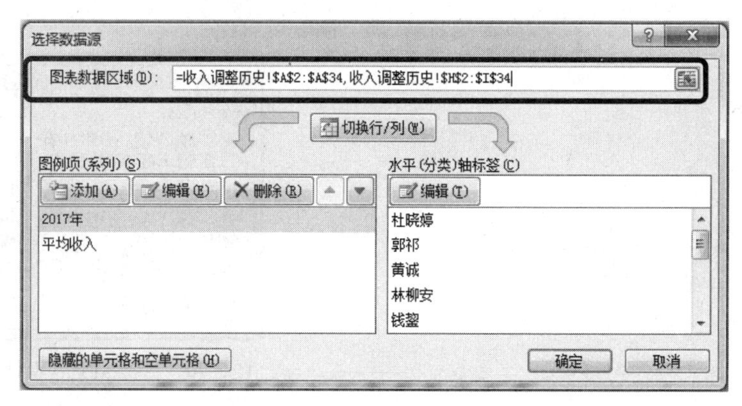

图 3-72 “选择数据源”对话框

（8）单击“确定”按钮关闭对话框。

（9）在图表中使用鼠标右键单击红色的“平均收入”数据系列，在弹出的快捷菜单中选择“更改系列图表类型”，打开“更改图表类型”对话框。

（10）将该系列的图表类型修改为“折线图”后，单击“确定”按钮关闭对话框，设置完成后的图表如图 3-73 所示。

13. 根据“业绩明细”工作表中的数据，制作一张姓周的员工各品牌销售业绩统计的数据透视表，并依此生成数据透视图。

（1）在数据列表中选中任意一个单元格，单击“插入”选项卡“表格”组中的“数据透视表”按钮，打开“创建数据透视表”对话框。

（2）在“请选择要分析的数据”中，对话框中默认将整个数据列表作为数据源，检查区域是否正确；数据透视表放置位置设为“新工作表”；单击“确定”按钮。

（3）在工作簿中出现一个新的工作表“Sheet4”，将其重命名为“数据透视 1”。

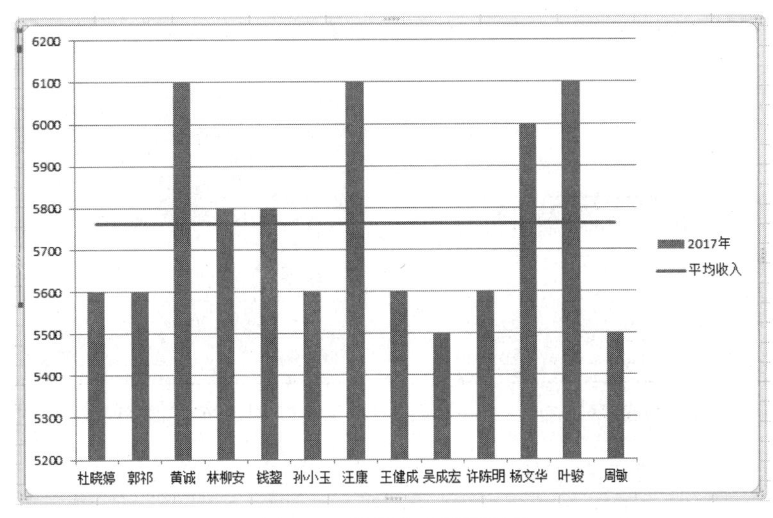

图 3-73　设置完成后的图表

（4）在“数据透视 1”工作表右侧“数据透视表字段列表”窗格中，将“姓名”字段拖动到“行标签”，将“品牌”字段拖动到“列标签”，将“金额”字段拖动到“数值”。此时的数据透视表如图 3-74 所示。

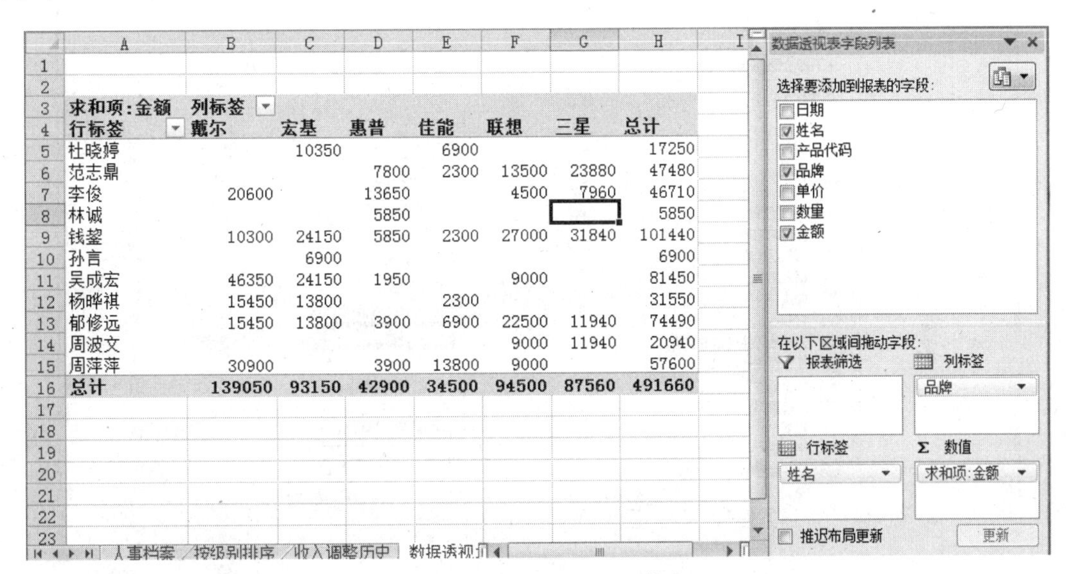

求和项:金额	列标签						
行标签	戴尔	宏基	惠普	佳能	联想	三星	总计
杜晓婷		10350		6900			17250
范志鼎			7800	2300	13500	23880	47480
李俊	20600		13650		4500	7960	46710
林诚			5850				5850
钱鋆	10300	24150	5850	2300	27000	31840	101440
孙言		6900					6900
吴成宏	46350	24150	1950		9000		81450
杨晔祺	15450	13800		2300			31550
郁修远	15450	13800	3900	6900	22500	11940	74490
周波文					9000	11940	20940
周萍萍	30900		3900	13800	9000		57600
总计	**139050**	**93150**	**42900**	**34500**	**94500**	**87560**	**491660**

图 3-74　“数据透视 1”工作表

（5）单击行标签列表中的“姓名”旁边的小箭头，在下拉菜单中选择“标签筛选”，在弹出的子菜单中选择“开头是”命令，打开“标签筛选”对话框，设置如图 3-75 所示。

（6）单击“确定”按钮关闭对话框。

（7）在右侧“数据透视表字段列表”窗格下方，单击 求和项:金额 按钮，在弹出的菜单中选择“值字段设置”命令，打开“值字段设置”对话框，如图 3-76 所示。

（8）单击对话框框左下角的“数字格式”按钮，打开“设置单元格格式”对话框，在该对话框中设置数字格式为“会计专用”，无小数，货币符号为“￥”。

（9）设置完成后，分别单击“确定”按钮关闭两个对话框。

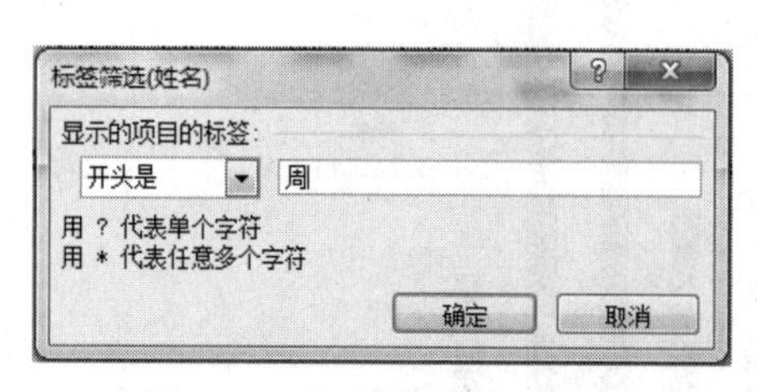

图 3-75 “标签筛选”对话框

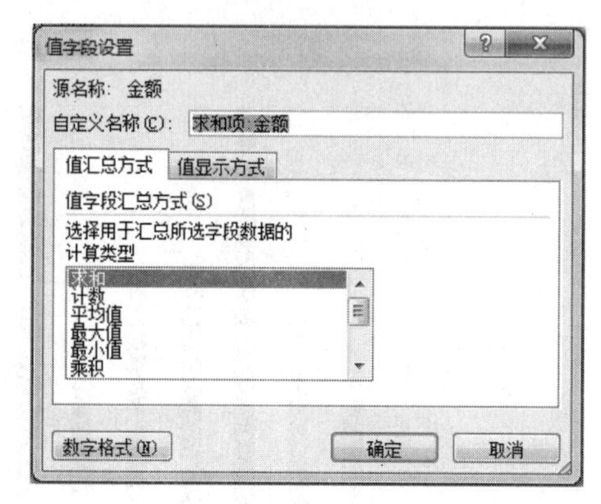

图 3-76 “值字段设置”对话框

（10）在“数据透视 1”工作表的 A9 单元格中输入“是否为最终版”。

（11）单击“文件”选项卡，在左侧窗格中选择“选项”，打开“Excel 选项”对话框。

（12）在对话框左侧选择“自定义功能区”后，在右侧的列表框中，选中“开发工具”复选框，如图 3-77 所示。单击“确定”按钮关闭对话框。

图 3-77 “Excel 选项”对话框

（13）单击“开发工具”选项卡“控件”组中的“插入”按钮，在菜单中选择“选项按钮”◉后，在 B9 单元格中绘制两个选项按钮，设置第一个选项按钮的提示文字为“是”，第二个选项按钮的提示文字为“否”，如图 3-78 所示。

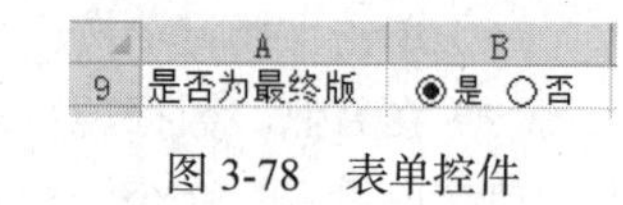

图 3-78 表单控件

（14）在“是”或“否”选项按钮上单击鼠标右键，选择菜单中的“设置控件格式”命令，打开“设置控件格式”对话框。

（15）在对话框的“控制”选项卡中，设置“单元格链接”为 A10 单元格，如图 3-79 所示。

（16）单击“确定”按钮关闭对话框。此时在选择“是”或“否”单选按钮后，A10 中会显示对应的数值。

（17）在 D9 单元格中输入公式“=IF(A10=1,"提交领导审阅","请继续修改")”。

（18）隐藏第 10 行。

（19）选中数据透视表中的任意一个单元格，单击“数据透视表工具”选项卡的“选项”选项卡“工具”组的“数据透视图”按钮，打开“插入图表”对话框，插入一个“堆积柱形图”。

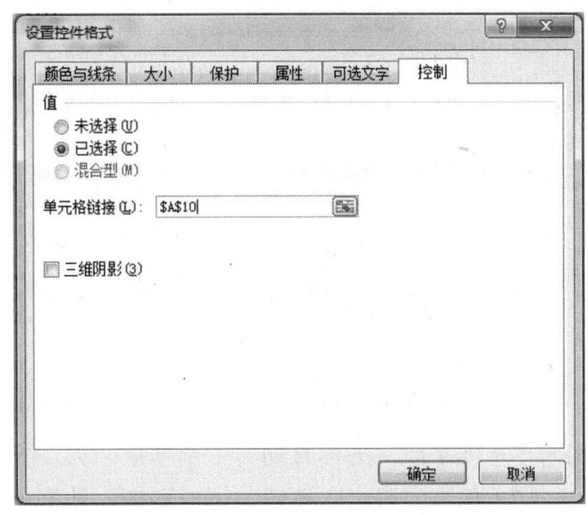

图 3-79 “设置控件格式”对话框

14. 根据“业绩明细”工作表中的数据，制作一张各品牌不同时期销售业绩统计的数据透视表。

（1）采用上面的方法，制作一张数据透视表，行标签为“日期”，列标签为“品牌”，数值为“金额”。完成后的数据透视表重命名为“数据透视 2”，如图 3-80 所示。

	A	B	C	D	E	F	G	H
1								
2								
3	求和项:金额	列标签						
4	行标签	戴尔	宏基	惠普	佳能	联想	三星	总计
5	2017/1/4			5850				5850
6	2017/1/6	10300					11940	22240
7	2017/1/7			5850				5850
8	2017/1/8			1950	6900		7960	16810
9	2017/1/9						11940	11940
10	2017/1/10				2300			2300
11	2017/1/11			1950				1950
12	2017/1/13		13800					13800
13	2017/1/15	5150				9000		14150
14	2017/1/19				2300	13500		15800
15	2017/1/21		10350				3980	14330
16	2017/2/2	5150	10350					15500
17	2017/2/5	41200	3450					44650
18	2017/2/6			3900	2300	18000		24200
19	2017/2/9		6900					6900
20	2017/2/10				6900			6900
21	2017/2/11		6900					6900
22	2017/2/15	10300						10300
23	2017/2/17					4500		4500
24	2017/2/19	15450						15450
25	2017/2/20		3450					3450
26	2017/2/21					13500		13500
27	2017/2/22				2300			2300

人事档案 / 按级别排序 / 收入调整历史 / 数据透视1 / 数据透视2 / 业绩明细

图 3-80 “数据透视 2”工作表

（2）在行标签下的任意一个单元格上单击鼠标右键，在弹出的快捷菜单中选择“创建组”命令，打开“分组”对话框。

（3）在对话框中，设置“步长”值为“月”，如图 3-81 所示。

（4）单击“确定”按钮关闭对话框，此时数据透视表如图 3-82 所示。

（5）在 A3 单元格中单击鼠标右键，在快捷菜单中选择“值字段设置”命令，打开“值字段设置”对话框。

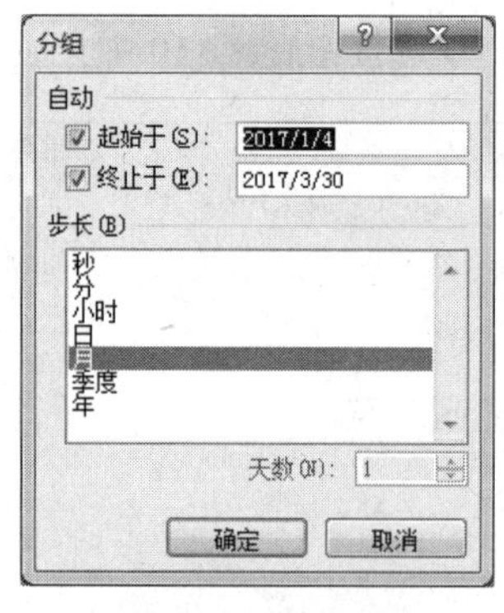

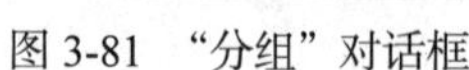
图 3-81 “分组”对话框

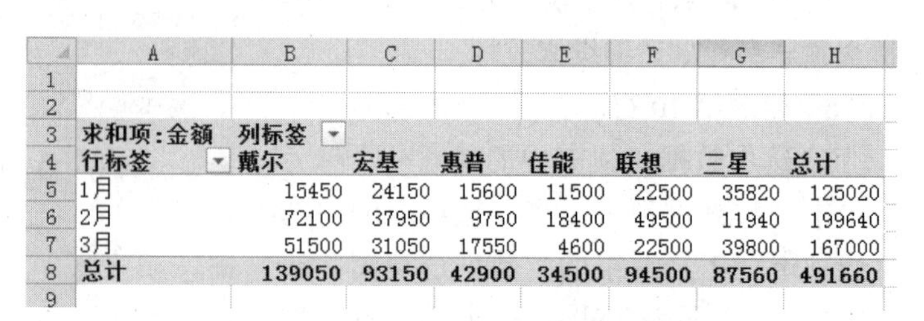

	A	B	C	D	E	F	G	H
1								
2								
3	求和项:金额	列标签						
4	行标签	戴尔	宏基	惠普	佳能	联想	三星	总计
5	1月	15450	24150	15600	11500	22500	35820	125020
6	2月	72100	37950	9750	18400	49500	11940	199640
7	3月	51500	31050	17550	4600	22500	39800	167000
8	总计	139050	93150	42900	34500	94500	87560	491660
9								

图 3-82 “数据透视 2”工作表

（6）在对话框中单击“值显示方式”选项卡。在“值显示方式”下拉列表中选择“差异百分比”，“基本字段”为“日期”，“基本项”为“(上一个)”，如图 3-83 所示。

（7）单击“确定”按钮关闭对话框，数据透视表如图 3-84 所示。

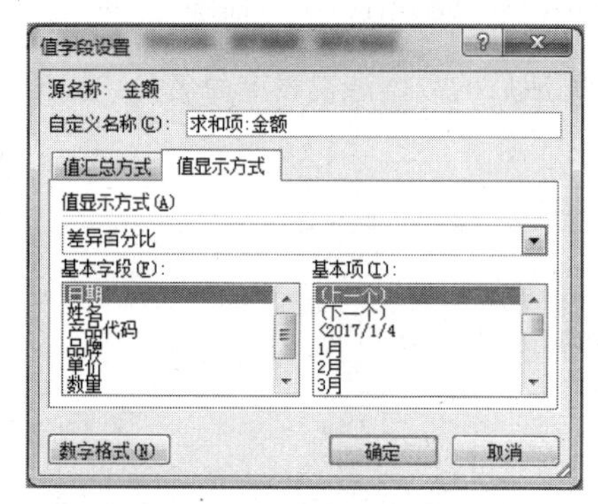

图 3-83 “值字段设置”对话框

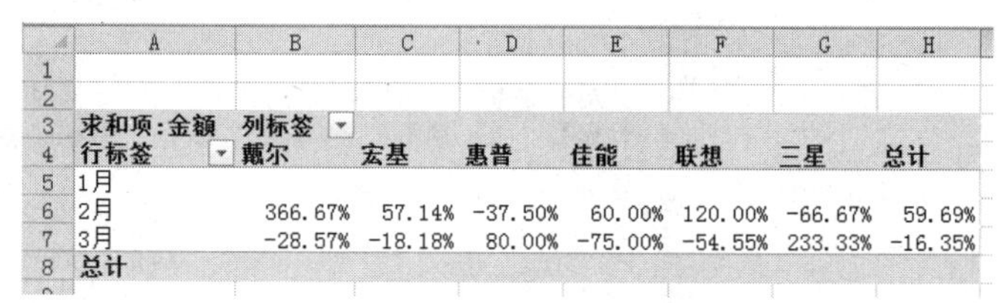

	A	B	C	D	E	F	G	H
1								
2								
3	求和项:金额	列标签						
4	行标签	戴尔	宏基	惠普	佳能	联想	三星	总计
5	1月							
6	2月	366.67%	57.14%	-37.50%	60.00%	120.00%	-66.67%	59.69%
7	3月	-28.57%	-18.18%	80.00%	-75.00%	-54.55%	233.33%	-16.35%
8	总计							

图 3-84 “数据透视 2”工作表

15. 保存工作簿。单击窗口左上角“快速访问工具栏”中的“保存”按钮，或单击“文件”选项卡→选择“保存”命令，保存操作结果。

3.5.4 练习

完成本练习后的效果如图 3-85～图 3-88 所示。

	A	B	C	D	E	F
3	日期	部门	费用科目	预算金额	实际金额	余额
11			办公费 汇总	¥ 21,300		
13			宣传费 汇总	¥ 3,200		
16			招待费 汇总	¥ 6,000		
17		行政部 汇总		¥ 30,500		
20			办公费 汇总	¥ 5,900		
23			材料费 汇总	¥ 11,400		
27			宣传费 汇总	¥ 17,700		
36			招待费 汇总	¥ 21,900		
37		销售部 汇总		¥ 56,900		
40			办公费 汇总	¥ 6,000		
46			材料费 汇总	¥ 55,400		
49			招待费 汇总	¥ 3,700		
50		生产部 汇总		¥ 65,100		
53			办公费 汇总	¥ 5,100		
55			材料费 汇总	¥ 11,000		
64			宣传费 汇总	¥ 45,000		
67			招待费 汇总	¥ 3,100		
68		公关部 汇总		¥ 64,200		
69		总计		¥ 216,700		
70						

图 3-85 “费用开支表”工作表效果图

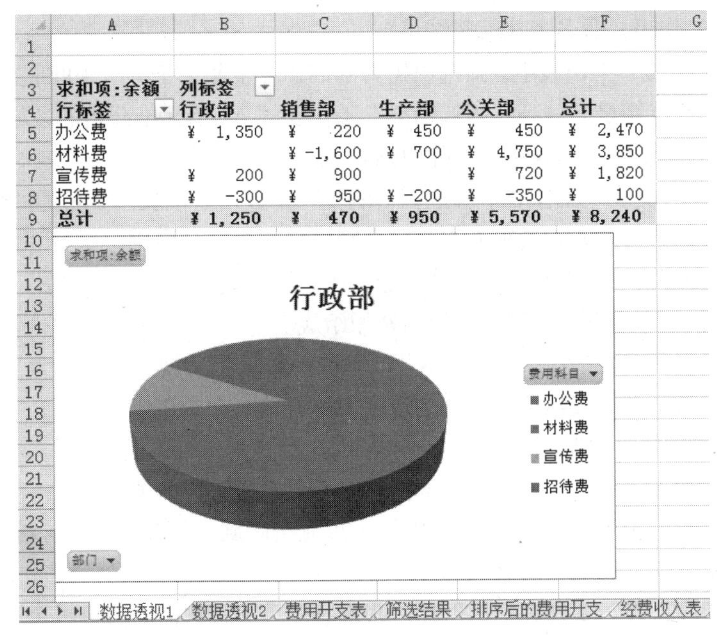

求和项:余额	列标签				
行标签	行政部	销售部	生产部	公关部	总计
办公费	¥ 1,350	¥ 220	¥ 450	¥ 450	¥ 2,470
材料费		¥ -1,600	¥ 700	¥ 4,750	¥ 3,850
宣传费	¥ 200	¥ 900		¥ 720	¥ 1,820
招待费	¥ -300	¥ 950	¥ -200	¥ -350	¥ 100
总计	¥ 1,250	¥ 470	¥ 950	¥ 5,570	¥ 8,240

图 3-86 “数据透视 1”工作表效果图

求和项:实际金额	列标签			
行标签	行政部	销售部	生产部	公关部
⊟第一季				
1月	0.00%	30.85%	69.15%	0.00%
2月	23.28%	15.62%	0.00%	61.10%
3月	22.54%	27.23%	31.77%	18.46%
⊟第二季				
4月	0.00%	13.79%	52.94%	33.27%
5月	27.91%	72.09%	0.00%	0.00%
6月	15.00%	12.75%	0.00%	72.25%
⊟第三季				
7月	0.00%	0.00%	74.81%	25.19%
8月	0.00%	86.56%	13.44%	0.00%
9月	100.00%	0.00%	0.00%	0.00%
⊟第四季				
10月	41.55%	24.66%	0.00%	33.78%
11月	0.00%	63.09%	10.93%	25.98%
12月	16.24%	0.00%	58.38%	25.38%
总计	14.03%	27.07%	30.77%	28.13%

图 3-87 “数据透视 2”工作表效果图

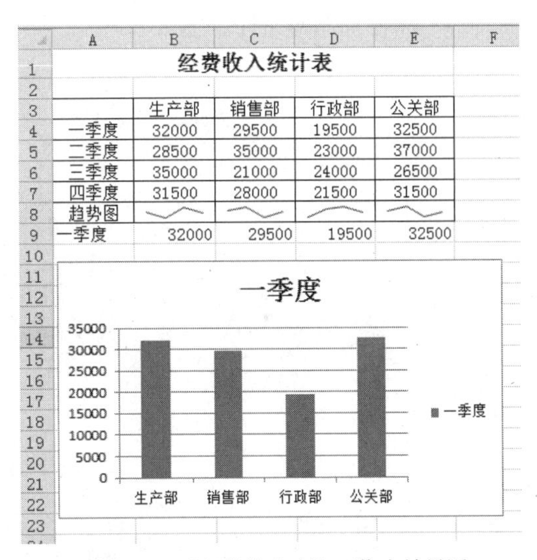

经费收入统计表

	生产部	销售部	行政部	公关部
一季度	32000	29500	19500	32500
二季度	28500	35000	23000	37000
三季度	35000	21000	24000	26500
四季度	31500	28000	21500	31500
趋势图				
一季度	32000	29500	19500	32500

图 3-88 “经费收入表”工作表效果图

具体要求如下。

1. 实验准备工作。

（1）复制素材。从教学辅助网站下载素材文件“练习 10-经费收入统计及费用开支表.rar”至本地计算机，并将该压缩文件解压缩。

（2）创建实验结果文件夹。在 D 盘或 E 盘上新建一个“经费收入统计及费用开支表-实验结果”文件夹，用于存放结果文件。

2. 打开练习素材文件“经费收入统计及费用开支表.xlsx”。

3. 在“费用开支表”工作表中，将数据按照部门“行政部、销售部、生产部、公关部”排序。

4. 将排序后的工作表复制成一张新工作表，命名为“排序后的费用开支”。

5. 新建一张工作表，命名为“筛选结果”。

6. 在“费用开支表”工作表中，筛选出销售部的预算金额大于等于 10000 或实际金额大于等于 10000 的数据，筛选结果复制到“筛选结果”工作表的 A1 单元格开始的区域中。

7. 在“费用开支表”工作表中，清除数据筛选。

8. 根据“费用开支表”工作表中的数据，制作一张数据透视表，命名为“数据透视 1”，生成各部门各科目费用余额总和的透视表。要求余额的格式为会计专用，保留 0 位小数。

9. 根据“数据透视 1”生成对应的数据透视图，图表类型为“三维饼图”，要求图例为“费用科目”，根据不同的部门查看该部门的支出费用组成。

10. 根据“费用开支表”工作表中的数据，制作一张数据透视表，命名为“数据透视 2”，生成各季度和各月份的各部门实际费用总和的透视表。要求实际费用以“行汇总百分比”来显示，数据透视表显示列总计，不显示行总计。

11. 在“费用开支表”工作表中，分类汇总出各部门各科目的预算总额。

12. 在“经费收入表”工作表中，在 B8:E8 单元格区域内创建迷你图（折线图），反映该部门各季度收入变化。

13. 在“经费收入表”工作表中，创建一张动态图表，根据需要选择一个季度，动态显示该季度各部门的收入，图表类型为“簇状柱形图”。

14. 保存工作簿文件。

第 4 章 大数据技术

4.1 网络数据的抓取

4.1.1 案例概述

1. 案例目标

“要处理数据，就要先得到数据”，从 Internet 上将数据抓取下来，是进行数据处理的第一步。互联网信息自动抓取，最常见且有效的方式是使用网络爬虫（Web Crawler、Web Spider）。

本案例将介绍一款免费的网络爬虫工具——Web Scraper。该工具不需要有编程基础，用户只需要通过鼠标单击和简单配置就可以大批量获取自己所需要的数据，例如，某网站新闻信息、知乎回答列表、微博热门话题、微博评论、电商网站商品信息、博客文章列表等数据。

2. 知识点

本案例涉及的主要知识点如下。

（1）网络爬虫基础；

（2）Chrome 浏览器扩展；

（3）Web Scraper。

4.1.2 数据抓取基础知识

现实中，我们经常会在网上看到一些有用的信息或数据，如何去获取这些数据呢？如果只是少量的或者特定的某条数据，那么通过“复制”“粘贴”等手工操作方式，就可以完成这些数据的抓取。但如果数据量很大，那么用手工方操作既耗时又费力，甚至根本不可能完成。这个时候就需要工具来自动化地进行数据抓取，例如抓取某新闻网站的所有新闻、知乎网上某个问题的所有答案、淘宝网上某个商品的所有评论等。这些例子中涉及的数据成千上万，如果用手工方式，简直是不可能完成的任务。

那么如何进行这种大批量数据的抓取呢？一般可采用两种方式：一种是采用现成的工具，另一种是自己编写爬虫工具。第一种方式适合没有编程基础的人来使用，简单方便，对于一般的数据抓取要求应该够用了，但这种现成的工具一般功能比较简单，有很大的局限性，如不能完成一些特定需求的数据抓取。编写网络爬虫工具的方式门槛相对比较高，难度较大，需要使用者会某种编程语言，能编写出适合自己需求的数据抓取工具，但这种方式比较灵活，可以应用于各种数据抓取需求，多为程序员使用。

本书介绍的是使用工具的方式来进行数据抓取。网络数据抓取工具很多，难度各异，这里介绍 Web Scraper，因为其界面简洁、操作简单，支持抓取的数据导出为 Excel 格式，并且不懂编程的用户可以快速上手。

不管采用哪种数据抓取工具，其工作原理都差不多，可以简单概括为以下几点。

- 通过一个或多个入口地址，获取初始数据。如一个文章列表页，或者具有某种规则的页面，如带有分页的列表页。
- 根据入口页面的某些信息，如链接指向，进入下一级页面，获取必要信息。
- 根据上一级的链接继续进入下一层，获取必要信息（此步骤可以无限循环下去）。

下面介绍一下 Web Scraper 工具的使用。

Web Scraper 并不是一个独立的软件，它是 Chrome 浏览器的扩展插件，凡是在已经安装了 Chrome 浏览器的计算机上都可以安装该插件。如果计算机上没有安装 Chrome 浏览器，应该先下载并安装最新版的 Chrome 浏览器，然后才能使用 Web Scraper。

1. Web Scraper 安装

打开 Chrome 浏览器，在地址栏输入 chrome://extensions/，按【Enter】键进入扩展程序管理界面，然后将下载好的扩展插件 Web Scraper-0.3.7.crx 拖曳到此页面，单击“添加扩展程序”即可完成安装，如图 4-1 所示。

图 4-1 安装扩展插件 Web Scraper-0.3.7.crx

2. 开启 Web Scraper

Web Scraper 安装好之后会被集成到 Chrome 开发者工具（Developer Tools）之中。要打开 Web Scraper，可以先单击 Chrome 右上角的设置按钮 ⋮ ，再选择“更多工具”中的“开发者工具”（见图 4-2）或按【F12】键（有的型号的笔记本需要按【Fn】+【F12】组合键）打开“开发者工具”菜单。

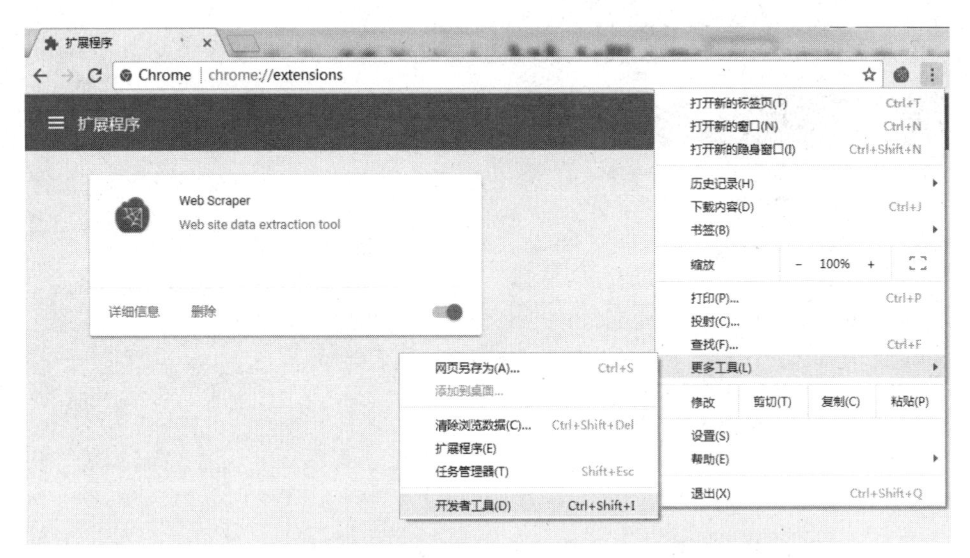

图 4-2 通过菜单打开“开发者工具”

在图 4-3 中，“开发者工具”是位于浏览器右侧的，为了方便操作，我们需要把“开发者工具”调整到浏览器底部。这时可用鼠标左键单击右上角的 ⋮ ，然后在弹出菜单中单击“Dock side”中的“Dock to bottom”按钮▣。“开发者工具”就会停靠在浏览器底部。然后在“开发者工具”中单击 Web Scraper 标签即可开启 Web Scraper，如图 4-4 所示。

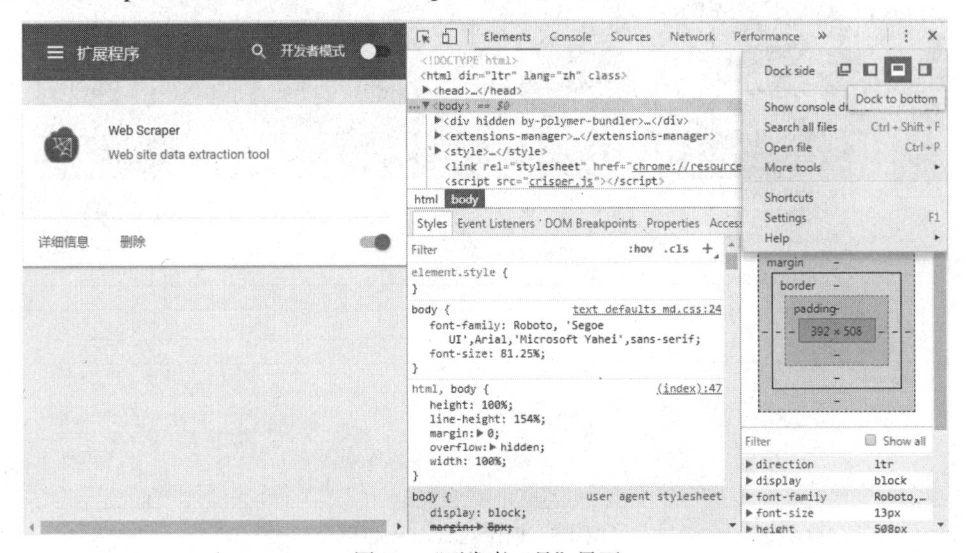

图 4-3 “开发者工具”界面

3. 使用 Web Scraper 抓取网站数据

要使用 Web Scraper 抓取网站数据，一般要经过建立站点地图（Sitemap）、建立选择器（Selector）、开始抓取（Scrape）数据和导出数据（Export data as CSV）几步。

（1）建立 Sitemap

要抓取数据，必须先设置 Sitemap。Sitemap 的字面意思是站点地图，地图内包含了要被抓取的所有页面的链接（并不一定是这个网站所有的页面）。要建立 Sitemap，只要在 Web Scraper 界面单击“Create new sitemap”按钮并设置 Sitemap name 和 Start URL，然后单击“Create Sitemap”即可。示例如图 4-5 所示。

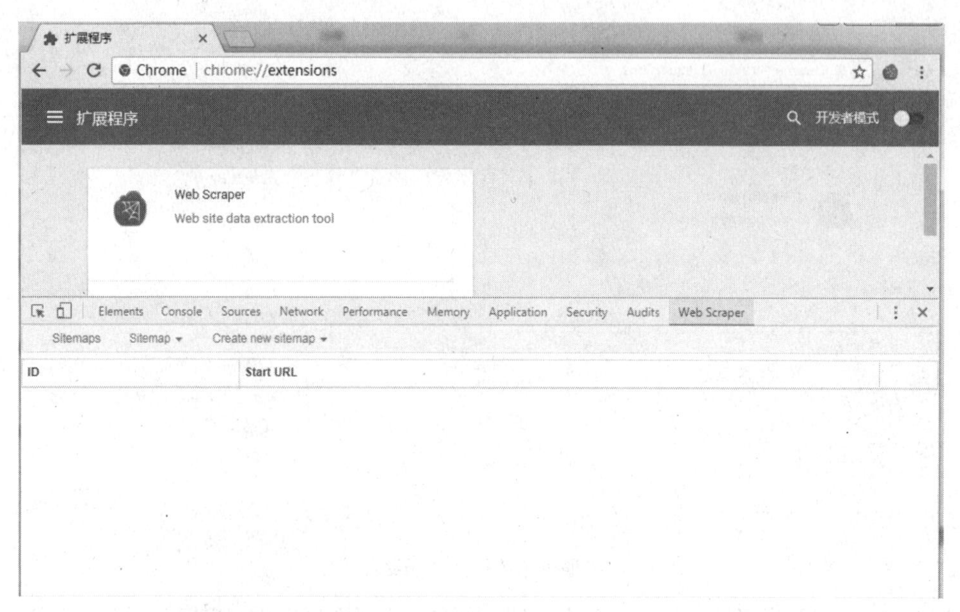

图 4-4 开启 Web Scraper

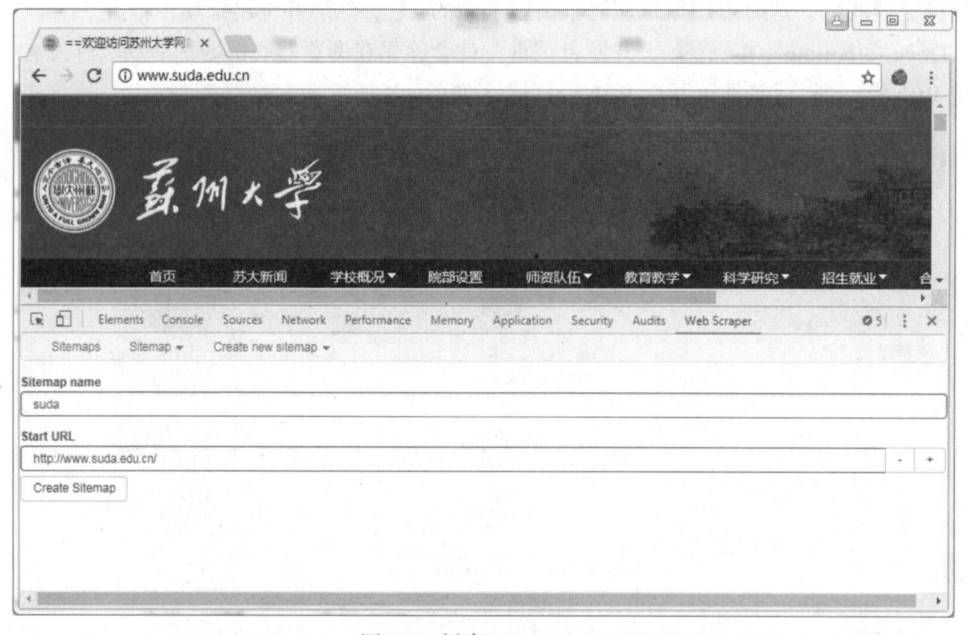

图 4-5 创建 suda sitemap

Sitemap name 表示站点地图名称，只能是英文名称；Start URL 指的是抓取数据的起始网址，可以指定一个起始 URL，也可以指定存在序列关系的多个起始 URL。

如果某个网站的页面 URL 中存在数列，可以用指定序列 [1-100] 替代 URL 中页码部分，如页码部分有 0 作为占位符，可使用 [001-100]。如果页码有固定间隔，可使用 [0-100:10]。

例如：

Start URL 为 http://www.abc.com/page/[1-100]，则可抓取以下网页。

```
http://www.abc.com/page/1
http://www.abc.com/page/2
http://www.abc.com/page/3
```

……

Start URL 为 http://www.abc.com/page/[001-100] 可抓取以下网页。

```
http://www.abc.com/page/001
http://www.abc.com/page/002
http://www.abc.com/page/003
……
```

Start URL 为 http:// www.abc.com /page/[0-100:10] 可抓取以下网页。

```
http://www.abc.com/page/0
http://www.abc.com/page/10
http://www.abc.com/page/20
……
```

（2）建立 Selector

在建立 Sitemap 之后就会直接进入建立 Selector 界面（见图 4-6）。Selector 字面意思是选择器，一个选择器对应网页上的一部分区域，也就是包含我们要收集的数据部分。一个 Sitemap 下可以有多个 Selector，每个 Selector 又可以包含子 Selector。一个 Selector 可以只对应一个标题，也可以对应一个区域，此区域可能包含标题、副标题、作者信息、内容等信息。在选择器面板可以进行添加新的选择器（Add new selector）、对原有选择器进行修改或预览数据等操作。

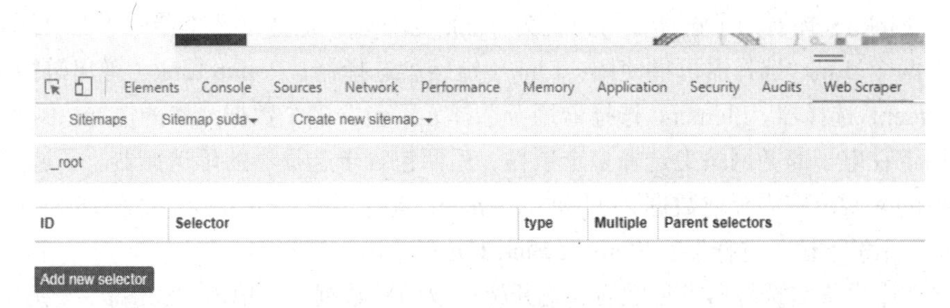

图 4-6　Selector 面板

单击图 4-6 中的“Add new selector”，进入新建选择器界面，如图 4-7 所示。

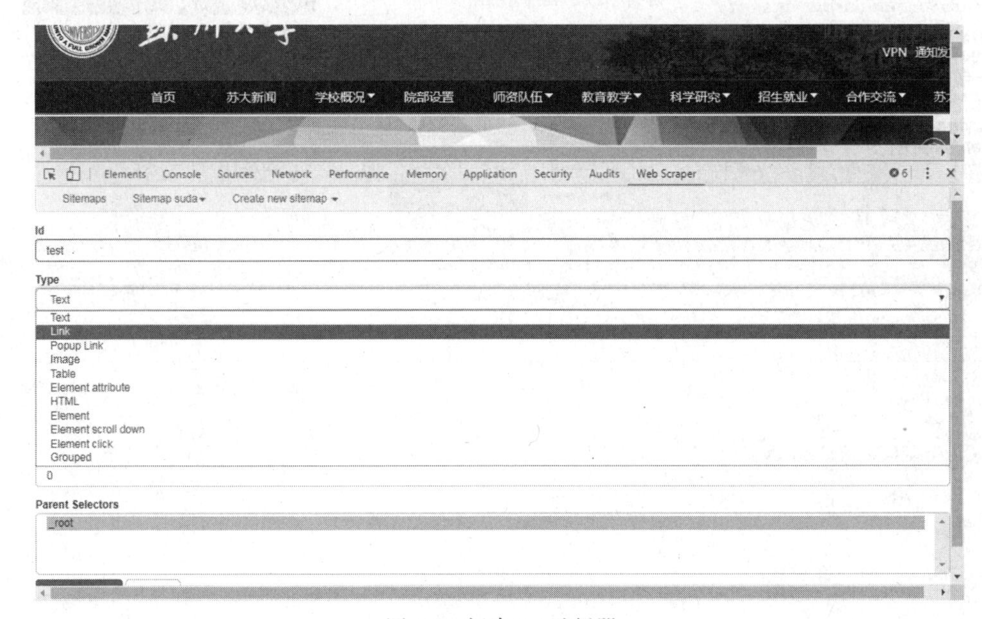

图 4-7　新建 test 选择器

在图 4-7 中，要对新建的选择器进行设置。

Id：新建选择器的名称。

Type：选择器类型。Web Scraper 有多种选择器类型，用于网站多种交互逻辑下需求各异的数据抓取。这里为了做一个简单的测试，选择“Link”选择器。

Web Scraper 选择器可按功能分为 3 组：Data extraction（数据提取）选择器，用于数据提取；Link（链接）选择器，用于站点导航；Element（元素）选择器，用于从分隔的多个记录中选择元素。

① Date extraction 选择器。Date extraction 选择器仅从选中的元素中返回数据。譬如 Text（文本）选择器从选中的元素中提取文本。以下选择器可用作 Date extraction 选择器：Text（文本）选择器；Link（链接）选择器；Popup Link（弹出链接）选择器；Image（图像）选择器；Table（表格）选择器；Element attribute（元素属性）选择器；HTML 选择器；Grouped（组块）选择器。

② Link 选择器。Link 选择器从链接中提取 URL，后续可用于数据提取。例如，如果在一个 Sitemap 中有个 Link 选择器有 3 个子 Text 选择器，Web Scraper 会从 Link 选择器中提取所有链接，然后打开每个链接，使用子 Date extraction 选择器提取数据（此处指那 3 个 Text 选择器）。当然，Link 选择器的子选择器可以仍为 Link 选择器，这些子选择器用于在页面之间导航。目前有以下两个 Link 选择器可供使用：Link（链接）选择器；Popup Link（弹出链接）选择器。

③ Element 选择器。Element 选择器用于选择元素包含多个数据元素的情况。例如，Element 选择器可用于在电子商务网站上选择多个项目，返回包含子选择器的母选择器。子选择器再从母选择器选择的元素范围中提取数据。可用的 Element 选择器有：Element（元素）选择器；Element scroll down（元素下拉）选择器；Element click（元素单击）选择器。

在图 4-7 中设置完选择器类型之后，就开始选取网站数据了。单击“Select”按钮（位置如图 4-8 所示），此时会在浏览器上方的网站页面出现一个“Done selecting!”工具条，如图 4-8 所示。

图 4-8 打开“选取数据”工具条

可以把鼠标放在网站右边的第一条链接上，此时链接会变成绿色，单击后会变成红色，然后再把鼠标放到右边第二条链接上，链接同样会变绿色（见图 4-9）。

图 4-9 选中第一条链接

单击第二条链接后，网站右边所有的链接（5 条）均变成红色（见图 4-10），处于被选中状态。此时可以单击屏幕中间的“Done selecting!”按钮，完成时所有数据的选取工作（见图 4-11）。

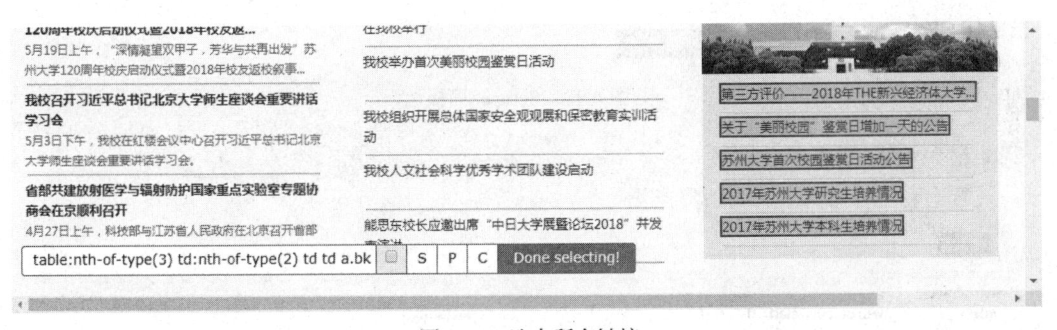

图 4-10 选中所有链接

如果要抓取多条数据，还需要选中“新建选择器”界面中的“Mutiple”复选框，如图 4-11 所示。选中后可抓取多条数据，如果不选中，只抓取第一条数据。

设置完成后，单击“Save selector”按钮完成选择器的创建。

（3）抓取网站数据

在为 Sitemap suda 建立选择器后可以开始抓取网站数据。单击“Sitemap suda”菜单，选择“Scrape”就可以打开图 4-12 所示的 Scrape 面板，单击“Start scraping”按钮即可开始抓取网站数据。

然后会打开一个网页窗口， Web Scraper 会在其中加载网页并从中抓取数据。在数据抓取完成后，此网页窗口会关闭并弹出提示信息。此时单击“refresh”按钮，即可看到抓取的数据，如图 4-13 所示。

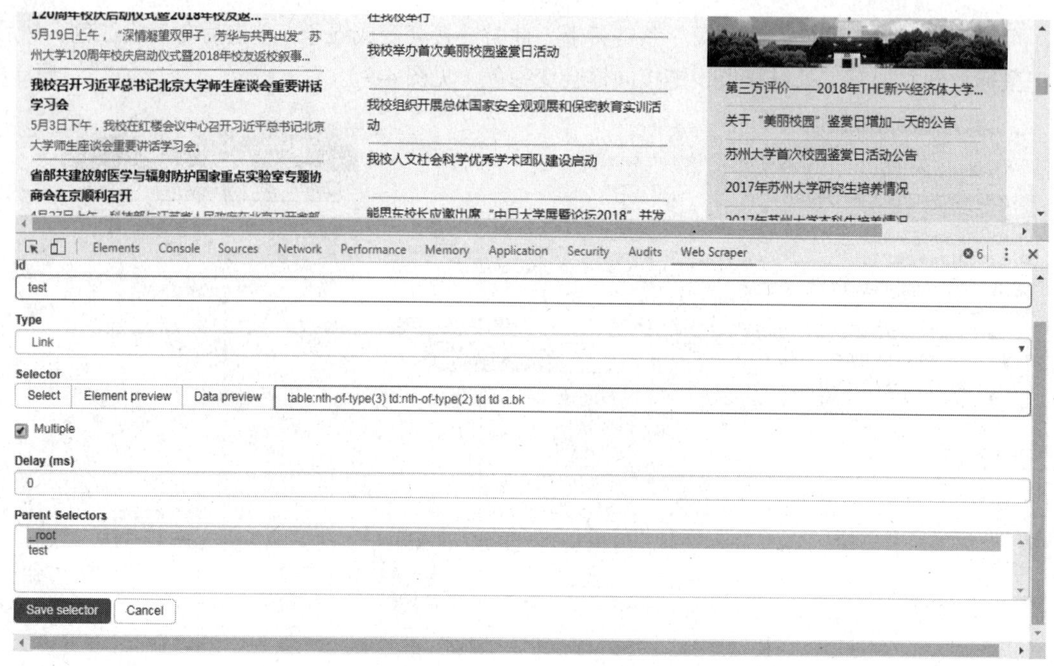

图 4-11 选中“Mutiple”复选框

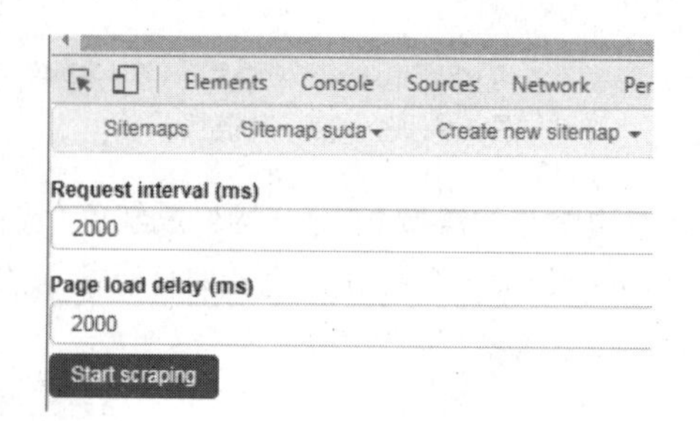

图 4-12 Scrape 面板

Elements Console Sources Network Performance Memory Application Security Web Scraper

Sitemaps Sitemap suda Create new sitemap

refresh

web-scraper-order	web-scraper-start-url	test	test-href
1527077616-5	http://www.suda.edu.cn/	2017年苏州大学本科生培养情况	http://report.suda.edu.cn//201804/e7f53cb6-d998-449b-81c5-01e61c289e95.html
1527077616-4	http://www.suda.edu.cn/	2017年苏州大学研究生培养情况	http://report.suda.edu.cn//201804/6f93f39d-85af-4602-af75-07894219ef44.html
1527077616-2	http://www.suda.edu.cn/	关于"美丽校园"鉴赏日增加一天的公告	http://report.suda.edu.cn//201805/aaca66e4-15f0-41a6-a359-86f2724cfc86.html
1527077616-3	http://www.suda.edu.cn/	苏州大学首次校园鉴赏日活动公告	http://report.suda.edu.cn//201805/28eec005-6135-46f8-aaef-72784adf7f0b.html
1527077616-1	http://www.suda.edu.cn/	第三方评价——2018年THE新兴经济体大学...	http://report.suda.edu.cn//201805/80fd3217-5ac2-4679-9ffc-0e5b5a224654.html

图 4-13 显示抓取的数据

（4）导出数据

单击“Sitemap suda”菜单，选择“Export data as CSV”，打开 Export data as CSV 面板，可以将抓取的数据导出为 Excel 文件。

4.1.3 应用案例 11：网络数据抓取

1. 案例要求

本案例使用 Web Scraper 抓取苏大新闻网中的苏大要闻，并将结果保存到 CSV 文件中。

2. 实验准备工作

在教学网站下载软件包“应用案例 11-网络数据抓取.rar”至本地计算机的盘符（D 盘或 E 盘）下，解压缩并以解压后的文件夹“应用案例 11-网络数据抓取”做为实验文件夹。

3. 抓取“苏大要闻”网站新闻标题和链接

（1）运行实验文件夹中 ChromePortable.exe 软件打开 Chrome 浏览器，并参照 4.1.2 小节内容安装 Web Scraper 插件，然后在地址栏输入网址：“http://www.suda.edu.cn/suda_news/sdyw/index.html”，按【F12】键打开 Web Scraper 插件，如图 4-14 所示。

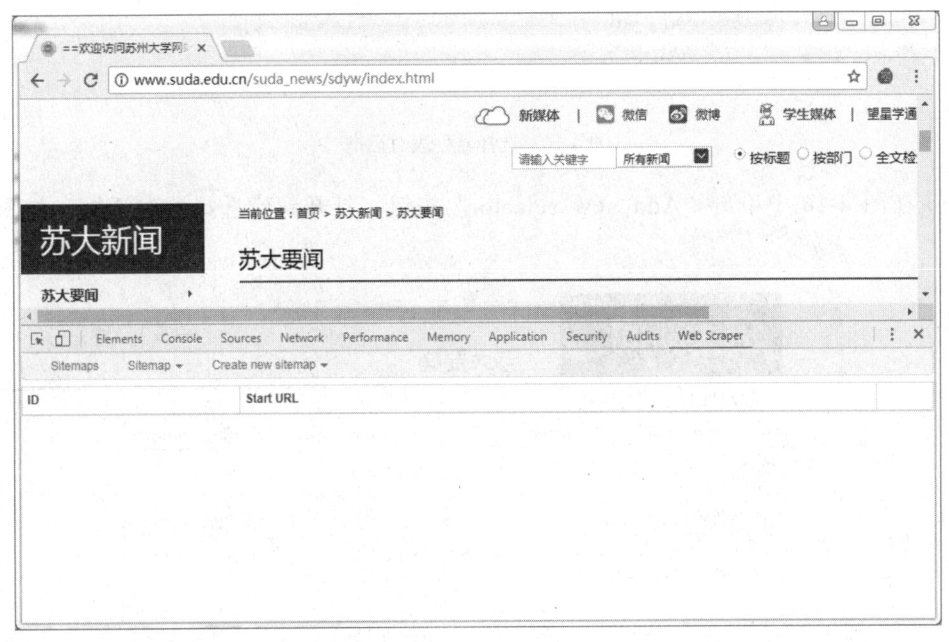

图 4-14 打开网站并开启 Web Scraper

（2）在 Web Scraper 界面单击菜单“Create new sitemap”，选择“Create Sitemap”，打开新建站点地图界面。

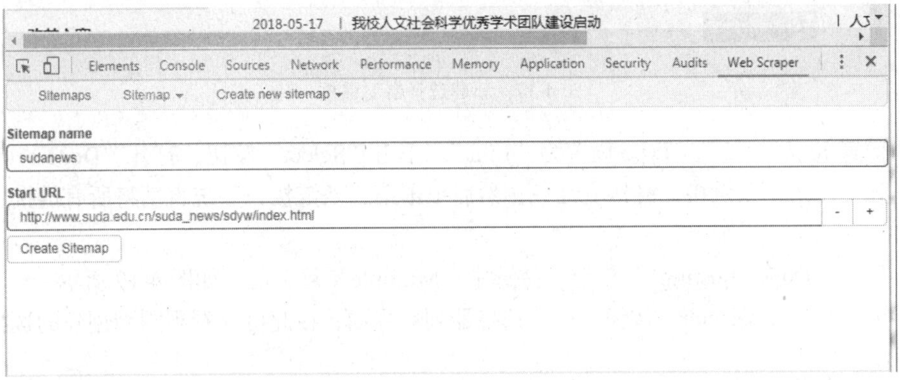

图 4-15 创建 sudanews sitemap

如图 4-15 所示，在“Sitemap name”标签下面输入站点名“sudanews”，在“Start URL”标签下面输入网址“http://www.suda.edu.cn/suda_news/sdyw/index.html”。然后单击“Create Sitemap”按钮，进入选择器列表对话框，如图 4-16 所示。

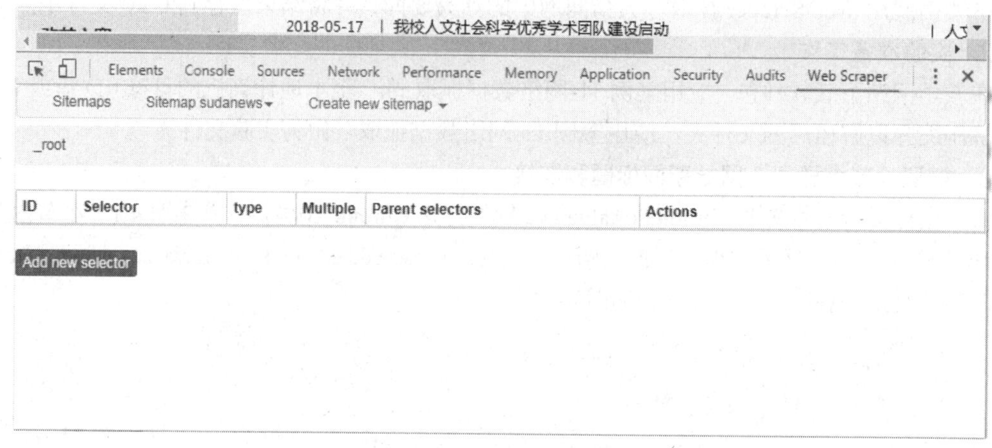

图 4-16 选择器列表对话框

（3）在图 4-16 中单击“Add new selector”按钮，打开新建选择器对话框，如图 4-17 所示。

图 4-17 新建选择器对话框

（4）设置 Id 为“title”，Type 设置为“Link”，单击“Select”按钮，打开“Done selecting!”工具条，先单击第一条链接，链接变红色，然后单击第二条链接，系统自动将所有链接变红色，如图 4-18 所示。

（5）单击“Done selecting!”按钮，并选中“Multiple”复选框，如图 4-19 所示。

（6）单击“Save selector”按钮，进入选择器列表界面，在此可以看到刚刚创建的选择器，如图 4-20 所示。

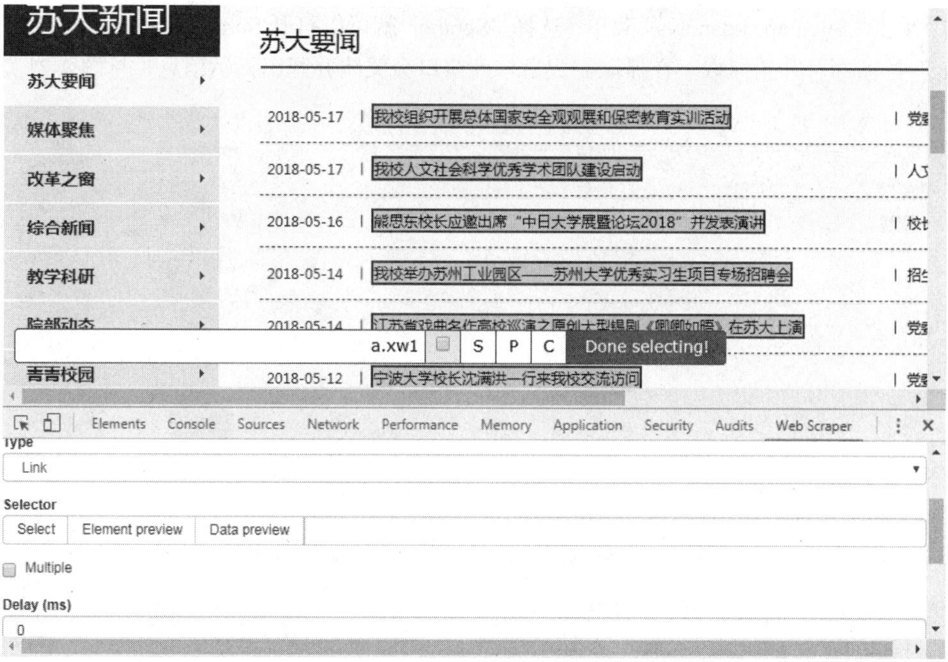

苏大新闻

苏大要闻

苏大要闻 ▸
媒体聚焦 ▸
改革之窗 ▸
综合新闻 ▸
教学科研 ▸
院部动态 ▸
青青校园 ▸

2018-05-17 | 我校组织开展总体国家安全观观展和保密教育实训活动 | 党
2018-05-17 | 我校人文社会科学优秀学术团队建设启动 | 人
2018-05-16 | 熊思东校长应邀出席“中日大学展暨论坛2018”并发表演讲 | 校
2018-05-14 | 我校举办苏州工业园区——苏州大学优秀实习生项目专场招聘会 | 招
2018-05-14 | 江苏省戏曲名作高校巡演之原创大型锡剧《卿卿如晤》在苏大上演 | 党
2018-05-12 | 宁波大学校长沈满洪一行来我校交流访问 | 党

a.xw1 S P C Done selecting!

Elements Console Sources Network Performance Memory Application Security Audits Web Scraper

Type
Link

Selector
Select Element preview Data preview

Multiple

Delay (ms)
0

图 4-18 选中所有网络链接

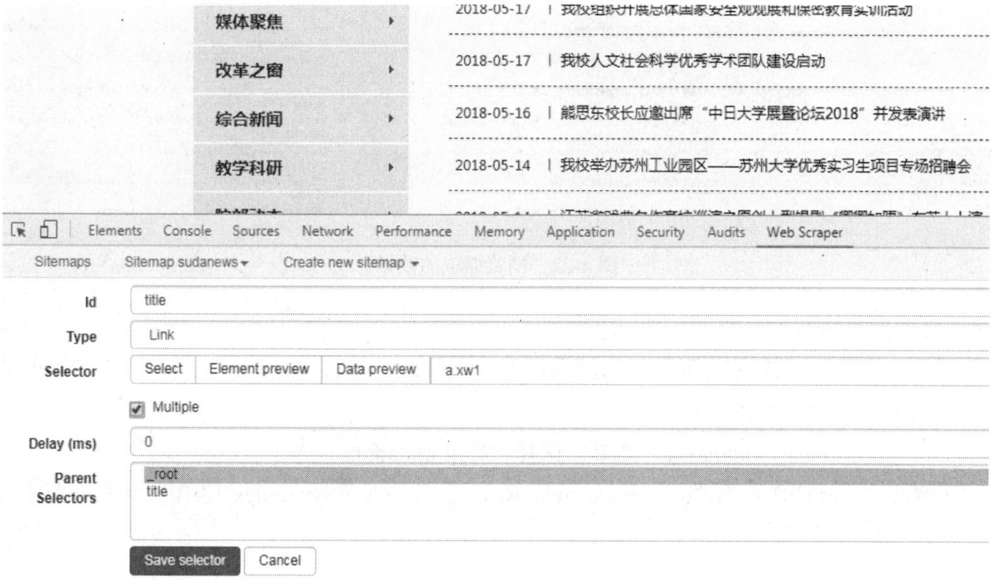

媒体聚焦 ▸
改革之窗 ▸
综合新闻 ▸
教学科研 ▸

2018-05-17 | 我校组织开展总体国家安全观观展和保密教育实训活动
2018-05-17 | 我校人文社会科学优秀学术团队建设启动
2018-05-16 | 熊思东校长应邀出席“中日大学展暨论坛2018”并发表演讲
2018-05-14 | 我校举办苏州工业园区——苏州大学优秀实习生项目专场招聘会

Elements Console Sources Network Performance Memory Application Security Audits Web Scraper

Sitemaps Sitemap sudanews ▾ Create new sitemap ▾

Id: title
Type: Link
Selector: Select Element preview Data preview a.xw1
Multiple
Delay (ms): 0
Parent Selectors: _root
title

Save selector Cancel

图 4-19 选中“Multiple”复选框

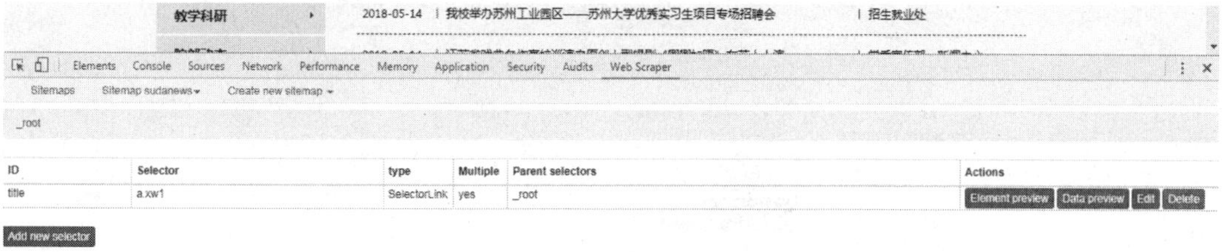

教学科研 ▸ 2018-05-14 | 我校举办苏州工业园区——苏州大学优秀实习生项目专场招聘会 | 招生就业处

Elements Console Sources Network Performance Memory Application Security Audits Web Scraper

Sitemaps Sitemap sudanews ▾ Create new sitemap ▾

_root

ID	Selector	type	Multiple	Parent selectors	Actions
title	a.xw1	SelectorLink	yes	_root	Element preview Data preview Edit Delete

Add new selector

图 4-20 选择器列表界面

（7）单击“Sitemap sudanews”菜单，选择“Scrape”就可以打开 Scrape 面板，然后单击“Start scraping”按钮即可开始抓取。在抓取完成后，此窗口会关闭并弹出提示信息（见图 4-21）。

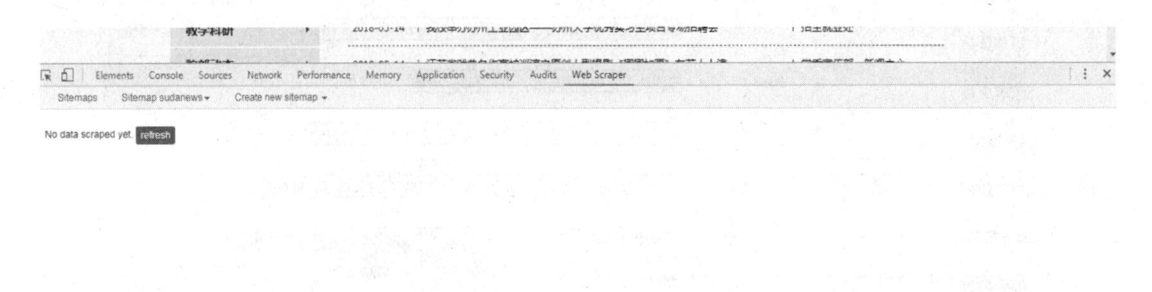

图 4-21　抓取完成并弹出提示信息

（8）单击“refresh”按钮，可以浏览抓取的数据，如图 4-22 所示。

web-scraper-order	web-scraper-start-url	title	title-href
1526704166-25	http://www.suda.edu.cn/suda_news/sdyw/index.html	我校召开省委巡视整改督查推进会	http://www.suda.edu.cn/suda_news/sdyw/201804/e9250d85-8d75-48f6-8d25-fa6f9d3bf03a.html
1526704166-4	http://www.suda.edu.cn/suda_news/sdyw/index.html	我校人文社会科学优秀学术团队建设启动	http://www.suda.edu.cn/suda_news/sdyw/201805/63d93810-1718-49be-82ef-68bb713e6091.html
1526704166-23	http://www.suda.edu.cn/suda_news/sdyw/index.html	台湾东吴大学副校长赵维良教授一行访问我校	http://www.suda.edu.cn/suda_news/sdyw/201804/e58466af-682a-4d21-ad28-3e5c4fafe347.html
1526704166-16	http://www.suda.edu.cn/suda_news/sdyw/index.html	苏州大学第十五届研究生学术科技文化节开幕式暨研究生东吴论坛（2018）成功举办	http://www.suda.edu.cn/suda_news/sdyw/201805/755cae01-cd2b-4b7f-9d2c-f7ff92990ec5.html
1526704166-8	http://www.suda.edu.cn/suda_news/sdyw/index.html	宁波大学校长沈满洪一行来我校交流访问	http://www.suda.edu.cn/suda_news/sdyw/201805/be4423c2-df5f-46cb-a62a-674622ebf133.html
1526704166-10	http://www.suda.edu.cn/suda_news/sdyw/index.html	我校召开纪念马克思诞辰200周年座谈会	http://www.suda.edu.cn/suda_news/sdyw/201805/9482e6a6-2e27-400f-b6bd-b27adf2f8539.html
1526704166-21	http://www.suda.edu.cn/suda_news/sdyw/index.html	“江苏省知识产权（苏州大学）研究院”揭牌典礼隆重举行	http://www.suda.edu.cn/suda_news/sdyw/201804/df9e9e05-3d31-4e08-b071-0b3dcc10355f.html

图 4-22　浏览抓取的数据

4. 自动翻页抓取

上面的步骤仅仅只能完成第一页的新闻抓取，如果想要抓取多页新闻，或者所有的新闻数据，就必须使用分页抓取，具体步骤如下。

（1）单击“Sitemap sudanews”菜单，选择“Edit metadata”选项。

（2）修改“Start URL”为“http://www.suda.edu.cn/suda_news/sdyw/index_[0-10].html”（见图 4-23），单击“Save Sitemap”按钮。

图 4-23　修改 Sitemap sudanews 中的 Start URL

（3）单击“Sitemap sudanews”菜单，选择“Scrape”选项。如图 4-24 所示，设置“Page load delay (ms)”为“500”，然后单击“Start scraping”按钮开始抓取数据。

（4）程序会自动进行翻页，进行数据抓取，此时不要操作计算机。等抓取完成后，单击“refresh”按钮，可发现系统抓取了新闻网站前 10 页的新闻标题和链接数据。

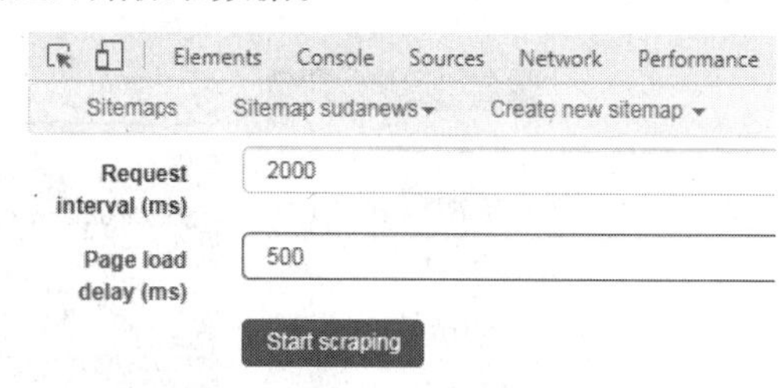

图 4-24　设置 Page load delay 属性

5. 多元素数据抓取

前面抓取的数据都只有新闻标题和链接，比较单一，如果还想抓取新闻的发布时间和发布部门，就要进行多元素数据抓取，具体步骤如下。

（1）将前面建立的选择器都删除掉，然后新建一个名称为 items 的选择器。选择器类型为“Element”，打开“Done selecting!”工具条，然后选择第一条新闻链接中如图 4-25 所示的区域，并选中（选择区域变成红色）。

苏大要闻
苏大要闻
媒体聚焦
改革之窗
综合新闻
教学科研
2018-05-17 | 我校组织开展总体国家安全观观展和保密教育实训活动 | 党委宣传部、新闻中心
2018-05-17 | 我校人文社会科学优秀学术团队建设启动 | 人文社会科学处
2018-05-16 | 熊思东校长应邀出席“中日大学展暨论坛2018”并发表演讲 | 校长办公室
2018-05-14 | 我校举办苏州工业园区——苏州大学优秀实习生项目专场招聘会 | 招生就业处
之原创大型锡剧《卿卿如晤》在苏大上演 | 党委宣传部、新闻中心
Enable key events
Done selecting!
Elements Console Sources Network Performance Memory Application Security Audits Web Scraper
Sitemaps Sitemap sudanews Create new sitemap
Id items
Type Element
Selector Select Element preview Data preview
Multiple
Delay (ms) 0
Parent Selectors _root items
Save selector Cancel

图 4-25　新建 items 选择器

（2）按【P】键（表示选中当前区域的父级区域），使得整条新闻区域都变成红色，如图 4-26 所示。

苏大要闻
媒体聚焦
改革之窗
综合新闻
教学科研
2018-05-17 | 我校组织开展总体国家安全观观展和保密教育实训活动 | 党委宣传部、新闻中心
2018-05-17 | 我校人文社会科学优秀学术团队建设启动 | 人文社会科学处
2018-05-16 | 熊思东校长应邀出席“中日大学展暨论坛2018”并发表演讲 | 校长办公室
2018-05-14 | 我校举办苏州工业园区——苏州大学优秀实习生项目专场招聘会 | 招生就业处
之原创大型锡剧《卿卿如晤》在苏大上演 | 党委宣传部、新闻中心
td table:nth-of-type(3) tr:nth-of-type(1) S P C Done selecting!
Elements Console Sources Network Performance Memory Application Security Audits Web Scraper
Sitemaps Sitemap sudanews Create new sitemap
Id items
Type Element
Selector Select Element preview Data preview
Multiple
Delay (ms) 0

图 4-26　选中整条新闻

（3）然后单击第二条新闻链接，此时就会自动选中所有新闻条目，使得整个新闻区域都变成红色，如图4-27所示。

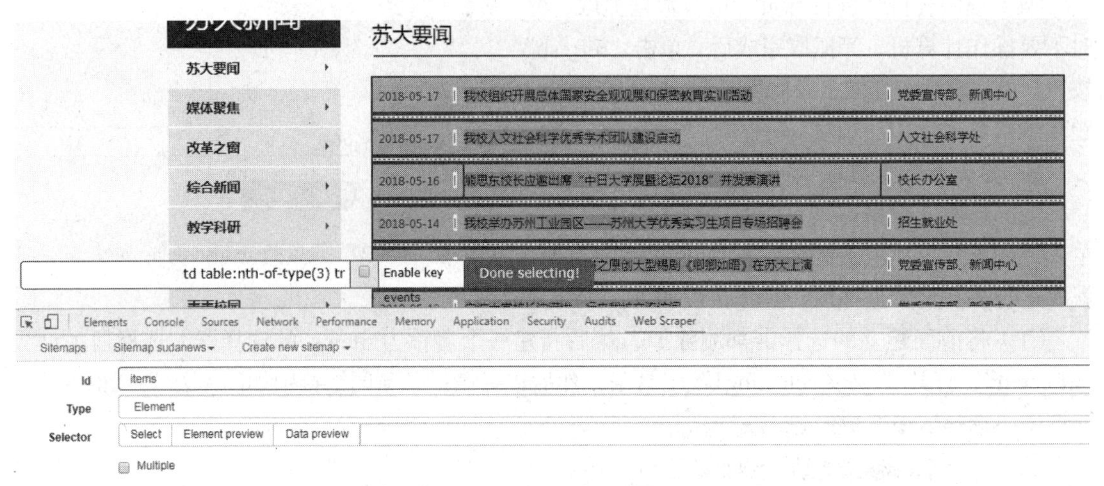

图4-27 选中所有新闻

（4）单击“Done selecting!”按钮，并选中“Multiple”复选框，如图4-28所示。

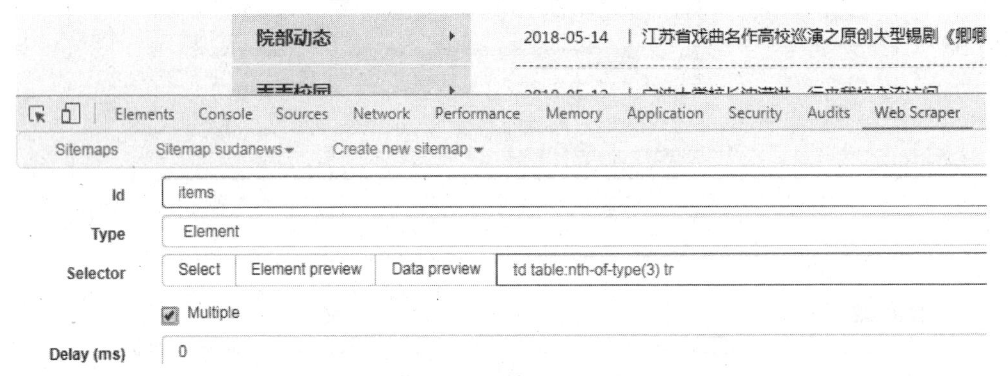

图4-28 选中“Multiple”复选框

（5）单击“Save selector”按钮，进入选择器列表界面，可以看到刚刚创建的选择器，如图4-29所示。

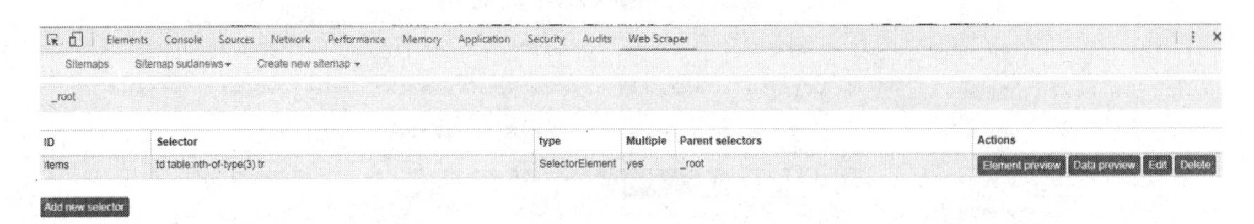

图4-29 选择器列表界面

（6）单击图4-29中刚建好的“items”选择器，进入items子选择器列表界面，此时创建items选择器的第一个子选择器title，Type设置为“Link”类型，然后选中图4-30所示的新闻标题，并参照前面的步骤完成子选择器title的创建。

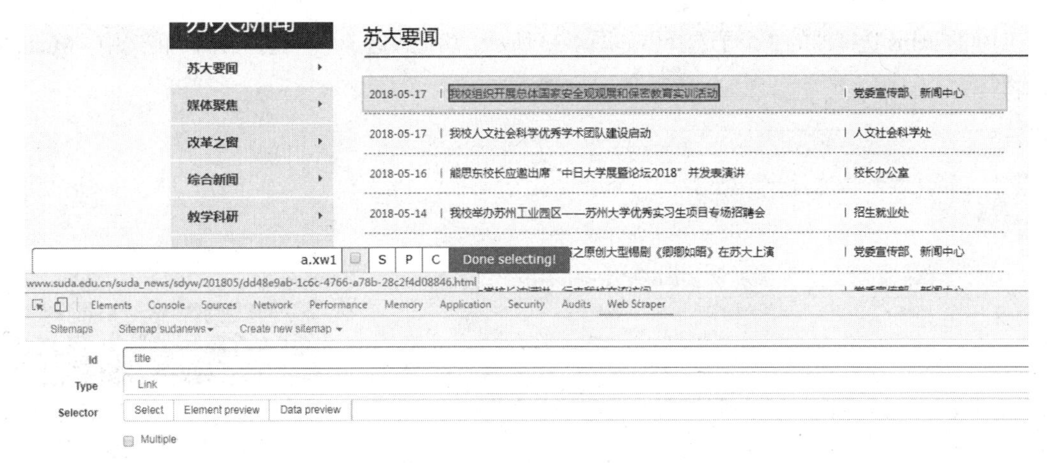

图 4-30 创建子选择器 title

（7）使用同样的方法创建 items 选择器的第二个子选择器 source，Type 设置为“Text”类型，然后选中图 4-31 所示的区域，并参照前面的步骤完成子选择器 source 的创建。

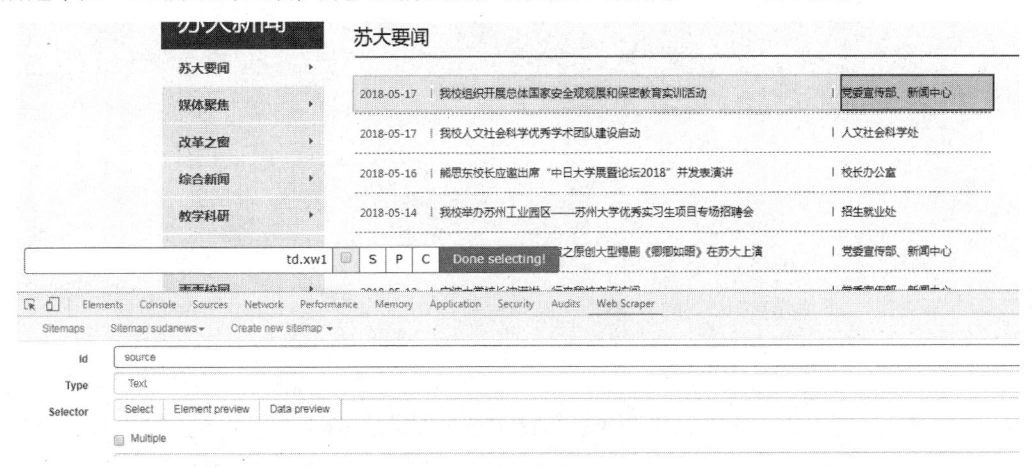

图 4-31 创建子选择器 source

（8）使用同样的方法创建 items 选择器的第三个子选择器 date，Type 设置为“Text”类型，然后选中图 4-32 所示的区域，并参照前面的步骤完成子选择器 date 的创建。

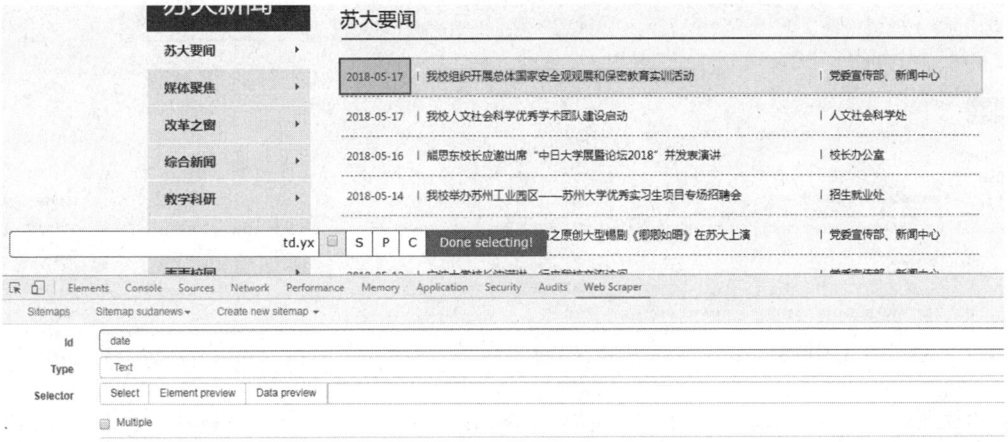

图 4-32 创建子选择器 date

创建的 items 选择器的 3 个子选择器如图 4-33 所示。切记，这 3 个子选择器都不能选中“Multiple”复选框。

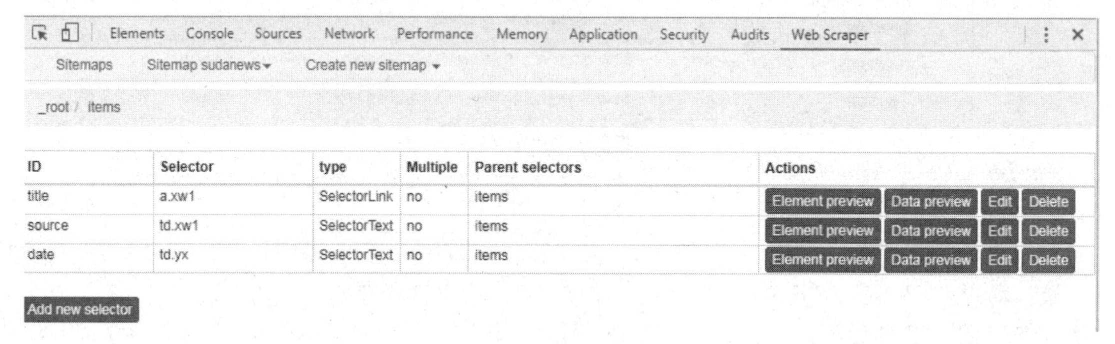

Elements Console Sources Network Performance Memory Application Security Audits Web Scraper

Sitemaps Sitemap sudanews Create new sitemap

_root / items

ID	Selector	type	Multiple	Parent selectors	Actions
title	a.xw1	SelectorLink	no	items	Element preview Data preview Edit Delete
source	td.xw1	SelectorText	no	items	Element preview Data preview Edit Delete
date	td.yx	SelectorText	no	items	Element preview Data preview Edit Delete

Add new selector

图 4-33　items 选择器的 3 个子选择器

（9）单击“Sitemap sudanews”菜单，选择“Selector graph”选项，可以看到所有选择器的关系图（见图 4-34），其中_root 是根选择器，由软件自动生成。

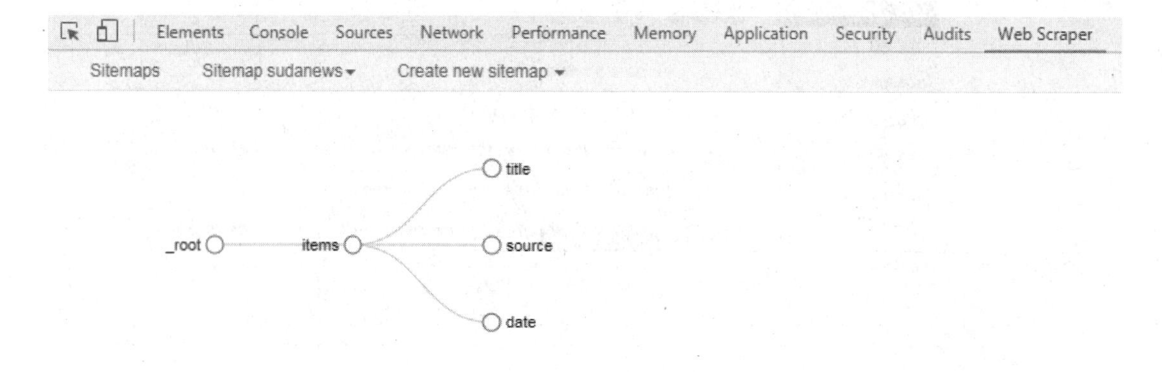

图 4-34　选择器的关系图

（10）单击“Sitemap sudanews”菜单，选择“Scrape”选项，设置“Page load delay (ms)”为“500”，然后单击“Start scraping”按钮开始抓取数据。抓取完成后，单击“refresh”浏览数据，如图 4-35 所示。

Elements Console Sources Network Performance Memory Application Security Audits Web Scraper

Sitemaps Sitemap sudanews Create new sitemap

refresh

web-scraper-order	web-scraper-start-url	title	title-href	source	date
1526723517-572	http://www.suda.edu.cn/suda_news/sdyw/index_5.html	教育部体育卫生与艺术教育司领导一行莅临我校调研美育工作	http://www.suda.edu.cn/suda_news/sdyw/201711/28691539-8cf7-4eda-b225-b785414ae93e.html	艺术教育中心	2017-11-24
1526723512-445	http://www.suda.edu.cn/suda_news/sdyw/index_7.html	null		null	null
1526723509-433	http://www.suda.edu.cn/suda_news/sdyw/index_8.html	老挝国家经济研究院院长波松·布帕万视察老挝苏大	http://www.suda.edu.cn/suda_news/sdyw/201709/22e31efd-5c87-489e-9d1d-45aa7e8f5788.html	老挝苏州大学	2017-09-22

图 4-35　浏览数据

6. 数据导出

（1）单击“Sitemap sudanews”菜单，选择“Export data as CSV”选项，可将抓取的数据导出为 Excel 文件，如图 4-36 所示。因该网站网页结构不规范，所以抓取的数据中会有一些空数据和无用的数据。

B20　http://www.suda.edu.cn/suda_news/sdyw/index_4.html

	A	B	C	D	E	F
4	1526723509-433	http://www.suda.edu.cn/suda_news/sdyw/inde	老挝国家经济研究院院	http://www.suda.ec	老挝苏州大学	2017/9/22
5	1526723512-449	http://www.suda.edu.cn/suda_news/sdyw/inde	null		null	null
6	1526723522-658	http://www.suda.edu.cn/suda_news/sdyw/inde	我校召开2017年江苏省	http://www.suda.ec	教务部	2018/1/21
7	1526723519-601	http://www.suda.edu.cn/suda_news/sdyw/inde	江苏省教育基金会一苏	http://www.suda.ec	党委宣传部、新闻	2017/12/28
8	1526723529-817	http://www.suda.edu.cn/suda_news/sdyw/inde	我校在全国第五届大学	http://www.suda.ec	艺术教育中心	2018/4/28
9	1526723509-388	http://www.suda.edu.cn/suda_news/sdyw/inde	null		null	null
10	1526723514-522	http://www.suda.edu.cn/suda_news/sdyw/inde	null		null	null
11	1526723517-571	http://www.suda.edu.cn/suda_news/sdyw/inde	null		null	null
12	1526723509-391	http://www.suda.edu.cn/suda_news/sdyw/inde	感悟经典 引航青春一一	http://www.suda.ec	党委宣传部、新闻	2017/10/16
13	1526723522-643	http://www.suda.edu.cn/suda_news/sdyw/inde	null		null	null
14	1526723504-313	http://www.suda.edu.cn/suda_news/sdyw/inde	第四届篮球文化论坛暨	http://www.suda.ec	党委宣传部、新闻	2017/7/22
15	1526723517-560	http://www.suda.edu.cn/suda_news/sdyw/inde	我校77级校友芮筱亭、	http://www.suda.ec	党委宣传部、新闻	2017/11/29
16	1526723504-319	http://www.suda.edu.cn/suda_news/sdyw/inde	校领导带队开展校园安	http://www.suda.ec	党委宣传部、新闻	2017/7/18
17	1526723507-359	http://www.suda.edu.cn/suda_news/sdyw/inde	null		null	null
18	1526723507-347	http://www.suda.edu.cn/suda_news/sdyw/inde	null		null	null
19	1526723522-678	http://www.suda.edu.cn/suda_news/sdyw/inde	校党委召开民主生活会	http://www.suda.ec	党委办公室、党委	2018/1/10
20	1526723519-627	http://www.suda.edu.cn/suda_news/sdyw/inde	校党委举办党外人士学	http://www.suda.ec	党委统战部	2017/12/15
21	1526723509-389	http://www.suda.edu.cn/suda_news/sdyw/inde	《新华日报》采访十九	http://www.suda.ec	党委宣传部、新闻	2017/10/16
22	1526723526-752	http://www.suda.edu.cn/suda_news/sdyw/inde	校党委理论学习中心组	http://www.suda.ec	党委宣传部、新闻	2018/4/8

图 4-36　将抓取的数据导出为 Excel 文件

（2）对 Excel 文件中的数据进行处理，通过筛选去除空数据，删除没意义的列，并对数据标题进行修改，然后按 date 列降序排列，最终结果如图 4-37 所示。

E35

	A	B	C	D
1	title	url	source	date
2	我校组织开展总体国家安全观观	http://www.suda.edu.cn/suda_news/sdyw/201805/dd48e9ab-1c6c-4766-a78b-28c2f4d08846.html	党委宣传部、新闻中心	2018/5/17
4	我校人文社会科学优秀学术团队	http://www.suda.edu.cn/suda_news/sdyw/201805/63d93810-1718-49be-82ef-68bb713e6091.html	人文社会科学处	2018/5/17
6	熊思东校长应邀出席“中日大学	http://www.suda.edu.cn/suda_news/sdyw/201805/2d5123ae-ade6-445e-9394-7173ec8e4ea1.html	校长办公室	2018/5/16
7	我校举办苏州工业园区一一苏州	http://www.suda.edu.cn/suda_news/sdyw/201805/1f2d3ae6-7d3c-4b9e-ae0d-a27057596baa.html	招生就业处	2018/5/14
8	江苏省戏曲名作高校巡演之原创	http://www.suda.edu.cn/suda_news/sdyw/201805/6046e09b-eb67-4258-9edf-edd13fac77c4.html	党委宣传部、新闻中心	2018/5/14
12	宁波大学校长沈满洪一行来我校	http://www.suda.edu.cn/suda_news/sdyw/201805/be4423c2-df5f-46cb-a62a-674622ebf133.html	党委宣传部、新闻中心	2018/5/12
14	全国人大常委会副委员长陈竺一	http://www.suda.edu.cn/suda_news/sdyw/201805/fdaed4fb-df10-4b90-a3e4-3d6c1983f7d1.html	党委宣传部、新闻中心	2018/5/8
15	我校召开纪念马克思诞辰200周	http://www.suda.edu.cn/suda_news/sdyw/201805/9482e6a6-2e27-400f-b6bd-b27adf2f8539.html	党委宣传部、新闻中心	2018/5/7
16	我校赴英国招聘高层次人才	http://www.suda.edu.cn/suda_news/sdyw/201805/2bbd8ca8-4634-42ec-b684-d00a6fd092e4.html	人力资源处、国际合作交	2018/5/7
19	我校再次受邀参加“五月的鲜花	http://www.suda.edu.cn/suda_news/sdyw/201805/761a506f-8b9a-483b-a59a-8700f4bb8c72.html	艺术教育中心	2018/5/4
20	我校召开2018年“苏州大学五四	http://www.suda.edu.cn/suda_news/sdyw/201805/fd087e28-c538-40cf-b886-fdb840cf0f1d.html	团委	2018/5/4
21	我校召开习近平总书记北京大学	http://www.suda.edu.cn/suda_news/sdyw/201805/e2e0df73-1e57-43d6-a681-f123b93bde0d.html	党委宣传部、新闻中心	2018/5/4
22	我校成功举办第三十期全省高校	http://www.suda.edu.cn/suda_news/sdyw/201805/3d86ce0f-47f3-4c1e-8bc7-25600831ba78.html	党委组织部	2018/5/2
23	苏州大学第十五届研究生学术科	http://www.suda.edu.cn/suda_news/sdyw/201805/755cae01-cd2b-4b7f-9d2c-f7ff92990ec5.html	研究生院、党委研究生工	2018/5/2
24	我校召开师范类专业认证工作布	http://www.suda.edu.cn/suda_news/sdyw/201805/9e91219b-008e-493f-8a09-a28c9973b2a2.html	教务部	2018/5/2
27	我校召开第十一次院长会议	http://www.suda.edu.cn/suda_news/sdyw/201805/7c84710e-89d9-4526-b0d7-15f8b2432470.html	党委宣传部、新闻中心	2018/5/2
28	省部共建放射医学与辐射防护国	http://www.suda.edu.cn/suda_news/sdyw/201804/677d2bb2-aa24-4d76-94e8-4b89fd0c3852.html	科学技术研究部	2018/4/29
32	我校在全国第五届大学生艺术展	http://www.suda.edu.cn/suda_news/sdyw/201804/24860e75-99e3-49d8-be77-f21bc4efb3ec.html	艺术教育中心	2018/4/28
33	“江苏省知识产权（苏州大学）	http://www.suda.edu.cn/suda_news/sdyw/201804/df9e9e05-3d31-4e08-b071-0b3dcc10355f.html	王健法学院	2018/4/28
35	第七届江苏高校辅导员素质能力	http://www.suda.edu.cn/suda_news/sdyw/201804/f8994d1c-22bf-4e22-8817-3a6dad731499.html	学生工作部（处）	2018/4/28
37	台湾东吴大学副校长赵维良教授	http://www.suda.edu.cn/suda_news/sdyw/201804/e58466af-682a-4d21-ad28-3e5c4fafe347.html	港澳台办公室	2018/4/27
39	我校召开省委巡视整改督查推进	http://www.suda.edu.cn/suda_news/sdyw/201804/e9250d85-8d75-48f6-8d25-fa6f9d3bf03a.html	纪委、监察处（合署办公	2018/4/27
44	省委统战部调研组来我校走访调	http://www.suda.edu.cn/suda_news/sdyw/201804/069ce8cf-e0a2-4e2a-a588-7818582ce055.html	党委宣传部、新闻中心	2018/4/27
46	我校举行教职工党支部书记示范	http://www.suda.edu.cn/suda_news/sdyw/201804/bab1d254-2a86-4f73-8474-caea45961cc4.html	党委组织部	2018/4/26
49	高校思想政治工作和意识形态问	http://www.suda.edu.cn/suda_news/sdyw/201804/056fdaa0-d38d-42ea-94f2-53de7a23088b.html	马克思主义学院	2018/4/26
53	国家体育总局副局长赵勇一行来	http://www.suda.edu.cn/suda_news/sdyw/201804/0aa11fd4-b2c1-4a5c-b7b2-4e136891ed7e.html	体育学院	2018/4/26

图 4-37　处理后的数据

（3）单击“保存”按钮，打开“另存为”对话框，选择保存位置为实验文件夹，文件名为“学号+姓名+日期+sudanews”，保存类型为“Excel97-2003 工作簿（*.xls）”，单击“保存”按钮。

4.1.4　练习

1．使用 Web Scraper 抓取苏州大学网站中《E 海报》栏目中的所有海报信息。抓取链接 http://www.suda.edu.cn/suda_news/ehb/index.html。

2．使用 Web Scraper 抓取知乎问题《在苏州大学（Soochow University）就读是怎样一番体验？》

中的所有答案，包括回答者昵称、赞同数量、回答内容。抓取链接 https://www.zhihu.com/question/24412836/answer/41583623。

4.2 Access 数据库的基本操作

4.2.1 案例概述

1. 案例目标

Access 是一个功能强大、方便灵活的关系型数据库管理系统。使用 Access，用户可以管理从简单的文本、数字到复杂的图片、动画和音频等各种类型的数据。在 Access 中可以使用多种方式进行数据的筛选、分类和查询。

本案例将创建一个包含 3 张数据表的 Access 数据库，并在此基础上对这些数据表进行基本的操作。

2. 知识点

本案例涉及的主要知识点如下。

（1）创建数据库；

（2）建立和维护表结构；

（3）输入表记录；

（4）从不同格式的文件中导入数据；

（5）建立表与表之间的关系；

（6）表记录的排序、筛选。

4.2.2 Access 数据库的设计与创建

1. 设计数据库

在利用 Access 2010 创建数据库之前，先要进行数据库结构设计。对于 Access 数据库的结构设计，最关键的任务是设计出合理的、符合一定的规范要求的表及表之间的关系。本节结合教学管理数据库系统实例，介绍 Access 数据库管理系统的设计和使用。

（1）教学管理数据库系统的结构设计

数据库结构设计是总体设计过程中非常重要的一个环节，好的数据库结构可以简化开发过程，使系统功能更加清晰、明确。在任何一个关系型数据库管理系统中，数据表都是其最基本的组成部分。根据分析，教学管理数据库系统可以分别用二维表如学生表、课程表、教师表、成绩表和任课表表示。结构设计图如图 4-38 所示。

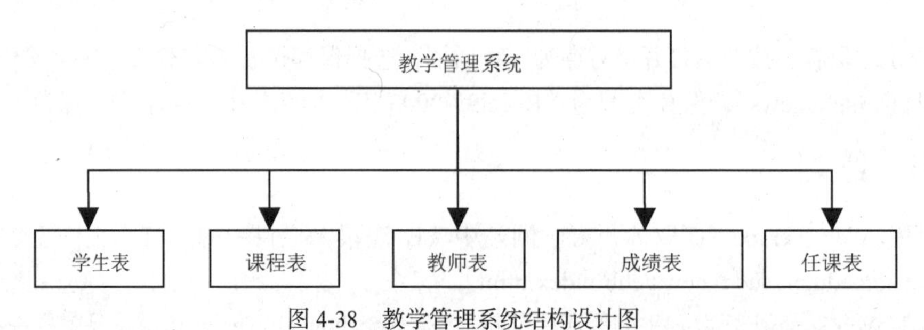

图 4-38 教学管理系统结构设计图

学生表、课程表、教师表、成绩表和任课表的表结构如下。

① 学生表：用于记录学生的基本信息，包括学号、姓名、性别、出生日期、政治面貌等字段，其逻辑结构如表 4-1 所示。

表 4-1 “学生表”数据表字段

字段名称	字段类型	字段大小	允许为空	备注	说明
学号	文本	10	否	主关键字	学生的编号
姓名	文本	8	是		学生的姓名
性别	文本	2	是	组合框：男或女	学生的性别
出生日期	日期/时间	短日期	是	输入掩码：短日期	学生的出生日期
政治面貌	文本	10	是	组合框：党员、团员或无	学生的政治面貌
籍贯	文本	20	是		学生的籍贯
班级编号	文本	6	是		学生所属班级的编号
系别	文本	20	是		学生所在的院系

② 课程表：用于记录学校所开设的课程信息，包括课程编号、课程名称及相应的学分等字段，其逻辑结构如表 4-2 所示。

表 4-2 “课程表”数据表字段

字段名称	字段类型	字段大小	允许为空	备注	说明
课程编号	文本	4	否	主关键字	课程的编号
课程名	文本	18	是		课程的名称
课程类别	是/否		是	显示控件：复选框 默认值：True	是否必修课
学分	数字	小数	是		课程对应的学分

③ 教师表：用于记录教师的基本信息，包括学历、职称及所在院系等字段，其逻辑结构如表 4-3 所示。

表 4-3 “教师表”数据表字段

字段名称	字段类型	字段大小	允许为空	备注	说明
教师编号	文本	8	否	主关键字	教师的编号
姓名	文本	8	是		教师的姓名
性别	文本	2	是	组合框：男或女	教师的性别
学历	文本	10	是	组合框：博士、研究生、本科或大专	教师的最高学历
工作时间	日期/时间	短日期	是	输入掩码：短日期	教师工作的时间
职称	文本	20	是	组合框：助教、讲师、副教授或教授	教师的职称
系别	文本	6	是		教师所在的院系
简历	备注		是		教师的简历

④ 成绩表：用于记录学生所选课程的成绩信息，包括学号、课程编号及成绩等字段，其逻辑结构如表 4-4 所示。

表 4-4　　“成绩表”数据表字段

字段名称	字段类型	字段大小	允许为空	备注	说明
学号	文本	10	是		学生的编号
课程编号	文本	4	是		课程的编号
成绩	数字	整型	是	默认值：0	某门课程的成绩

⑤ 任课表：用于记录教师任课的基本信息，包括课程编号、教师编号及班级编号等字段，其逻辑结构如表 4-5 所示。

表 4-5　　“任课表”数据表字段

字段名称	字段类型	字段大小	允许为空	备注	说明
课程编号	文本	4	是		课程的编号
教师编号	文本	8	是		教师的编号
班级编号	文本	6	是		班级的编号

（2）表之间的关系设计

构成教学管理数据库的这 5 张表并不是彼此独立的，它们彼此之间存在一定的内在联系。例如，借助于一个公共的字段（学号）可以将学生表和学生成绩表联系起来，它们之间是一对多的关系。同样学生成绩表与课程表、教师表与任课表，以及课程表与任课表之间都存在着联系。具体关系如图 4-39 所示。

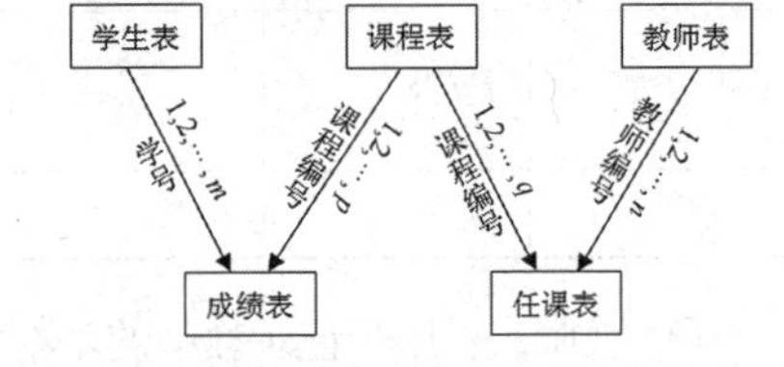

图 4-39　教学管理系统 5 张表之间的关系

2. 创建数据库

Access 数据库以单独文件保存在磁盘中，且用一个文件存储数据库的所有对象。Access 数据库是一个一级容器对象，其他 Access 对象均置于该容器之上，称为 Access 数据库子对象。所以，在使用 Access 组织数据、存储、管理数据时，应先创建数据库，然后在该库中创建所需的数据库对象，创建表、查询等对象。

创建 Access 数据库有两种方法：一是建立一个空数据库，然后向其中添加表、查询、窗体、报表等对象；二是使用 Access 的模板，通过简单操作创建数据库。创建数据库后，可随时修改或扩展数据库。Acccss 2010 创建的数据库文件扩展名为为.accdb。

（1）创建空白数据库

这是最灵活，也是最常用的一种创建数据库的方法。步骤是先创建一个空数据库，然后再创建或者导入用于实现各个功能的表、窗体、报表及其他对象。

【例 4-1】创建一个空数据库，并将其保存在 G 盘的“access 的使用”文件夹中，数据库名为“教学管理”。

具体操作步骤如下。

① 启动 Access 2010，出现图 4-40 所示的系统主窗口，单击“文件”选项卡，在左侧窗格中单击“新建”命令，在右侧窗格中单击“空数据库”选项。

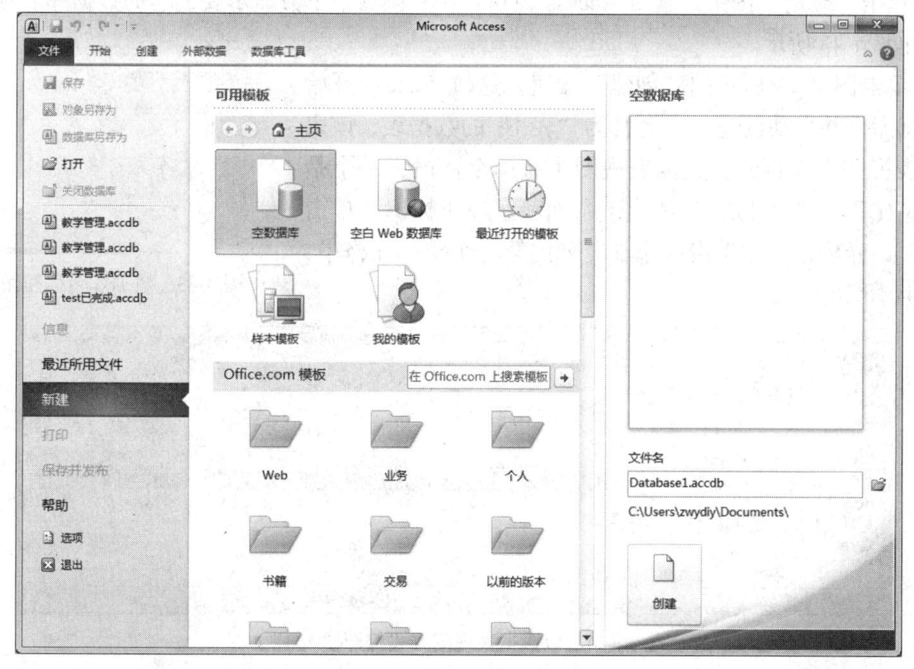

图 4-40　Access 2010 系统主窗口

② 在右侧窗格右下方“文件名”文本框中，有一个默认的文件名“Database1.accdb”，将该文件名改为“教学管理”，如图 4-41 所示。输入文件名时，如果未输入扩展名，Access 会自动添加。

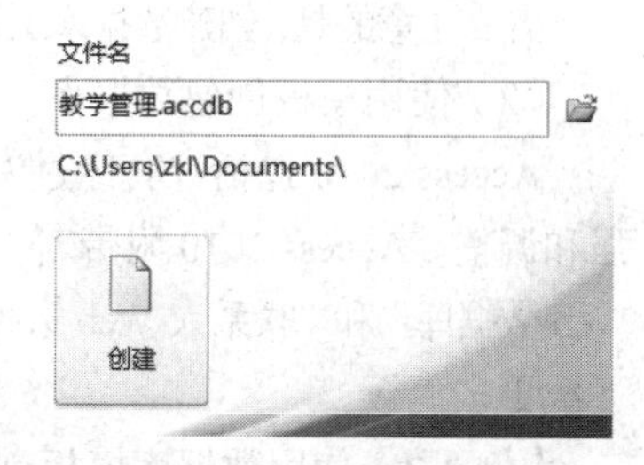

图 4-41　修改文件名

③ 单击“文件名”文本框右侧的“浏览”按钮，弹出“文件新建数据库”对话框。在该对话框中，找到 G 盘“access 的使用”文件夹并打开，如图 4-42 所示。

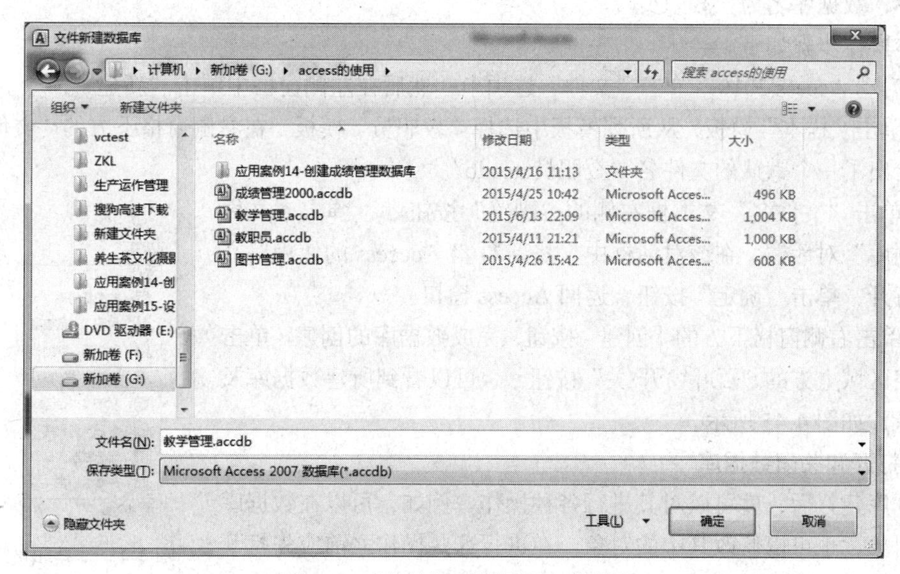

图 4-42　“文件新建数据库”对话框

- 单击“确定”按钮，返回 Access 窗口。在右侧窗格下方显示要创建的数据库名称和保存位置，如图 4-43 所示。

- 单击图 4-43 所示的“创建”按钮，这时 Access 开始创建数据库，并自动创建一个名称为“表 1”的数据表，该表以数据表视图方式打开。数据表视图中有两个字段，一个是默认的“ID”字段，另一个是用于添加新字段（标识“单击以添加”），光标位于“单击以添加”列的第一个空单元格中，如图 4-44 所示。

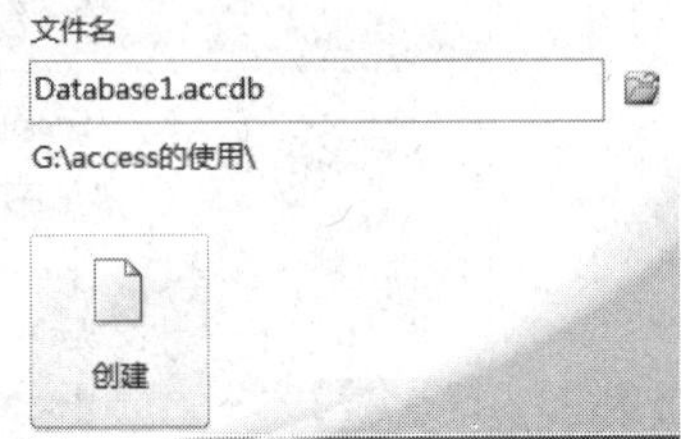

图 4-43　数据库名称和保存位置

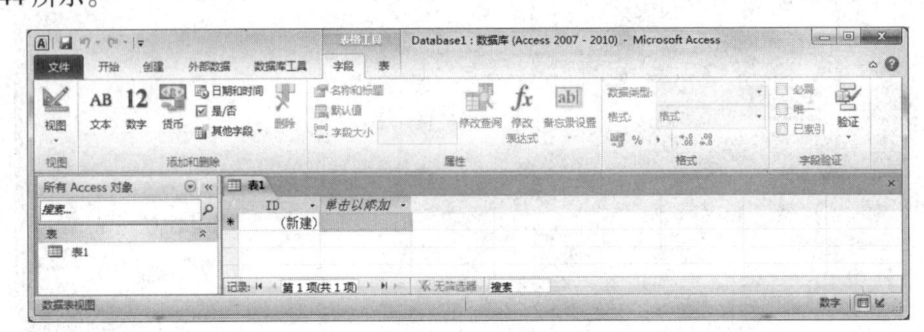

图 4-44　以数据表视图方式打开“表 1”

在创建的“教学管理”空数据库中还没有其他数据库对象，可以根据需要建立。

需要注意的是，创建数据库文件之前，最好先建立用于存放数据库文件的文件夹，以便创建和管理。

（2）使用模板创建数据库

Access 2010 包括一套经过专业化设计的数据库模板，用户可以直接使用它们或者对其进行增强和调整。Access 2010 附带若干数据库模板，例如“教职员”“任务”“事件”“学生”“慈善捐赠 Web 数据库”和“联系人 Web 数据库”等。除了 Access 2010 中包括的模板，用户还可以到 Office.com 下载更多模板。

【例 4-2】使用数据库模板创建一个“教职员”数据库。将其保存在 G 盘的“access 的使用”文件夹中，数据库名为“教职员”。

具体操作步骤如下。

- 启动 Access 2010，单击“文件”选项卡，然后在左侧窗格中单击“新建”命令。

- 单击“样本”模板，从所列模板中选择“教职员”模板，在右侧窗格下方的“文件名”文本框中给出了一个默认的文件名“教职员.accdb”。

- 单击“文件名”文本框右侧的“浏览”按钮，弹出“文件新建数据库”对话框。在该对话框中，找到 G 盘“access 的使用”文件夹并打开，单击“确定”按钮，返回 Access 窗口。

- 单击右侧窗格下方的“创建”按钮，完成数据库的创建。单击导航窗格区域上方的“百叶窗开/关”按钮，可以看到所建数据库及各类对象，如图 4-45 所示。

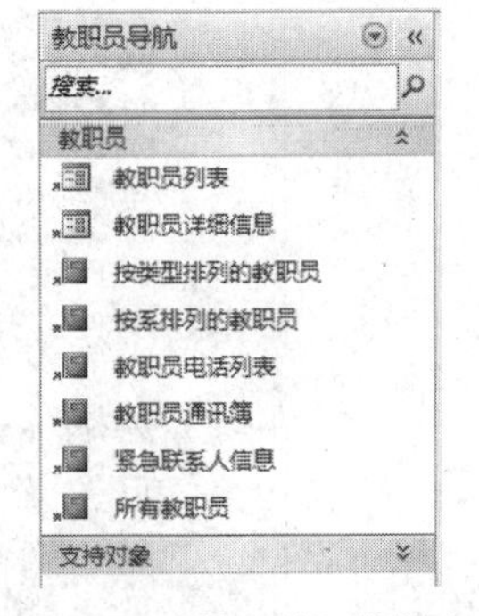

图 4-45　“教职员”数据库

3. 打开和关闭数据库

数据库建好后，就可以对其进行各种操作。例如，可以在数据库中添加对象，也可以修改其中的对象。在进行这些操作之前应先打开数据库，操作结束后需要关闭数据库。

（1）打开数据库

打开数据库有两种方法，即使用“打开”命令或“最近使用文件”命令。

【例 4-3】使用“打开”命令，打开 G 盘的“access 的使用”文件夹中的“教职员”数据库。

具体操作步骤如下。

● 在 Access 主窗口中，单击“文件”选项卡；

● 在左侧窗格中单击“打开”命令，出现“打开”对话框；

● 在弹出的“打开”对话框中，找到 G 盘的“access 的使用”文件夹并打开，单击“教职员”数据库文件名，如图 4-46 所示。然后单击“打开”按钮。

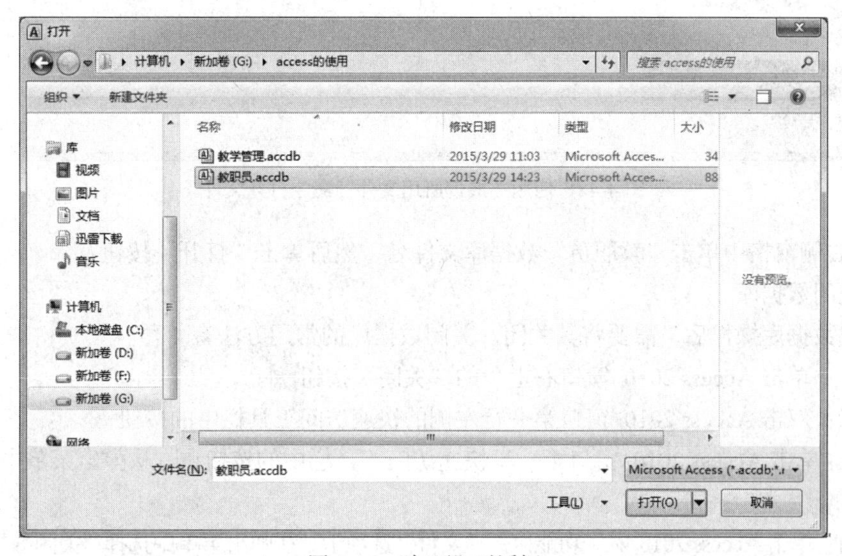

图 4-46 “打开”对话框

说明：Access 数据库有 4 种打开方式，可以单击“打开”按钮右侧的箭头，打开一个下拉菜单（见图 4-47），然后选择一种打开方式即可。

① 打开

网络环境下，多个用户可以同时访问并修改此数据库。

② 以只读方式打开

采用这种方式打开数据库后，只能查看数据库的内容，不能对数据库做任何的修改。

图 4-47 打开文件的方式

③ 以独占方式打开

在网络环境下，防止多个用户同时访问此数据库。

④ 以独占只读方式打开

在网络环境下，以只读方式打开数据库，并防止其他用户打开。

如果要打开的数据库文件最近使用过，除了使用“打开”命令打开数据库文件，还可以使用“最近使用”命令打开最近使用过的数据库文件。

【例 4-4】使用“最近所用文件”命令，打开 G 盘的“access 的使用”文件夹中的“教职员”数据库。

具体操作步骤如下。

● 在 Access 主窗口中，单击“文件”选项卡。

● 在左侧窗格中单击“最近所用文件”命令，如图 4-48 所示。

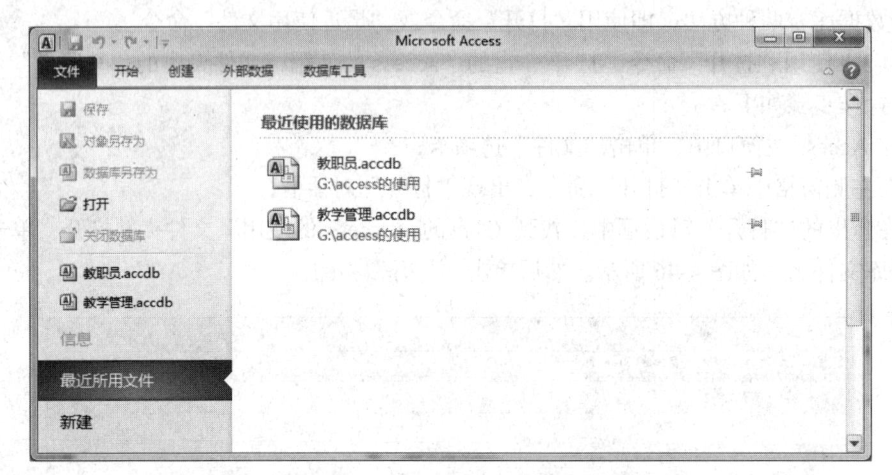

图 4-48 使用“最近所用文件”命令打开文件

● 在右侧窗格中单击“教职员”数据库文件名，然后单击“打开”按钮。

（2）关闭数据库

当完成数据库操作后，需要将其关闭。关闭数据库的常用方法有 4 种。

方法一：单击 Access 2010 窗口右上角的“关闭”按钮。

方法二：双击 Access 2010 窗口第一行左侧的快速访问工具栏中的按钮。

方法三：单击 Access 2010 窗口第一行快速访问工具栏中的按钮，从弹出菜单中的选择“关闭”命令。

方法四：单击 Access 2010 窗口功能区的“文件”选项卡，在弹出菜单中选择“关闭数据库”命令。

使用前 3 种方法关闭当前打开的数据库文件，同时会退出 Access 2010；使用方法四关闭当前打开的数据库文件，则不会退出 Access 2010。

4.2.3 数据表的创建

在关系数据库管理系统中，表是数据库中用来存储和管理数据的对象，是整个数据库系统的基础，也是数据库其他对象的数据来源。表是与特定主题（如学生或课程）有关的数据的集合，一个数据库中包括一个或多个表。

1. 表的组成

在 Access 中，表是由表结构和表内容两部分组成。表结构是指表的框架，主要包括每个字段的字段名、字段的数据类型和字段属性等。表内容就是表的记录。一般来说，先创建表结构，然后再输入表的内容，也就是一行行的数据（记录）。

（1）字段名称

每个字段均具有唯一的名字，称为字段名称。在 Access 中字段命名规则如下。

● 字段名最多可达 64 个字符。
● 字段名可以包含汉字、字母、数字、空格和其他字符，但不能以空格开头。
● 字段名不能包含句号“.”、感叹号“!”、重音号“`”圆括号“()”或方括号“[]”。

（2）数据类型

一个表中同一列的数据应具有相同的数据特征，称为字段的数据类型。Access 2010 提供 12

种数据类型，包括文本、备注、数字、日期/时间、货币、自动编号、是/否、OLE 对象、超链接、附件、计算、查阅向导。

① 文本

文本类型可存储字符或数字。例如，姓名和地址等文本数据；不需要计算的数字，如邮政编码、身份证号码等。最长为 255 个字符，一个汉字和一个英文字母都是一个字符。

② 备注

备注类型可存储长文本或文本与数字的组合。最长为 65536 个字符。例如简短的备忘录或说明。

③ 数字

数字类型用来存储可以进行算术运算的数字数据。一般可以通过设置字段大小属性来定义特定的数字类型。数字类型的种类和字段长度如下。

字节：1 个字节。

整型：2 个字节。

长整型：4 个字节。

单精度：4 个字节。

双精度：8 个字节。

④ 日期/时间

日期/时间类型用于存储日期、时间或日期时间组合，字段长度固定为 8 个字节。

⑤ 货币

货币类型是数字类型的特殊类型，等价于双精度属性的数字类型，字段长度为 8 个字节。向货币类型字段输入数据时，系统会自动添加货币符号、千分位分隔符和两位小数。

⑥ 自动编号

自动编号类型较为特殊。当向表格中添加新的记录时，Access 会自动插入一个唯一的递增顺序号，即在自动编号字段中指定唯一数值。自动编号类型字段长度为 4 个字节。

⑦ 是/否

是/否类型是针对只有两种不同取值的字段而设置的。在 Access 中，使用“-1”表示“是”值，使用“0”表示“否”值。字段长度为 1 个字节。

⑧ OLE 对象

OLE 对象类型用于存储链接或嵌入的对象，这些对象以文件形式存在，其类型可以是 Word 文档、Excel 电子表格、图像、声音或其他二进制数据。OLE 对象字段最大容量为 1GB。

⑨ 超链接

超链接类型以文本形式保存超链接的地址，用来链接到文件、Web 网页等。

⑩ 附件

附件类型用于存储所有种类的文档和二进制文件，可将其他程序中的数据添加到该字段中。

⑪ 计算

计算类型用于显示计算结果，计算时必须引用同一表中的其他字段。

⑫ 查阅向导

允许用户使用值列表或组合框选择来自其他表或一个值列表中的值。在数据类型中选择此项会启动向导进行定义。

（3）字段属性

字段属性即表的组织形式，包括表中字段的个数，各字段的大小、格式、输入掩码、有效性规则等。不同的数据类型字段属性有所不同。定义字段属性可以对输入的数据进行限制或验证，也可以控制数据在数据表视图中的显示格式。

2. 表结构的建立

Access 2010 的数据表由“结构”和“内容”两部分构成。通常是先建立数据表结构，即“定义”数据表，然后再向表中输入数据，即完成数据表的“内容”部分。

（1）使用设计视图创建表

使用设计视图创建表，是一种常见和有效的方法，可以一次性完成表的结构的建立。

下面举例说明使用设计视图创建表的过程。

【例 4-5】在例 4-1 创建的“教学管理” 数据库中建立“学生表”。“学生表”的结构如表 4-1。具体操作步骤如下。

- 打开例 4-1 的“教学管理”数据库。
- 单击“创建”选项卡“表格”组中的“表设计”按钮，打开表的设计视图，如图 4-49 所示。

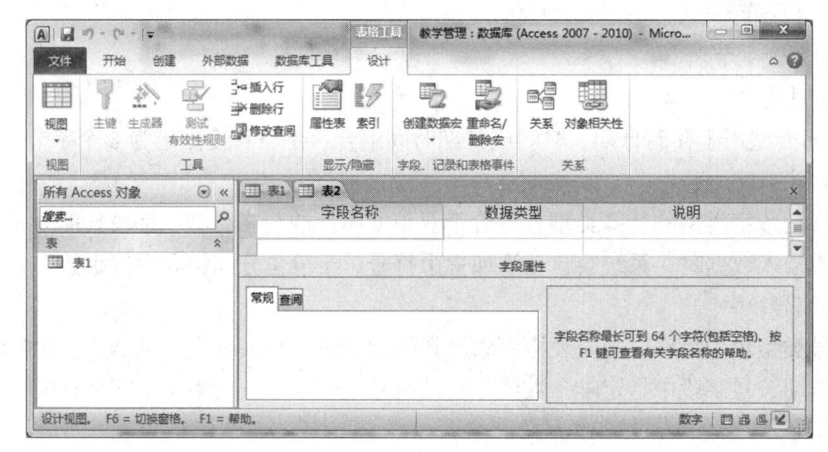

图 4-49　表设计视图

数据表的设计视图窗口分为上、下两个区域，上面的区域是字段输入区，由“字段名称”“数据类型”和“说明”3 个列表组成，用于输入数据表字段信息。下面的区域是字段属性区，用来设置字段的属性值，由“常规”和“查阅”两个选项卡组成，右侧是帮助提示信息。

- 在“字段名称”栏中输入字段的名称。
- 在“数据类型”栏中选择字段的数据类型。
- 在下方的“字段属性”的“常规”选项卡中，设置字段大小、格式、输入掩码、默认值、有效性规则、有效性文本等字段属性。
- 图 4-50 为“学号”字段“常规”选项卡中各属性的输入信息。其他数据类型的“常规”选项卡中各属性的输入方法与此类似。
- 在输入“出生日期”字段的输入掩码时，如果创建的表没有保存，系统会弹出“输入掩码向导”对话框，提示是否保存表。按提示先保存表，保存表的名称为“学生表”。保存表后继续设置输入掩码。
- 在下方的“字段属性”的“查阅”选项卡中，设置显示控件、行来源类型、行来源等字段属性。图 4-51 为“政治面貌”字段“查阅”选项卡的属性值。

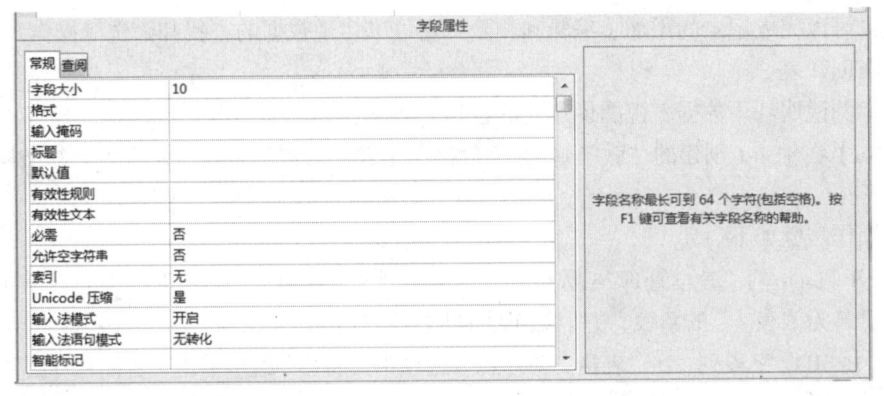

字段属性

常规 | 查阅

字段大小	10
格式	
输入掩码	
标题	
默认值	
有效性规则	
有效性文本	
必需	否
允许空字符串	否
索引	无
Unicode 压缩	是
输入法模式	开启
输入法语句模式	无转化
智能标记	

字段名称最长可到 64 个字符(包括空格)。按 F1 键可查看有关字段名称的帮助。

图 4-50　“学号”字段“常规”选项卡的属性值

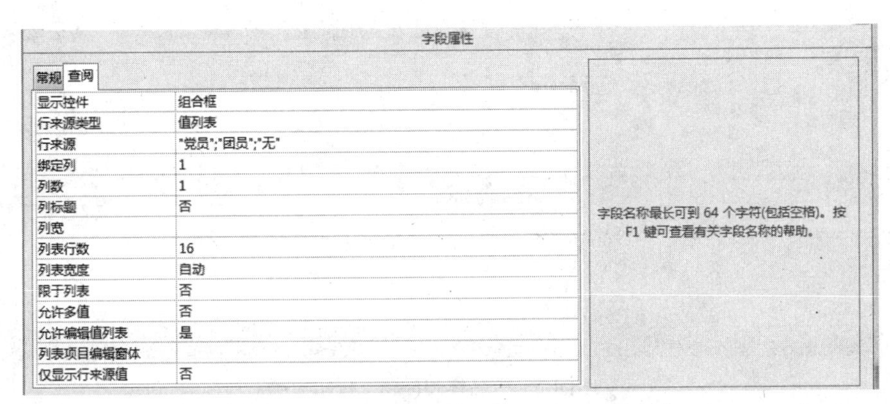

字段属性

常规 | 查阅

显示控件	组合框
行来源类型	值列表
行来源	"党员";"团员";"无"
绑定列	1
列数	1
列标题	否
列宽	
列表行数	16
列表宽度	自动
限于列表	否
允许多值	否
允许编辑值列表	是
列表项目编辑窗体	
仅显示行来源值	否

字段名称最长可到 64 个字符(包括空格)。按 F1 键可查看有关字段名称的帮助。

图 4-51　“学号”字段“查阅”选项卡的属性值

● 在输入全部字段后，单击第 1 个“学号”字段，然后单击“表格工具设计”选项卡“工具”组中的“主键”按钮，这时“学号”字段上显示“主键”图标，表明该字段为主键字段。创建好的“学生”表结构如图 4-52 所示。

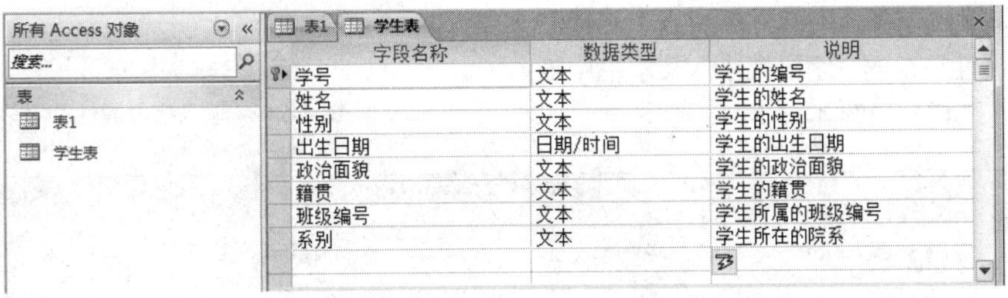

所有 Access 对象

搜索...

表

表1

学生表

表1 | 学生表

字段名称	数据类型	说明
学号	文本	学生的编号
姓名	文本	学生的姓名
性别	文本	学生的性别
出生日期	日期/时间	学生的出生日期
政治面貌	文本	学生的政治面貌
籍贯	文本	学生的籍贯
班级编号	文本	学生所属的班级编号
系别	文本	学生所在的院系

图 4-52　“学生表”设计结果

● 单击快速访问工具栏中的“保存”按钮，保存表。在导航窗格中会显示“学生表”的表名，如图 4-52 所示。至此完成“学生”表结构的设计过程，这时的数据表没有包含任何记录，为一个空表。

● 单击关闭按钮关闭学生表和默认新建的表 1。

同样，也可以在表设计视图中对已经建立的“学生”表结构进行修改。修改时只需单击要修改的字段的相关内容，根据需要进行修改即可。

（2）使用数据表视图创建表

数据表视图是按行和列显示表中数据的视图。在数据表视图中，可以进行字段的添加、编辑和删除，也可以完成记录的添加、编辑和删除，还可以实现数据的查找和筛选等操作。可以利用数据表视图创建表。

下面举例说明利用数据表视图创建表的过程。

【**例 4-6**】在例 4-1 创建的“教学管理” 数据库中建立“课程表”。“课程表”的结构如表 4-2 所示。

具体操作步骤如下。

- 打开例 4-1 的“教学管理” 数据库。单击“创建”选项卡“表格”组中的“表”按钮，这时将创建名为“表 1”的新表，并以数据表视图方式打开。
- 选中“ID”字段列，在“表格工具字段”选项卡“属性”组中单击“名称和标题”按钮，如图 4-53 所示。

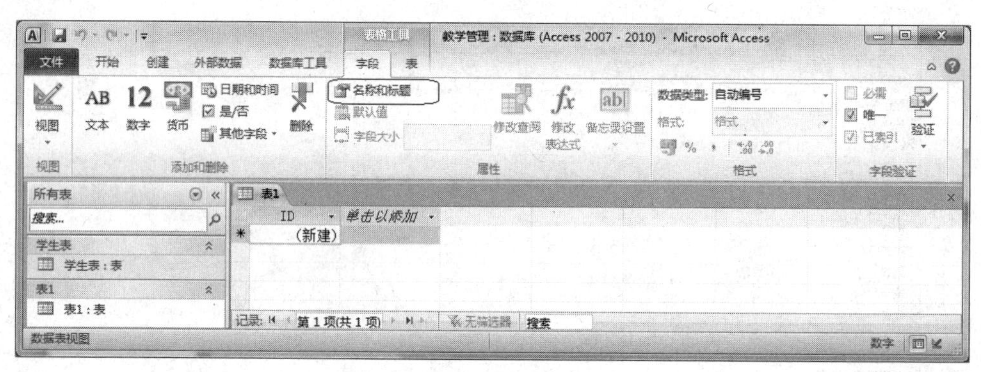

图 4-53 “名称和标题”按钮

- 弹出“输入字段属性”对话框，在该对话框中的“名称”文本框中输入“课程编号”，如图 4-54 所示，单击“确定”按钮。
- 选中“课程编号”字段列，在“字段”选项卡“格式”组中单击“数据类型”下拉列表右侧下拉箭头按钮，在弹出的下拉列表中选择“文本”；在“属性”组的“字段大小”文本框中输入字段大小值“4”，如图 4-55 所示。

图 4-54 “输入字段属性”对话框

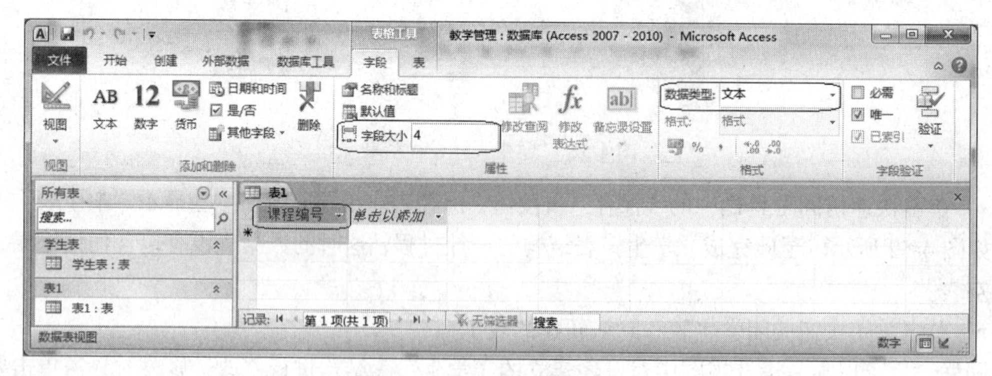

图 4-55 设置字段名称和属性

- 单击“单击以添加”列，在弹出的下拉列表中选择“文本”，这时 Access 自动为新字段命名为“字段 1”，如图 4-56 所示。在“字段 1”中输入“课程名”，在“属性”组的“字段大小”

文本框中输入字段大小值“18”。

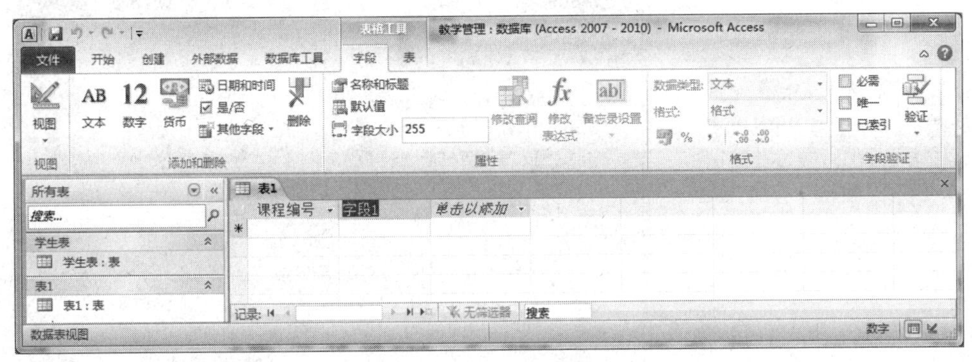

图 4-56　添加新字段

- 按照课程表的结构，参照上一步添加其他字段，结果如图 4-57 所示。

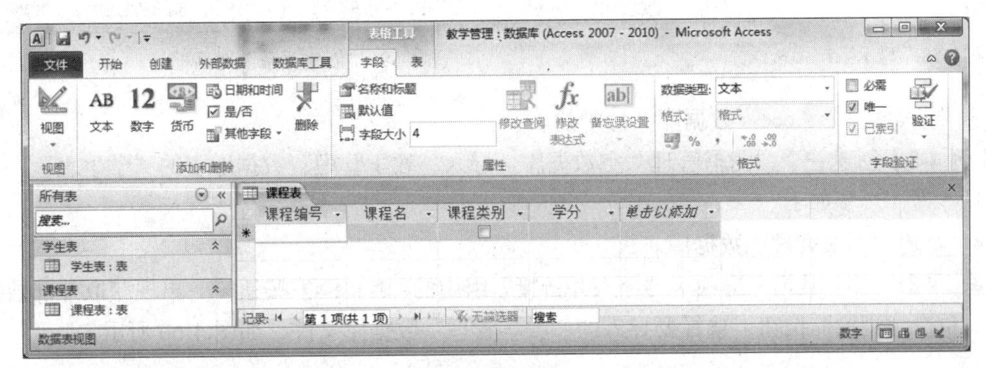

图 4-57　在数据表视图中建立表结构的结果

使用数据表视图建立表结构时无法进行更详细的属性设置。对于比较复杂的表结构，可以在创建完毕后使用设计视图修改表结构。

（3）使用模板创建表

使用模板创建表是把系统提供的实例作为样本，生成样本表，然后在设计视图中修改。

【例 4-7】在例 4-1 创建的“教学管理”数据库中使用模板建立“联系人”表。

具体操作步骤如下。

- 打开例 4-1 的“教学管理”数据库。单击“创建”选项卡“模板”组中的“应用程序部件”按钮，打开系统模板，如图 4-58 所示。
- 单击“快速入门”列表中的“联系人”按钮，打开“创建关系”对话框。这一步主要确定“联系人”与数据库中已有表格之间是否存在关联关系，如果存在关系，需要确定关联字段。本例选择“不存在关系”单选按钮（见图 4-59），单击“创建”按钮，即可完成“联系人”表的创建。

使用模板创建的表，因为样本是系统提供的，所以限制了用户的设计思想，得到的实际表与实际问题未必完全符合，因此用这种方式建立的表，需要按用户需求进一步修改表的结构。

（4）使用导入创建表

除了使用以上 3 种创建表的方法，还可以使用导入表的方法创建表。所谓导入表，就是把当前数据库以外的表导入到当前数据库中。可以通过从另一个数据库文件、Excel 文件、文本文件中导入数据的方法创建新表。

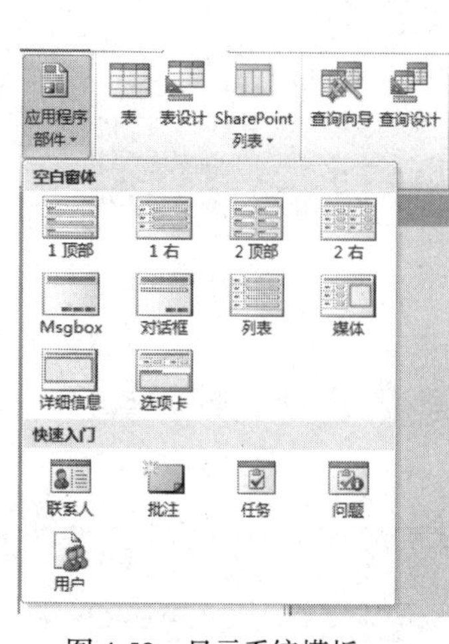

图 4-58 显示系统模板

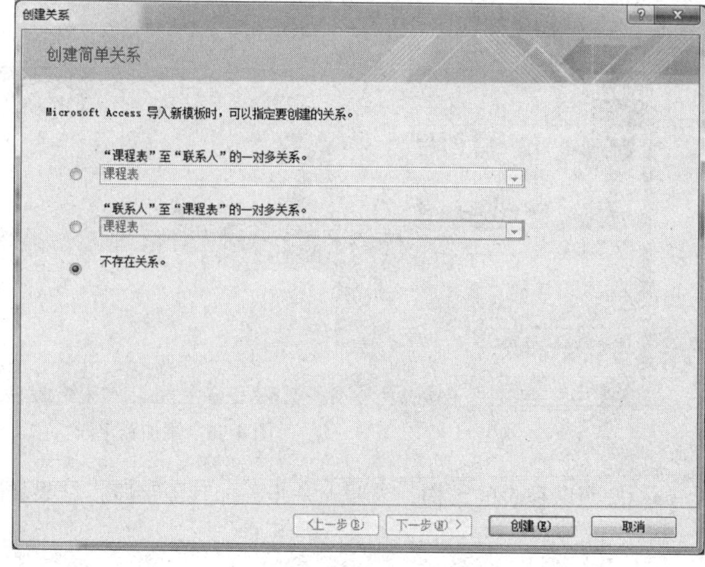

图 4-59 "创建关系"对话框

① 导入另一个 Access 数据库文件中的表

【例 4-8】创建一个"图书管理"空数据库，导入"教学管理"数据库中的"学生表"。

具体操作步骤如下。

- 新建"图书管理"数据库。
- 单击"外部数据"选项卡"导入并链接"组中的"Access"按钮，出现获取外部数据对话框。单击"浏览"按钮，选择要导入的"教学管理"数据库文件，如图 4-60 所示。

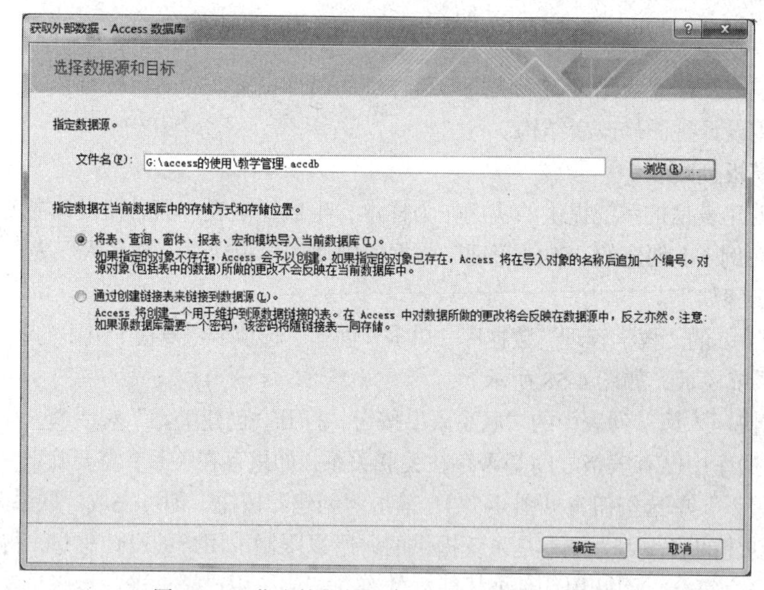

图 4-60 "获取外部数据-Access 数据库"对话框

- 单击图 4-60 中的"确定"按钮，弹出"导入对象"对话框，如图 4-61 所示，选择需要导入的"学生表"，单击"确定"按钮，完成"学生表"的导入。导入的表名与原数据库中的表名相同。

图 4-61 “导入对象”对话框

② 导入 Excel 文件

【例 4-9】将 Excel 文件“图书表.xlsx”导入到“图书管理”数据库文件中。

具体操作步骤如下。

- 打开“图书管理”数据库。
- 单击“外部数据”选项卡“导入并链接”组中的“Excel”按钮，出现“获取外部数据-Excel 电子表格”对话框。单击“浏览”按钮，选择要导入的 Excel 文件“图书表.xlsx”，如图 4-62 所示。

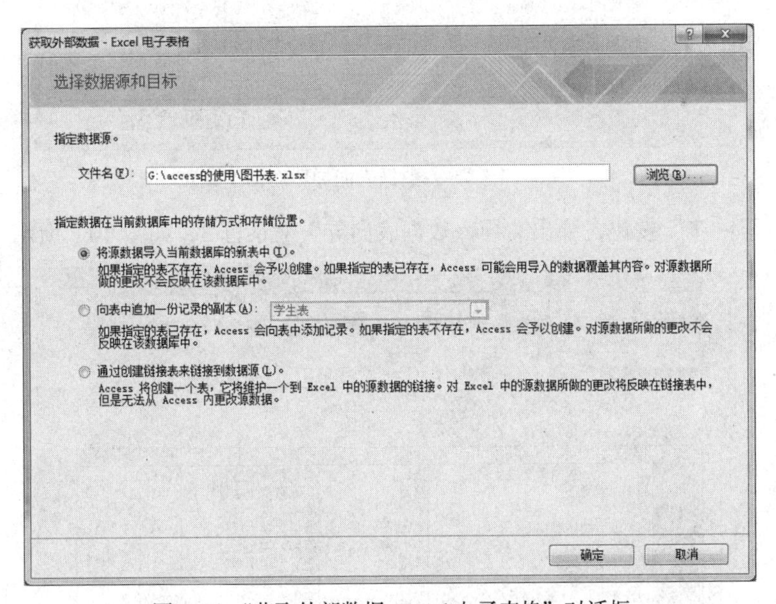

图 4-62 “获取外部数据- Excel 电子表格”对话框

- 单击图 4-62 中的“确定”按钮，弹出“导入数据表向导”对话框 1，如图 4-63 所示。
- 选择要导入的工作表，然后单击“下一步”按钮，弹出“导入数据表向导”对话框 2，如图 4-64 所示。

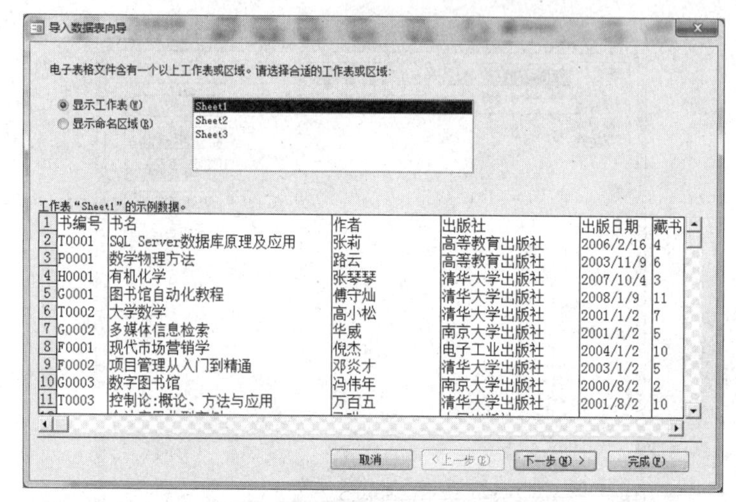

图 4-63 “导入数据表向导”对话框 1

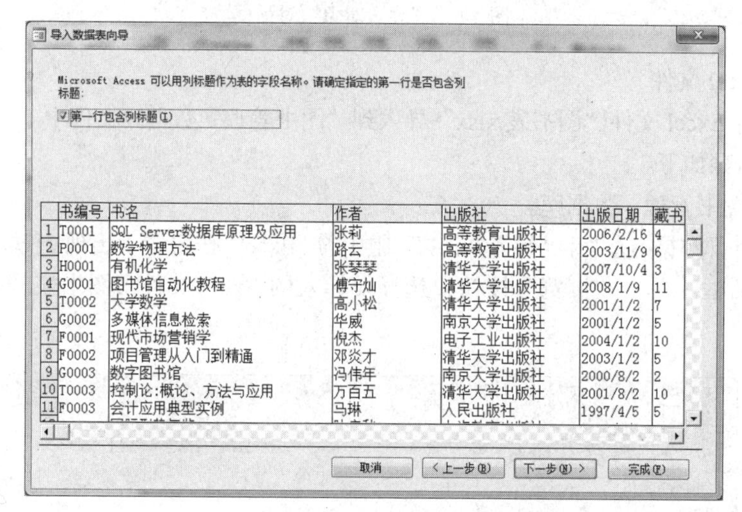

图 4-64 “导入数据表向导”对话框 2

- 单击“下一步”按钮，弹出“导入数据表向导”对话框 3，如图 4-65 所示。

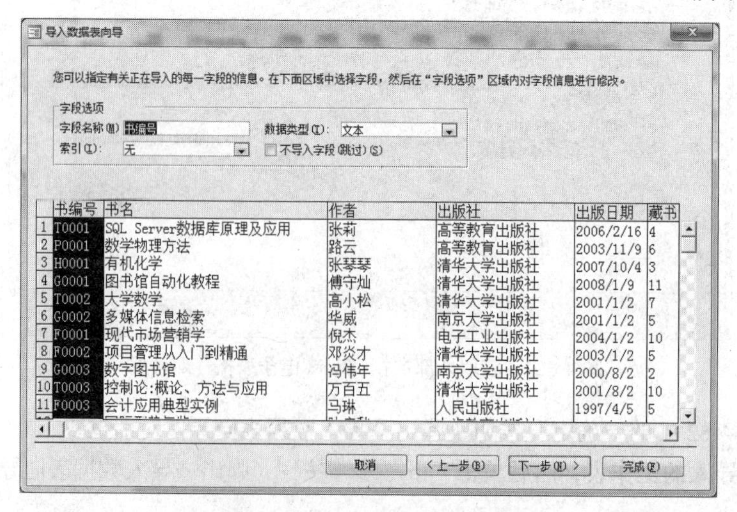

图 4-65 “导入数据表向导”对话框 3

● 单击下方列表框中的列，可以分别为各字段命名，然后单击“下一步”按钮，弹出“导入数据表向导”对话框 4，如图 4-66 所示。

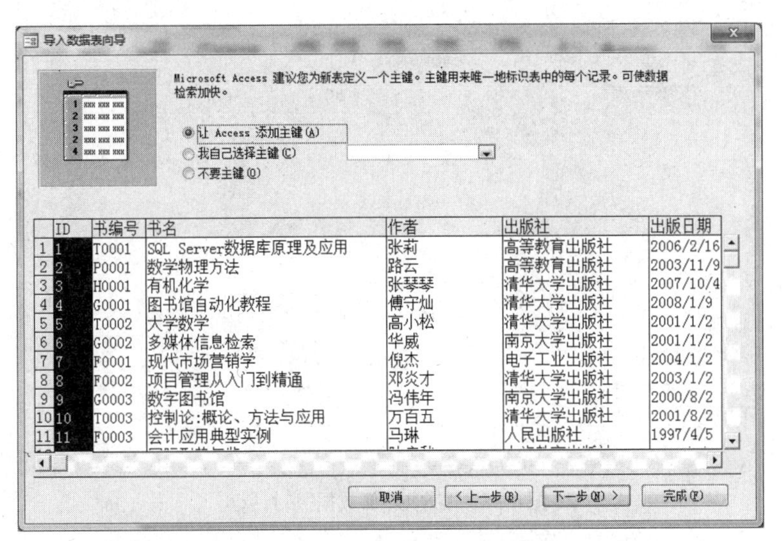

图 4-66　“导入数据表向导”对话框 4

● 选中“让 Access 添加主键”单选按钮，然后单击“下一步”按钮，弹出“导入数据表向导”对话框 5。

● 输入新表名“图书表”（见图 4-67），然后单击“完成”按钮，弹出“获取外部数据-Excel 电子表格”对话框，如图 4-68 所示。单击“关闭”按钮，完成 Excel 文件的导入。

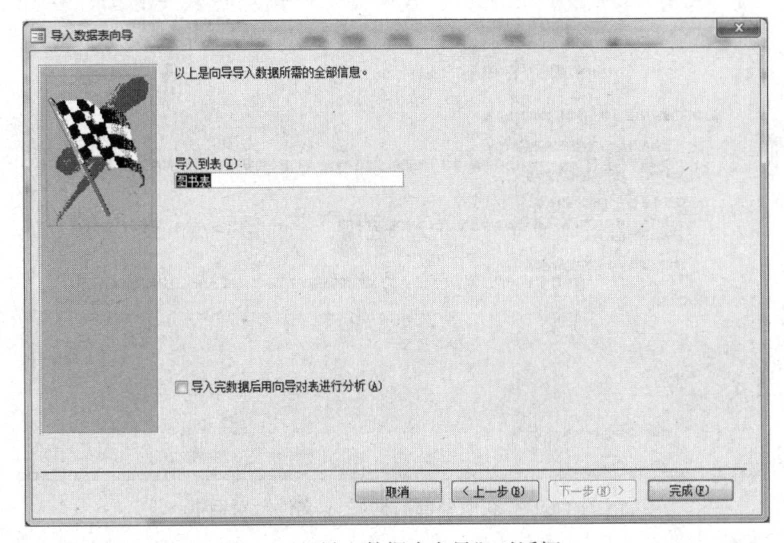

图 4-67　“导入数据表向导”对话框 5

③ 导入文本文件

能够被正确导入的文本文件，其内容有一定要求：相同性质的数据放在同一列，这些数据之间使用相同分隔符分隔。

【例 4-10】将文本文件“借阅表.txt”导入到“图书管理”数据库文件中。

具体操作步骤如下。

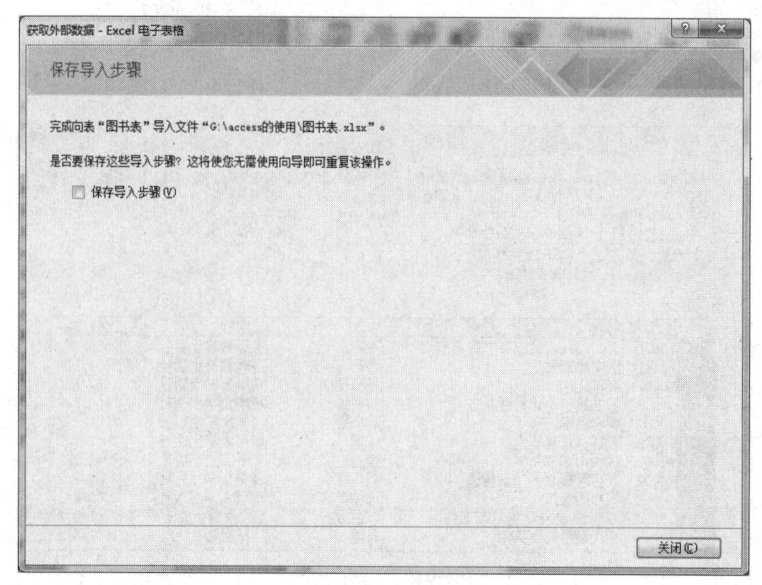

图 4-68　“获取外部数据”对话框

- 打开“图书管理”数据库。
- 单击“外部数据”选项卡“导入并链接”组中的“文本文件”按钮，出现“获取外部数据-文本文件”对话框。单击“浏览”按钮，选择要导入的文本文件“借阅表.txt”，如图 4-69 所示。

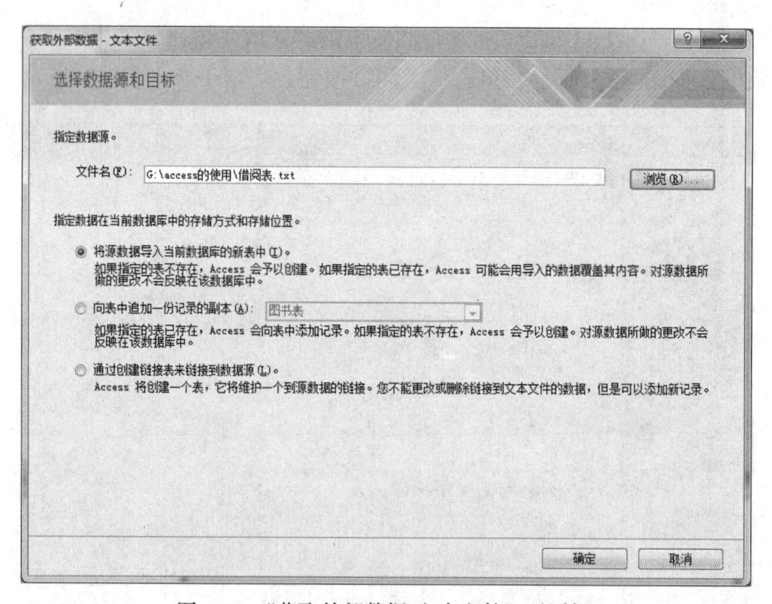

图 4-69　“获取外部数据-文本文件”对话框

- 单击图 4-69 中的“确定”按钮，弹出“导入文本向导”对话框 1，如图 4-70 所示。
- 根据文本文件中数据之间的实际分隔符进行选择，然后单击“下一步”按钮，弹出“导入文本向导”对话框 2，如图 4-71 所示。
- 选择分隔符或选中“其他”单选按钮后在文本框中输入分隔符。若第一行为字段名称，则还需要选中“第一行包含字段名称”。单击“下一步”按钮，弹出“导入文本向导”对话框 3，如图 4-72 所示。

导入文本向导

数据似乎是“分隔符”格式。如果不是，请选择更能正确说明数据的格式。

◉ 带分隔符 - 用逗号或制表符之类的符号分隔每个字段（D）
○ 固定宽度 - 字段之间使用空格使所有字段在列内对齐（W）

来自文件 G:\ACCESS的使用\借阅表.TXT 的示例数据。

1 1,"090010148","T0001",2006/3/1 0:00:00,2006/3/31 0:00:00
2 2,"090010148","T0002",2007/2/2 0:00:00,2007/3/6 0:00:00
3 3,"090010149","D0002",2006/3/6 0:00:00,2006/4/2 0:00:00
4 4,"090010149","D0004",2006/5/6 0:00:00,2006/6/20 0:00:00
5 5,"090010149","P0001",2006/10/4 0:00:00,2006/11/3 0:00:00
6 6,"090020202","F0004",2006/8/15 0:00:00,2006/9/7 0:00:00
7 7,"090020202","H0001",2006/10/2 0:00:00,2006/11/1 0:00:00
8 8,"090020203","D0003",2006/5/3 0:00:00,2006/6/8 0:00:00
9 9,"090020203","G0001",2006/8/16 0:00:00,2006/8/23 0:00:00
10 10,"090020206","D0004",2006/5/7 0:00:00,2006/6/24 0:00:00
11 11,"090020206","T0002",2007/2/3 0:00:00,2007/3/9 0:00:00

高级（V）... 取消 <上一步（B） 下一步（N）> 完成（F）

图 4-70 “导入文本向导”对话框 1

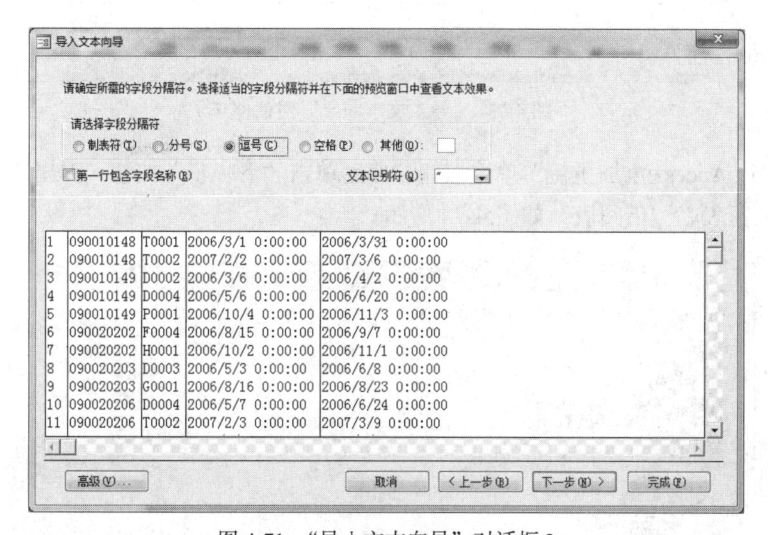

图 4-71 “导入文本向导”对话框 2

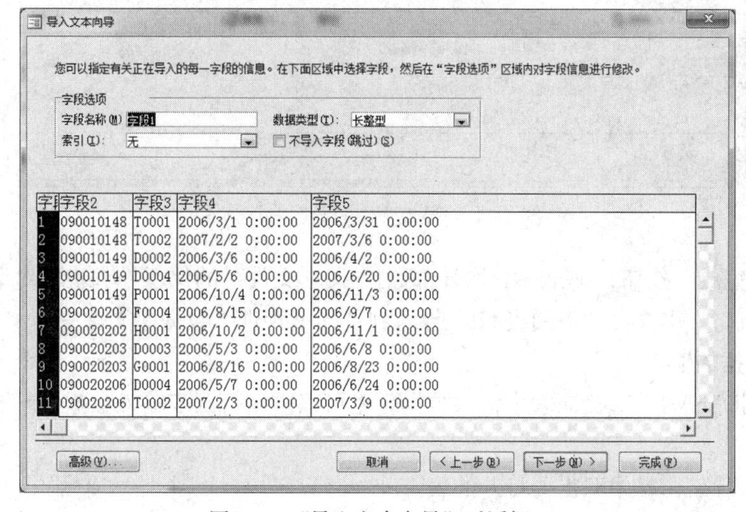

图 4-72 “导入文本向导”对话框 3

● 单击下方列表框中的列，可以分别为各字段命名，然后单击“下一步”按钮，弹出“导入文本向导”对话框 4，如图 4-73 所示。

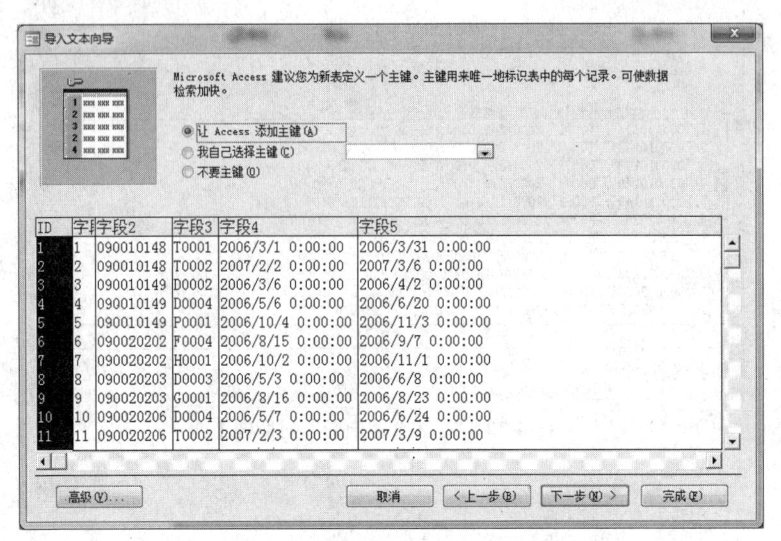

图 4-73 “导入文本向导”对话框 4

● 选中“让 Access 添加主键”单选按钮，然后单击“下一步”按钮，弹出“导入文本向导”对话框 5，输入新表名“借阅表”如图 4-74 所示。

图 4-74 “导入文本向导”对话框 5

● 单击“完成”按钮，弹出“获取外部数据-文本文件”的保存导入步骤对话框，单击“关闭”按钮，完成将文本文件“借阅表.txt”导入到“图书管理”数据库文件中。

3. 表中数据的输入

表结构设计完成后可直接向表中输入数据，也可以重新打开表输入数据。打开表的方法有以下几种。

方法一：在导航窗格中双击要打开的表。

方法二：右击要打开的表的图标，在弹出的快捷菜单中选择“打开”命令。

方法三：若表处于设计视图状态下，右击表格标题栏并在弹出的快捷菜单中选择“数据表视图”命令，即可切换到数据表视图。

【例4-11】向“教学管理”数据库的“学生表”中输入表4-6中的数据。

表4-6 “学生表”中数据

学号	姓名	性别	出生日期	政治面貌	籍贯	班级编号	系别
1411034001	严治国	男	1996/02/09	团员	江苏南京	100101	计算机学院
1411034002	杨军华	男	1995/08/06	团员	江苏苏州	100101	计算机学院
1411034003	陈延俊	男	1995/10/09	团员	江苏扬州	100101	计算机学院
1411034004	王一冰	女	1994/11/06	党员	江苏苏州	100101	计算机学院
1411034005	赵朋清	女	1995/10/12	团员	江苏南通	100101	计算机学院

具体操作步骤如下。

- 打开“教学管理”数据库。
- 在“导航”窗格中选择对象“学生表”，双击打开数据表。
- 在右侧的数据表视图窗口中，选中单元格，输入所需数据。

输入数据的说明如下。

（1）“文本”类型的字段，可输入的最大文本长度为255个字符，当然具体长度由“字段大小”属性决定。

（2）“货币”类型的字段，输入数据时，系统会自动给数据增加两位小数，并显示美元符号和千位分隔符。

（3）“日期/时间”类型的字段只允许输入有效的日期和时间。

（4）“是/否”类型的字段，只能输入下列值之一：Yes、No、True、False、On、Off。当然也可以在“格式”属性中定义自己满意的值。

（5）“自动编号”类型的字段，不允许输入任何值。

（6）“备注”类型的字段，允许输入文本长度可达64KB。

（7）“OLE对象”类型的字段，可以输入图片、图表、声音等，即OLE服务器所支持的对象均可存储在“OLE对象”类型的字段中。

4. 表结构的修改

在数据管理过程中，有时会发现数据表的设计不是很符合实际要求，需要对表的结构和表中的数据进行调整和修改。

表在创建之后，可以随时修改表的结构，包括修改字段、增加字段、删除字段、重新设置主键等，这些操作都可以在“设计视图”或“数据表视图”中进行。

下面介绍在“设计视图”中修改表结构的方法。

（1）“表设计器”窗口的打开

打开设计视图有如下两种方法。

方法一：在“导航”窗格中选中某张表，双击打开数据表。在“表格工具字段”或“表格工具表”选项卡“视图”组中单击“设计视图”按钮，打开“表设计器”窗口。

方法二：在“导航”窗格中选中某张表，单击右键，在弹出的快捷菜单中选择“设计视图”命令，打开“表设计器”窗口。

表结构修改后，需要保存表。

在设计视图中，可以单击“表格工具设计”选项卡“视图”组中的“数据表视图”按钮，切换到数据表视图。

（2）表结构的修改

修改表结构主要是实施以下几种操作。

① 插入字段

插入字段有如下两种方法。

方法一：在设计视图下，选中某一行，然后单击“表格工具设计”选项卡“工具”组中的“插入行”按钮插入行，则在选中行的前面插入一个空字段行，再输入所插入字段的字段名称、数据类型、设置字段属性。

方法二：在设计视图下，选中某一行，然后单击右键，在弹出的快捷菜单中选择“插入行”命令插入行，则在选中行的前面插入一个空字段行。

② 删除字段

删除字段有如下两种方法。

方法一：在设计视图下，单击字段名左侧的按钮，选中某一字段行，单击 “表格工具设计”选项卡“工具”组中的“删除行”按钮删除行，或者直接按【Delete】键。

方法二：在数据表视图下，选中某一列（或将鼠标定位于某一列中），单击“表格工具”选项卡“记录”组中的“删除”按钮删除，或者右击选中的列，在弹出的快捷菜单中选择“删除字段”。

注意：某字段被删除后，是不可恢复的。

③ 修改字段名

修改字段名有如下两种方法。

方法一：在设计视图下，将光标定位到某字段名中直接修改。

方法二：在数据表视图下，双击某字段的字段名，可以直接修改其名称。

5. 表内容的编辑

编辑表内容是为了确保表中数据的准确，使所建表能满足实际需要。编辑表内容的操作主要包括添加记录、删除记录、修改数据等。

（1）添加记录

添加新的记录时，使用“数据表视图”打开要添加的表，可以将光标直接移到表的最后一行上，直接输入要添加的数据；也可以单击“记录导航条”上的新空白记录按钮*，或单击“开始”选项卡“记录”组中的“新建”按钮新建，光标会定位在表的最后一行上，直接输入要添加的数据。

（2）删除记录

在数据表视图下，单击记录前的记录选定器选中一条记录，然后单击 “开始”选项卡 “记录”组中的“删除”按钮删除，或者单击右键，在弹出的快捷菜单中选择“删除记录”命令删除记录(R)，在弹出的“删除记录”提示框中，单击“是”按钮。

在数据表中可以一次删除多条相邻的记录。删除的方法是，先单击第一个记录的选定器，然后拖动鼠标选择多条连续的记录，最后执行删除操作。

注意：记录一旦被删除，是不可恢复的。

（3）修改数据

修改数据非常简单，在数据表视图下，直接将光标定位于要修改数据的字段中，输入新数据或修改即可。

（4）查找数据

在一个有多条记录的数据表中，若要快速查找信息，可以通过数据查找操作来完成。

【例 4-12】查找“教学管理”数据库中“学生表”中“性别”为“男”的学生记录。

具体操作步骤如下。

- 打开“教学管理”数据库。
- 在“导航”窗格中选择对象“学生表”，双击打开数据表。
- 单击“性别”字段列的字段名行（字段选定器）。
- 单击“开始”选项卡“查找”组中的“查找”按钮，打开“查找和替换”对话框，在“查找内容”文本框中输入“男”，其他部分选项如图 4-75 所示。可以在“查找范围”“匹配”及“搜索”下拉列表中，根据需要进行相应的选择。

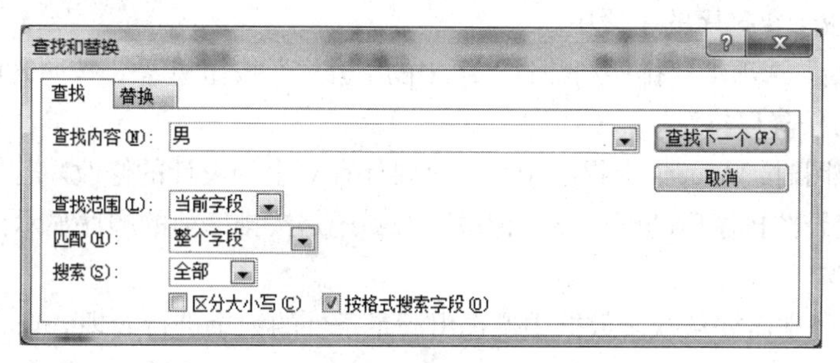

图 4-75 “查找和替换”对话框

- 单击“查找下一个”按钮，将查找下一个指定的内容。连续单击“查找下一个”按钮，将全部指定的内容查找出来。当找到匹配的字段时，该字段被高亮显示。

（5）替换数据

在操作数据库表时，如果要修改多处相同的数据，可以使用替换功能，自动将查找的数据替换为新数据。

【例 4-13】查找“教学管理”数据库中“学生表”中“政治面貌”为“团员”的学生记录，将其值改为“群众”。

具体操作步骤如下。

- 打开“学生”表。
- 单击“政治面貌”字段列的字段名行（字段选定器）。
- 单击“开始”选项卡“查找”组中的“替换”按钮 替换，打开“查找和替换”对话框。单击“替换”选项卡，在“查找内容”文本框中输入“团员”，在“替换为”文本框中输入“群众”，其他部分选项如图 4-76 所示。

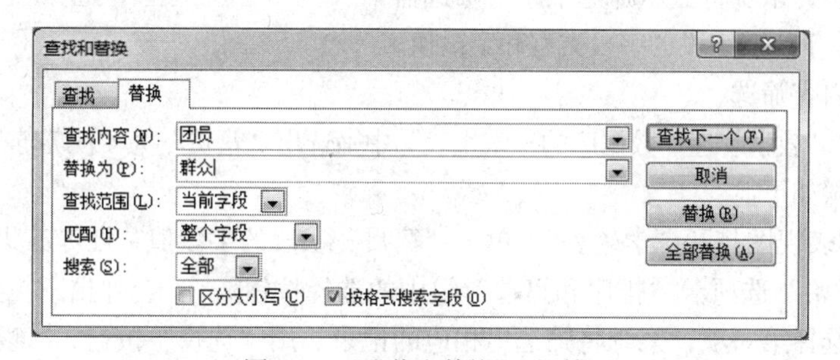

图 4-76 “查找和替换”对话框

如果一次替换一个，则单击“查找下一个”按钮，找到后，单击“替换”按钮。如果不替换当前内容，则继续单击“查找下一个”按钮。如果一次替换出现的全部指定内容，则单击“全部替换”按钮。单击“全部替换”按钮后，会出现提示框，单击“是”按钮完成全部替换。

4.2.4 表的使用

在数据表视图中对记录进行排序和筛选，有利于清晰地了解数据、分析数据和获取有用的数据。

1. 记录的排序

打开一个数据表进行浏览时，Access 一般是以表中主关键字的顺序显示记录。如果表中没有定义主关键字，则以记录的物理顺序显示。如果想要改变记录的显示顺序，可以对记录进行排序。

具体操作步骤如下。

- 将光标定位于要排序的字段中。
- 单击“开始”选项卡“排序和筛选”组中的“升序”按钮 升序，按照升序排序；单击“降序”按钮 降序，可按降序排序。

关闭数据表视图时，Access 会提醒用户是否要保存对表的设计的修改。若保存修改，则下次打开表浏览时，记录按排序后的顺序显示记录，否则还是按排序前的顺序显示记录。

2. 记录的筛选

使用数据时，经常需要从众多数据中挑选出满足条件的记录进行处理。Access 2010 提供了多种筛选记录的方法。

（1）使用筛选器筛选

筛选器提供了一种灵活的筛选方式，它将选定的字段列中所有不重复的值以列表形式显示出来供用户选择。

【例 4-14】在“教学管理”数据库的“学生表”中筛选出“系别”为“电子工程学院”的学生记录。

具体操作步骤如下。

- 使用数据表视图打开“学生表”，单击“学院”字段的任意一行。
- 单击“开始”选项卡“排序和筛选”组中的“筛选器”按钮或单击“系别”字段名右侧下拉箭头。
- 在弹出的下拉列表中，取消选中“(全选)”复选框，选中“电子工程学院”复选框，如图 4-77 所示。单击“确定”按钮，系统将显示筛选结果。筛选器中显示的筛选项取决于所选字段的字段类型和字段值。

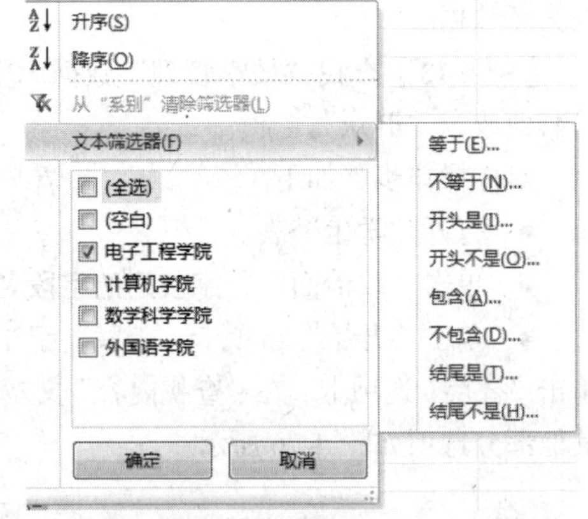

图 4-77 “筛选”列表

（2）按选定内容筛选

【例 4-15】在“教学管理”数据库的“学生表”中筛选出“籍贯”为“江苏苏州”的学生记录。

具体操作步骤如下。

- 使用数据表视图打开“学生表”，单击“籍贯”字段的字段值“江苏苏州”。
- 单击“开始”选项卡“排序和筛选”组中的选择按钮，会弹出下拉菜单，如图 4-78 所示。在菜单中选择第一项，系统将筛选出相应的记录。用“选择”按钮，可以轻松地在菜单中找到常用的筛选选项。选中的字段数据类型不同，菜单中提供的筛选选项也会不同。

图 4-78 “选择”按钮下拉菜单

（3）按窗体筛选

【例 4-16】在“教学管理”数据库“学生表”中筛选出“性别”为“男”而且“政治面貌”为“团员”的学生记录。

具体操作步骤如下。

- 单击“开始”选项卡“排序和筛选”组中的“高级”按钮高级，会弹出图 4-79 所示下拉菜单。
- 选择“按窗体筛选”，打开“按窗体筛选”窗口。
- 单击筛选窗口中的“性别”字段下的空白行，单击右边的下拉箭头，从下拉列表中选择“男”；单击“政治面貌”字段下的空白行，单击右边的下拉箭头，从下拉列表中选择“团员”，如图 4-80 所示。

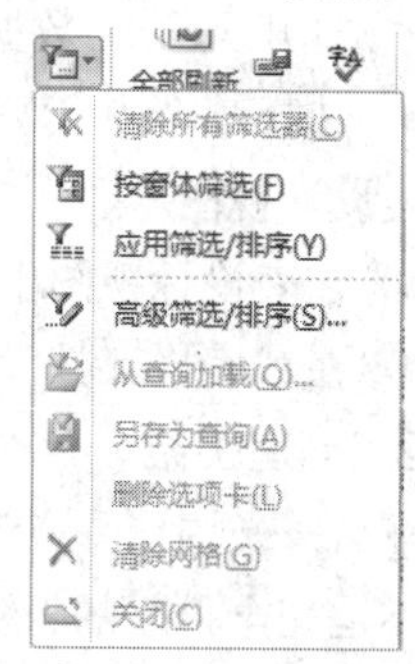

图 4-79 “高级”按钮下拉菜单

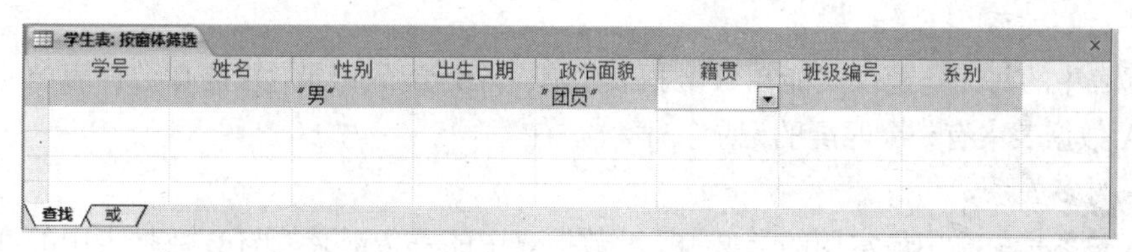

图 4-80 选择筛选字段值

- 单击“开始”选项卡“排序和筛选”组中的“切换筛选”按钮切换筛选，Access 将会把筛选结果显示在数据表中。再次单击“切换筛选”按钮，可以取消筛选。

（4）清除筛选

设置筛选后，如果不需要筛选结果，则可以将其清除。清除筛选是将数据表恢复到筛选前的状态。可以从单个字段中清除筛选，也可以从所有字段中清除所有筛选。

从单个字段中清除筛选的方法为：在筛选结果窗口中单击要清除筛选的字段名边的“筛选”按钮，在弹出的下拉列表中选择“清除筛选器”命令。

清除所有筛选的方法为：单击“开始”选项卡“排序和筛选”组中的“高级”按钮高级，在弹出的下拉列表中选择“清除所有筛选器”命令。

4.2.5 表间关系的建立与修改

1. 设置主键

关系数据库系统的强大功能来自于其可以使用查询、窗体和报表快速地查找并组合存储在各个不同表中的信息。为了做到这一点，每个表都应该包含一个或者一组关键字段。这些字段是表中所存储的每一条记录的唯一标识，该字段即称为主关键字（简称“主键”）。指定了表的主键之后，Access 将阻止在主键字段中输入重复值或 Null 值。表的主键并不是必须要求的，但对每个表还是应该指定一个主键。主键可以由一个或多个字段构成，它使记录具有唯一性。设置主键的目的就是保证表中的所有记录都是唯一可识别的，也能加快查询、检索及排序的速度，还有利于表之间的相互连接。

设置主键的方法主要有以下两种。

方法一：打开数据表的设计视图，选中要设置主键字段的所在行，然后在“开始”选项卡“工具”选项组中单击“主键”按钮来设置主键字段。

方法二：选中要设置主键字段的所在行，然后直接在该行上单击鼠标右键，在弹出的快捷菜单中选择“主键”菜单项来设置主键字段。

设置主键的具体操作步骤如下。

- 打开 Access 数据库。
- 选择某个表，双击打开表，然后在“开始”选项卡“视图”组中单击“设计视图”按钮，打开表设计视图。
- 在表设计视图中单击某个字段。
- 在“表格工具设计”选项卡“工具”组中单击“主键”按钮来设置主键字段。

2. 创建关系

在 Access 中，每个数据表都是数据库中一个独立的部分，其本身有很多功能，但是每个数据表又不是完全孤立的，数据表与数据表之间可能存在着相互的联系。这种在两个数据表的公共字段之间所建立的联系被称为关系。关系可以分为一对一、一对多、多对多 3 种。

（1）一对一关系

A 数据表中的每一条记录仅能在 B 数据表中有一个匹配的记录，并且 B 数据表中的每一条记录仅能在 A 数据表中有一个匹配的记录。

（2）一对多关系

一对多关系是关系中最常用的类型，即 A 数据表中的一条记录能与 B 数据表中的许多记录匹配，但是在 B 数据表中的一条记录仅能与 A 数据表中的一条记录匹配。

（3）多对多关系

A 数据表中的记录能与 B 数据表中的许多记录匹配，并且 B 数据表中的记录也能与 A 数据表中的许多记录匹配。多对多关系的两张表可以通过创建纽带表分解成这两张表与纽带表的两个一对多关系，纽带表的主键包含两个字段，分别是前两个表的外部关键字。

在 Access 中创建关系的种类中最常见的是一对多关系。

相关说明如下。

① 创建表之间的关联时，相关联的字段不一定要有相同的名称，但必须有相同的类型。

② 当主键字段是“自动编号”类型时，只能与“数字”类型且“字段大小”属性相同的字段关联。

③ 如果两个字段都是“数字”字段，只有“字段大小”属性相同，两个表才能关联。

建立两表之间的关系具体操作步骤如下。

- 关闭所有打开的表。不能在打开表的情况下创建或修改关系。
- 在“数据库工具”选项卡“关系”组中单击“关系”按钮。

● 如果在数据库中尚未定义任何关系，则自动显示“显示表”对话框，如图4-81所示。

“显示表”对话框主要有“表”“查询”“两者都有”3个选项卡。“表”选项卡中的列表中显示的是当前数据库中的基本数据表，“查询”选项卡中的列表中显示的是当前数据库中基于基本数据表的查询数据表，“两者都有”选项卡中的列表中显示的是前两种数据表的所有内容。

● 分别双击需要建立关系的两张表，然后关闭“显示表”对话框。

● 将表中的主键字段拖放到其他表的外部关键字段上。一般情况下，为了方便起见，主键与外部关键字具有相同的字段名。

● 系统此时显示“编辑关系”对话框，如图4-82所示。在“编辑关系”对话框中，有3个以复选框形式标示的关系选项，可供用户选择，但必须在先选中“实施参照完整性”复选框后，其他两个复选框才可选用。

图4-81　“显示表”对话框

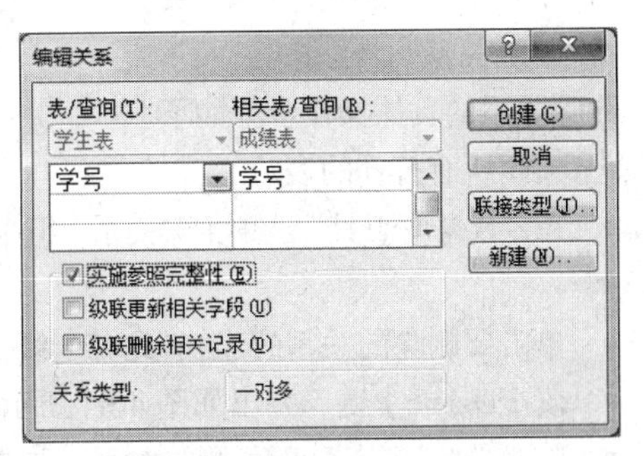

图4-82　“编辑关系”对话框

● 单击“创建”按钮，则完成了关系的创建。弹出如图4-83所示窗口。

● 单击“关闭”按钮，关闭关系窗口。关闭窗口时，Access会询问是否保存，可以根据需要选择。

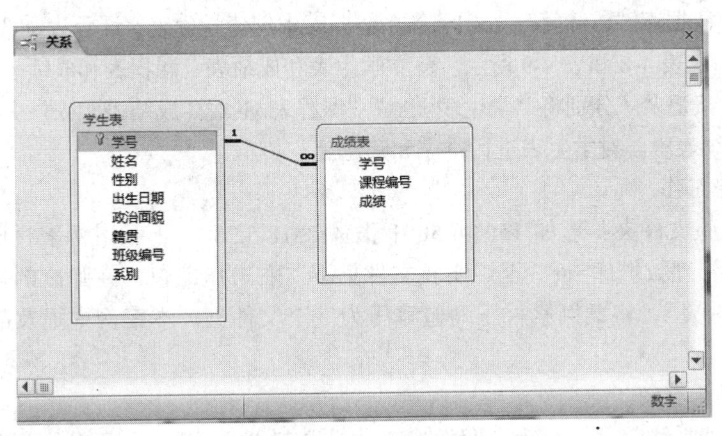

图4-83　“关系”对话框

3. 编辑关系

（1）实施参照完整性

Access使用参照完整性来确保相关表中记录之间关系的有效性，并且不会意外地被删除或修改。如果设置了“实施参照完整性”，则要遵循下列规则。

① 不能在相关表的外部关键字段中输入不存在于主表中的主关键字段中的值。例如，学生表与成绩表之间的关系，如果以学生表的“学号”字段与成绩表的“学号”字段建立了关系，并为之设置了“实施参照完整性”选项，则成绩表中的“学号”字段值必须存在于学生表中的“学号”字段中。

② 如果在相关表中存在匹配的记录，则不能从主表中删除这个记录。

③ 如果某个记录有相关的记录，则不能在主表中更改主关键字段值。

（2）级联更新相关字段

当定义一个关系时，如果选择了“级联更新相关字段”，则不管何时更改主表中的记录主键值，Access 都会自动在所有相关的记录中将主键值更新为新值。

（3）级联删除相关字段

当定义一个关系时，如果选择了“级联删除相关字段”，则不管何时删除主表中的记录，Access 都会自动删除所有相关表中的相关记录。

4. 删除关系

删除关系的具体操作步骤如下。

- 关闭所有打开的表。
- 在“数据库工具”选项卡“关系”组中单击“关系”按钮。
- 单击要删除的关系的连线，此时连线会变粗、变黑。
- 按【Delete】键，弹出如图 4-84 所示的提示窗口。
- 单击“是”按钮，即可删除关系；单击“否”按钮，则放弃删除。

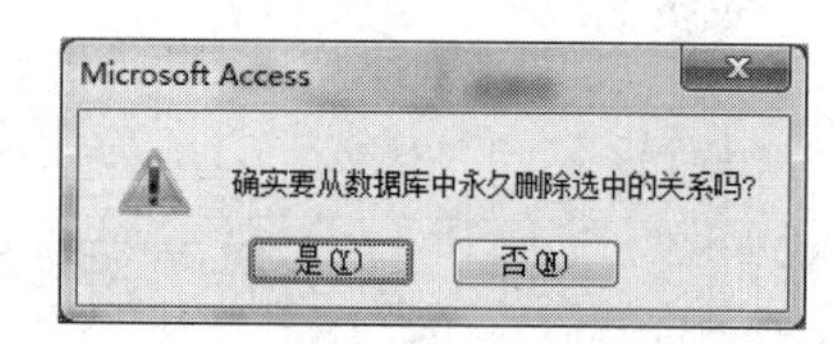

图 4-84　删除关系提示框

4.2.6　应用案例 12：创建成绩管理数据库

1. 案例要求

创建 Access 数据库“成绩管理.accdb”，在数据库中创建学生表、课程表和成绩表，3 张表的结构分别如表 4-7、表 4-8 和表 4-9 所示。建立学生表和成绩表、课程表和成绩表之间的关系。向学生表中输入 5 条记录。分别将“学生表.xlsx”“课程表.xlsx”“成绩表.xlsx”中的数据导入学生表、课程表和成绩表中。对学生表进行排序和筛选。

2. 实验准备工作

新建一个实验文件夹（形如 1501405001 张强 2018.5.23），下载案例素材压缩包“应用案例 12-创建成绩管理数据库.rar”至该实验文件夹下。右击压缩包，在弹出的快捷菜单中选择“解压到当前文件夹”，将案例素材压缩包解压为一个文件夹。本案例中提及的文件均存放在此文件夹下。

3. 设计数据库系统

本数据库管理系统包含 3 个表，即学生表、课程表和成绩表。下面分别列出了这 3 张表的结构。

（1）学生表用于记录学生的基本信息，包括学号、姓名、性别、出生日期、政治面貌等字段，其逻辑结构如表 4-7 所示。

表 4-7 "学生表"数据表字段

字段名称	字段类型	字段大小	允许为空	备注
学号	文本	10	否	主关键字
姓名	文本	8	是	
性别	文本	2	是	组合框：男或女
出生日期	日期/时间	短日期	是	输入掩码：短日期
政治面貌	文本	10	是	组合框：党员、团员或无
籍贯	文本	20	是	
班级编号	文本	6	是	
系别	文本	20	是	

（2）课程表用于记录学校所开设的课程信息，包括课程编号、课程名、学分等字段，其逻辑结构如表 4-8 所示。

表 4-8 "课程表"数据表字段

字段名称	字段类型	字段大小	允许为空	备注
课程编号	文本	4	否	主关键字
课程名	文本	18	是	
课程类别	是/否		是	显示控件：复选框；默认值：True
学分	数字	小数	是	

（3）成绩表用于记录学生所选课程的成绩信息，包括学号、课程编号及成绩 3 个字段，其逻辑结构如表 4-9 所示。

表 4-9 "成绩表"数据表字段

字段名称	字段类型	字段大小	允许为空	备注
学号	文本	10	是	
课程编号	文本	4	是	
成绩	数字	整型	是	默认值：0

4. 创建数据库

- 启动 Microsoft Office Access 2010，创建一个空数据库，主界面如图 4-85 所示。在图 4-85 所示的窗口中单击"文件"选项卡，在左侧窗格中单击"新建"命令，在右侧窗格中单击"空数据库"选项。
- 在右侧窗格右下方"文件名"文本框中，有一个默认的文件名"Database1.accdb"，将该文件名改为"成绩管理"，如图 4-86 所示。输入文件名时，如果未输入扩展名，Access 会自动添加。
- 单击图 4-86 右侧"浏览"按钮，弹出"文件新建数据库"对话框。在该对话框中，找到"应用案例 13-创建成绩管理数据库"文件夹并打开。

图 4-85　Microsoft Office Access 2010 主界面

● 单击“确定”按钮，返回 Access 窗口。在右侧窗格下方显示要创建的数据库名称和保存位置，如图 4-87 所示。

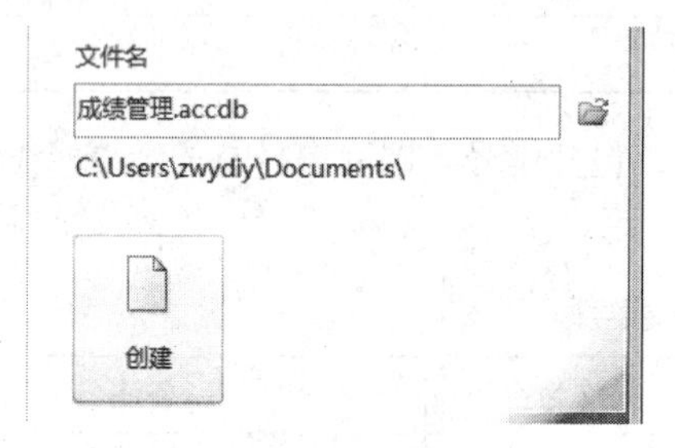

图 4-86　“文件名”文本框

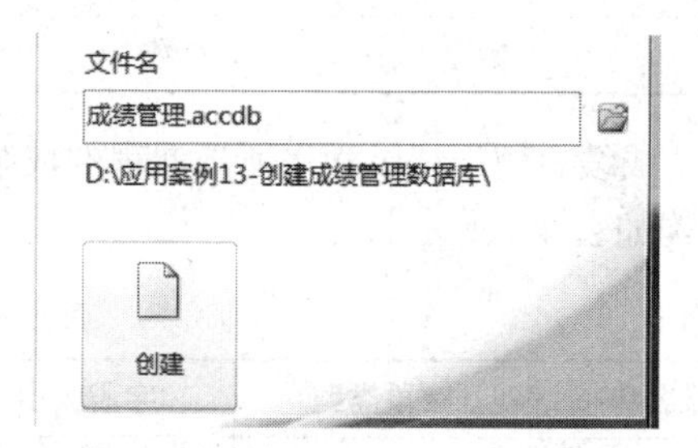

图 4-87　显示数据库名称和保存位置

● 单击图 4-87 所示的“创建”按钮，这时 Access 开始创建数据库，并自动创建一个名称为“表 1”的数据表，该表以数据表视图方式打开，如图 4-88 所示。

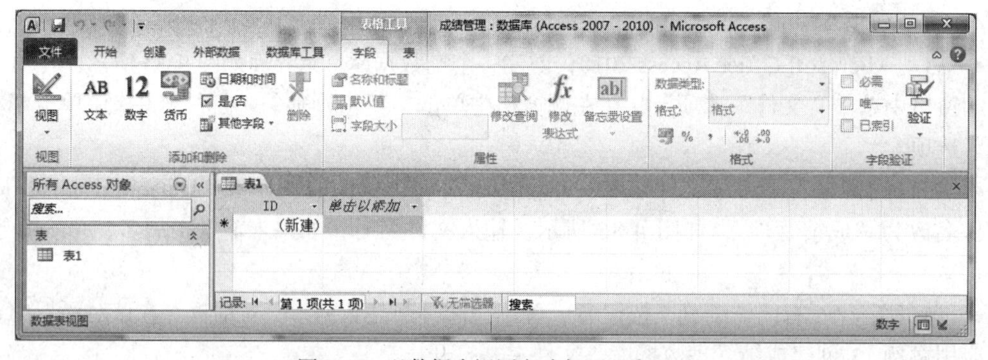

图 4-88　以数据表视图方式打开“表 1”

5. 创建学生表

- 单击“创建”选项卡“表格”组中的“表设计”按钮，打开表的设计视图。
- 在表设计视图窗口中的第一行“字段名称”列中输入“学生表”中的第一个字段名“学号”，然后单击“数据类型”列，并单击其右侧的下拉箭头，弹出的下拉列表中列出了 Microsoft Office Access 2010 提供的所有的数据类型。这里选择“文本”数据类型，如图 4-89 所示。

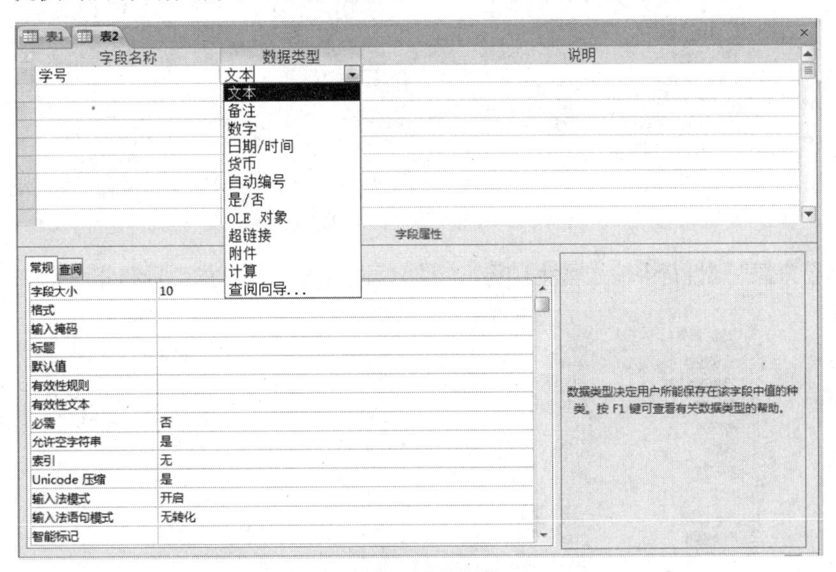

图 4-89　选择数据类型

- 在下方的“字段属性”的“常规”选项卡中，将“字段大小”属性值设置为“10”，将“必需”属性设置为“是”，将“允许空字符串”属性设置为“否”，如图 4-90 所示。
- 单击设计视图上部的“学号”字段行，单击“表格工具设计”选项卡“工具”组中的“主键”按钮，将“学号”字段设为主键，此时“学号”字段行前面出现“主键”标记，如图 4-91 所示。

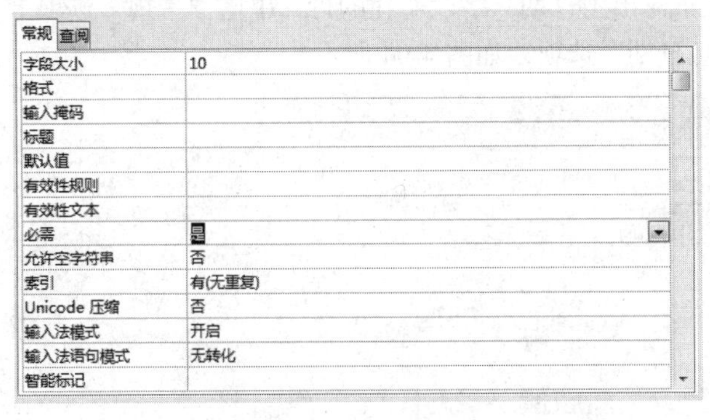

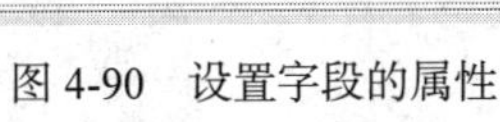

图 4-90　设置字段的属性

图 4-91　设置“学号”字段为主键

- 按照表 4-7 提供的信息在表设计视图窗口中分别输入“姓名”“性别”字段的字段名，并设置相应的数据类型及属性。
- 选中“性别”字段，单击“查阅”选项卡，然后在“显示控件”对应的下拉列表中选择“组合框”选项，如图 4-92 所示。
- 选择“组合框”选项以后，在“查阅”选项卡中会出现一些基于“组合框”的属性，然后在“行来源类型”下拉列表中选择“值列表”选项。

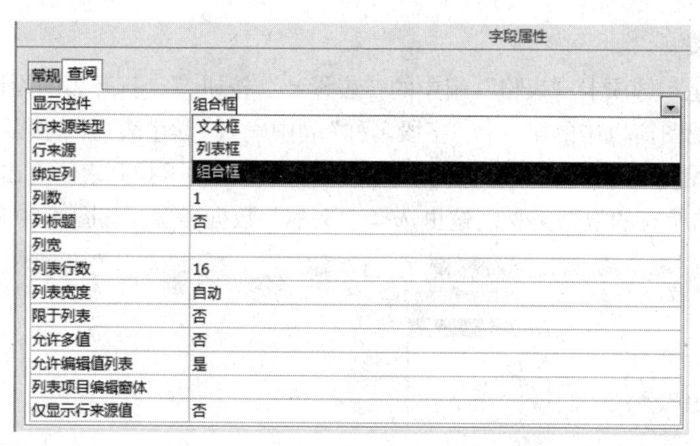

图 4-92 设置“性别”字段的属性

- 在“行来源”属性行中输入属性（"男"; "女"）（注意：输入西文的引号和分号），如图 4-93 所示。

常规 查阅

显示控件	组合框
行来源类型	值列表
行来源	"男";"女"
绑定列	1
列数	1
列标题	否
列宽	
列表行数	16
列表宽度	自动
限于列表	否
允许多值	否
允许编辑值列表	是
列表项目编辑窗体	
仅显示行来源值	否

图 4-93 设置“行来源”属性

- 输入字段名“出生日期”，将其数据类型设置为“日期/时间”。
- 设置“出生日期”字段的属性。选中“出生日期”字段所在的行，单击“常规”选项卡，然后在“格式”属性的下拉列表中选择“短日期”选项，如图 4-94 所示。

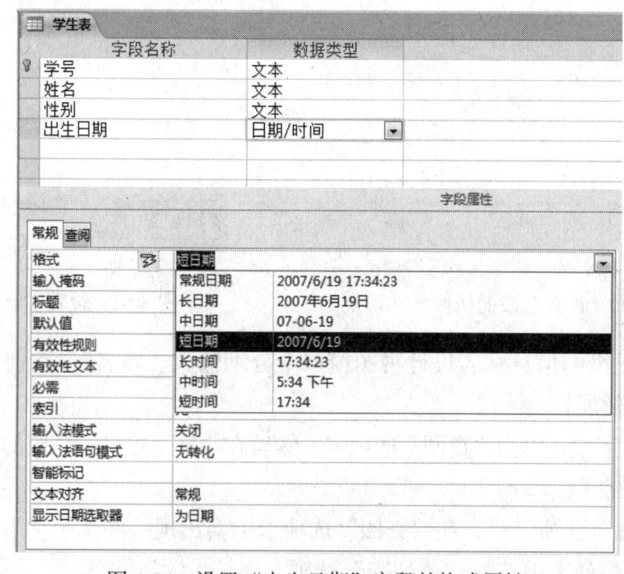

图 4-94 设置“出生日期”字段的格式属性

● 设置“出生日期”字段的“输入掩码”属性。选中“出生日期”字段行，在“输入掩码”属性行中单击鼠标，此时该框的右侧会出现一个“生成器”按钮[…]。单击该按钮，系统将弹出“输入掩码向导”对话框，提示是否保存数据表，如图4-95所示。单击“是”按钮弹出“另存为”对话框，提示用户输入待保存数据表的名称，在“表名称”文本框中输入“学生表”，打开“输入掩码向导”对话框1，如图4-96所示。

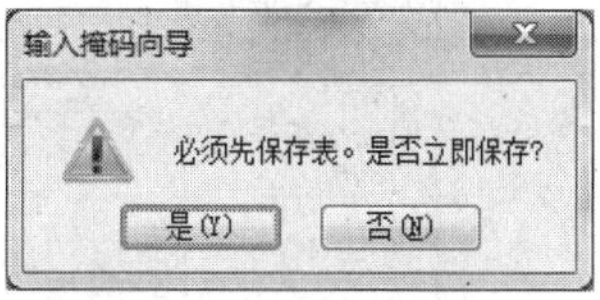

图4-95 “输入掩码向导”对话框

● 在图4-96中有“输入掩码”和“数据查看”两个列表，前者是“输入掩码”的类型名称，后者用于查看该类型名称对应的数据形式。这里选择图4-97所示的“输入掩码”。

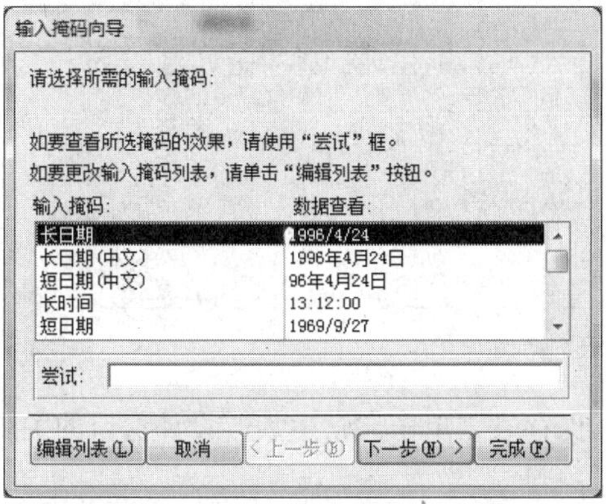

图4-96 “输入掩码向导”对话框1

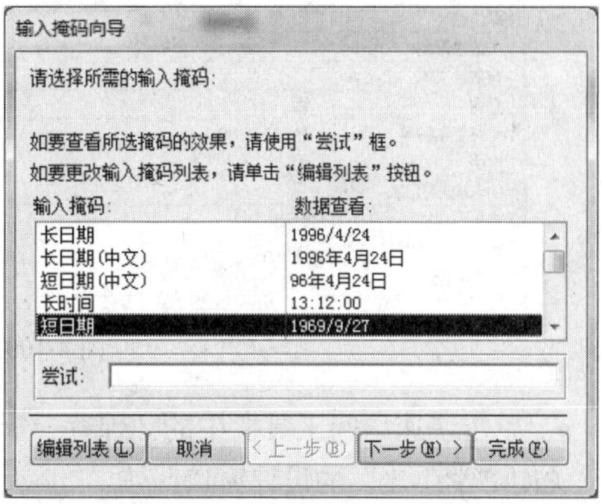

图4-97 “输入掩码向导”对话框2

● 单击“下一步”按钮，按图4-98图示确定“输入掩码”的格式和指定该字段中所需要显示的占位符，然后单击“下一步”按钮打开“输入掩码向导”的第4个对话框，如图4-99所示。

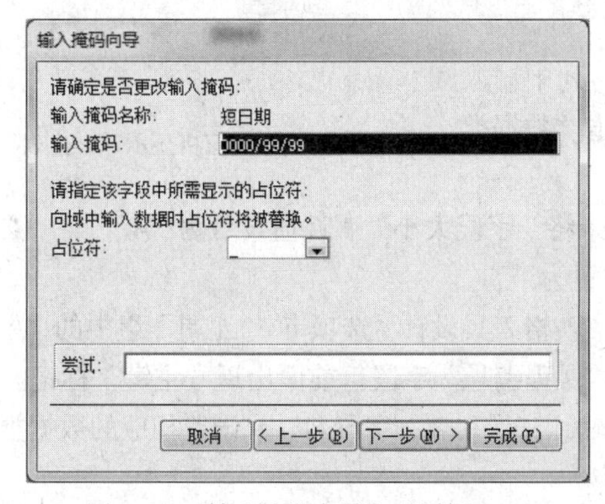

图4-98 “输入掩码向导”对话框3

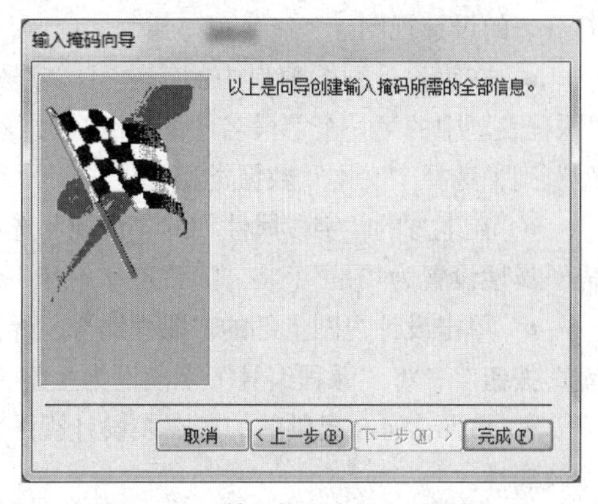

图4-99 “输入掩码向导”对话框4

● 单击“完成”按钮完成“输入掩码”属性的设置。

● 重复上面的步骤，按照表4-7提供的信息在“学生表”窗口中分别输入“政治面貌”“籍贯”“班级编号”“系别”等字段的字段名，并设置相应的数据类型及属性。“政治面貌”字段组合框的设置与“性别”字段组合框的设置类似。

所有字段输入并设置好属性后，创建好的“学生表”结构如图4-100所示。

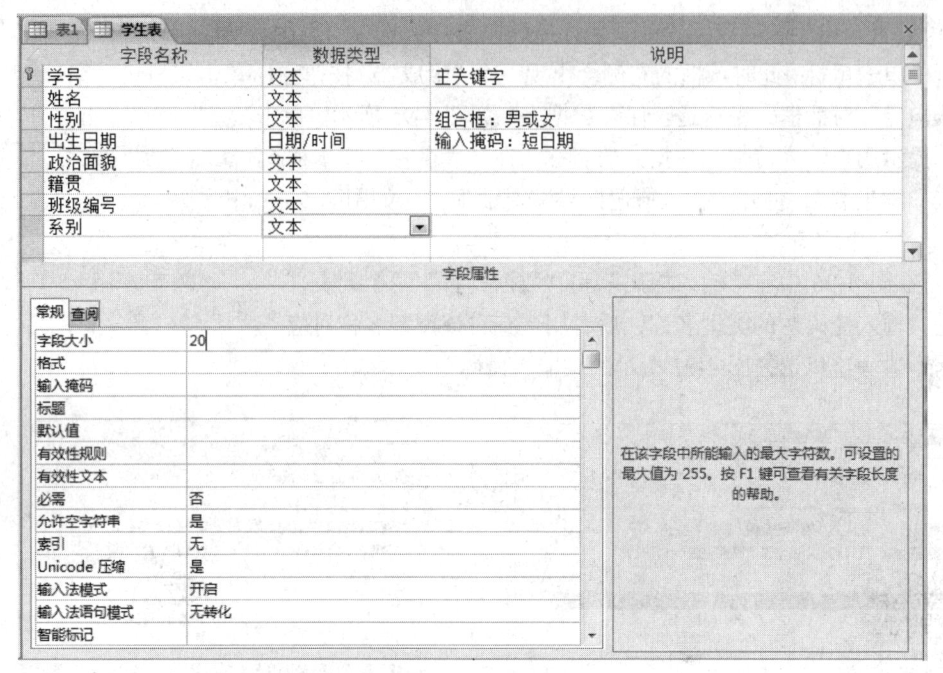

图 4-100 “学生表”结构

- 单击快速访问工具栏中的“保存” 按钮，保存表，单击“学生表”设计窗口的关闭按钮，关闭“学生表”的设计窗口。

在导航窗格中会显示“学生表”的表名，如图 4-101 所示。至此完成“学生表”结构的设计过程，这时的数据表没有包含任何记录，为一个空表。

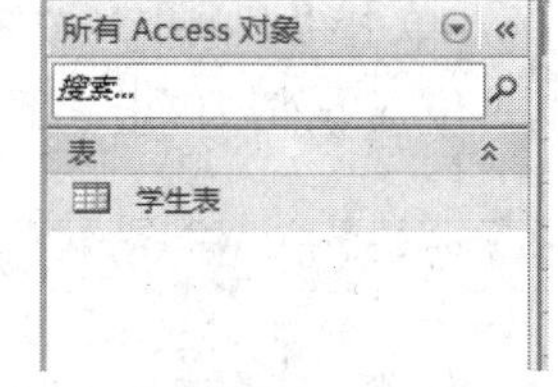

图 4-101 导航窗格显示“学生表”

6. 创建课程表

- 单击“创建”选项卡“表格”组中的“表设计”按钮，打开表的设计视图。
- 在表设计视图窗口中的第一行“字段名称”列中输入“课程表”中的第一个字段名“课程编号”，然后单击“数据类型”列，选择“文本”数据类型。
- 在下方的“字段属性”的“常规”选项卡中，将“字段大小”属性值设置为“4”，将“必需”属性设置为“是”，将“允许空字符串”属性设置为“否”。
- 单击设计视图上部的“课程编号”行，单击“表格工具设计”选项卡 “工具”组中的“主键”按钮，将“课程编号”字段设为主键，此时“课程编号”字段行前面出现“主键”标记。
- 按照表 4-8 提供的信息在表设计视图窗口中输入“课程名”字段名，并设置相应的数据类型及属性。
- 输入“课程类别”字段名，将其“数据类型”设置为“是/否”。
- 设置“课程类别”字段的默认值属性。在“默认值”属性对应的文本框中单击鼠标左键，出现“生成器”按钮，然后单击该按钮打开“表达式生成器”对话框，如图 4-102 所示。
- 在左下角的“表达式元素”列表内单击“常量”选项，此时右下角的“表达式”值列表中会显示常量值。在右下角的“表达式值”列表内双击“True”选项，将常量 True 添加到表达式窗口上面的列表中，删除表达式窗口中其他值，如图 4-103 所示。

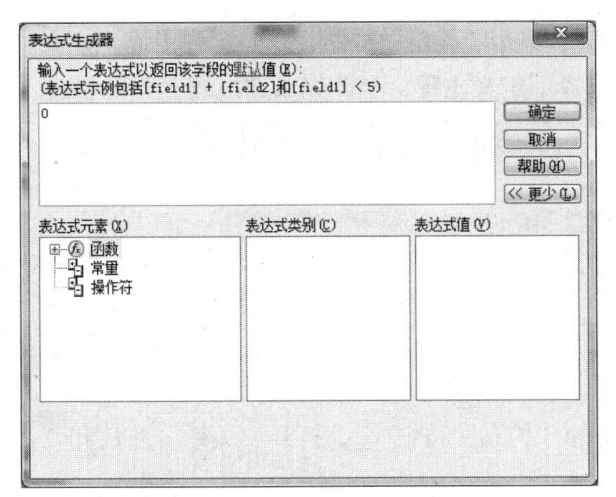

图 4-102　“表达式生成器”对话框 1

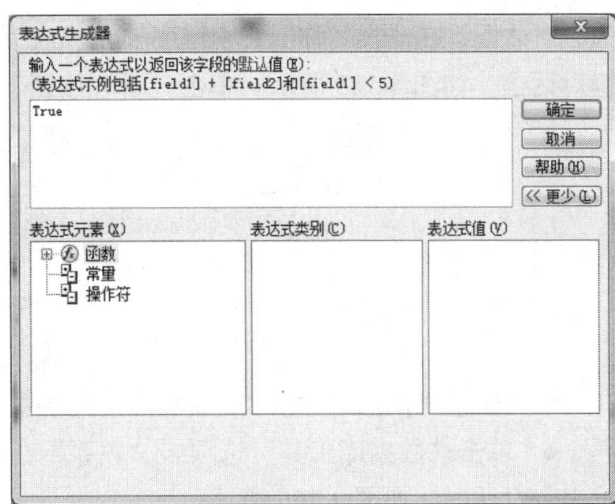

图 4-103　“表达式生成器”对话框 2

- 单击“确定”按钮即可完成“课程类别”字段的“默认值”属性的设置。系统自动在“查阅”选项卡中设置显示控件为“复选框”。
- 输入“学分”字段名，将其“数据类型”设置为“数字”，单击“常规”选项卡，在“字段大小”属性对应的文本框中选择“小数”，在“格式”属性文本框中选择“常规数字”，“精度”设置为 4，“数值范围”设置为 1，“小数位数”设置为 1，如图 4-104 所示。

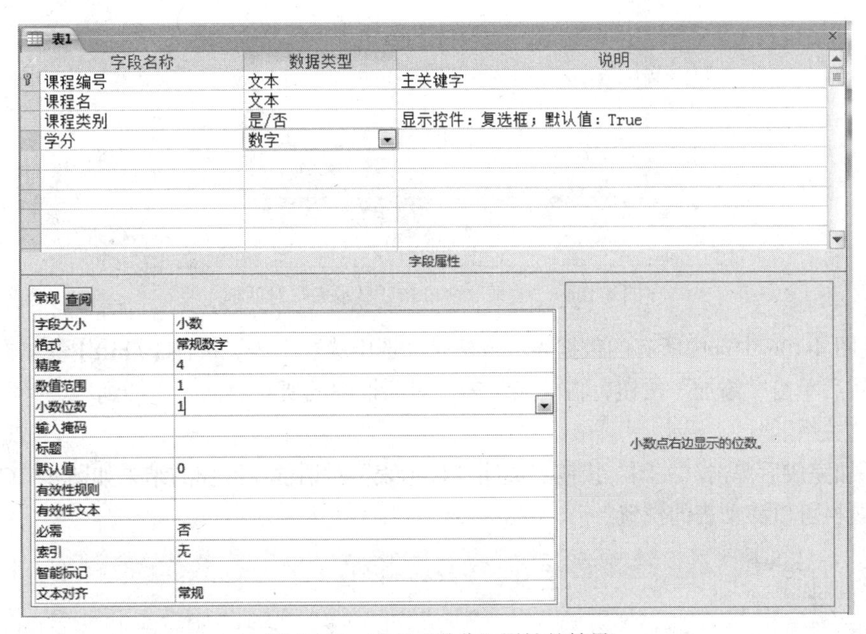

图 4-104　设置“学分”属性的结果

- 单击右上角的关闭按钮，打开“保存数据表更改”对话框，单击“是”按钮，弹出“另存为”对话框，在“表名称”文本框中输入“课程表”，单击“确定”按钮，完成“课程表”的创建。

7. 创建成绩表

- 单击“创建”选项卡“表格”组中的“表设计”按钮，打开表的设计视图。
- 按照表 4-9 提供的信息在表设计视图窗口中依次输入各字段的字段名，并设置相应的数据类型及属性。
- 单击右上角的关闭按钮，打开“保存数据表更改”对话框，单击“是”按钮，弹出“另存为”对话框，在“表名称”文本框中输入“成绩表”，单击“确定”按钮。此时会弹出尚未定义主键对话框，如图 4-105 所示。单击“否”按钮，选择不定义主键，至此完成“成绩表”的创建。

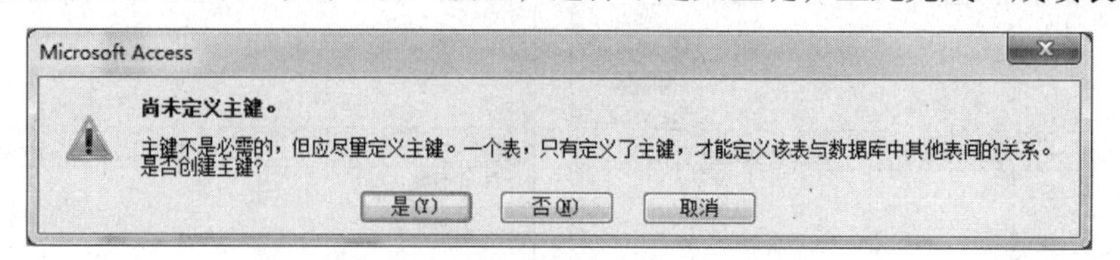

图 4-105　提示未定义主键对话框

8. 创建“学生表”与“成绩表”之间的关系

● 单击“数据库工具”选项卡“关系”组中的“关系”按钮，打开“关系”窗口和“显示表”对话框，如图 4-106 所示。

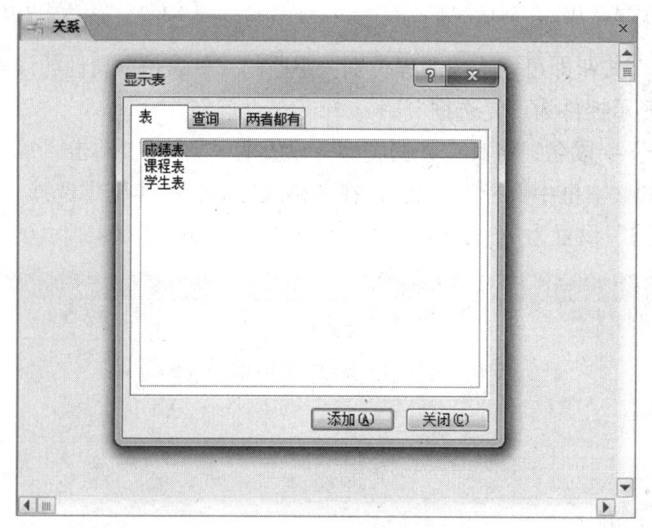

图 4-106　“关系”窗口和“显示表”对话框

● 在图 4-106 中选中所有的数据表，方法是：选中第一个表，按住【Shift】键单击最后一个数据表。然后单击“添加”按钮，将“显示表”对话框中的所有数据表添加到“关系”窗口中，用于创建“关系”。

● 添加完成后单击“关闭”按钮，关闭“显示表”对话框。添加的结果如图 4-107 所示。拖动表的标题栏可以移动表的位置。

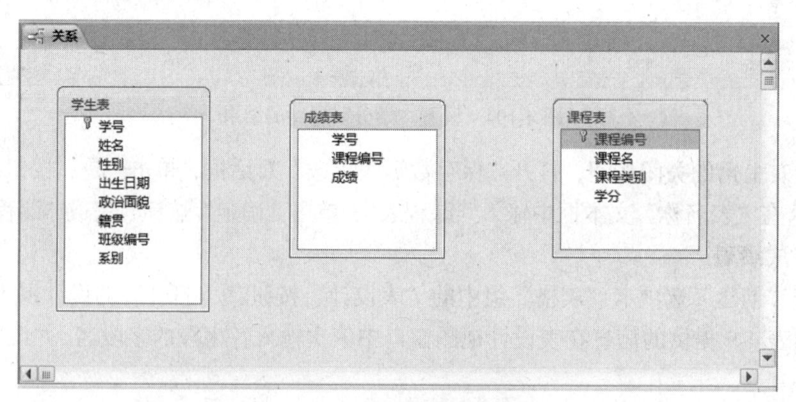

图 4-107　添加数据表的结果

● 选定“学生表”中的学号字段，按住鼠标左键不放并拖动到“成绩表”中的“学号”字段上，系统会弹出图 4-108 所示的“编辑关系”对话框。

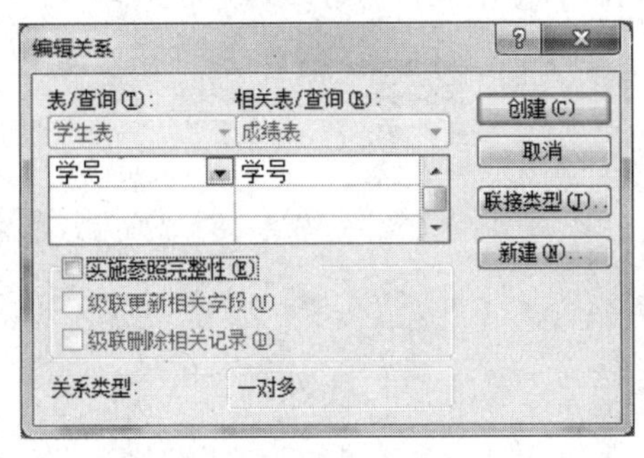

图 4-108 “编辑关系”对话框

● 在“编辑关系”对话框中选中“实施参照完整性”复选框，然后选中“级联更新相关字段”复选框和“级联删除相关字段”复选框。

● 单击“创建”按钮即创建了这两个数据表之间的关系，如图 4-109 所示。

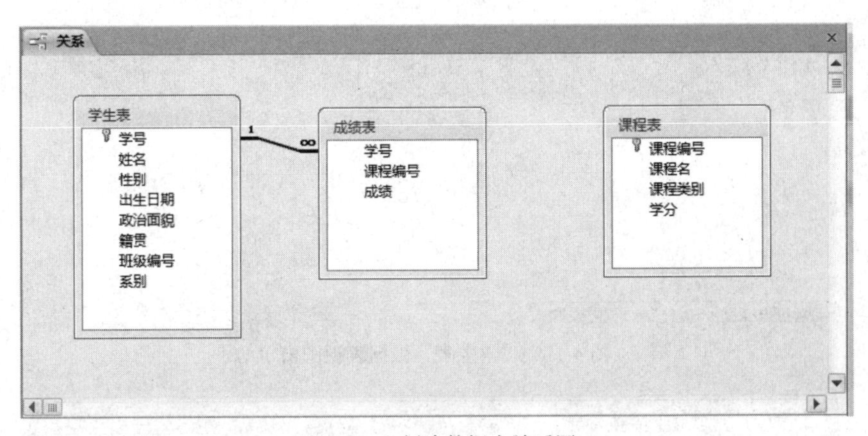

图 4-109 创建数据表关系图

9. **创建“课程表”与“成绩表”之间的关系**

● 选定“课程表”中的“课程编号”字段，按住鼠标左键不放并拖动到“成绩表”中的“课程编号”字段上，弹出“编辑关系”对话框。

● 在“编辑关系”对话框中选中“实施参照完整性”复选框，然后单击“创建”按钮创建这两个数据表之间的关系。

● 单击“关系”窗口右上角的 × 按钮，弹出图 4-110 所示对话框，单击“是”按钮。

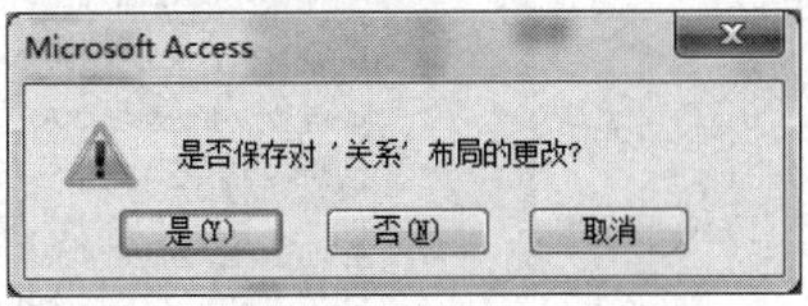

Microsoft Access

是否保存对‘关系’布局的更改?

是(Y) 否(N) 取消

图 4-110 提示是否保存对话框

10. **输入学生表数据**

● 在图 4-111 所示的窗口中选定“学生表”，直接双击打开学生表的数据表视图窗口，如图 4-112 所示。

● 在图 4-112 所示的数据表视图中按序输入表 4-6 所列的 5 条记录。

● 关闭学生表的数据表视图。

11. **导入 Excel 工作簿数据到学生表**

● 单击“外部数据库”选项卡，“导入并链接”组中的“导入 Excel”按钮，出现“获取外部数据-Excel 电子表格”对话框，如图 4-113 所示。

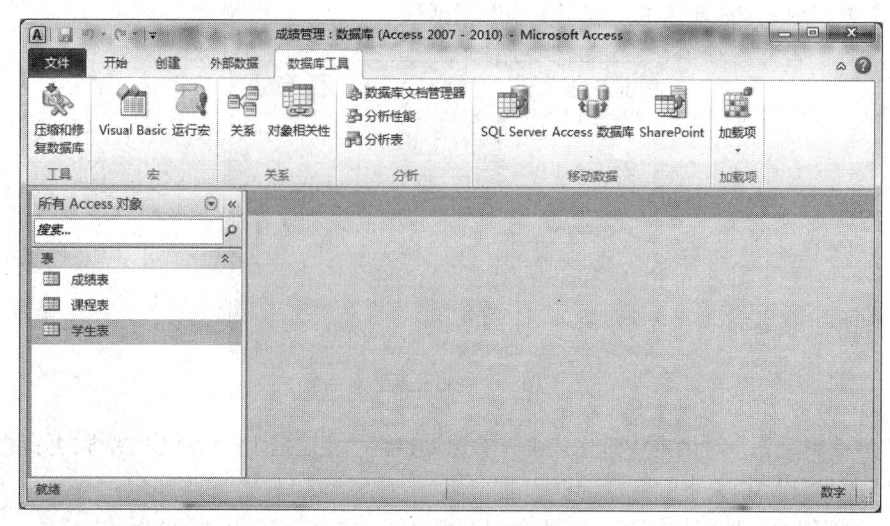

图 4-111 数据库窗口

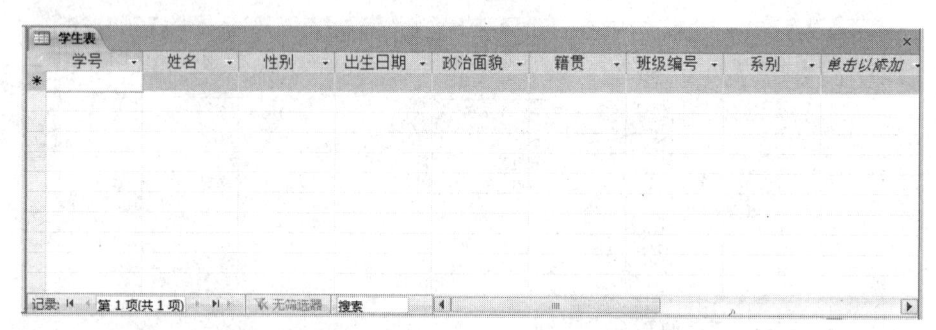

图 4-112 “学生表”数据表视图窗口

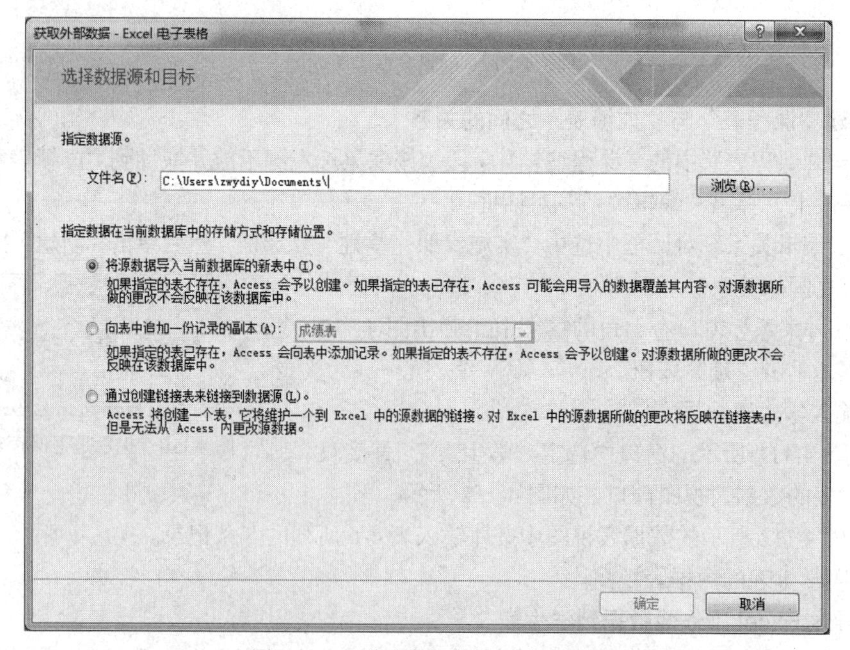

图 4-113 “获取外部数据”对话框 1

- 单击“浏览”按钮，选择要导入的 Excel 文件“学生表.xlsx”，选择“指定数据在当前数据库中的存储方式和存储位置。”为“向表中追加一份记录的副本”，如图 4-114 所示。

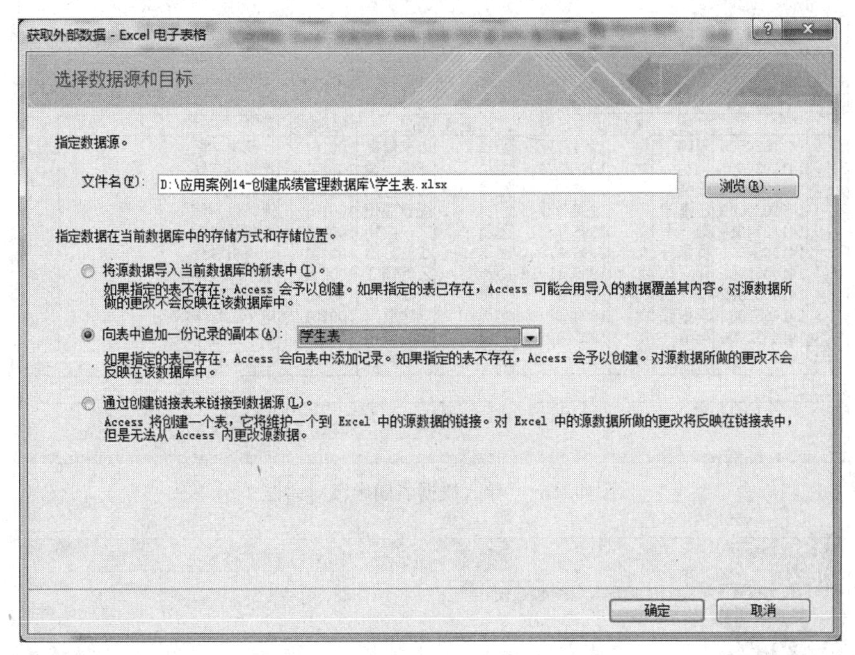

图 4-114　“获取外部数据”对话框 2

- 单击“确定”按钮，弹出“导入数据表向导”对话框 1，如图 4-115 所示。

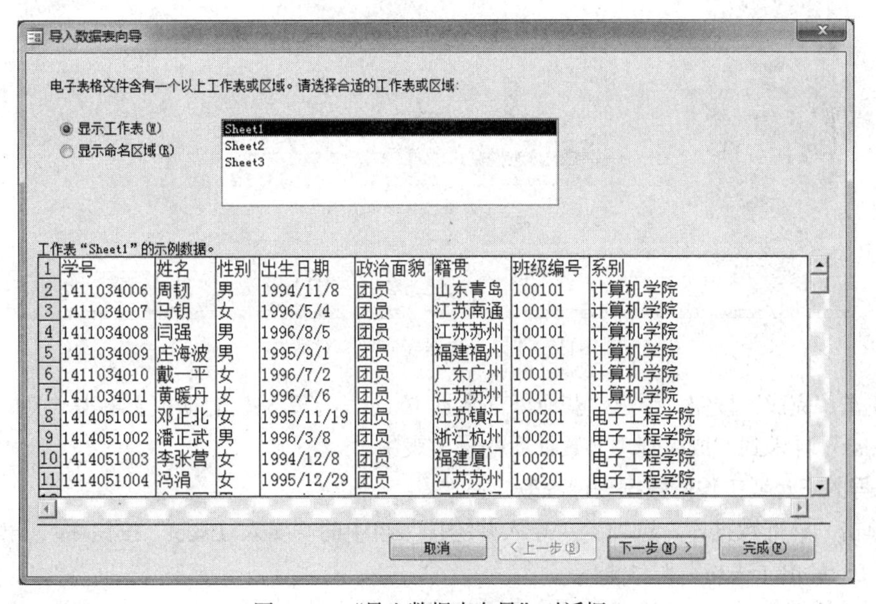

图 4-115　“导入数据表向导”对话框 1

- 单击“下一步”按钮，弹出“导入数据表向导”对话框 2，如图 4-116 所示。
- 单击“下一步”按钮，弹出“导入数据表向导”对话框 3，如图 4-117 所示。

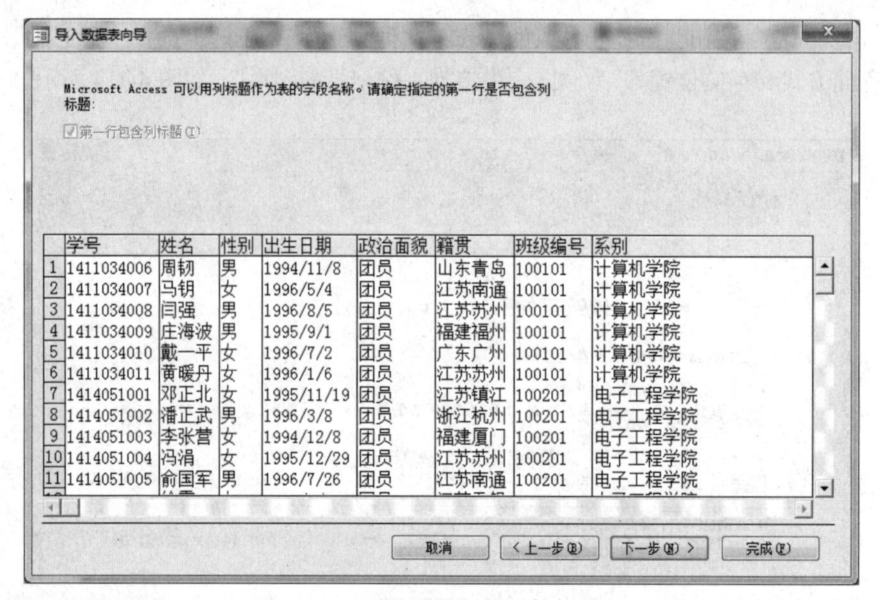

图 4-116 “导入数据表向导”对话框 2

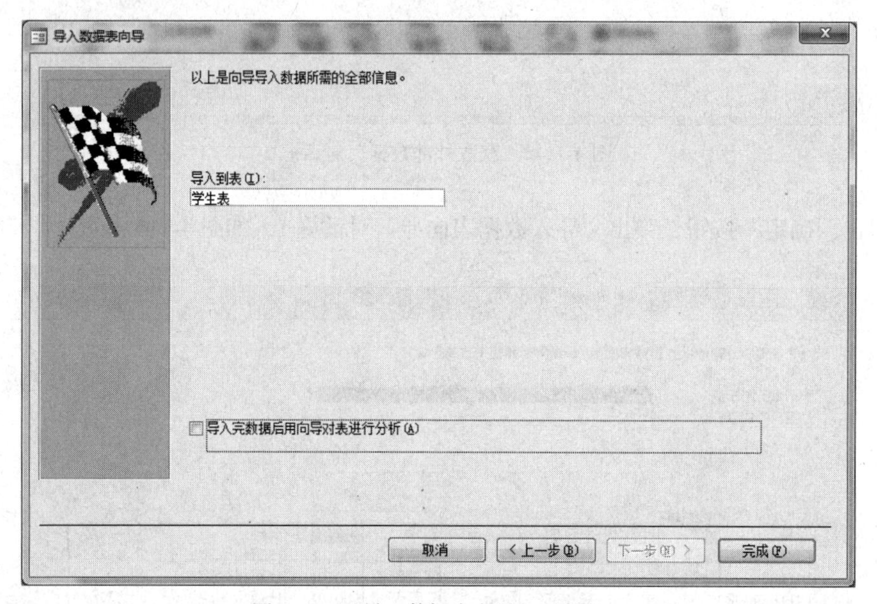

图 4-117 “导入数据表向导”对话框 3

● 单击“完成”按钮，弹出“获取外部数据-Excel 电子表格”对话框，单击“关闭”按钮将“学生表.xlsx”导入到“成绩管理”数据库的学生表中。

12. 导入 Excel 工作簿数据到课程表

● 单击“外部数据库”选项卡“导入并链接”组中的“导入 Excel”按钮，出现“获取外部数据-Excel 电子表格”对话框。

● 在对话框中单击“浏览”按钮，选择要导入的 Excel 文件“课程表.xlsx”，选择“指定数据在当前数据库中的存储方式和存储位置。”为“向表中追加一份记录的副本”，如图 4-118 所示。

● 单击“确定”按钮，弹出“导入数据表向导”对话框 1，如图 4-119 所示。

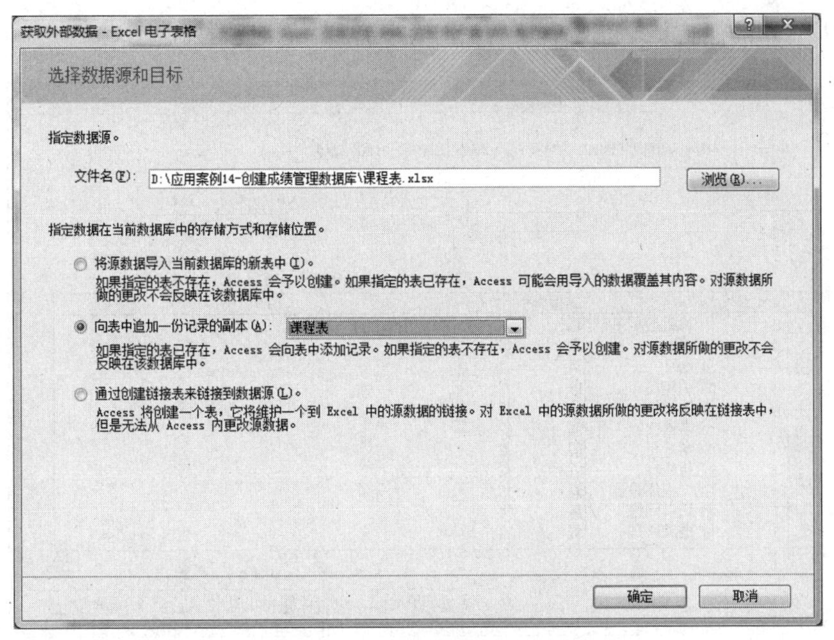

图 4-118 “获取外部数据”对话框

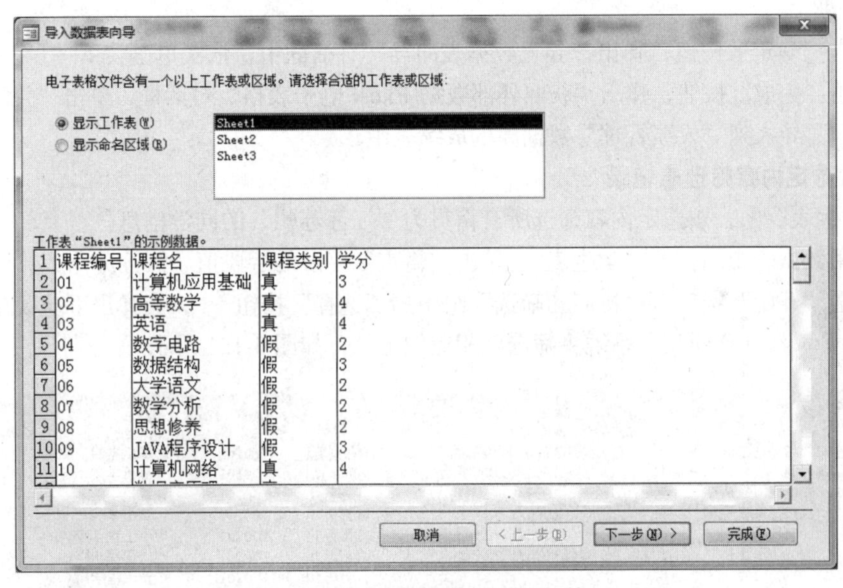

图 4-119 “导入数据表向导”对话框 1

- 单击“下一步”按钮，弹出“导入数据表向导”对话框 2，如图 4-120 所示。
- 单击“下一步”按钮，弹出“导入数据表向导”对话框 3，单击“完成”按钮，弹出“获取外部数据-Excel 电子表格”对话框，单击“关闭”按钮将“课程表.xlsx”导入到“成绩管理”数据库的课程表中。

13. 导入 Excel 工作簿数据到成绩表

- 单击“外部数据库”选项卡“导入并链接”选项组中的“导入 Excel”按钮，出现“获取外部数据-Excel 电子表格”对话框。
- 在对话框中单击“浏览”按钮，选择要导入的 Excel 文件“成绩表.xlsx”，选择“指定数据在当前数据库中的存储方式和位置。”为“向表中追加一份记录的副本”。

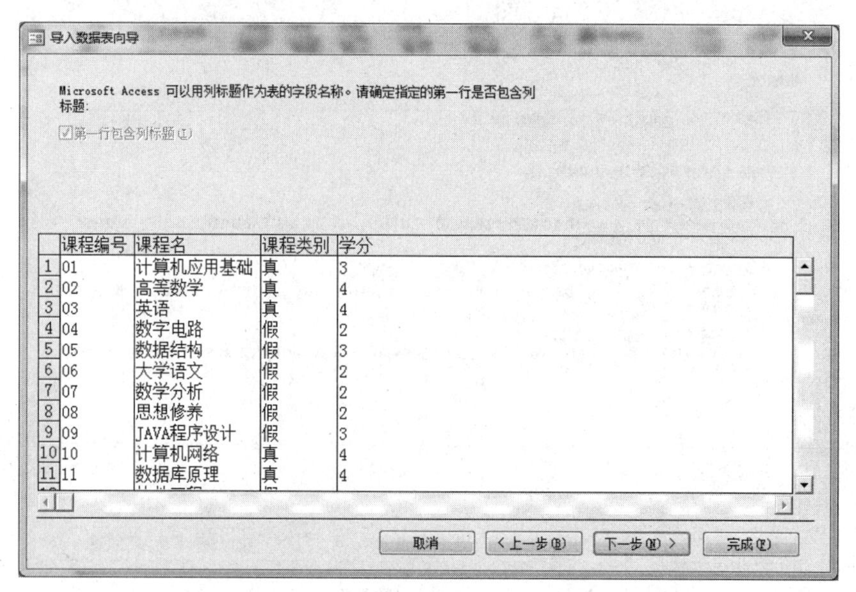

图 4-120 “导入数据表向导”对话框 2

- 单击“确定”按钮，弹出“导入数据表向导”对话框中，依次单击“下一步”按钮 2 次。
- 单击“完成”按钮，弹出“获取外部数据-Excel 电子表格”对话框，单击“关闭”按钮将“成绩表.xlsx”导入到“成绩管理”数据库的成绩表中。

14. 按选定内容筛选表记录

在“学生表”中，按选定内容筛选所有籍贯为“江苏苏州”的同学信息。

- 使用数据表视图打开“学生表”，单击“籍贯”字段的字段值“江苏苏州”。
- 单击“开始”选项卡“排序和筛选”组中的“选择”按钮，会弹出下拉菜单，在菜单中选择“等于‘江苏苏州’”，系统将筛选出相应的记录，如图 4-121 所示。

学生表

学号	姓名	性别	出生日期	政治面貌	籍贯	班级编号	系别	单击以添加
1411034002	杨军华	男	1995/8 /6	团员	江苏苏州	100101	计算机学院	
1411034004	王一冰	女	1994/11/6	党员	江苏苏州	100101	计算机学院	
1411034008	闫强	男	1996/8 /5	团员	江苏苏州	100101	计算机学院	
1411034011	黄暖丹	女	1996/1 /6	团员	江苏苏州	100101	计算机学院	
1414051004	冯涓	女	1995/12/29	团员	江苏苏州	100201	电子工程学院	
1414051009	王亚先	女	1995/11/21	团员	江苏苏州	100201	电子工程学院	
1414051010	苗伟	男	1996/12/12	党员	江苏苏州	100201	电子工程学院	
1417062003	高庆丰	男	1996/2 /1	团员	江苏苏州	200101	数学科学学院	
1417062005	于爱民	男	1994/4 /5	团员	江苏苏州	200101	数学科学学院	
1417062011	吴玉琴	女	1995/6 /30	团员	江苏苏州	200101	数学科学学院	
1417062019	邵海荣	女	1994/2 /26	团员	江苏苏州	200101	数学科学学院	
1417062021	李庆庆	女	1995/6 /16	党员	江苏苏州	200101	数学科学学院	

记录: 第 1 项(共 12 项) 已筛选 搜索

图 4-121 筛选籍贯为“江苏苏州”的同学信息

- 单击图 4-121 中“籍贯”右侧的筛选按钮，弹出图 4-122 所示的下拉菜单，单击“从籍贯清除筛选器”，取消筛选。
- 关闭“学生表”。Access 会提醒用户是否要保存对表的设计的修改，单击“否”按钮。

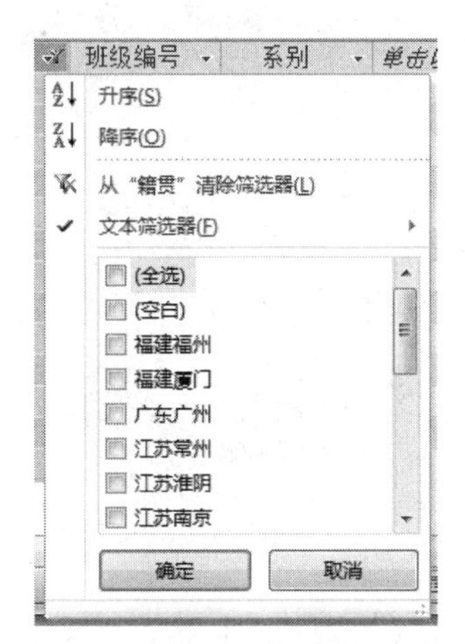

图 4-122 筛选下拉菜单

15. 按窗体筛选表记录和排序

在学生表中，按窗体筛选班级编号为“100101” 且性别为“男”，或者班级编号为“200101”，且性别为“女”的学生信息，结果按“姓名”的升序排列。

- 单击“开始”选项卡“排序和筛选”组中的“高级”按钮 高级 ，会弹出下拉菜单。
- 在下拉菜单中单击“按窗体筛选”，打开“按窗体筛选”窗口，如图 4-123 所示。

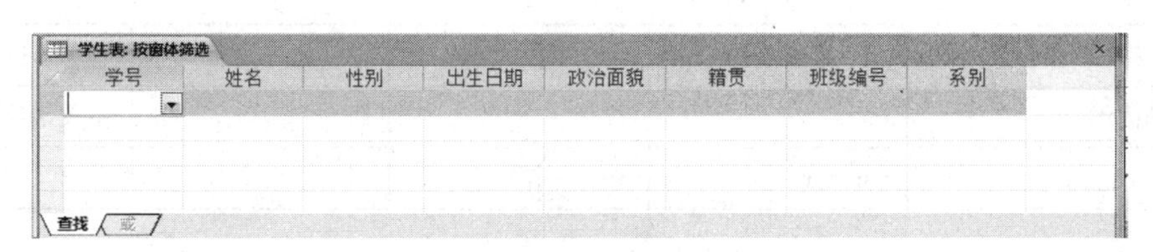

图 4-123 “按窗体筛选”窗口

- 单击“班级编号”字段下的空白行，单击“班级编号”字段旁的下拉按钮，选择“100101”，然后单击“性别”字段旁的下拉按钮，选择“男”，如图 4-124 所示。

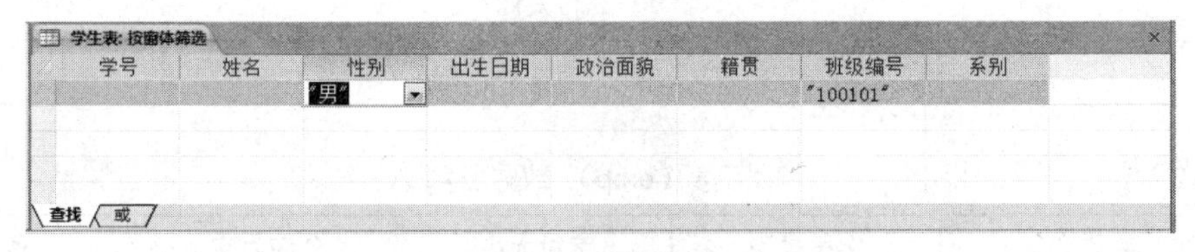

图 4-124 “按窗体筛选”窗口

- 点击窗口左下方的 或 ，然后单击“班级编号”字段旁的下拉按钮，选择“200101”，然后单击“性别”字段旁的下拉按钮，选择“女”。
- 筛选条件设置完成后，单击工具栏中的“切换筛选”按钮 切换筛选 ，筛选结果显示在数据表中，如图 4-125 所示。
- 将光标定位于要排序的“姓名”字段中。
- 单击工具栏中的“升序”按钮 升序，按照升序排序（再次单击“切换筛选”按钮 切换筛选 ，可以取消筛选；单击工具栏中的按钮，也可以取消筛选）。
- 关闭学生表，Access 会提醒用户是否要保存对表的设计的修改，单击“否”按钮。

学生表

学号	姓名	性别	出生日期	政治面貌	籍贯	班级编号	系别	单击以添
1411034002	杨军华	男	1995/8 /6	团员	江苏苏州	100101	计算机学院	
1411034003	陈延俊	男	1995/10/9	团员	江苏扬州	100101	计算机学院	
1411034001	严治国	男	1996/2 /9	团员	江苏南京	100101	计算机学院	
1411034006	周韧	男	1994/11/8	团员	山东青岛	100101	计算机学院	
1411034008	闫强	男	1996/8 /5	团员	江苏苏州	100101	计算机学院	
1411034009	庄海波	男	1995/9 /1	团员	福建福州	100101	计算机学院	
1417062002	朱鹤颖	女	1995/11/15	团员	江苏扬州	200101	数学科学学院	
1417062004	李明明	女	1996/3 /3	团员	江苏扬州	200101	数学科学学院	
1417062006	陈键	女	1995/5 /6	团员	江苏南通	200101	数学科学学院	
1417062011	吴玉琴	女	1995/6 /30	团员	江苏苏州	200101	数学科学学院	
1417062013	蒋　红	女	1995/2 /4	团员	江苏无锡	200101	数学科学学院	
1417062014	李海平	女	1994/3 /5	团员	江苏盐城	200101	数学科学学院	
1417062018	朱　丹	女	1996/7 /12	党员	江苏南通	200101	数学科学学院	
1417062019	邵海荣	女	1994/2 /26	团员	江苏苏州	200101	数学科学学院	
1417062021	李庆庆	女	1995/6 /16	党员	江苏苏州	200101	数学科学学院	

记录：第 1 项(共 15 项) 已筛选 搜索

图 4-125 “按窗体筛选”结果

说明：关闭数据表视图时，Access 会提醒用户是否要保存对表的设计的修改。若保存修改，则下次打开表浏览时，记录将按姓名升序显示记录，否则还是按排序前的顺序显示记录。

4.2.7 练习

参照 4.2.6 小节中的步骤，创建一个人事管理数据库，该数据库中包含部门表（dept）和员工表（emp），要求如表 4-10～表 4-13 所示。

表 4-10 “部门表（dept）”数据表字段

字段名称（字段含义）	字段类型	字段大小	允许为空	备注
deptid（部门编号）	int	11	否	主关键字
dname（部门名）	varchar	50	是	

表 4-11 “部门表（dept）”数据

deptid	dname
100	决策部
200	技术部
300	销售部

表 4-12 “员工表（emp）”数据表字段

字段名称（字段含义）	字段类型	字段大小	允许为空	备注
cmpid（雇员编号）	int	11	否	主关键字
ename（雇员姓名）	varchar	50	是	
position（职位）	varchar	50	是	
hiredate（入职时间）	date		是	
salary（收入）	decimal(7,2)	(7,2)	是	
bonus（奖金）	decimal(7,2)	(7,2)	是	
deptid（部门编号）	int	11	是	

表 4-13 "员工表（emp）"数据

empid	ename	position	hiredate	salary	bonus	deptid
1000	李飞	董事长	2011-04-02	10000	NULL	100
1012	杨军华	经理	2018-04-23	28700	NULL	200
1001	陈延俊	经理	2011-04-02	26900	NULL	300
1003	王一冰	经理	2012-12-18	27600	NULL	100
1006	赵朋清	分析师	2013-11-15	31000	NULL	200
1009	张宏	分析师	2016-10-11	31000	NULL	200
1004	李海丽	销售员	2013-01-01	15000	19000	300
1005	穆步平	销售员	2013-09-02	14000	8000	300
1007	王克荣	销售员	2014-01-25	13000	12000	300
1008	许悦	销售员	2014-04-25	12000	1000	300
1010	杨鑫	文员	2016-11-28	10000	NULL	300
1011	莫明	文员	2017-06-18	8500	NULL	100
1002	康大三	文员	2011-11-21	12500	NULL	200

4.3 Access 数据库的查询设计

4.3.1 案例概述

1. 案例目标

在 Access 数据库中，数据查询是一个非常重要的操作，是对表中的数据进行检索、统计、分析和查看的一个非常重要的数据库对象。

本案例主要实现 Access 中选择查询、参数查询、交叉查询、操作查询（含生成表查询、追加查询、更新查询与删除查询）和 SQL 查询。

2. 知识点

本案例涉及的主要知识点如下。

（1）使用查询设计器进行单表查询；

（2）使用查询设计器进行多表查询；

（3）使用查询设计器进行单表汇总查询；

（4）使用查询设计器进行多表汇总查询；

（5）使用 SELECT-SQL 语句查询。

4.3.2 利用查询设计器创建查询

1. 创建选择查询

选择查询是最常见的查询类型，它从一个或多个表中检索数据，并且在"数据表视图"中显示结果。也可以使用选择查询来对记录进行分组，并且对记录进行总计、计数、平均值及其他类型的汇总计算。

（1）基于单表的查询

【**例 4-17**】在“成绩管理”数据库中查询“学生表”中“女”学生的学号和姓名信息。

具体操作步骤如下。

- 打开数据库，在“创建”选项卡“查询”组中单击“查询设计”按钮。在打开“查询设计”窗口的同时弹出“显示表”对话框，如图 4-126 所示。查询设计器窗口有两部分，上半部分用于显示查询所基于的数据源（表或查询），下半部分用于设计查询结果中所具有的列、查询条件等。查询设计器中用到各项内容见表 4-14。

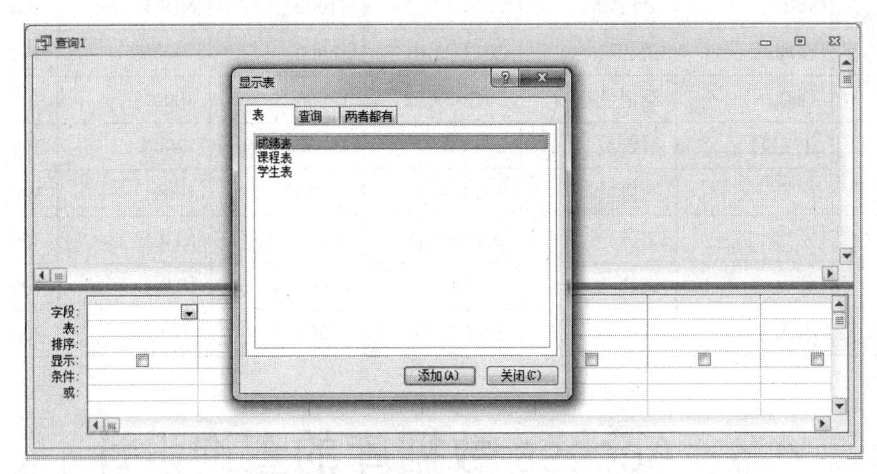

图 4-126　查询设计窗口与“显示表”对话框

表 4-14　查询项目及含义

项目	含义
字段	用来设置查询结果中要输出的列，一般为字段或字段表达式
表	字段所基于的表或查询
排序	用来指定查询结果是否在某字段上进行排序
显示	用来指定当前列是否在查询结果中显示。复选框选中时表示要显示
条件	用来输入查询限制条件
或	用来输入逻辑的“或”限制条件
总计	在汇总查询时会出现，用来指定分组汇总的方式

- 选择表选项卡，选择“学生表”，单击“添加”按钮，将表添加到查询设计器中。也可以双击相关的表名，将表添加到查询设计器中。

- 单击“关闭”按钮，关闭“显示表”对话框。用户可以在任何时候单击“查询工具设计”选项卡“查询设置”组的显示表按钮（见图 4-127），打开“显示表”对话框。在已经添加的表上右击，选择“删除表”，可以移除添加进查询的数据源表。

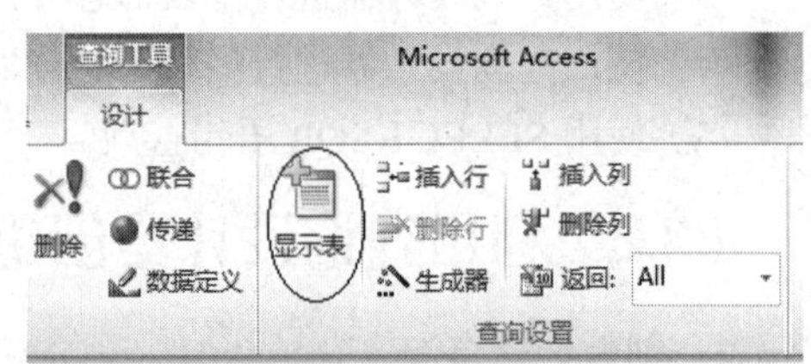

图 4-127　“显示表”按钮

- 单击查询设计器窗口下部分的“字段”后

文本框，在“字段”下拉列表中选择相关字段（若要输出所有字段，可以选择“*”），也可以在显示表区域将表中的字段直接拖放到“字段”中，或双击显示表区域中表的相关字段，来添加查询结果中要输出的列（如添加学号、姓名、性别字段）。

- 单击“排序”后文本框，在“排序”下拉列表中选择“升序、降序或（不排序）”，指定查询结果是否在某字段上进行排序（如指定按学号升序进行排序）。
- 在“显示”后的各复选框中指定查询结果中显示哪些字段（如显示学号、姓名字段）。
- 单击某字段下的“条件”文本框，设置查询条件。如在性别查询条件中设置“女”，设置结果如图 4-128 所示。

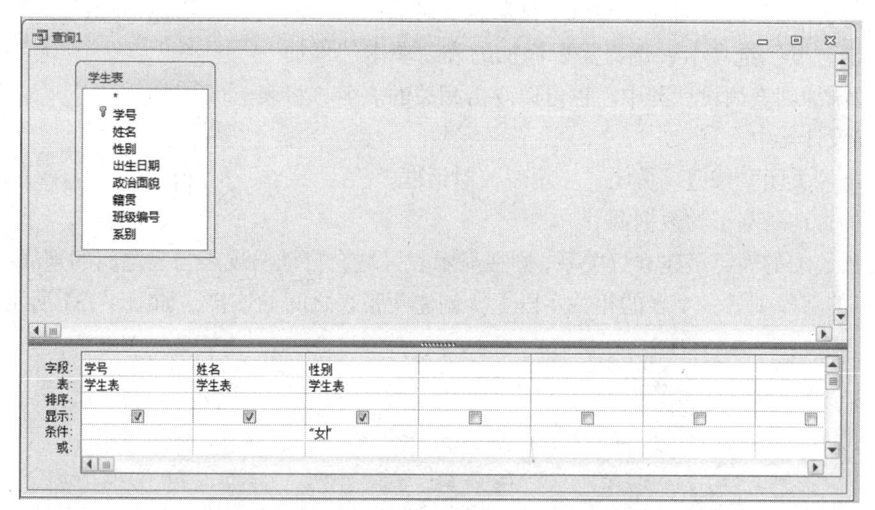

图 4-128 设置基于“学生表”的各查询项目

- 单击快速访问工具栏中的按钮，指定“查询名称”，保存当前查询。
- 在“查询工具设计”选项卡“结果”组中单击“运行”按钮可以运行查询，查询结果如图 4-129 所示。

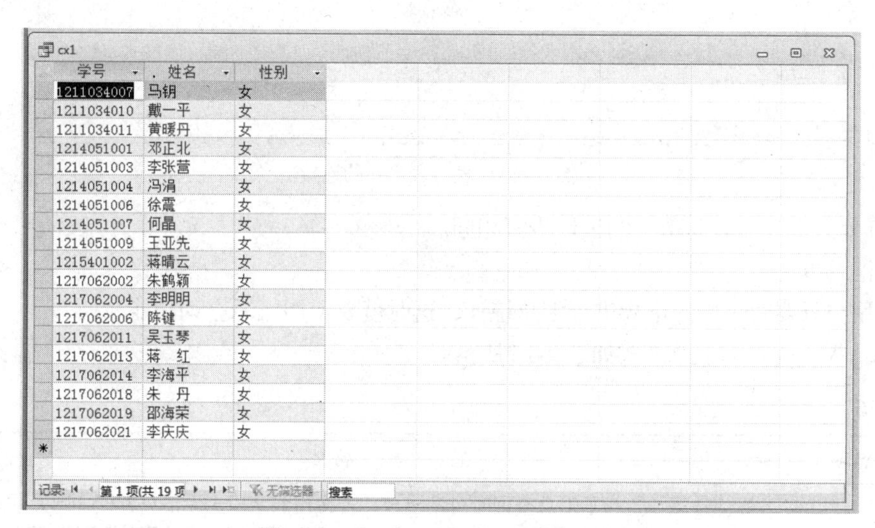

cx1

学号	姓名	性别
1211034007	马钥	女
1211034010	戴一平	女
1211034011	黄暖丹	女
1214051001	邓正北	女
1214051003	李张营	女
1214051004	冯涓	女
1214051006	徐霞	女
1214051007	何晶	女
1214051009	王亚先	女
1215401002	蒋晴云	女
1217062002	朱鹤颖	女
1217062004	李明明	女
1217062006	陈键	女
1217062011	吴玉琴	女
1217062013	蒋 红	女
1217062014	李海平	女
1217062018	朱 丹	女
1217062019	邵海荣	女
1217062021	李庆庆	女
*		

记录: 第 1 项(共 19 项 无筛选器 搜索

图 4-129 基于“学生表”的查询结果

说明：①查询在运行状态（数据表视图）时，可以在“开始”选项卡“视图”组中单击“视图设计”按钮，返回设计视图窗口。②若要改变字段在查询结果中显示的标题，可以在设计器窗口中右击某字段，然后在快捷菜单中选择“属性”，打开图 4-130 所示“属性表”对话框。在“标题”后输入需要显示的字段标题。若要改变数值型字段在查询结果中显示的格式，在“格式”后选择需要显示的字段格式。

（2）基于多表的查询

设计基于多表的查询时，必须将多个表连接起来。

具体操作步骤如下。

- 在“创建”选项卡“查询”组中单击“查询设计”按钮。在打开“查询设计”窗口的同时弹出“显示表”对话框。
- 单击“表”选项卡，选择需要添加的表，单击“添加”按钮，将表添加到查询设计器中。也可以双击相关的表名，将表添加到查询设计器中。
- 单击“关闭”按钮，关闭“显示表”对话框。
- 添加查询所基于的数据源。
- 若被添加的表已经建立好关系，则在显示表区域会自动出现表与表之间的连线，否则可以拖动一个表的字段到另一个表的相关字段上，创建两张表之间的连接，如图 4-131 所示。

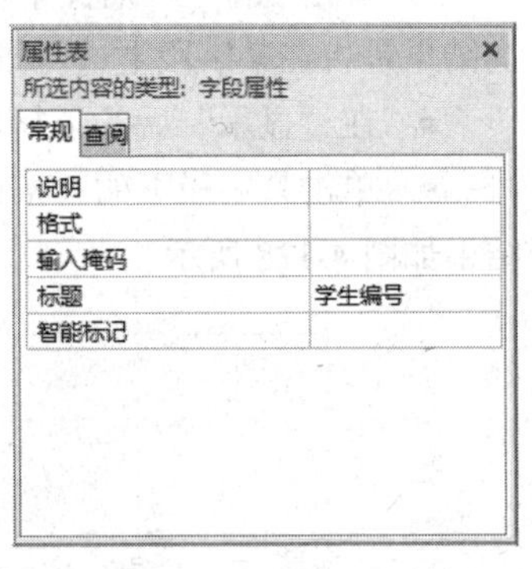

图 4-130 “属性表”对话框

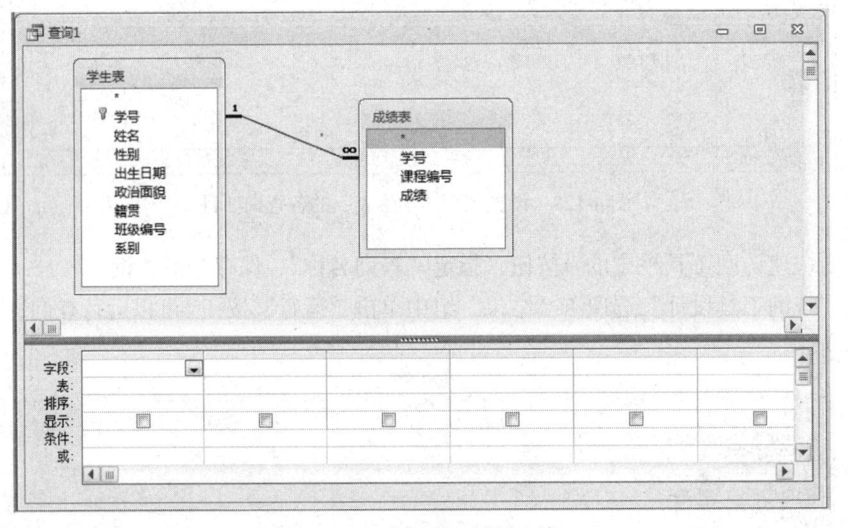

图 4-131 表与表之间的连接

- 其他的设计步骤与单表的设计步骤相同。

（3）汇总查询

有时用户需要对表中的记录进行汇总统计，这时就要使用汇总查询功能。

Access 提供的查询汇总方式如表 4-15 所示。

表 4-15 查询汇总方式

分组选项	含义
Group By	默认选项。选择了汇总查询时自动出现，若在当前字段上无汇总方式，则无须改变
合计	求和选项（Sum）。为每一组中指定的字段进行求和运算
平均值	求平均值选项（Avg）。为每一组中指定的字段进行求平均值运算

续表

分组选项	含义
最大值	求最大值选项（Max）。为每一组中指定的字段进行求最大值运算
最小值	求最小值选项（Min）。为每一组中指定的字段进行求最小值运算
计数	计数选项（Count）。根据指定字段求每一组中的记录数
StDev	统计标准差选项（StDev）。计算每一组中某字段所有值的标准差。如果该组只包括一个记录，则返回 Null
变量	统计方差选项（Var）。计算每一组中某字段所有值的方差。如果该组只包括一个记录，则返回 Null
First	求第一个值选项（First）。根据指定字段求每一组中第一个记录该字段的值
Last	求最后一个值选项（Last）。根据指定字段求每一组中最后一个记录该字段的值
Expression	表达式选项（Expression）。可以在字段行中建立计算字段
Where	条件选项（Where）。用于指定表中哪些记录可以参加分组汇总

下面以两个具体实例介绍汇总查询的设计。

【例 4-18】 在“成绩管理”数据库中，基于“学生表”与“成绩表”，查询平均分大于或等于 75 分的所有男同学的学号、姓名和平均分，结果按平均分从高到低（降序）的顺序排列。

具体操作步骤如下。

- 在“创建”选项卡“查询”组中单击“查询设计”按钮。在打开“查询设计”窗口的同时弹出“显示表”对话框，将“学生表”与“成绩表”添加到查询设计器中。
- 拖动“学生表”中的“学号”字段到“成绩表”中的“学号”字段上，建立两张表之间的连接。
- 在“查询工具设计”选项卡“显示/隐藏”组中单击“汇总”按钮Σ，打开总计功能。
- 在查询设计界面下部的总计行设置总计选项，在条件行输入查询条件，各项设置的结果如图 4-132 所示。

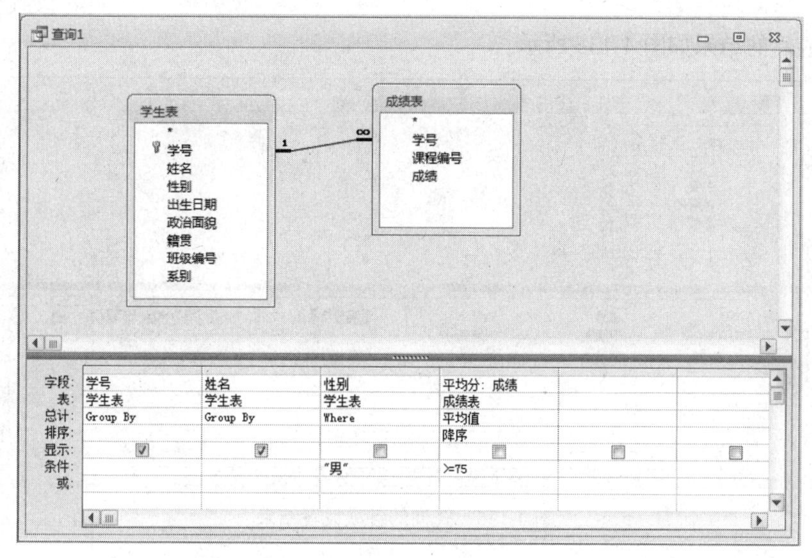

图 4-132 汇总查询

● 在“查询工具设计”选项卡“结果”组中单击“运行”按钮!，可以运行查询，查询结果如图 4-133 所示。

【例 4-19】查询各学生课程的最高分与最低分之差。

具体操作步骤如下。

● 在“创建”选项卡“查询”组中单击“查询设计”按钮。在打开“查询设计”窗口的同时弹出“显示表”对话框，将“成绩表”添加到查询中。

● 在“查询工具设计”选项卡“显示/隐藏”组中单击“汇总”按钮Σ，打开总计功能。

● 双击“成绩表”中的“学号”字段。

● 双击“成绩表”中的“成绩”字段，在“总计”选项中选择“最大值” 。

● 双击“成绩表”中的“成绩”字段，在“总计”选项中选择“最小值”。

● 双击“成绩表”中的“成绩”字段，在“总计”选项中选择“表达式”，然后右击此字段，在快捷菜单中选择“生成器”，打开“表达式生成器”对话框，如图 4-134 所示。

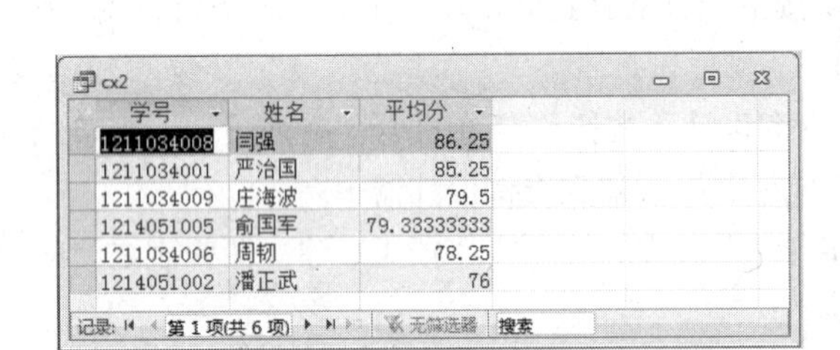

cx2

学号	姓名	平均分
1211034008	闫强	86.25
1211034001	严治国	85.25
1211034009	庄海波	79.5
1214051005	俞国军	79.33333333
1211034006	周韧	78.25
1214051002	潘正武	76

记录: 第 1 项(共 6 项) 无筛选器 搜索

图 4-133 汇总查询结果

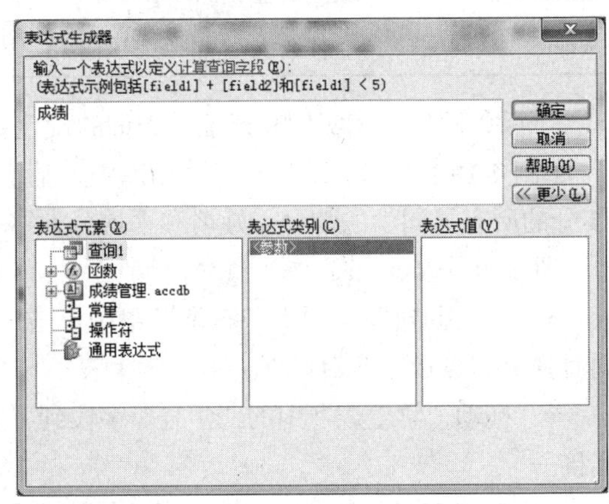

图 4-134 “表达式生成器”对话框

● 在表达式框中输入表达式“最高分与最低分之差:Max([成绩])-Min([成绩])”后单击“确定”按钮。

设置完成后的结果如图 4-135 所示。

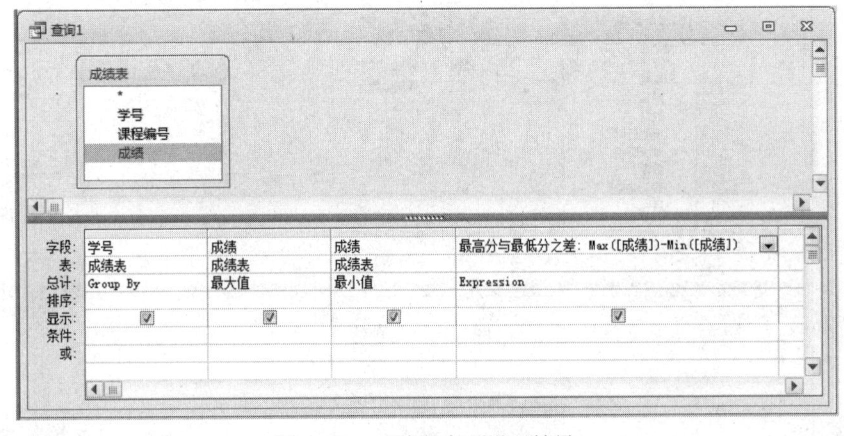

图 4-135 查询的各项设置结果

● 在“查询工具设计”选项卡“结果”选项组中单击“运行”按钮!，可以运行查询，查询结果如图 4-136 所示。

查询1

学号	成绩之最大	成绩之最小	最高分与最低分之差
1211034001	90	77	13
1211034002	84	61	23
1211034003	86	50	36
1211034004	90	48	42
1211034005	87	62	25
1211034006	84	72	12
1211034007	98	87	11
1211034008	91	80	11
1211034009	87	62	25
1211034010	97	52	45
1211034011	79	54	25
1214051001	77	61	16
1214051002	87	56	31
1214051003	84	66	18
1214051004	86	70	16
1214051005	89	66	23
1214051006	91	75	16
1215401001	82	50	32
1215401002	92	63	29

记录: 第 1 项(共 19 项 无筛选器 搜索

图 4-136 汇总查询结果

- 保存查询结果。

2. 参数查询

在查询设计器窗口中，可以输入查询条件。有时查询条件可能需要在运行查询时才能确定，此时就需要使用参数查询。

【例 4-20】为“学生表”创建参数查询。在运行查询时，根据输入的性别，统计此性别的人数。

具体操作步骤如下。

- 打开数据库，在“创建”选项卡“查询”组中单击“查询设计”按钮。在打开“查询设计”窗口的同时弹出“显示表”对话框，将“学生表”添加到查询数据源中。
- 在“查询工具设计”选项卡“显示/隐藏”组中单击“汇总”按钮Σ，打开总计功能。
- 在“查询工具设计”选项卡“显示/隐藏”组中单击“参数”按钮，打开“查询参数”对话框。输入参数并指定数据类型，如图 4-137 所示。

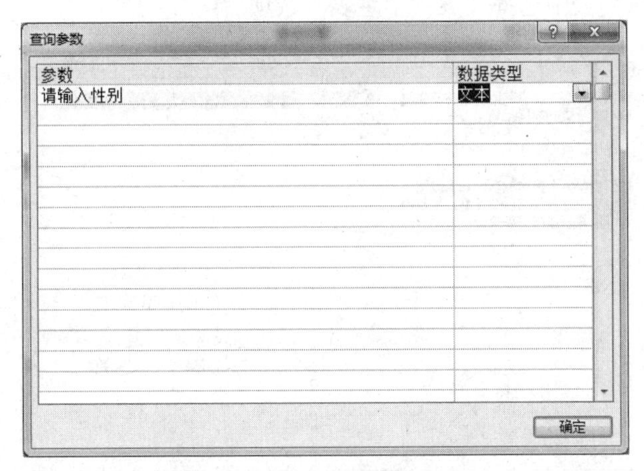

图 4-137 “查询参数”对话框

- 单击“确定”按钮。

- 双击“学生表”中的“性别”字段。
- 在“条件”中输入“[请输入性别]”。
- 双击“学生表”中的“性别”字段，在“总计”选项中选择“计数”。
- 单击工具栏中的！按钮，运行查询。此时出现“输入参数值”对话框，如图 4-138 所示。
- 输入“男”或“女”便可以显示该性别的人数。

如果想要输入一个新的参数值，就需要重新运行查询。

3. 交叉表查询

使用交叉表查询可以计算并重新组织数据的结构，这样可以更加方便地分析数据。交叉表查询可以计算数据的总计、平均值、计数或其他类型的总和，这种数据可分为两类信息：一类在数据表左侧排列，另一类在数据表的顶端。

【**例 4-21**】在“成绩管理”数据库的“学生表”中，统计出各班男、女学生的人数。

具体操作步骤如下。

- 在“创建”选项卡“查询”组中单击“查询向导”按钮，打开“新建查询”对话框，如图 4-139 所示。

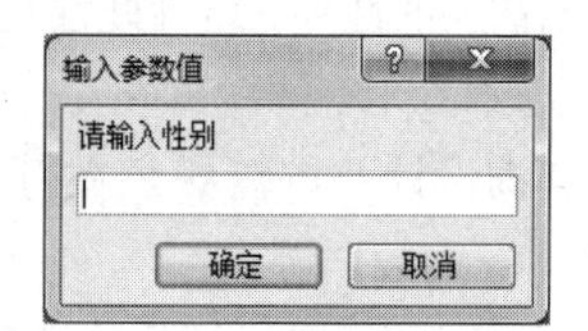

图 4-138 “输入参数”对话框

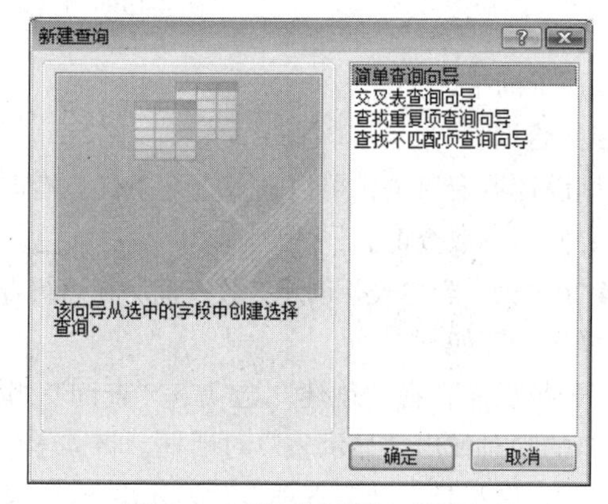

图 4-139 “新建查询”对话框

- 选择“交叉表查询向导”选项，然后单击“确定”按钮。打开图 4-140 所示的“交叉表查询向导”对话框 1。从列表中选择“表：学生表”选项。

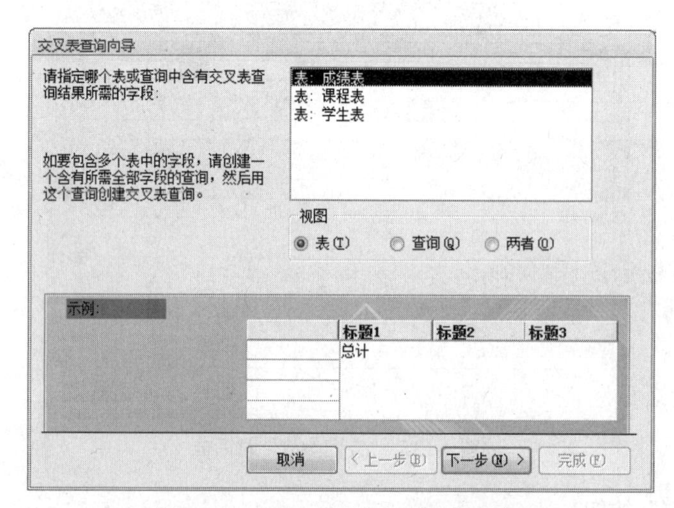

图 4-140 “交叉表查询向导”对话框 1

● 单击“下一步”按钮，在“可用字段”列表中选择所需要的字段“班级编号”，单击[>]按钮，将选中的字段添加到“选定字段”列表中，如图4-141所示。

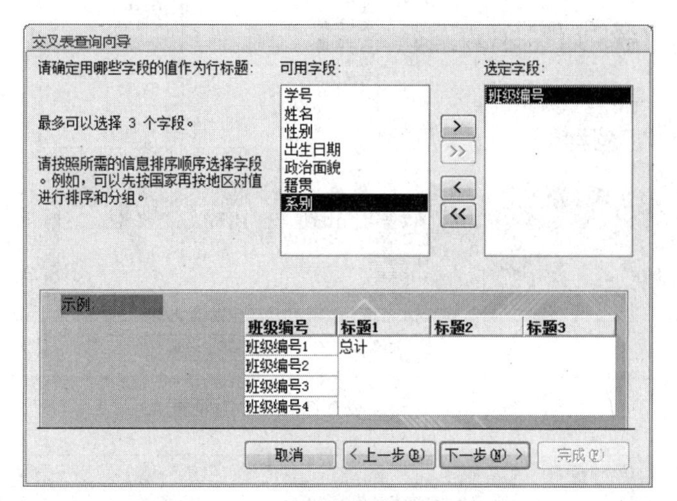

图4-141 “交叉表查询向导”对话框2

● 单击“下一步”按钮，在列表中选择“性别”字段，如图4-142所示。

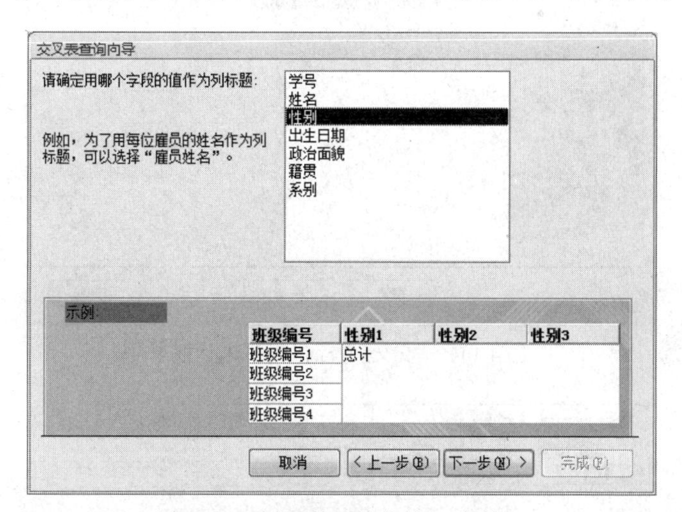

图4-142 “交叉表查询向导”对话框3

● 单击“下一步”按钮，在“字段”列表中选择“学号”字段，在“函数”列表中选择“Count”，取消选中“是，包括各行小计（Y）。”复选框，如图4-143所示。

● 单击“下一步”按钮，在“请指定查询的名称:”文本框中输入“统计各班男、女同学的人数”，如图4-144所示。

● 单击“完成”按钮。查询结果如图4-145所示。

4. 操作查询

操作查询就是对数据完成指定操作的查询，包括生成表查询、更新查询、追加查询和删除查询。

（1）生成表查询

生成表查询是指利用一个或多个表中的数据通过查询来创建一个新表。

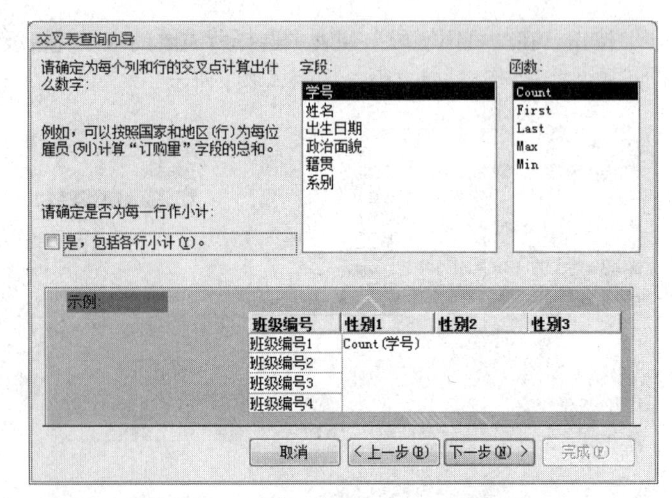

图 4-143 “交叉表查询向导”对话框 4

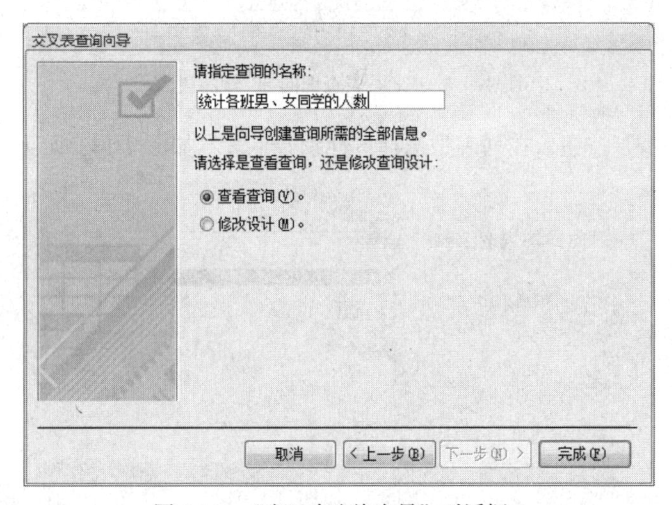

图 4-144 “交叉表查询向导”对话框 5

统计各班男、女同学的人数

班级编号	男	女
100101	8	3
100201	4	6
200101	13	9
300201	1	1

记录：第 1 项(共 4 项) 无筛选器 搜索

图 4-145 “统计各班男、女同学的人数”查询结果

生成表的查询是在查询设计完成后，再增加以下 3 步。

- 在“查询设计器”窗口打开的情况下，在“查询工具设计”选项卡“查询类型”组中单击“生成表”按钮，打开图 4-146 所示的“生成表”对话框。在此对话框中可以输入表的名字，同时可以指定生成的表是保存在当前数据库中还是指定的另一个数据库中。
- 设置好表名与数据库后，单击“确定”按钮。然后单击工具栏中的运行按钮，运行查询，此时出现图 4-147 所示的警告框。

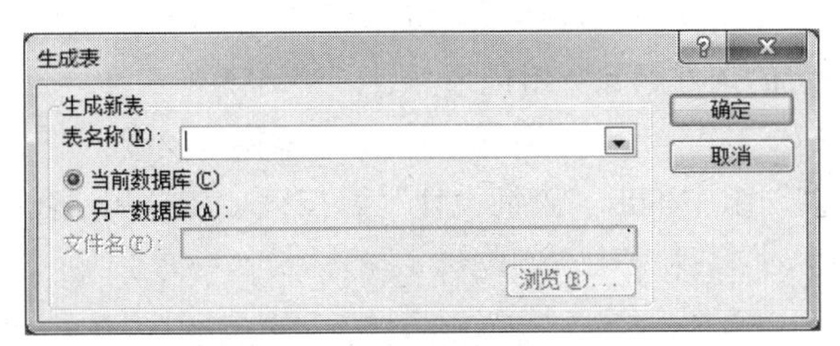

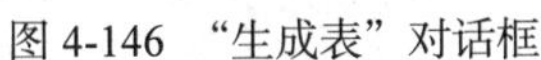
图 4-146 “生成表”对话框

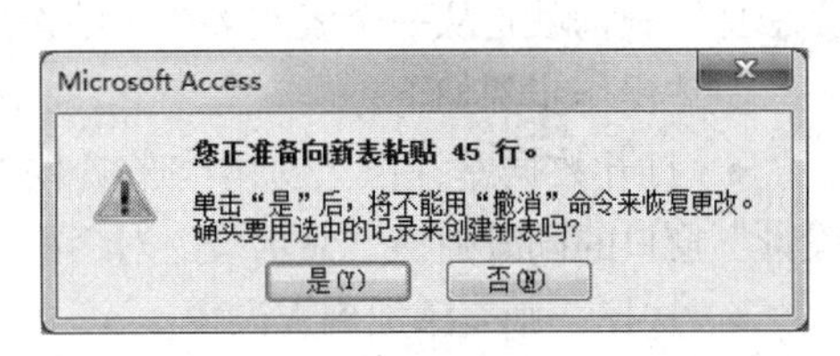

图 4-147 警告框

- 单击“是”按钮，完成表的创建。

（2）更新查询

更新查询就是对一个或多个表中的记录进行更改。

具体操作步骤如下。

- 打开数据库，在“创建”选项卡“查询”组中单击“查询设计”按钮。在打开“查询设计”窗口的同时弹出“显示表”对话框。
- 选择一张表添加到查询中。
- 选定字段、设置查询选项。
- 在“查询工具设计”选项卡“查询类型”组中单击“更新”按钮，将查询切换到更新查询方式。此时，查询设计器窗口下半部分会出现。更新到”项目。
- 对应字段的“更新到”栏中输入新内容。
- 单击工具栏中的按钮，运行查询，此时出现更新数据的警告框。
- 单击“是”按钮，完成记录的更新。

（3）追加查询

追加查询就是从一个表或多个表中提取出数据追加到另一个表的末尾。

要追加记录的表必须是已存在的。在使用追加查询时，要注意：若追加记录的表中有主键，追加记录不能有空值或重复主关键字值；追加的数据中不要含有自动编号字段。

具体操作步骤如下。

- 打开数据库，在“创建”选项卡“查询”组中单击“查询设计”按钮。在打开“查询设计”窗口的同时弹出“显示表”对话框。
- 选择需要提取数据的一张表添加到查询中。
- 选定字段、设置查询选项。
- 在“查询工具设计”选项卡的“查询类型”组中单击“追加”按钮，弹出图 4-148 所示的对话框，选择数据要追加到的表名称和数据库。

图 4-148 “追加”对话框

- 单击“确定”按钮，将查询切换到追加查询方式。此时，查询设计器窗口下半部分会出现“追加到”项目。
- 在每个选中的字段中选择“追加到”另一个表中的字段。
- 单击工具栏中的按钮，运行查询，此时出现追加数据的警告框。
- 单击“是”按钮，完成记录的追加。

（4）删除查询

删除查询就是从一个表或多个表中按照一定的条件删除一组记录。

具体操作步骤如下。

- 打开数据库，在“创建”选项卡“查询”组中单击“查询设计”按钮。在打开“查询设计”窗口的同时弹出“显示表”对话框。
- 选择一张表添加到查询中。
- 选定字段、设置查询选项。
- 在“查询工具设计”选项卡“查询类型”组中单击“删除”按钮，将查询切换到删除查询方式。此时，查询设计器窗口下半部分会出现“删除”项目。
- 在相关字段的“条件”中输入删除条件。
- 单击工具栏中的按钮，运行查询，此时出现删除数据的警告框。
- 单击“是”按钮，完成记录的删除。

4.3.3 利用 SQL 语句创建查询

在 Access 中，创建和修改查询最方便的方法是使用查询“设计”视图。但是，在创建查询时并不是所有的查询都可以在系统提供的查询设计视图中进行，有的查询只能通过 SQL 语句来实现。SQL 查询是使用 SQL 语句创建的一种查询。

1. 用 SQL 语句创建查询

具体操作步骤如下。

- 打开数据库，在“创建”选项卡“查询”组中单击“查询设计”按钮。在打开“查询设计”窗口的同时弹出“显示表”对话框。
- 关闭“显示表”对话框。
- 在“查询工具设计”选项卡“结果”组中单击“SQL 视图”按钮 SQL，切换到“SQL 视图”，如图 4-149 所示。

图 4-149　SQL 视图

- 在 SQL 视图中输入相关的 SQL 语句。
- 单击工具栏中的按钮，运行查询。

2. SQL 语句简介

SQL 是结构化查询语言（Structured Query Language）的英语缩写。SQL 语言是一种综合的、通用的、功能极强的关系数据库语言。当前流行的几乎所有的基于关系模型的数据库管理系统（DBMS）都支持 SQL，而且也被许多程序设计语言所支持。

SQL 语言包括如下 4 个部分。

（1）数据定义：命令有 Create、Drop 和 Alter，分别用来定义数据表、删除数据表、修改数据表的结构等。

（2）数据操作：命令有 Insert、Update 和 Delete，分别用来对记录做插入、更新和加删除标记等。

（3）数据查询：命令是 Select，用于对表中的数据进行提取和组合；

（4）数据控制：命令有 Grant、Revoke，用于对数据库提供必要的控制和安全防护等。

下面主要介绍 SQL-SELECT 语句的用法。

```
SELECT [ALL/DISTINCT] */字段列表
FROM 表名1[, 表名2]…
[WHERE 条件]
[GROUP BY 字段列表 [HAVING 条件]]
[ORDER BY 字段列表 [ASC/DESC]];
```

末尾的分号可以省略。

SELECT-SQL 语句的执行过程是这样的：根据 WHERE 子句“是”的条件，从 FROM 子句指定的表中选取满足条件的记录，再按字段列表选取字段，得到查询结果。若有 GROUP BY 子句，则将查询结果按指定的字段列表进行分组。若 GROUP BY 后有 HAVING，则只输出满足条件的元组。若有 ORDER BY 子句，则查询结果按指定的字段列表中的字段值进行排序。

【例 4-22】查询 1987 年出生的学生基本信息。

```
SELECT * FROM 学生表
WHERE 出生日期>=#1987-1-1# AND 出生日期<=#1987-12-31#;
```

【例 4-23】查询所有姓“李”的学生的学号和姓名。

```
SELECT 学号, 姓名 FROM 学生表
WHERE 姓名 Like "李*";
```

【例 4-24】查询统计学生表中男、女学生的人数。

```
SELECT 性别,COUNT(*) AS 人数 FROM 学生表 GROUP BY 性别;
```

4.3.4　应用案例 13：设计查询

1. 案例要求。打开 Access 数据库文件进行查询设计。本案例涉及的操作主要是使用查询设计器设计查询和调用 SELECT-SQL 语句设计查询。

2. 案例准备工作。新建一个实验文件夹（形如 1501405001 张强 2018.5.26），下载案例素材压缩包“应用案例 13-设计查询.rar”至该实验文件夹下。右击压缩包，在弹出的快捷菜单中选择“解压到当前文件夹”，将案例素材压缩包解压为一个文件夹。本案例中提及的文件均存放在此文件夹下。

打开“test.mdb”数据库文件，使用查询设计器设计 3～14 的查询。

打开“教学管理.accdb”数据库文件，调用 SELECT-SQL 语句设计 15 的各项 SQL 查询。

3. 打开“test.mdb”数据库文件，基于“学生”表查询所有女学生的名单，要求输出学号、姓名，查询结果保存为“cx1”。

- 打开数据库，在“创建”选项卡“查询”组中单击“查询设计”按钮。在打开“查询

设计”窗口的同时弹出“显示表”对话框。

● 如图 4-150 所示，单击“表”选项卡，选择“学生”表。单击“添加”按钮，然后单击“关闭”按钮。弹出图 4-151 所示的窗口。

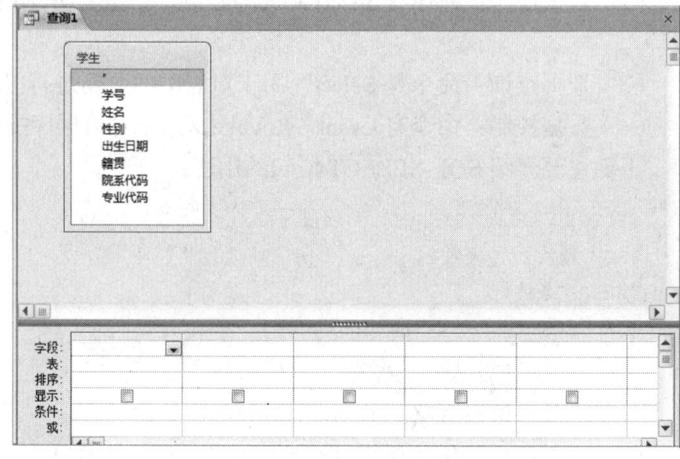

图 4-150　添加查询数据源表　　　　图 4-151　设计视图窗口 1

● 分别双击“学生”表的“学号”“姓名”“性别”字段，将它们添加到查询设计视图的下面字段行部分。也可以在设计视图下面字段行单击字段列边的下拉箭头，在下拉列表中选择要添加的字段名。

● 单击“性别”字段的“显示”属性，设置“性别”字段为非选中状态，设置“学号”和“姓名”字段为选中状态（选中字段显示在查询结果中）。

● 在“性别”字段的条件栏中输入“女”。设置完成后的界面如图 4-152 所示。

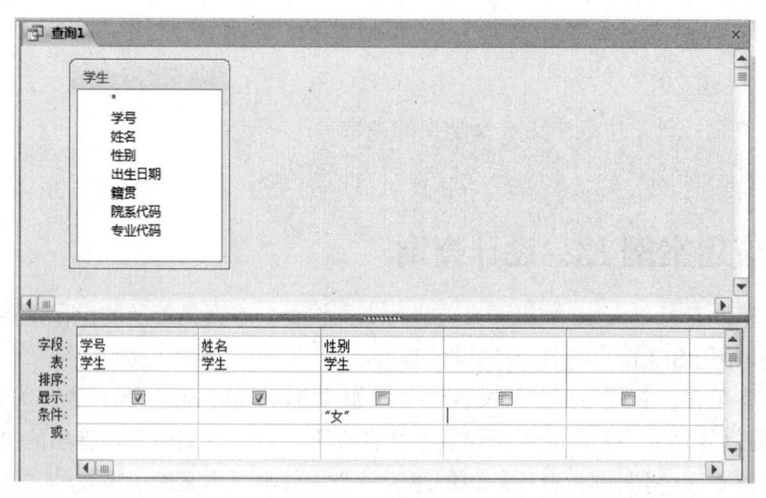

图 4-152　设计视图窗口 2

● 在“查询工具设计”选项卡的“结果”组中单击“运行”按钮 ! 可以运行查询，查询结果如图 4-153 所示。

● 单击快速访问工具栏中的按钮，指定“查询名称”为“cx1”，保存当前查询结果，单击查询窗口右上角的关闭按钮，关闭查询“cx1”。

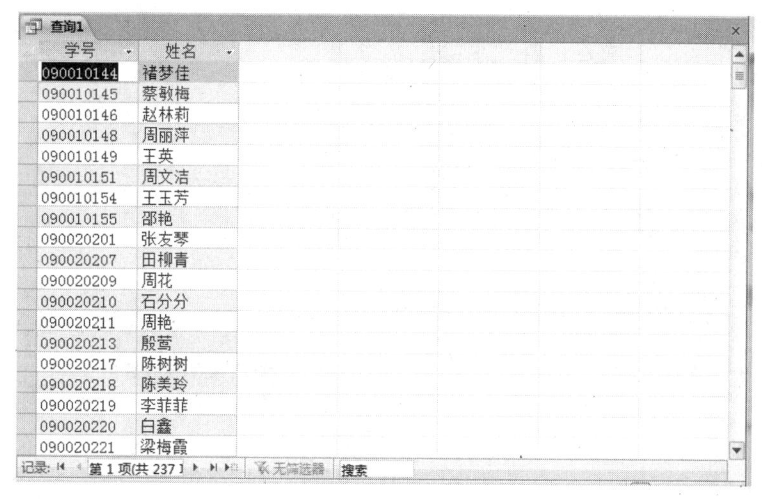

学号	姓名
090010144	褚梦佳
090010145	蔡敏梅
090010146	赵林莉
090010148	周丽萍
090010149	王英
090010151	周文洁
090010154	王玉芳
090010155	邵艳
090020201	张友琴
090020207	田柳青
090020209	周花
090020210	石分分
090020211	周艳
090020213	殷莺
090020217	陈树树
090020218	陈美玲
090020219	李菲菲
090020220	白鑫
090020221	梁梅霞

图 4-153　查询结果

4. 基于“学生”表查询所有籍贯为“山东”的学生的名单，要求输出学号、姓名，查询结果保存为“cx2”。

查询步骤与“cx1”基本类似，不同之处为：在“籍贯”字段的条件栏中输入“山东”。

5. 基于“学生”表，查询所有“1991/7/1”及其以后出生的学生名单，要求输出学号、姓名和出生日期，查询结果保存为“cx3”。

查询步骤与“cx1”基本类似，不同之处为：在“日期”字段的条件栏中输入西文字符">=#1991/7/1#"。

6. 基于“学生”表，查询所有“1991 年 1 月”出生的学生名单，要求输出学号、姓名和出生日期，查询结果保存为“cx4”。

查询步骤与“cx1”基本类似，不同之处为：在“日期”字段的条件栏中输入西文字符">=#1991/1/1# And <=#1991/1/31#"。

7. 基于“学生”表，查询所有姓“张”的学生名单，要求输出学号、姓名，查询结果保存为“cx5”。

查询步骤与“cx1”基本类似，不同之处为：在“姓名”字段的条件栏中输入西文字符 Like "张*"。

8. 基于“学生”表和“成绩”表，查询所有成绩优秀（“成绩大于等于 85 分且选择题大于等于 35 分”）的学生名单，要求输出学号、姓名、成绩，查询结果保存为“dcx1”。

- 打开数据库，在“创建”选项卡“查询”组中单击“查询设计”按钮。在打开“查询设计”窗口的同时弹出“显示表”对话框，按住【Ctrl】键不放，单击“学生”表和“成绩”表选中这两张表，单击“添加”按钮，然后单击“关闭”按钮，弹出图 4-154 所示的窗口。
- 拖动“学生”表的“学号”字段到“成绩”表的“学号”字段，建立表之间的临时关系，如图 4-155 所示。
- 分别双击“学生”表的“学号”“姓名”，将它们添加到查询设计视图的下面字段行部分。在查询界面的下面部分的表行选择“成绩”表，在字段行单击字段列边的下拉箭头，在下拉列表中分别选择要添加的“成绩”和“选择”字段。
- 单击“选择”字段的“显示”属性，设置“选择”字段为非选中状态，设置“学号”“姓名”“成绩”字段为选中状态（选中字段显示在查询结果中）。
- 在“成绩”字段的条件栏中输入“>=85”，在“选择”字段的条件栏中输入“>=35”。设置完成后的界面如图 4-156 所示。

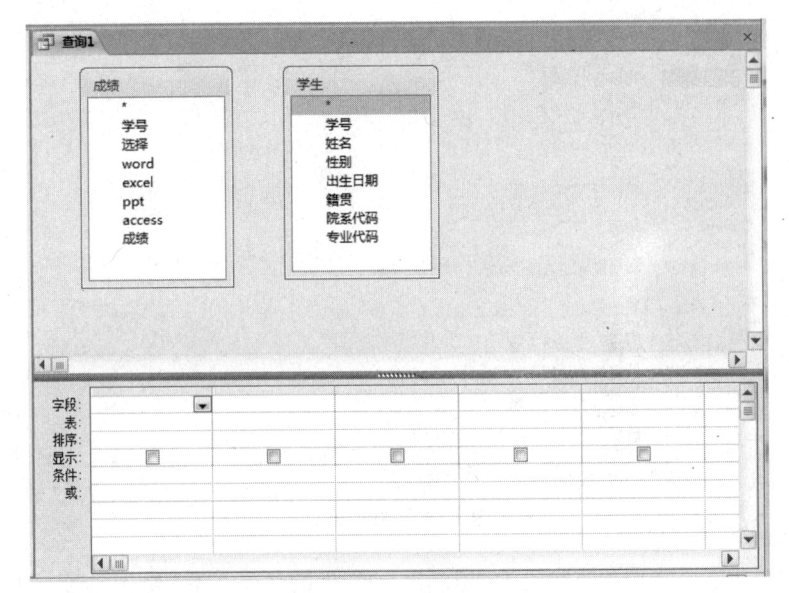

图 4-154 查询结果

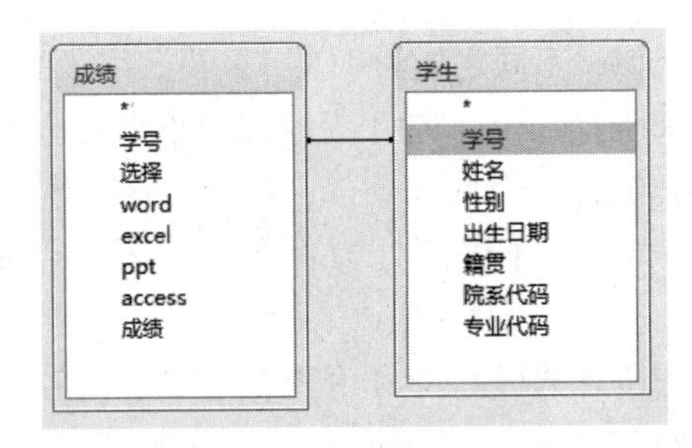

图 4-155 建立表之间的关系

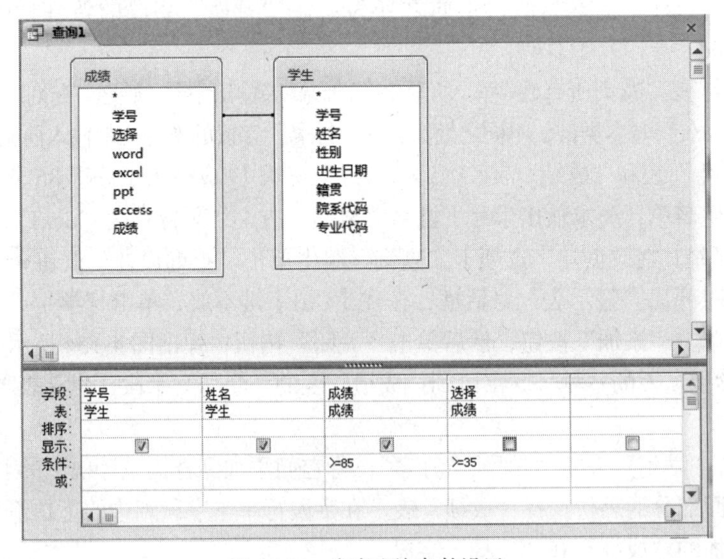

图 4-156 多表查询条件设置

- 在“查询工具设计”选项卡“结果”组中单击“运行”按钮！可以运行查询，查询结果如图 4-157 所示。
- 单击快速访问工具栏中的按钮，指定“查询名称”为“dcx1”，保存当前查询结果，关闭查询。

学号	姓名	成绩
090010146	赵林莉	88
090040122	肖寒	94
090050213	黄星星	91
090050227	张春丽	92
090050228	杨云	90
090050230	刘芳	89
090050236	曹光雪	94
090050238	王桥	92
090050240	郭迪	93
090050245	王倩	92
090050251	孙汉林	96
090050252	周佳	94
090050253	梁彬	90
090060306	王秀娟	87
090060309	马兰	91
090060312	章勇	89
090080501	庄思瑜	91
090080503	倪晓敏	95
090080505	郭帅婷	96
090080508	王华	97
090080510	王娜	94

图4-157 多表查询结果

9. 基于“学生”表和“成绩”表，查询所有成绩合格（“成绩”大于等于60分且“选择”得分大于等于24分）的学生成绩，要求输出学号、姓名、成绩，查询结果保存为“dcx2”。

查询步骤与“dcx1”基本类似，不同之处为：在“成绩”字段的条件栏中输入“>=60”，在“选择”字段的条件栏中输入“>=24”。

10. 基于“学生”表查询第一个男、女学生的名单，要求输出学号、姓名、性别，查询结果保存为“fcx1”。

- 将“学生”表添加到查询设计窗口中。
- 分别双击“学生”表的“学号”“姓名”“性别”字段，将它们添加到查询设计视图的下面字段行部分。
- 在“查询工具设计”选项卡“显示/隐藏”组中单击“汇总”按钮Σ，打开总计功能。
- 在查询设计窗口下面部分的“总计”行将“学号”和“姓名”字段设置为“First”,将“性别”字段设置为“Group By”，设置结果如图4-158所示。

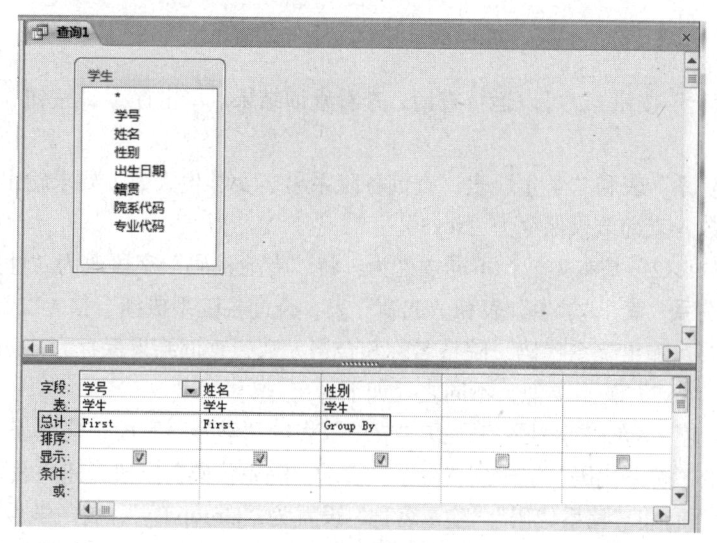

图4-158 汇总查询设置

- 在“查询工具设计”选项卡“结果”组中单击“运行”按钮!可以运行查询，查看查询结果。
- 单击快速访问工具栏中的按钮，将查询结果保存为“fcx1”。

11. 基于“院系”表和“学生”表，查询各院系每个专业学生人数，要求输出院系代码、院系名称、专业代码和人数，查询结果保存为“fcx2”。

- 将 “学生”表和“院系”表添加到查询设计窗口的上面部分。
- 拖动“学生”表的“院系代码”字段到“院系”表的“院系代码”字段，建立表之间的临时关系。
- 分别双击“院系”表的“院系代码”“院系名称”，将它们添加到查询设计视图的下面字段行部分。分别双击“学生”表的“专业代码”“学号”，将它们添加到查询设计视图的下面字段行部分。
- 在“查询工具设计”选项卡的“显示/隐藏”组中单击“汇总”按钮Σ，打开总计功能。
- 在查询设计窗口下面部分的“总计”行将 “院系代码”“院系名称”“专业代码”设置为“Group By”，将“学号”字段的“总计”行设置为“计数”。设置结果如图 4-159 所示。

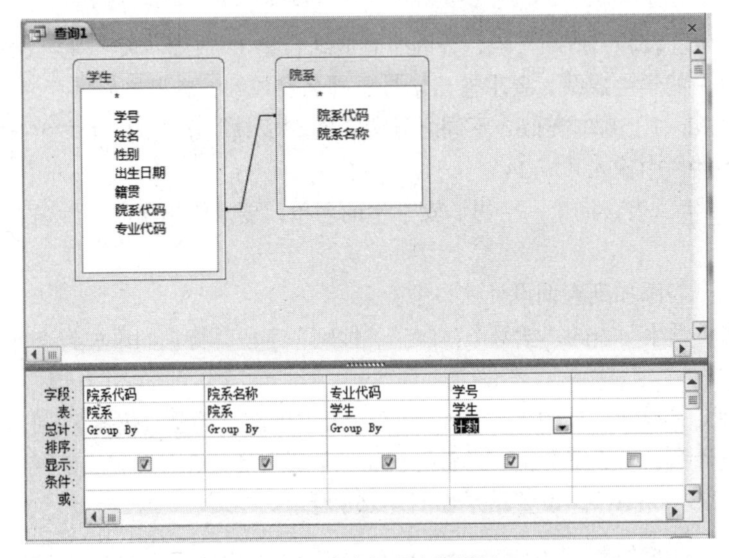

图 4-159 多表汇总查询设置 1

- 单击“运行”按钮!，可以运行查询，查看查询结果。单击保存按钮，将查询结果保存为“fcx2”。

12. 基于“院系”表和“学生”表，查询各院系男、女学生人数，要求输出院系代码、院系名称、性别和人数，查询结果保存为“fcx3”。

查询步骤与“fcx2”基本类似，不同之处为：将“专业代码”字段改为“性别”。

13. 基于“院系”表、“学生”表和“成绩”表，查询各院系成绩合格（“成绩”大于等于 60 分）学生人数，要求输出院系代码、院系名称和合格人数，查询结果保存为“fcx4”。

查询步骤与“fcx2”基本类似，不同之处如下。

- 拖动“学生”表的“学号”字段到“成绩”表的“学号”字段，建立表之间的临时关系。拖动“学生”表的“院系代码”字段到“院系”表的“院系代码”字段，建立表之间的临时关系。
- 在“总计”行将“院系代码”“院系名称”设置为“Group By”。将“学号”字段的“总计”行设置为“计数”。将“成绩”字段的“总计”行设置为“Where”，在其条件行输入“>=60”。设置结果如图 4-160 所示。

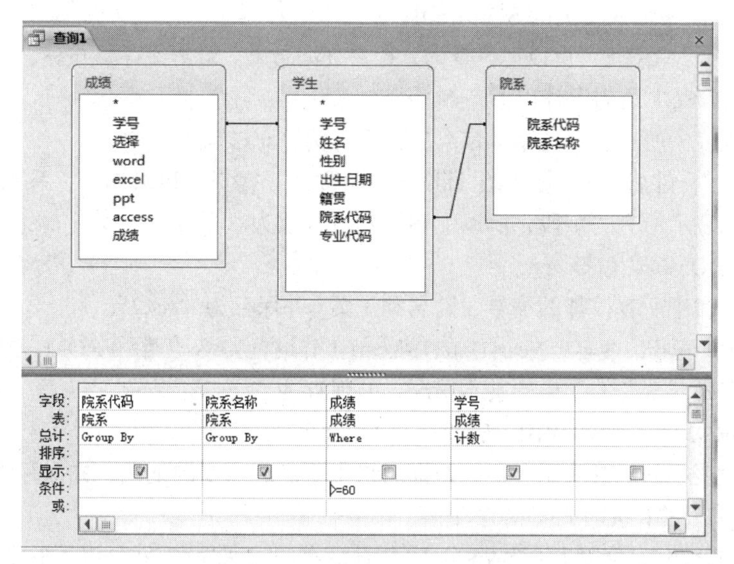

图 4-160 多表汇总查询设置 2

14. 基于“院系”表、“学生”表和“成绩”表，查询各院系学生成绩的均分，要求输出院系代码、院系名称、成绩均分（保留 2 位小数），查询结果保存为“fcx5”。

查询步骤与“fcx4”基本类似，设置结果如图 4-161 所示。

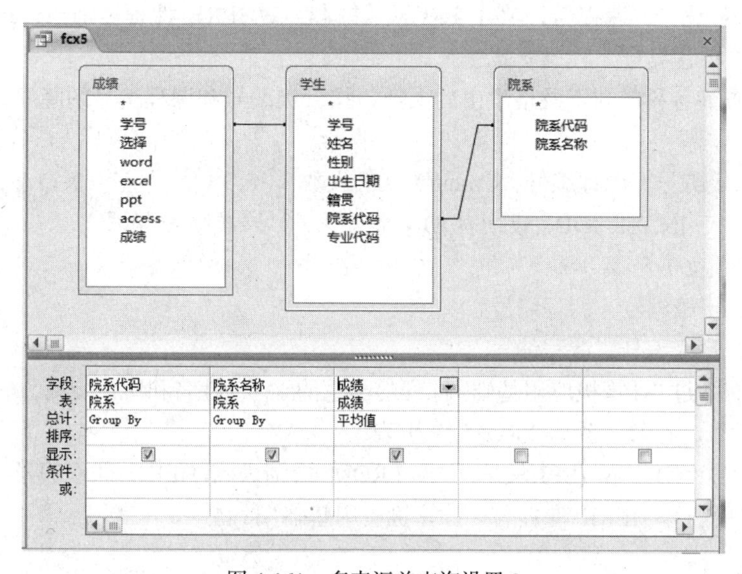

图 4-161 多表汇总查询设置 3

要保留 2 位小数，光标定位在成绩字段，右击鼠标，在弹出的快捷菜单中选择“属性”打开“属性”对话框，在“常规”选项卡中，将“格式”设置为“固定”，将“小数位数”设置为“2”。

15. 打开“教学管理.accdb”数据库文件，调用 SELECT-SQL 语句设计查询。

调用 SQL 语句创建查询的具体步骤如下。

- 打开数据库，在“创建”选项卡“查询”组中单击“查询设计”按钮。在打开“查询设计”窗口的同时弹出“显示表”对话框，关闭“显示表”对话框。

- 在“查询工具设计”选项卡“结果”组中单击“SQL 视图”按钮 SQL ，切换到“SQL 视图”。
- 在 SQL 视图中输入相关的 SQL 语句。
- 单击“运行”按钮 !，可以运行查询，查看查询结果。单击保存按钮，将查询结果保存。

调用 SQL-SELECT 语句设计以下查询。

① 查询学生表中所有学生的基本信息，并保存为“scx1”。

SELECT 学号，姓名，性别，出生日期，政治面貌，籍贯，班级编号，系别 FROM 学生表

因为*号可以表示所有的字段，所以上述语句可以改为

SELECT * FROM 学生表

② 查询教师表中所有教师的编号、姓名和工龄，并保存为“scx2”。

SELECT 教师编号，姓名，Year(Date())-Year(工作时间) AS 工龄 FROM 教师表

③ 查询所有姓“李”的学生的基本情况，并保存为“scx3”。

SELECT *FROM 学生表 WHERE 姓名 LIKE "李*"

④ 显示学生表中的所有院系名称，查询结果中不出现重复的记录，并保存为“scx4”。

SELECT DISTINCT 系别 FROM 学生表

⑤ 查询平均分在 75 分以上（含 75 分），并且没有一门课程在 70 分以下的学生的学号、平均分，并保存为“scx5”。

SELECT 学号, Avg(成绩) AS 平均分 FROM 成绩表 GROUP BY 学号

HAVING Avg(成绩)>=75 AND Min(成绩)>=70

⑥ 查询课程表中所有必修课的课程编号、课程名和对应的学分，并保存为“scx6”。

SELECT 课程编号，课程名，学分 FROM 课程表 WHERE 课程类别=True

ORDER BY 课程编号

⑦ 按班级查询各科成绩不及格学生的人数，按班级编号和课程编号的降序排列，并保存为“scx7”。

SELECT 班级编号，课程编号，Count(*) AS 人数

FROM 学生表 INNER JOIN 成绩表 ON 学生表.学号=成绩表.学号

WHERE 成绩<60

GROUP BY 班级编号，课程编号

ORDER BY 班级编号，课程编号

⑧ 查询没有学过“计算机应用基础”课程的学生的学号、姓名和所在院系，并保存为“scx8”。

SELECT 学号，姓名，系别 FROM 学生表

WHERE 学号 NOT IN (SELECT 学号 FROM 成绩表 WHERE 课程编号=(SELECT 课程编号 FROM 课程表 WHERE 课程名="计算机应用基础"))

4.3.5 练习

调用 SQL 语句创建 4.2.7 节练习题中的数据库表结构并添加相关数据，然后完成以下查询。

1. 查询出部门编号为 300 的所有员工。
2. 查询所有销售员的姓名、编号和部门编号。
3. 找出奖金高于工资的员工。
4. 找出奖金高于工资 60%的员工。
5. 找出部门编号为 100 中所有经理和部门编号为 200 中所有销售员的详细资料。

6. 找出部门编号为100中所有经理和部门编号为200中所有销售员，以及不是经理又不是销售员但其工资大或等于20000元的所有员工详细资料。

7. 找出有奖金的工种。

8. 找出无奖金或奖金低于2000元的员工。

9. 查询名字由3个字组成的员工。

10. 查询2011年入职的员工。

11. 查询所有员工详细信息，用工资降序排序，如果工资相同，则使用入职日期升序排序。

12. 查询每个部门的平均工资。

13. 求出每个部门的雇员数量。

14. 查询每种工作的最高工资、最低工资、人数。

4.4　数据库信息系统的开发

4.4.1　案例概述

1. 案例目标

Access数据库除了可以存储、查询数据以外，还有窗体、报表、宏等功能，应用这些功能可以创建一个数据库管理系统。

本案例中的教学管理系统是使用Access数据库开发的一个简易信息系统。该系统包括前台用户界面和后台数据库，能够对学生信息、教师信息、课程信息及学生成绩信息进行日常管理，如查询、修改、增加、删除、生成报表等。

2. 知识点

本案例涉及的主要知识点如下。

（1）信息系统开发；

（2）Access窗体；

（3）Access报表；

（4）Access宏。

4.4.2　信息系统开发概述

信息系统的开发是一项艰巨而复杂的工作。它不仅涉及计算机与网络技术，还与企业的组织结构、管理体系、业务流程、员工行为紧密联系在一起。它不仅是科学，还体现出艺术的成分。

一方面，信息系统是一个应用于管理领域的信息系统，与一般的技术系统不同，它以企业的管理环境为背景，和企业的组织结构、管理体系、业务流程有着密切的关系，容易受环境的影响。

另一方面，信息技术的飞速发展，为系统开发提供了技术支持，但同时也使开发工作变得更为复杂。信息系统支持环境，即计算机硬件、软件和通信方面的技术在不断变化，使得系统开发技术必须适应支持环境的变化，加大了系统开发的技术难度。

另外，信息系统涉及的事务烦琐、牵涉面广，因此用户的需求很难弄清。同时，开发过程中，人员多、周期长，而多人合作又会引起协调上的困难，这也是造成系统开发复杂性的原因。

从20世纪50年代末开始，电子计算机越来越普及，并广泛应用于信息处理领域。可到了20

世纪 70 年代初，出现了“软件危机”。危机主要表现为：软件成本超出预算，开发进度一再拖延，软件质量难以保证。究其原因，主要在于：系统规模越来越大，复杂度也越来越高，用户需求不明确，缺乏正确的理论指导。这时候，人们意识到信息系统的开发需要一套科学的、工程化的方法来指导，这就是常说的“系统分析与设计方法”。

信息系统的建设涉及的社会经济与组织管理环境、建设内容和所用的技术手段都很复杂，工作量大，资源昂贵，这些都是一般的工程技术开发项目难以比拟的。系统建设者对问题的复杂性缺乏认识，对于建设中遇到的困难没有思想准备和有效的克服困难的方法与手段，往往导致建设系统的失败。这样的例子可以说屡见不鲜。

广义地看，任何系统均有其产生、发展、成熟、消亡或更新换代的过程。这个过程被称为系统生命周期。系统生命周期的概念对于复杂系统的建设具有重要的指导意义。正如前面所指出的，像信息系统这样复杂的系统，其建设工作是一项长期、艰巨的任务，从用户提出要求到系统建成，存在着一系列相互联系的工作环节。每个环节工作的好坏直接影响相关环节，进而影响整个系统建设的质量与进程。因此，正确认识系统的发展规律，合理划分系统建设的工作阶段，了解不同发展阶段的特点和相互关系，系统建设工作才会有合理的组织与科学的秩序。

信息系统的生命周期可以分成表 4-16 所示几个阶段。

表 4-16　　信息系统的生命周期

序号	阶段	主要活动
1	系统规划	信息系统的总体结构规划：进行组织的信息需求分析、数据规划、功能规划与系统划分、信息资源配置规划
2	系统分析	系统的初步调查，开发项目的可行性研究，系统详细调查，开发项目范围内新系统逻辑模型的提出
3	系统设计	系统的总体结构设计、输入设计、输出设计、处理过程设计、数据存储设计、计算机处理方案选择
4	系统实施	软件编程和软件包购置、计算机和通信设备的购置，系统的安装、调试与测试，新旧系统的转换
5	系统运行与维护	系统运行的组织与管理、系统评价、系统纠错性维护、适应性维护、完善性维护、预防性维护

1. 系统规划

现代企业用于信息化的投资越来越多，例如沃尔玛公司的投资已达数十亿元。由于系统建设投资大、周期长，它的成败将对企业经营产生重大影响。“凡事预则立，不预则废”，科学的规划对信息系统建设非常重要。大量事实说明，如果一个操作错误会造成几万元损失的话，那么一个设计错误就会损失几十万元，一个计划错误会损失几百万元，而一个规划错误将损失几千万元甚至上亿元。调查结果表明，信息系统的失败差不多有 70%是由规划不当造成的。

缺少信息系统规划，企业将面临很多问题。例如：信息系统建设没有方向和目标；企业战略和关键业务得不到支持；信息孤岛与重复建设屡见不鲜；技术风险和投资风险难以控制等。所以，现代企业必须克服“重硬、轻软”的片面性，把信息系统的规划摆到重要的战略位置上。

系统规划是信息系统生命周期的第一个阶段，是信息系统的概念形成时期，这一阶段的主要目标，就是根据组织的目标与战略制订出组织中业务流程改革与创新和信息系统建设的长期发展方案，决定信息系统在整个生命周期内的发展方向、规模和发展进程。这是信息系统的起始阶段。

（1）信息系统总体结构规划

信息系统总体结构规划是信息系统规划的中心环节，这一环节要完成的任务是组织的信息需求分析、系统的数据规划、功能规划与子系统的划分，以及信息资源配置规划。

（2）组织的信息需求分析

组织的信息需求分析是这一环节的基础工作。组织的业务流程，特别是核心业务流程是由组织的使命、目标与战略决定的。有效地支持业务流程高效率、高效益、高应变能力的运作，是信息系统的任务。因此，在准确识别和严格定义业务流程的基础上，要准确识别每个流程的高效率、高效益和应变能力需要什么信息支持，这些流程又会产生哪些信息以支持其他流程的运作。

（3）数据规划

数据是信息系统最重要的资源。科学和系统的数据规划是信息系统成功的基本条件。数据的混乱是导致信息系统失败的重要原因之一。必须在组织的信息需求分析的基础上，分类定义各主题数据，严格确定各类数据的来源、用途与规范，为将来系统开发时的数据管理打下坚实的基础。

（4）功能规划与子系统划分

功能规划与子系统划分是信息系统总体结构规划的核心与关键所在。这一环节的任务是在识别业务流程、明确组织信息需求、定义主题数据的基础上，确定信息系统为支持组织的目标与战略和业务流程的运作所要及时准确提供的信息，为提供这些信息而需收集和加工的信息，根据业务流程的性质和范围划分支持与处理有关信息的子系统，明确这些子系统的功能和子系统之间的数据联系。这就形成了功能规划与子系统划分的方案。

（5）信息资源配置规划

对信息系统的软硬件、数据存储与网络系统及信息系统的组织与人员进行规划，为项目实施与资源分配规划打下基础。

这一阶段的主要任务是：根据组织的整体目标和发展战略，确定信息系统的发展战略，进行业务流程规划，明确组织总的信息需求，制订信息系统建设总计划，其中包括确定拟建系统的总体目标、功能、大致规模和粗略估计所需资源，并根据需求的轻、重、缓、急程序及资源和应用环境的约束，把规划的系统建设内容分解成若干开发项目以分期分批进行系统开发。

用于信息系统开发的各类资源总是有限的，这些有限资源无法同时满足全部应用项目的实施。同时，一个组织内部各部分信息系统建设的需求与具备的条件是不平衡的。应该针对这些应用项目的优先顺序给予合理分配，这就是信息系统项目实施与资源分配规划。

这一阶段的主要工作如下。

（1）制定项目实施规划

通常把规划的整个信息系统划分成若干个应用项目分期分批实施，即根据发展战略和系统总体结构，确定系统和应用项目的开发次序和时间安排。在确定一个应用项目的优先顺序时应该依据以下5个方面进行分析。

① 该项目的实施对组织的改革与发展有显著的推动作用；

② 该项目的实施预计可明显节省费用或增加利润，这是一种定量因素的分析；

③ 无法定量分析其实施效果的项目，例如提高职工工资，往往可以激发职工的工作积极性，但这种积极性究竟能产生多大的经济效益则是无法定量估计的；

④ 制度上的因素，即为了保证整个系统的开发研制工作能有条不紊地进行，有些原先并没有包括在系统开发工作之内的项目也应给予较高的优先级；

⑤ 系统管理方面的需要，例如有些项目往往是其他一些项目的前提，那么对于这样的项目就

应该优先实施。

（2）制订资源分配方案

对规划中的每个项目实施而需要的软、硬件资源，数据通信设备，人员，技术，服务，资金等进行估计，提出整个系统建设的概算。

2. 系统分析

“分析”通常是指对现有系统的内、外情况进行调查、研究、分解和剖析，明确问题或机会所在，认识解决这些问题或把握这些机会的必要性，为确定有关活动的目标和可能的方案提供科学依据。这里所讨论的系统分析是指在信息系统开发的生命周期中系统分析阶段的各项活动和方法。

系统分析是系统开发的关键阶段。它的任务是通过对企业组织的详细调查，充分分析用户的要求，设计出将要建立的信息系统（简称新系统）的逻辑模型。按照结构化方法严格划分工作阶段、遵循“先逻辑，后物理”的原则，系统分析阶段的目标，就是按系统规划所定的某个开发项目范围内明确系统开发的目标和用户的信息需求，提出系统的逻辑方案。系统分析在整个系统开发过程中，是要解决“做什么”的问题，把要解决哪些问题、满足用户哪些具体的信息需求调查分析清楚，从逻辑上或者说从信息处理的功能需求上提出系统的方案，即逻辑模型，为下一阶段进行物理方案（即计算机和通信系统方案）设计、解决“怎么做”的问题提供依据。

解决“做什么”是系统分析阶段的工作内容，“怎么做”是系统设计阶段的工作内容。把设计工作分成逻辑设计与物理设计两个阶段的好处是使系统分析员在系统分析阶段集中精力考虑新系统应具有的功能，避免在未搞清系统干什么之前，过早地陷入具体物理细节的设计，从而造成大量的返工，蒙受人力、财力的损失。

信息系统的逻辑模型设计也被称为信息系统的总体设计。它强调系统整体的合理性和先进性，其目的在于选取一个基于原系统而高于原系统的最佳方案。在此基础上再进行物理设计，对各种技术细节进行安排，采用最新、最先进的硬件和软件，不至于造成系统开发还未完成，而所选的硬、软件已经过时的被动局面。

系统分析员在系统分析阶段进行的工作是从详细调查开始到设计出新系统逻辑模型为止。这个过程可以分为以下 3 个阶段。

（1）详细调查

在提出新系统应该做什么之前，必须弄清楚现行系统做些什么。详细调查就是对企业业务领域的各项活动进行详尽的了解，为设计新系统的逻辑模型做资料准备。

（2）功能、数据与流程分析

在这一阶段，系统分析员根据详细调查的资料，对现行系统进行研究和分析，找出现行系统的薄弱环节，进行数据整理，为提出新系统的逻辑模型做准备。

（3）新系统逻辑模型设计

这一阶段的工作任务是在功能和数据分析的基础上提出最佳的逻辑模型。用结构系统分析方法设计的信息系统逻辑模型主要由功能模型、数据模型、流程模型组成。新的信息系统逻辑模型设计阶段的工作内容如下。

① 信息系统目标设计；

② 信息系统功能模型设计；

③ 代码结构设计；

④ 信息系统数据模型设计；

⑤ 输入/输出逻辑设计；

⑥ 信息系统流程模型设计；

⑦ 处理逻辑说明；

⑧ 编制数据字典。

系统分析阶段的主要任务是开发人员同用户一起，通过对当前系统的详细调查和分析，充分地理解新系统的目标，即用户的需求，并将它明确地表达成书面资料——系统说明书。系统说明书是系统分析阶段的最后结果，它通过图表和文字说明描述了新系统的逻辑模型。逻辑模型只告诉人们新系统要“干什么”，而暂不考虑系统将来实现的问题。

系统分析说明书的内容如下。

① 描述新系统的逻辑模型，作为开发人员进行系统设计和实施的基础。

② 作为用户和开发人员之间的协议或合同，为双方的交流和监督提供基础。

③ 作为新系统验收和评价的依据。

3. 系统设计

系统设计是信息系统开发过程中另一个重要阶段。系统分析阶段所建立的逻辑模型解决系统“干什么”的问题，而系统设计阶段产生的物理模型解决系统“如何干”的问题。在这一阶段中，我们将在已经获得批准的系统分析报告的基础上，根据系统分析产生的逻辑模型，选择一个具体的信息系统平台，设计出能在该平台上运行的物理模型。因此，系统设计也被称作系统物理设计或详细设计。

系统设计的主要目的是将系统分析阶段所提出的充分反映用户信息需求的系统逻辑方案转化成可以实施的基于计算机与网络技术的物理（技术）方案。这一阶段的主要任务是从信息系统的总体目标出发，根据系统分析阶段对系统的逻辑功能的要求，并考虑到经济、技术和运行环境等方面的条件，确定系统的总体结构和系统各组成部分的技术方案，合理选择计算机和通信的软、硬件设备，提出系统的实施计划。

系统设计的主要任务是提出合理的计算机软、硬件系统的技术方案，采取具体的技术措施来满足用户需求，因而大量工作是技术性的，这就是说系统设计人员的工作环境首先是技术环境。同时，系统设计人员对系统的逻辑功能和用户的各类需求必须有深刻的、切实的理解。系统分析说明书当然是对系统逻辑功能的详细说明，但在系统设计阶段仍需对一些可能出现的含混不清和模棱两可的细节问题征求用户的意见，以便进一步了解用户对系统分析阶段提出的信息需求的解释，要允许用户对已提出的信息需求做非原则性的修改或补充，如有原则性的修改，必须提出对系统说明书的修改意见。同时，一些在系统说明书中没有反映的用户在操作使用和运行环境等方面的具体要求，也要在系统设计阶段加以明确，并在系统的技术方案中得到反映。因此，系统设计人员还需要同管理环境打交道，所以说，系统设计工作的环境是管理环境和技术环境的结合，这是这一阶段工作的重要特点。

系统设计是在系统分析的基础上由抽象到具体的过程，同时，还应该考虑到系统实现的内、外环境和主客观条件。通常，系统设计阶段工作的主要依据可从以下几个方面来考虑。

（1）系统分析的成果。从工作流程来看，系统设计是系统分析的继续，因此，系统设计人员必须严格按照系统分析阶段的成果——系统说明书所规定的目标、任务和逻辑功能进行设计工作。对系统逻辑功能的充分理解是系统设计成功的关键。

（2）现行技术。主要指可供选用的计算机硬件技术、软件技术、数据管理技术及数据通信与计算机网络技术。

（3）现行的信息管理和信息技术的标准、规范和有关法律制度。

（4）用户需求。系统的直接使用者是用户，进行系统设计时应充分尊重和理解用户的要求，特别是用户在操作使用方面的要求，尽可能使用户感到满意。

（5）系统运行环境。新系统的目标要和现行的管理方法相匹配，与组织的改革与发展相适应。也就是说，要符合当前需要，适应系统的工作环境，如基础设施的配置情况、直接用户的空间分布情况、工作地的自然条件及安全保密方面的要求，在系统设计中还应考虑现行系统的软、硬件状况和管理与技术环境的发展趋势，在新系统的技术方案中既要尽可能保护已有投资，又要有较强的应变能力，以适应未来的发展。

系统设计阶段的工作是一项技术性强、涉及面广的活动，它主要包括如下活动。

（1）系统总体设计，其中包括：系统总体布局方案的确定；软件系统总体结构的设计；数据存储的总体设计；计算机和网络系统方案的选择。

（2）详细设计，其中包括：代码设计；数据库设计；人机界面设计（包括输入设计、输出设计、人机对话设计）；处理过程设计。

（3）系统实施进度与计划的制订。

（4）系统设计说明书的编写。

系统设计说明书是系统设计阶段的成果，它从系统设计的主要方面说明系统设计的指导思想、采用的技术方法和设计结果，是系统实施阶段工作的主要依据。

4. 系统实施

系统实施的主要任务是按照设计说明书的要求，熟悉和安装新的硬件、软件，编制程序，调试新系统，对管理人员进行培训，还要完成数据准备工作，然后投入试运行。

系统实施前，首先要回顾设计方案。在具体实施过程中，可以利用外部资源，如部分或全部外购程序模块、外包程序设计等，也可自己构建相应的开发平台，自主地开发信息系统。不论采用何种实施方案，结果都必须交给用户一个功能完善、质量可靠的可运行系统。

进入程序设计之前，程序设计人员应该明确编程的目的，并要了解信息系统的总体结构，明确数据库设计等。如果编程人员不明确总体结构，不明确程序设计的目的，就很难保证在设计过程中能够准确地实现系统设计者的意图。

系统实施阶段的主要内容如下。

（1）开发工具的选取

目前在市场上可以供编程人员选择的编程工具相当多。在计算机的软件技术发展过程中，各种软件工具是发展最快的部分。在编程工具，不仅在数量上突飞猛进，而且在功能上日新月异，可供程序设计人员选择的工具越来越多，同时各类编程工具的使用也越来越方便。为了满足信息系统开发的要求，选用适当的编程工具成为系统开发的质量和效率的保证。

① 编程工具

现在的编程工具基本上都是采用各类可视化编程工具及其配套的编程语言，大多具有比较类似的功能，都可满足一般 IS 的开发。可以选择容易上手、使用方便的工具，如 VB、C#.NET 等，作为 IS 前台应用程序的开发环境和开发语言。

信息系统开发中，编程工具选取的基本原则：如果信息系统采用 C/S 架构，那么采用 C/C++/C#、JAVA 等；如果信息系统采用 B/S 架构，则多使用.NET、ASP、PHP、JSP 等。

② 数据库

可以根据信息系统的系统规模、数据容量、安全性要求、用户访问流量、与前台编程语言的融合度来选择 DBMS 作为后台数据管理工具。

数据库选取基本原则：小型信息系统采用 Access 等；中型信息系统多采用 SQL Server、MySQL 等；大型信息系统多采用 Oracle、DB2 等。

（2）程序编码

在完成了程序设计的组织工作，同时又选择了合适的编程工具后，程序设计工作就可以开始了。

程序设计就是将处理逻辑转变为可被计算机执行的指令。如果程序设计人员已经具有详细的程序设计说明书，那么编程工作就变得比较简单，即只需将逻辑处理功能的说明转换成程序代码就完成了编程工作。前已述及，在编程时要注意以下几点。

① 使用一致的、有一定意义的变量名。这个规则的思想是，变量的名字应该包括类型信息。这样做的目的是使程序模块更容易理解。例如，变量名的前半部分描述变量的数据类型，后半部分描述变量的实际含义。

② 加入足够的注释。在程序的任何地方都可以根据需要加入注释。如在每个模块的开头提供以下信息：模块名，模块功能的描述，程序员的名字，模块被编码的日期，模块被批准的日期和由谁批准，模块参数、变量名及其用途的列表，这个模块要访问的文件、要修改的文件，模块的输入/输出、错误处理的能力、包含测试数据的文件名等。如果对模块进行过修改，则要有所做修改的列表、修改的日期、谁批准修改、已知的错误。除了开头注释外，还应该向代码中插入一些内嵌的注释来帮助维护人员理解编码的含义。

③ 修改后的原错误代码应予以保留。在对程序进行修改时，应该注意，修改某段有错误的代码时，不应该把那段代码删除，最好是把它们变成注释，再加上一点内嵌的注释，这样可以留下日后审计的线索。事实证明，由于“人们会重犯同样的错误”，很多情况下修正后仍然出现了问题，而这个问题很可能在以前就曾经被修正过。

（3）程序调试

程序编制完成以后，就要对程序进行调试，排除其中的各种错误，如语法错误、逻辑错误等。

一般情况下，语法错误比较容易发现，而逻辑错误要查找出来并加以改正就不那么容易，而且逻辑错误一般都需要通过程序测试才能发现。所以程序调试与测试往往是密不可分的。调试就是为了改正错误，而程序中的错误需要通过测试来查找。

（1）程序测试

①黑箱测试。不论程序内部是如何编制的，此法只是从外部根据输入-处理-输出的要求进行测试。

② 数据测试。即用大量实际的数据进行测试。测试时数据的类型要齐备，各种“边界”“端点”都应测试到。

③ 穷举测试。也叫完全测试，即程序运行的各个分支都必须测试到。

④ 模型测试。这是对所有程序运行的结果都进行核算。

（2）系统测试

在完成了对程序测试以后，需要对整个系统进行测试。当然系统测试过程可能仍然需要对所编制的程序进行调试。系统测试不论采用什么方法进行，都应首先进行测试用例的设计，即对要测试的对象设计各种数据，然后再实施测试的过程。

① 单元测试。单元测试也叫模块测试。测试的内容主要是对模块的几个方面测试：接口、局部数据结构、边界条件、出错处理、控制逻辑等。

② 系统测试。在完成单元测试以后，还要将各个单元连接起来进行测试。这个过程不断地重复进行，最后可以组成一个完整的系统，然后对整个系统进行测试。

因此系统的测试首先要经历单元的连接测试，最后要进行系统测试。如果采用客户端/服务器的体系结构，则在测试过程中，还要进行一些相关的体系结构测试，如事务处理相关性能的测试、不同硬件平台兼容性测试、网络通信的测试等。

5. 系统运行与维护

当系统开发生命周期中的系统实施结束时，就意味着“实验室”中的信息系统产品宣告完成。此时该系统产品需要投入现场进行安装运行，这样系统开发也就进入了系统运行与维护阶段。该阶段的主要任务是保证信息系统的正常运行。它是一项长期性的工作，目标是对信息系统的运行进行实时控制，记录其运行状态，并做必要的修改与扩充，以使信息系统能真正满足用户需求，并最终为企业管理者的决策服务。

（1）系统运行管理

系统实施阶段完成后，此时信息系统的开发者变成了信息系统运行管理的支持者。下面是在系统运行过程中开发者的几项主要工作。

- 改正错误。信息系统投入运行后，由于软件错误或操作不当会引起系统运行失败，而系统支持的一项重要工作就是要纠正这些错误。通常用户会报告他们所遇到的错误。此时，系统开发者要与用户密切联系，迅速地找出软件出错的原因、位置，及时予以纠正，并最终保证系统稳定运行。

- 恢复系统。导致系统运行失败的原因很多，其中有些是人为的，有些可能是硬件平台或软件自身引起的，它们通常会导致系统崩溃或数据丢失。此时开发者不仅要恢复崩溃的系统，还要恢复已丢失的数据文件/数据库。

- 辅助系统用户。在信息系统开发过程中要强调用户参与，同样，在系统支持过程中也应强调用户参与。这样能使系统开发人员真正理解用户的业务问题。此时系统开发者会根据系统用户意见采取以下措施：改变系统运行过程、修改文档、增加用户培训、提出改进建议。

- 适应系统的新需求。引起系统新需求产生的原因如下：系统用户提出的新的业务问题，如企业采用一种更为优化的处理流程；用户对信息系统的应用水平提高了，如企业会要求系统提供更深层次的信息等；与系统设计者和系统建造者有关的技术问题，系统设计开发者提出了新的技术解决方法，如调整信息系统所使用的数据库管理系统等。

在信息系统运行管理阶段，系统用户承担最主要的工作内容。这里的系统用户是指信息系统的使用者和管理者。他们的主要工作包括系统日常运行的管理、运行情况的记录和系统的运行情况检查与评价。

① 信息系统日常运行的管理。信息系统投入使用后，系统用户的日常运行管理工作量是比较大的。为保证系统的有效运行，他们必须完成以下工作。

- 数据收集。系统数据收集实际上包括原始数据的抓取、审核和输入等工作。它是整个信息系统的重要基础。如果输入的是垃圾数据，信息系统输出的不可能是正确的信息。

- 例行信息处理和服务。企业中，信息系统的信息处理工作主要包括例行的数据更新、统计分析、报表生成、数据的复制与保存、与外界的定期数据交流等。这些工作都是按照一定规程由系统用户来完成的。

- 硬件运行维护。硬件设备是信息系统正常运行的物质基础，因此我们要做好该项工作。硬件运行维护工作通常包括：设备的使用管理，定期检修，备品配件的准备及使用，各种消耗性材料（如光盘、打印纸等）的使用及管理，电源及工作环境的管理等。

- 系统的安全管理。它是指为了防止系统内部和外部对系统资源不合法的使用和访问，保证系统的硬件、软件和数据不因偶然或人为的因素而遭受破坏、泄露、修改或复制，维护正当的信息活动，保证信息系统安全运行所采取的措施。

② 信息系统运行情况的记录。信息系统运行情况的记录是系统管理、评价的基础，也是当系统发生故障时，对系统进行修复的线索。因此，从系统运行的一开始就应该注意系统运行情况的资料收集。它一般包括以下5个方面的内容。

- 有关工作数量的信息。例如，开机的时间，操作人员，每天或每月提供的报表数量、输入数据的数量、系统中积累的数据量、修改程序的数量、数据使用的频率、所提供的信息服务的规模等基本数据。
- 工作的效率。即系统为了完成所规定的工作，占用了多少人力、物力及时间。
- 系统所提供的信息服务的质量。使用者满意的信息提供的精确程度是否符合要求，信息是否及时提供，临时性的信息需求能否得到满足等，这些都是信息服务质量的主要内容。
- 系统的维护修改情况。系统中的数据、软件和硬件都有一定的更新、维护和检修的工作规程。这些工作都要有详细且及时的记载，包括维护工作的内容、情况、时间、执行人员等。这不仅能保证系统的安全和正常运行，而且有利于系统的评价及进一步扩充。
- 系统的故障情况。无论大小故障，都应该及时地记录以下情况：故障的发生时间、故障的现象、故障发生时的工作环境、处理的方法、处理的结果、处理人员、善后措施、原因分析。

（2）系统维护

在信息系统投入运行之后，维护工作由此开始。承担系统维护的工作人员要不断地对其进行维护，以便整个信息系统的运行始终处于最佳的工作状态。任何一个信息系统，在它存在的整个生命周期中，应当不断地改进。没有一成不变的系统，没有一成不变的程序，也没有一成不变的数据。由于企业要发展，环境在变化，因此对于信息系统而言，也会不断产生新的功能需求，随之而来的就是要对信息系统加以修改。系统在实际运行中也会产生错误，这是无法避免的，同样需要修改，这些都属于系统维护的范围。一般来说，用于维护系统的费用是建立系统所花费用的两倍以上。信息系统规模庞大，结构复杂，管理环境和技术环境不断变化，系统维护工作量大，涉及面广，投入资源多。据统计，现有信息系统在运行和维护阶段的开支占整个系统成本的三分之二左右。而这一阶段需用的专业技术人员占信息系统专业技术人员的50%～70%。

信息系统维护是系统运行阶段的主要任务。其主要工作是对信息系统进行检查、修改、增强等，目的是使系统满足用户和组织机构的需求。

对信息系统的维护可以分成正确性维护、适应性维护、完善性维护和预防性维护。

- 正确性维护。正确性维护是对运行系统的错误进行诊断并修正，通常还要解决先前维护所产生的错误。为了避免出现新的问题，所有的维护工作在进行任何修改之前都要做认真的分析，如对信息系统的改进要经历调查、分析、设计和测试等几个阶段。
- 适应性维护。适应性维护将对运行系统进行改进，如一个新的性能或功能完善，也可以是一个提高系统效率的改进。
- 完善性维护。完善性维护是指用户对系统提出了某些新的信息需求，因而在原有系统的基础上进行适当的修改、扩充，完善系统的功能以满足用户新的信息需求。完善性维护是要将运行系统变得更加高效、可靠。
- 预防性维护。预防性维护是为应对预防系统可能发生的变化或受到的冲突所采取的维护措施。

在系统运行与维护阶段，系统单位时间内的费用随时间增长。适时开始新系统的建设工作，使旧系统或其中某些主要部分退役，不仅能增强系统功能，满足用户新的信息需求，而且在经济上是合理的。现有系统进入更新阶段时，下一代新系统的建设工作便告开始。因此，这一阶段是新、旧系统并存的时期。对现有系统来说，可以全部更新，也可以部分更新的或有步骤地分期分批更新。

4.4.3 应用案例 14：学生管理信息系统开发

1. 案例要求

前面介绍了信息系统的开发过程，但这个过程一般适合于大中型信息系统，如果开发的是小型的信息系统，不一定要完全按照前面介绍的开发过程来开发。下面以一个简单的教学管理系统为例，使用 Access 数据库，结合 SQL 语句、Access 宏、窗体、报表等技术来说明一下开发过程。

2. 案例准备工作

为了满足日常教学管理需求，通过分析，该系统至少需要具有以下内容。

① 良好的人机界面；

② 权限管理支持；

③ 数据修改简单方便，支持多条件修改；

④ 方便的数据查询，支持多条件查询；

⑤ 数据计算自动完成，尽量减少人工干预；

⑥ 能直接生成美观的数据报表。

通过以上分析，初步形成以下功能模块（见图 4-162）：

- 登录模块：实现教学管理人员登录功能。

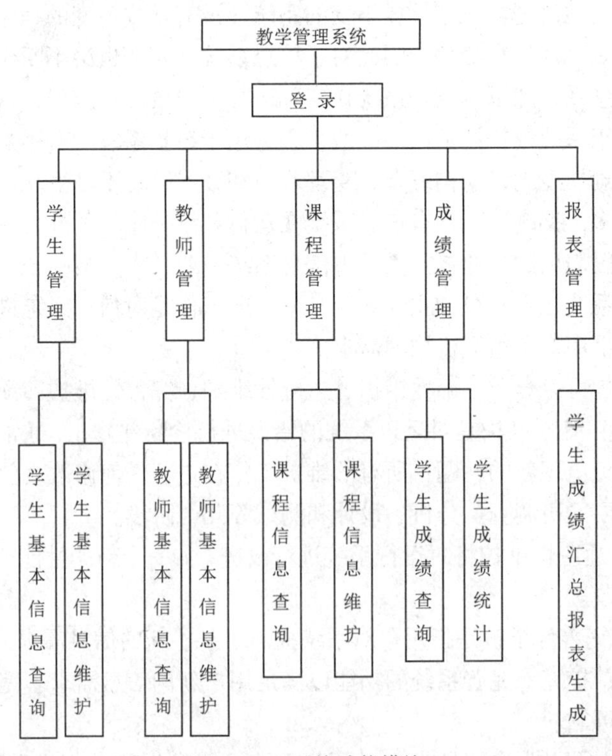

图 4-162 系统功能模块

- 学生管理模块：实现对学生的个人信息的管理工作，包括学生添加、查询、修改等功能，从而方便学校管理部门对学生的基本情况的快速查询和管理。
- 教师管理模块：实现对教师的个人信息的管理工作，包括教师添加、查询、更新相关信息等功能。
- 课程管理模块：该模块对学校开设的课程进行设置，包括增加新课程、查询课程信息、修改学分、修改授课教师等内容。
- 成绩管理模块：该模块提供查询学生成绩信息、统计分析学生成绩等功能。
- 报表管理模块：生成相关报表等功能。

3. 数据库设计

（1）数据表

数据表如表4-17～表4-20所示。

表4-17 学生表（Student）

字段名称	数据类型	字段大小	允许空字符串
学号 sid	文本	10	否
姓名 sname	文本	30	否
班级 class	文本	30	否
性别 sex	文本	2	否
出生日期 birthday	日期/时间	短日期	否
出生地 province	文本	10	否

表4-18 教师表（Teacher）

字段名称	数据类型	字段大小	允许空字符串
教师工号 tid	文本	10	否
教师姓名 tname	文本	30	否
职称 title	文本	10	否

表4-19 课程表（Course）

字段名称	数据类型	字段大小	允许空字符串
课程号 cid	文本	10	否
课程名 cname	文本	30	否
学分 credit	文本	10	否
教师工号 tid	文本	10	否

表4-20 成绩表（Grade）

字段名称	数据类型	字段大小	允许空字符串
学号 sid	文本	10	否
课程号 cid	文本	10	否
成绩 score	数字	短整型	否

（2）数据关系

4 张表之间的关系如图 4-163 所示。

4. 系统实现

教学信息管理系统涉及的 Access 对象包括 4 张表、2 个查询、10 个窗体、1 个报表、若干个嵌入宏。具体如图 4-164 所示。

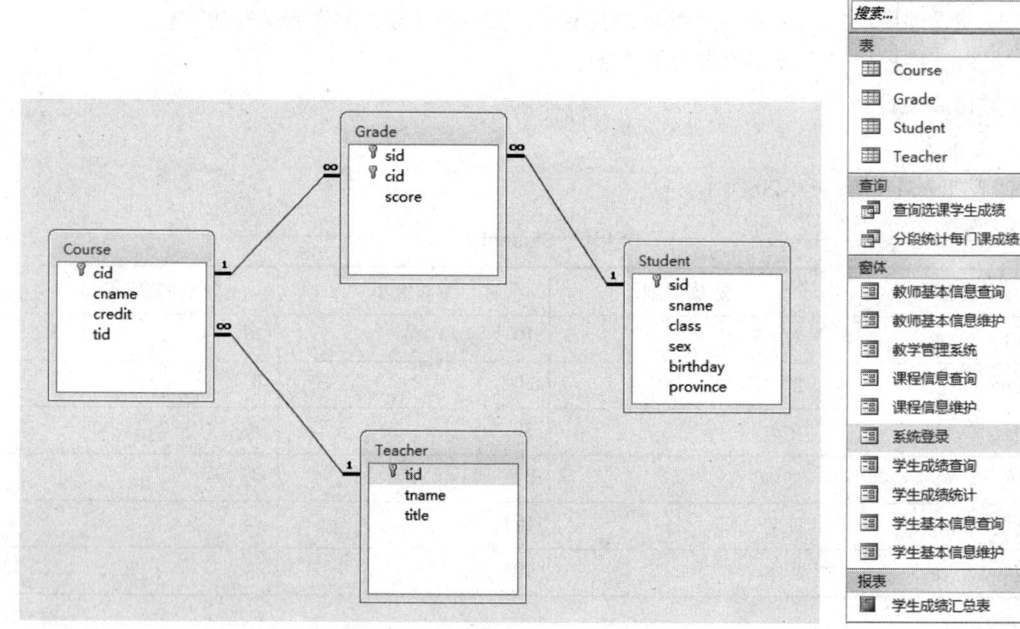

图 4-163　表关系图

图 4-164　教学信息管理对象图

（1）创建数据库及相关表

打开 Access2010，先创建“教学信息管理”数据库，文件名为“教学信息管理.accdb”。然后调用 SQL 语句创建所需的 4 张表并插入测试数据，SQL 语句分别如下。

① 创建学生表

```
CREATE TABLE Student(
  sid char(10) NOT NULL  PRIMARY KEY,
  sname varchar(30) NOT NULL,
  class varchar(30) NOT NULL,
  sex char(2) NOT NULL,
  birthday date NOT NULL,
  province char(10) NOT NULL
)
```

插入数据 SQL 语句示例如下。

```
INSERT INTO Student VALUES ('1442402034', '高潇雨', '轨 14 智能控制', '女',#1996/2/9#,'上海');
INSERT INTO Student VALUES ('1442402035', '朱涛', '轨 14 智能控制', '男',#1995/11/21#,'陕西');
......
```

② 创建教师表

```
CREATE TABLE Teacher(
```

```
  tid char(10) NOT NULL  PRIMARY KEY,
  tname varchar(30) NOT NULL,
  title varchar(10) NOT NULL
)
```

插入数据 SQL 语句示例如下。

```
INSERT INTO Teacher VALUES ('0203045', '费亚', '副教授');
INSERT INTO Teacher VALUES ('0601001 ', '顾文海', '讲师');
……
```

③ 创建课程表

```
CREATE TABLE Course(
  cid char(10) NOT NULL  PRIMARY KEY,
  cname varchar(30) NOT NULL,
  credit short NOT NULL,
  tid char(10) NOT NULL
)
```

给课程表中的 tid 添加外键可参考如下语句。

```
ALTER TABLE Course
ADD CONSTRAINT fk_TeacherCourse
FOREIGN KEY(tid)
REFERENCES Teacher (tid);
```

插入数据 SQL 语句示例如下。

```
INSERT INTO Course VALUES ('c01', '计算机应用基础', 3, '0601001');
INSERT INTO Course VALUES ('c02', 'C语言程序设计', 4,'0601001');
……
```

④ 创建成绩表

```
CREATE TABLE Grade(
  sid char(10) NOT NULL,
  cid char(10) NOT NULL,
  score short NOT NULL,
  CONSTRAINT pk_sid_cid PRIMARY KEY(sid,cid),
  CONSTRAINT fk_StudentGrade FOREIGN KEY (sid) REFERENCES Student(sid),
  CONSTRAINT fk_CourseGrade FOREIGN KEY (cid) REFERENCES Course(cid)
)
```

插入数据 SQL 语句示例如下。

```
INSERT INTO Grade VALUES ('1442404003', 'c02', 77);
INSERT INTO Grade VALUES ('1442404003', 'c03', 81);
……
```

（2）创建查询

① 查询所有学生所有课程的成绩

SQL 语句如下。

```
  SELECT Student.sid, Student.sname, Student.class, Student.sex, Course.cname, Course.
credit, Grade.score
  FROM Student
  INNER JOIN (Course INNER JOIN Grade ON Course.cid = Grade.cid) ON Student.sid = Grade.sid
  ORDER BY Student.sid;
```

查询结果如图 4-165 所示。

sid	sname	class	sex	cname	credit	score
1429401024	张亚	机14机械类1	女	计算机应用基	2	78
1442402034	高潇雨	轨14智能控制	女	大学英语1	4	90
1442402034	高潇雨	轨14智能控制	女	计算机应用基	2	78
1442402034	高潇雨	轨14智能控制	女	高等数学1	4	67
1442402034	高潇雨	轨14智能控制	女	c语言程序设i	4	84
1442402035	朱涛	轨14智能控制	男	大学英语1	4	88
1442402035	朱涛	轨14智能控制	男	计算机应用基	2	98
1442402035	朱涛	轨14智能控制	男	c语言程序设i	4	68
1442402035	朱涛	轨14智能控制	男	高等数学1	4	84
1442402036	林昊昊	轨14智能控制	男	计算机应用基	2	78
1442402037	陆晓宇	轨14智能控制	男	计算机应用基	2	73
1442402038	袁铭辰	轨14智能控制	男	计算机应用基	2	86
1442402057	李典	轨14智能控制	男	计算机应用基	2	65
1442404002	严垚	轨14车辆	男	c语言程序设i	4	94
1442404002	严垚	轨14车辆	男	大学英语1	4	92
1442404002	严垚	轨14车辆	男	计算机应用基	2	92
1442404002	严垚	轨14车辆	男	高等数学1	4	96
1442404003	韩锋	轨14车辆	男	大学英语1	4	81
1442404003	韩锋	轨14车辆	男	高等数学1	4	66
1442404003	韩锋	轨14车辆	男	计算机应用基	2	82
1442404003	韩锋	轨14车辆	男	c语言程序设i	4	77
1442405005	左亚玲	轨14建环与能	女	计算机应用基	2	85
1442405006	史雪影	轨14建环与能	女	计算机应用基	2	89

图 4-165　查询所有学生的所有成绩

将查询结果保存为“查询选课学生成绩”。

② 分段统计各科成绩、计算每门课的平均分和不及格率

```
SELECT Grade.cid as 课程号,
      cname as 课程名称 ,
      COUNT(SWITCH(score Between 90 And 100,'')) AS [90-100],
      COUNT(SWITCH(score Between 89 And 70,'')) AS [89-70],
      COUNT(SWITCH(score Between 69 And 60,'')) AS [69-60],
      COUNT(SWITCH(score Between 59 And 0,'')) AS [59-0],
      ROUND(AVG(score),1) AS 平均分,
      FORMAT([59-0]/([90-100]+[89-70]+[69-60]+[59-0]),"0.0%") AS 不及格率
FROM Grade,Course
WHERE Grade.cid=Course.cid
GROUP BY Grade.cid,cname;
```

查询结果如图 4-166 所示。

课程号	课程名称	90-100	89-70	69-60	59-0	平均分	不及格率
c01	计算机应用基	3	8	2	1	79.4	7.1%
c02	c语言程序设i	1	2	2	0	76.8	0.0%
c03	大学英语1	2	2	1	0	83.6	0.0%
c04	高等数学1	1	2	1	1	75	20.0%
c05	数据库技术	0	1	0	0	85	0.0%

图 4-166　学生成绩统计

将查询结果保存为“分段统计每门课成绩”。

（3）创建报表

报表是数据库数据输出的一种对象。建立报表是为了以纸张的形式保存或输出数据。利用报表可以控制数据内容的大小和外观，排序、汇总相关数据，输出数据到屏幕或打印设备上。

使用“报表向导”创建学生成绩汇总报表，“报表向导”会提示用户输入相关的数据源、字段和报表版面格式等信息，根据向导提示可以完成大部分报表设计基本操作，加快了创建

报表的过程。

使用“报表向导”创建“学生信息汇总表”报表的具体步骤如下。

① 单击“创建”选项卡“报表”组中的“报表向导”按钮，进入“报表向导”对话框。需要为报表选择一个数据源，数据源可以是表或查询对象。这里选择“查询:查询选课学生成绩”作为数据源，这时，在“可用字段”列表中就列出了数据源的所有字段。在“可用字段”列表字段中，选择需要的报表字段，单击 > 按钮，它就会显示在“选定的字段”列表中，如图 4-167 所示。选择合适的字段后，单击“下一步”按钮。

② 如图 4-168 所示，选择“通过 Student”的查看数据方式。然后单击“下一步”按钮。

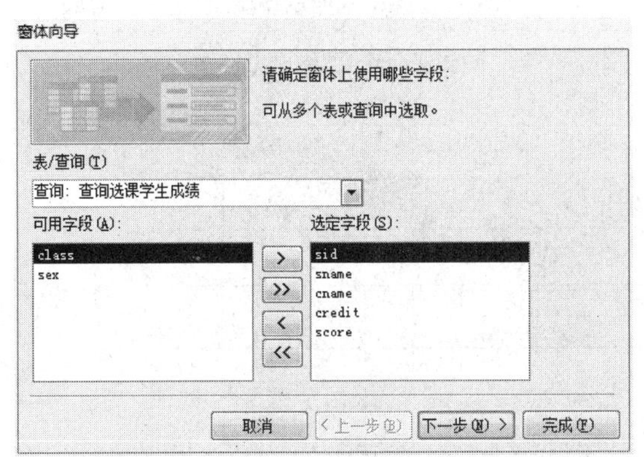

图 4-167 选择报表数据源和字段

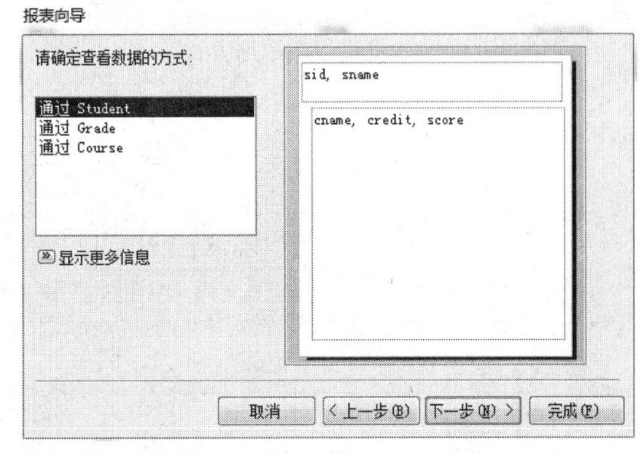

图 4-168 选择数据查看方式

③ 如图 4-169 所示，设置“是否添加分组级别？”，这里采用默认值。然后单击“下一步”按钮。

④ 如图 4-170 所示，设置排序，这里不做设置。然后单击“下一步”按钮。

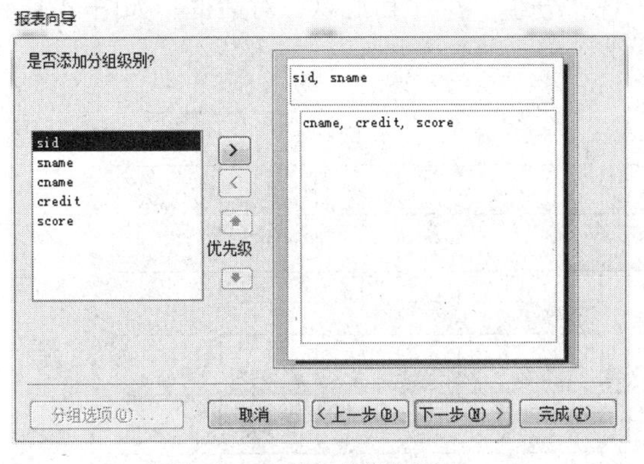

图 4-169 添加分组级别

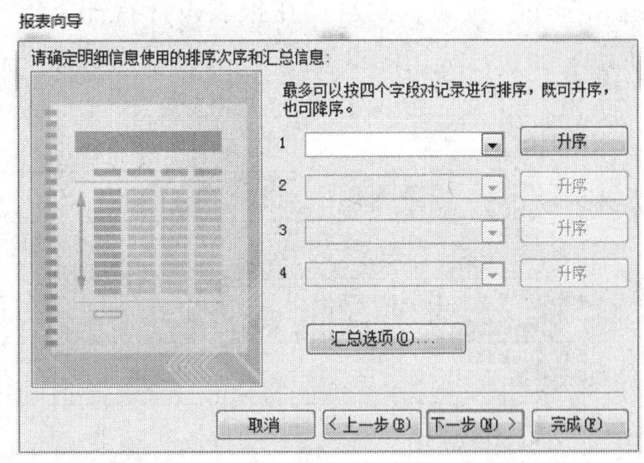

图 4-170 排序和汇总

⑤ 如图 4-171 所示，确定报表的布局方式，这里选择默认值。然后单击“下一步”按钮。

⑥ 如图 4-172 所示，在文本框中输入“学生成绩汇总表”为报表制定标题，然后单击“完成”按钮，就可以生成一个简单的报表。

“学生成绩汇总表”报表设计视图如图 4-173 所示。用户可以使用垂直和水平滚动条来调整预览窗体。在报表向导设计出的报表基础上，用户还可以做一些修改美好，使显示效果更好。

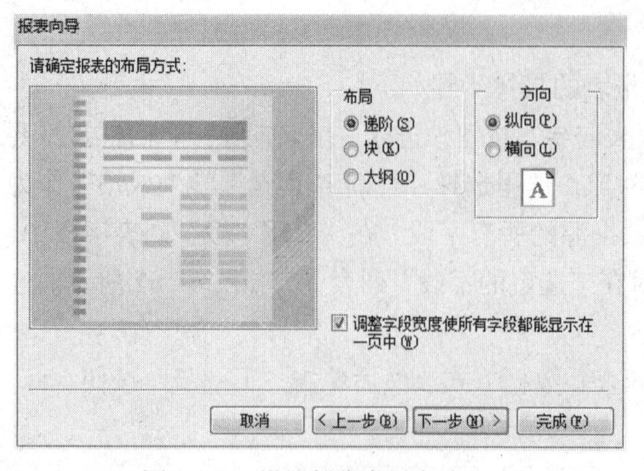

图 4-171 设置报表布局方式

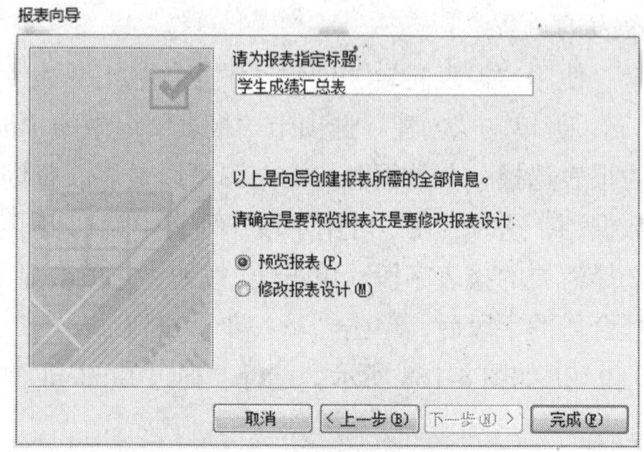

图 4-172 设置报表标题

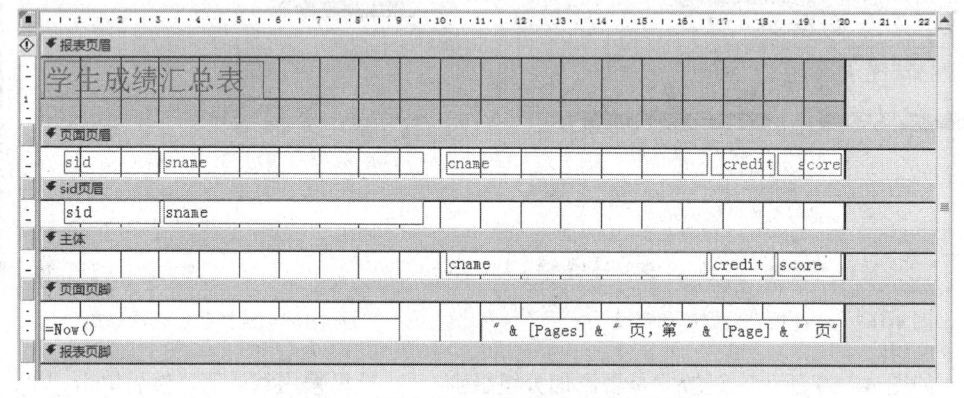

图 4-173 “学生成绩汇总表”报表设计视图

⑦ 对报表中的学生成绩进行分组统计。在报表设计视图下，单击“分组和汇总”组中的“分组和排序”按钮，则自动在报表设计视图下方出现“分组、排序和汇总”对话框，如图 4-174 所示。

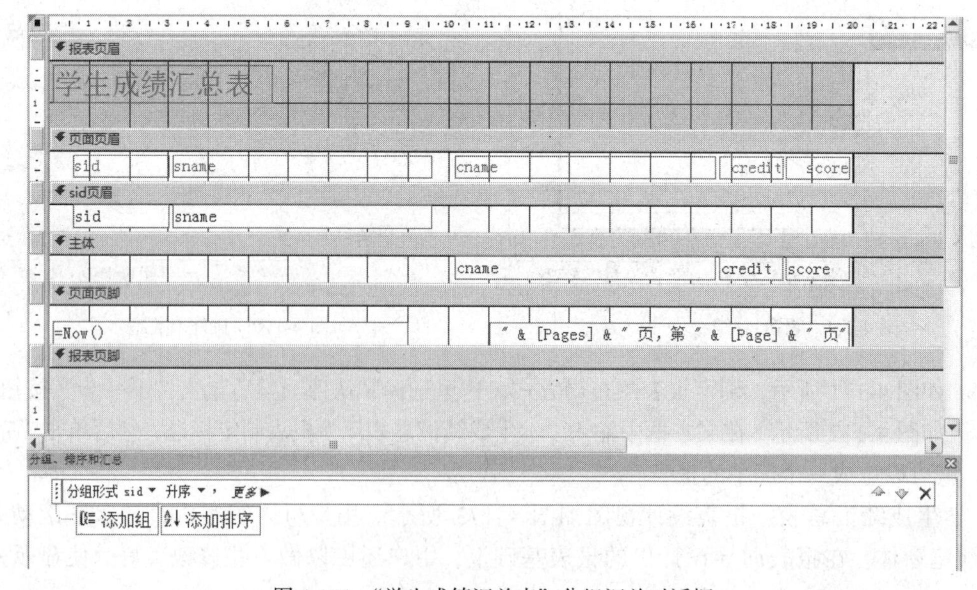

图 4-174 “学生成绩汇总表”分组汇总对话框

⑧ 单击“分组、排序和汇总”对话框中的“更多”按钮，出现图4-175所示“更多”对话框。

图4-175 “学生成绩汇总表”分组汇总“更多”对话框

⑨ 在对话框中设置“有页脚节”，并添加credit和score汇总，如图4-176所示。

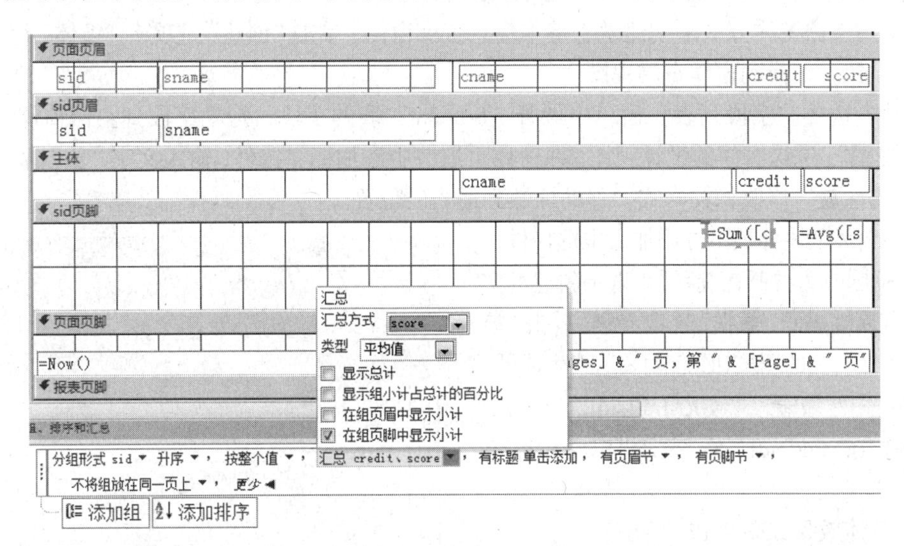

图4-176 “学生成绩汇总表”添加score汇总对话框

在设置完汇总后，会在报表的“sid页脚”位置添加两个汇总计算文本框，分别用于计算总学分和平均分，在这两个计算文本框前面分别添加一个标签控件，输入“总学分:”和“平均成绩:”，最后保存报表名称为“学生成绩汇总表”。打印预览效果如图4-177所示。

学生成绩汇总表

学号	姓名	课程名称			学分	成绩
1429401024	张亚					
		计算机应用基础			2	78
			总学分:	2	平均成绩:	78
1442402034	高潇雨					
		计算机应用基础			2	78
		大学英语1			4	90
		高等数学1			4	48
		c语言程序设计			4	84
			总学分:	14	平均成绩:	75
1442402035	朱涛					
		计算机应用基础			2	98
		高等数学1			4	84

图4-177 “学生成绩汇总表”打印预览效果

（4）创建窗体

窗体是数据库和用户的一个联系界面，是创建数据库应用系统最基本的对象，用于显示包含在表或查询结果中的数据或操作数据库中的数据。窗体中可以包含图片、图形、声音、视频等多种对象，也可以包含VBA代码来提供事件处理。

1）学生基本信息查询窗体

单击Access2010软件的“创建”选项卡“窗体”组中的“其他窗体”按钮，在打开的下拉列表中选择“模式对话框”窗体，切换到窗体设计视图。

① 使用空白窗体方式来创建学生基本信息查询窗体，单击“创建”选项卡“窗体”组中的“空白窗体”按钮，切换到窗体布局视图。

② 从右边的“字段列表”窗口中展开“Student”表的字段，拖动字段到空白窗体中即可打开“设计视图”，进入窗体的设计视图。在窗体页眉节中添加标签控件，输入文字“学生基本信息”，然后打开属性表，修改相关格式，移动标签到适当的位置。

③ 在窗体的主体最下方添加文本框控件，把标签的标题改为“所在院系”，选中新建的文本框，在其属性表的“数据”选项卡中，单击“控件来源”属性右侧的…按钮，启动表达式生成器，在上方的空白区域输入“=IIf(Mid([sid],3,2)='42',"轨道学院",IIf(Mid([sid],3,2)='29',"机电学院","不知道"))”。

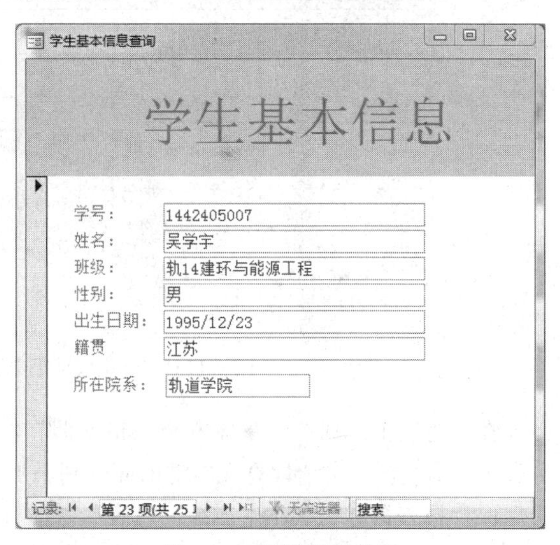

图4-178　预览窗体效果

预览窗体效果如图4-178所示。

④ 窗体的“窗体页眉”中的标签控件下面添加一个矩形控件，在矩形控件中利用组合框向导添加一个组合框，具体步骤如下：首先确认“控件”组中的“使用控件向导”按钮被选中。然后单击组合框控件，打开“组合框向导”对话框，然后按图4-179所示进行设置。

⑤ 单击“完成”按钮后，切换到“窗体视图”。单击组合框，在下拉列表可以看到所有学生的学号信息。然后修改组合框“名称”属性为“Combosid”。

⑥ 在矩形控件上添加一个命令按钮，设置按钮“名称”属性为“Command查询”，“标题”属性为“查询”。

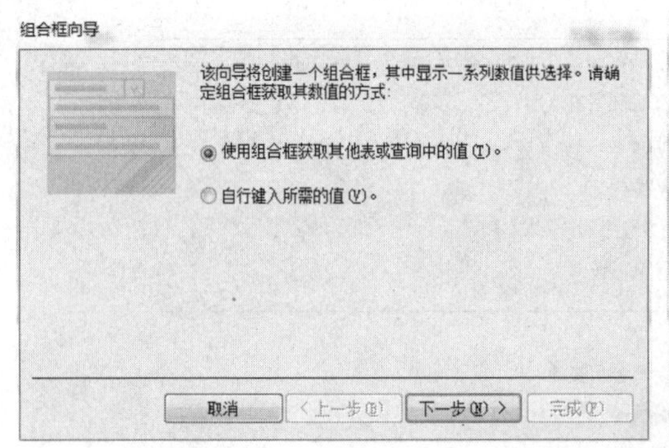

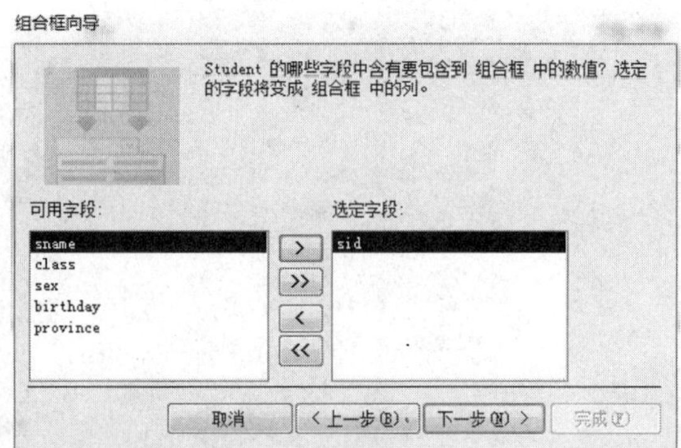

图4-179　“组合框向导”对话框

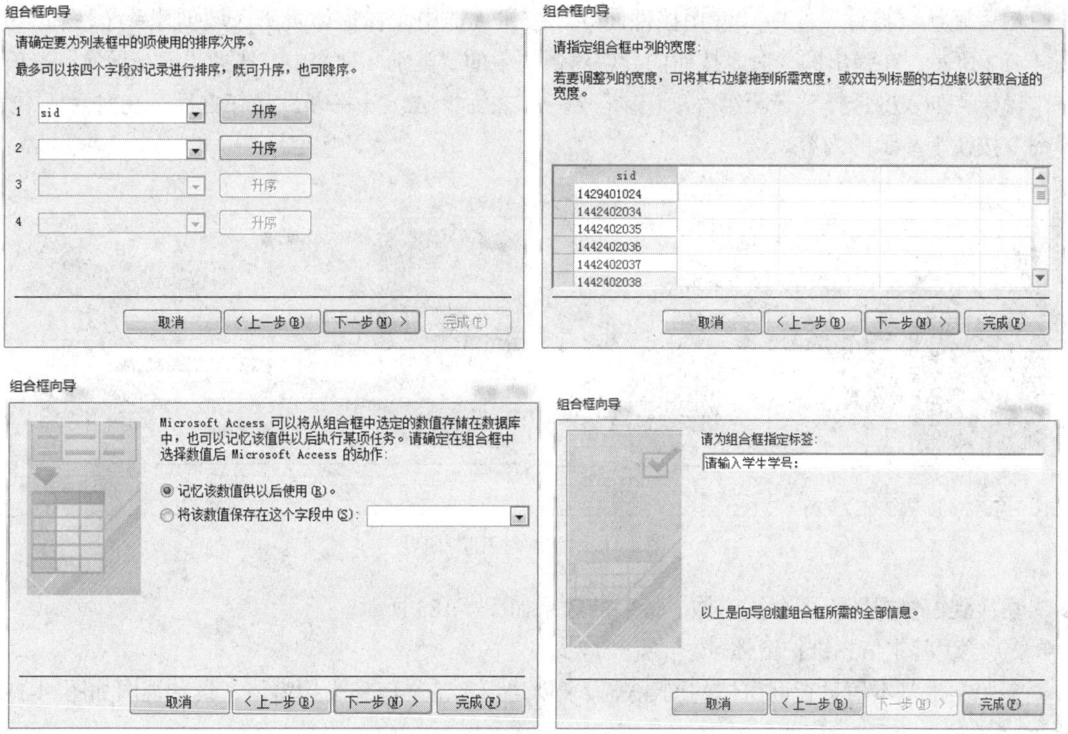

图 4-179　“组合框向导”对话框（续）

⑦ 在“查询”按钮上创建嵌入宏，选中“查询”按钮，在“属性表”的“事件”选项卡中选择“单击”事件，单击最右侧的…按钮，然后选择“宏生成器”打开宏设计器。

如图 4-180 所示，添加宏操作“GoToControl”，设置其“控件名称”为 sid；添加宏操作“FindRecord”，设置其“查找内容”为[Combosid]。

GoToControl 的作用是将焦点移到窗体上指定的字段“sid”上，为执行下面的 FindRecord 宏命令做准备。FindRecord 的作用是在当前窗体的数据集中查找符合条件的记录。查找的内容就是组合框中的数据。二者合起来的意思就是在“sid”上查找组合框中输入的学号。

最后关闭并保存宏。

⑧ 命令按钮实现导航条的功能。首先设置当前窗体默认的导航按钮为“否”，如图 4-181 所示。

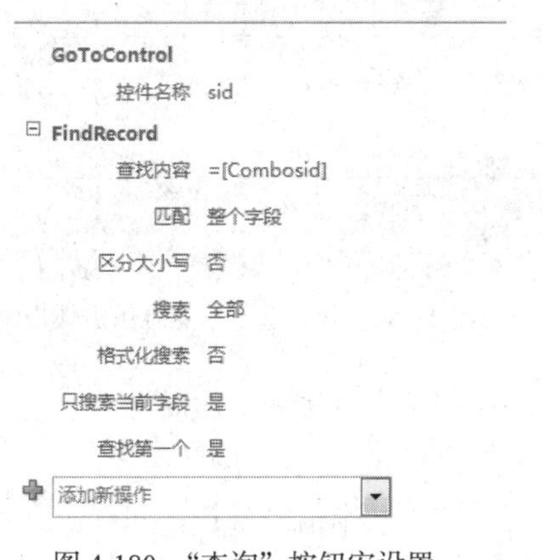

图 4-180　“查询”按钮宏设置

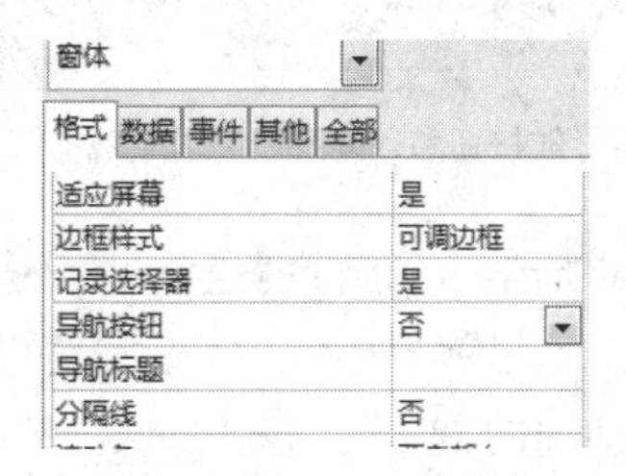

图 4-181　关闭“导航按钮”

然后确认“控件”组中“使用控件向导”按钮被选中。在窗体页脚区域创建一个按钮。如图 4-182 所示，在弹出的“命令按钮向导”对话框中的“类别”列表中，选择“记录导航”选项，在“操作”列表中选择“转至第一项记录”选项，然后单击“下一步”按钮之后，在对话框中选择命令按钮上显示的内容。

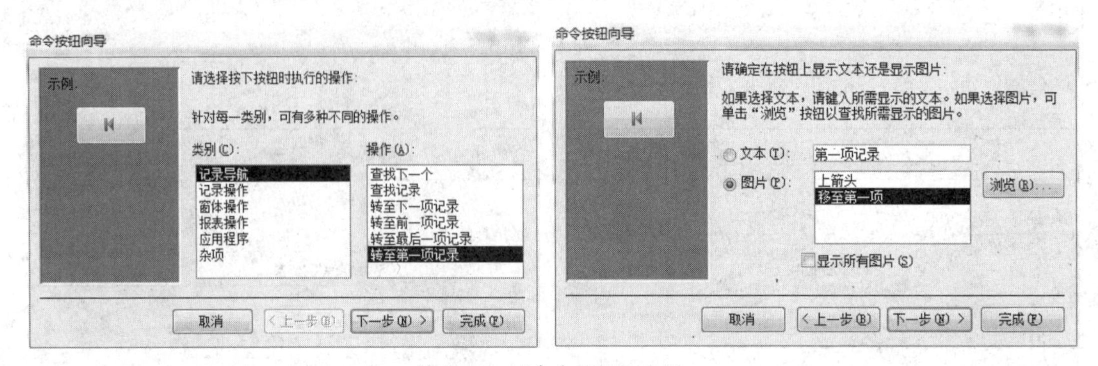

图 4-182 “命令按钮”向导

切换到窗体视图，保存该窗体。最后的效果如图 4-183 所示。

2）学生基本信息维护窗体

参照学生基本信息查询窗体的创建过程来创建学生基本信息维护窗体，设计视图如图 4-184 所示。

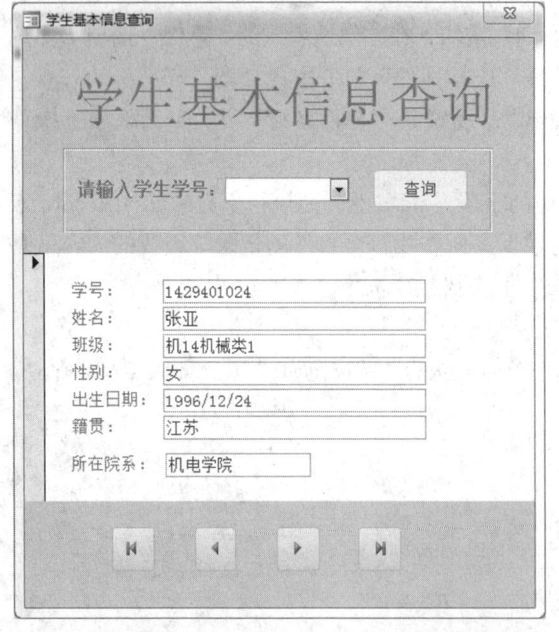

图 4-183 带导航按钮和查询按钮的学生基本信息查询窗体

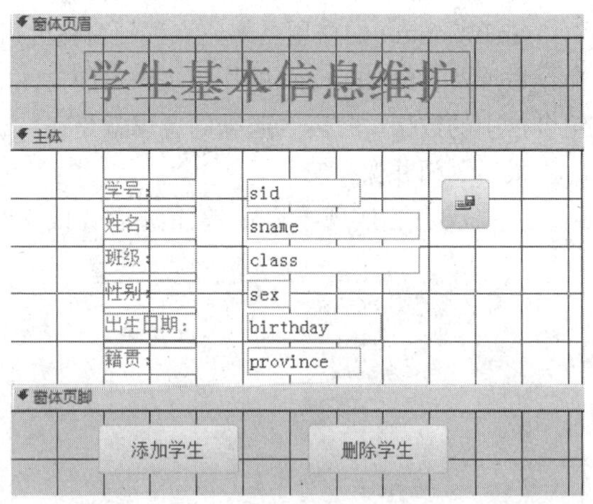

图 4-184 学生基本信息维护窗体设计视图

其中添加学生、删除学生、保存记录 3 个按钮均使用“命令按钮”向导中的“记录操作”类别来设置，这里就不再赘述了。最终效果如图 4-185 所示。

参照前面的方法可以依次创建教师基本信息查询、教师基本信息维护、课程信息查询、课程信息维护等窗体。

3）学生成绩查询窗体

学生成绩窗体的数据来自多个表，可以根据前面已经建立的查询来自动生成该窗体。

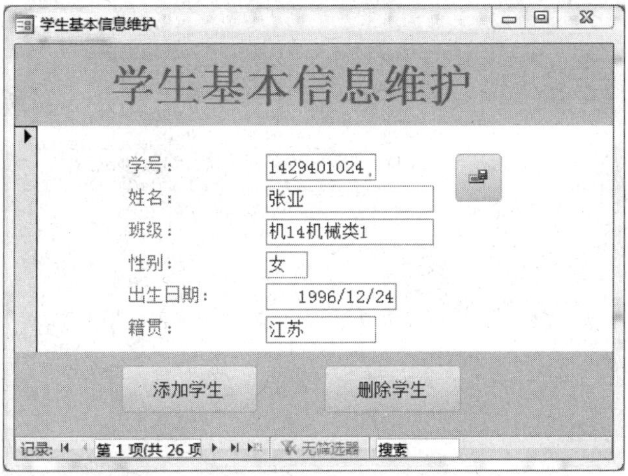

图 4-185 “学生基本信息维护”窗体

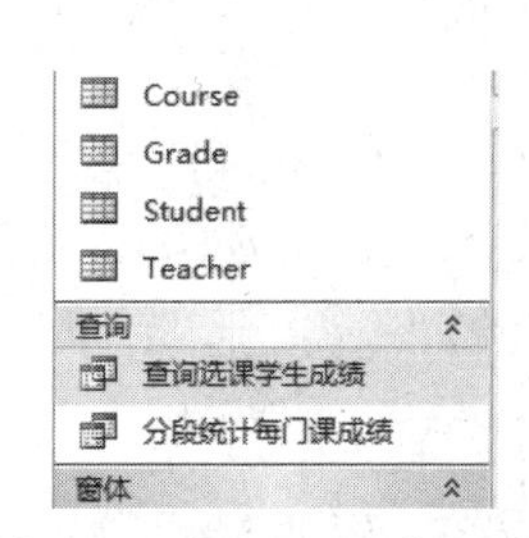

图 4-186 Access“查询”对象

鼠标左键单击选中图 4-186 中的“查询选课学生成绩”，然后单击“创建”选项卡“窗体”组中的“窗体”按钮，切换到窗体设计视图，并自动生成和查询相关的窗体，参照前面的窗体设计方法进行调整。最终效果如图 4-187 所示。

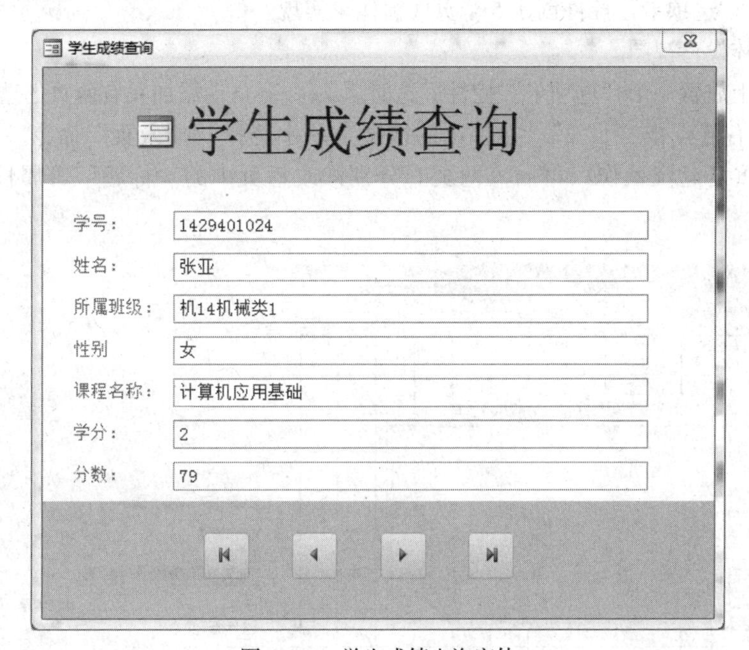

图 4-187 学生成绩查询窗体

4）学生成绩统计窗体

选中图 4-186 中的“分段统计每门课成绩”，然后单击“创建”选项卡“窗体”组中的“其他窗体”按钮，在打开的下拉列表中选择“多个项目”，切换到窗体设计视图，并自动生成学生成绩统计窗体，修改相关标签和属性。最终效果如图 4-188 所示。

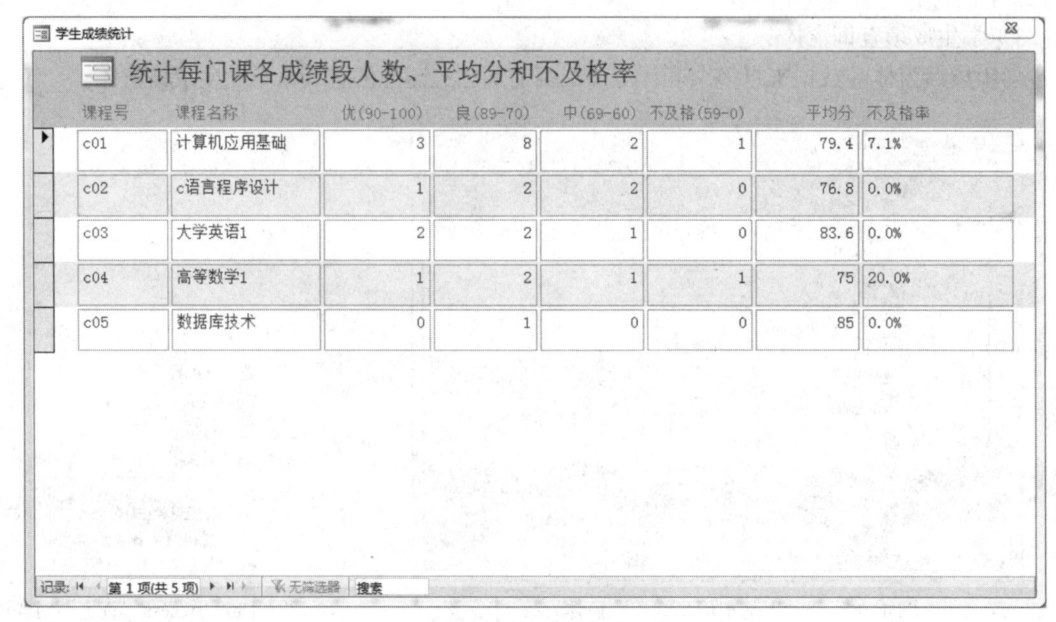

图 4-188 学生成绩统计窗体

5）教学管理系统主窗体

整个教学管理系统由学生管理、教师管理、课程管理、成绩管理、报表管理 5 大模块构成。5 大模块可以通过“选项卡”控件创建 5 个页面窗体来实现。

① 打开窗体设计视图。

② 在窗体上放置一个“选项卡”控件，这时 Access 会自动添加具有两页的选项卡。

③ 用鼠标右键点击“页 2”，在弹出的快捷菜单中选择“插入页”命令，此时选项卡上会增加一页，重复此步操作，再插入两页。分别修改每页中的“标题”等属性，如图 4-189 所示。

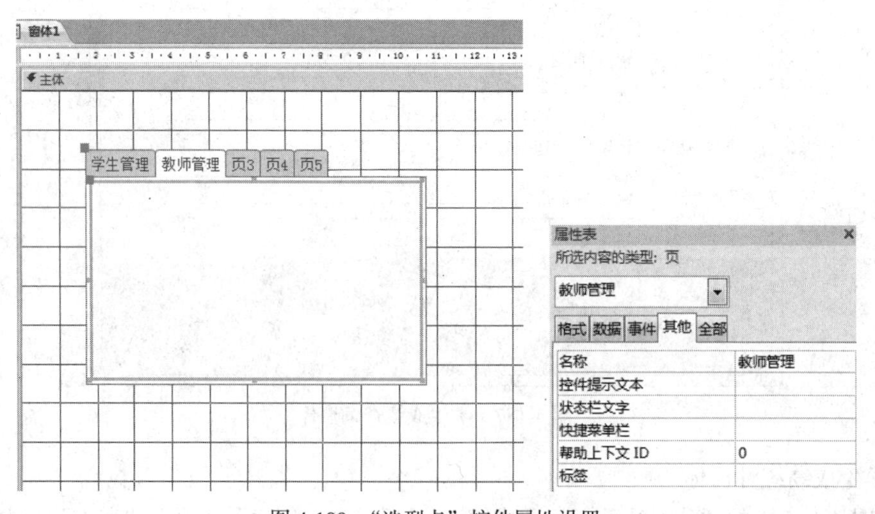

图 4-189 “选型卡”控件属性设置

④ 单击第一页，在最左边添加“图片”控件，放置一副图片，右边放置两个按钮，并设置相应的宏去打开对应的窗体。

最终效果如图 4-190 所示。

图 4-190 教学信息管理主窗体

6）系统登录窗体

① 单击“创建”选项卡“窗体”组中的“其他窗体”按钮，在打开的下拉菜单中选择“模式对话框”，切换到窗体设计视图。

② 在窗体中放入两个文本框，一个文本框的标签修改为“用户名:”，“名称”属性修改为“txt 用户名”，另一个文本框关联的标签修改为“口令:”，“名称”属性修改为“txt 口令”。因为这个文本框具有保密性，所以设定该文本框属性“数据”栏中的“输入掩码”为密码。

③ 为“确定”按钮“单击”事件设置嵌入式宏，实现对用户名和口令的验证。假设用户名为“admin”，口令为“123456”。具体宏设计如图 4-191 所示。

④ 切换到“窗体视图”，可以看到图 4-192 所示的效果。

（5）设置应用系统启动属性

若希望打开教学管理系统时能直接运行系统，需要设置应用系统启动属性。

操作步骤如下。

① 单击“文件”菜单，在左侧窗体的最下方，选择“选项”命令，打开“Access 选项”对话框。

② 单击左侧的“当前数据库”命令，修改“应用程序标题”为“教学管理系统”，修改“显示窗体”为“系统登录”，取消选中“显示导航窗格”，取消选中“允许全部菜单”和“允许默认快捷菜单”。

③ 单击“确定”按钮后，重新打开“教学管理系统.accdb”文件，显示的界面如图 4-193 所示。

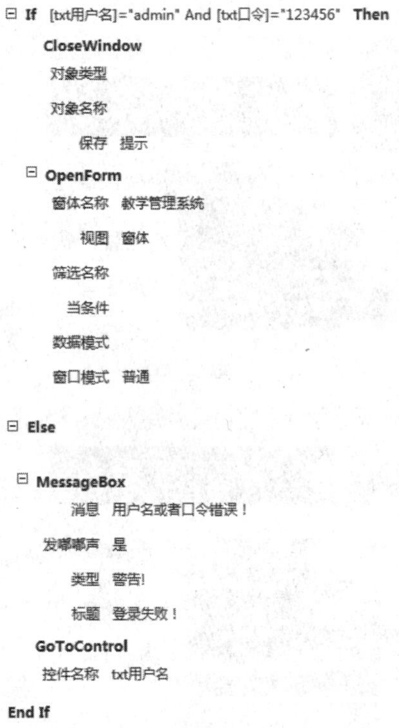

```
⊟ If  [txt用户名]="admin" And [txt口令]="123456"  Then
      CloseWindow
        对象类型
        对象名称
            保存  提示
    ⊟ OpenForm
        窗体名称  教学管理系统
            视图  窗体
        筛选名称
          当条件
        数据模式
        窗口模式  普通
⊟ Else
  ⊟ MessageBox
          消息  用户名或者口令错误！
      发嘟嘟声  是
          类型  警告!
          标题  登录失败！
    GoToControl
      控件名称  txt用户名
End If
```

图 4-191 “登录”按钮嵌入式宏设计

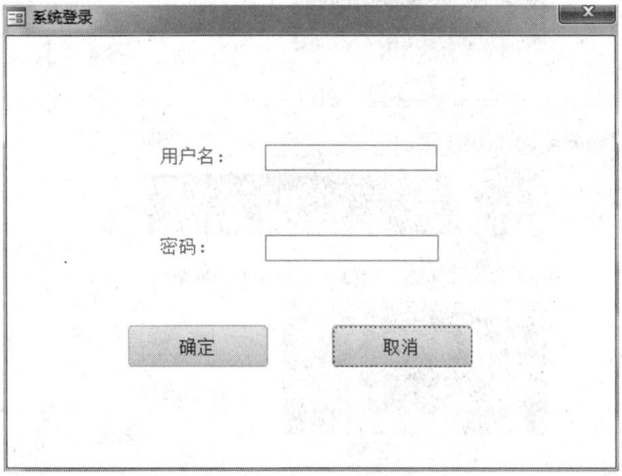

系统登录

用户名：

密码：

确定　　取消

图 4-192 系统登录窗体

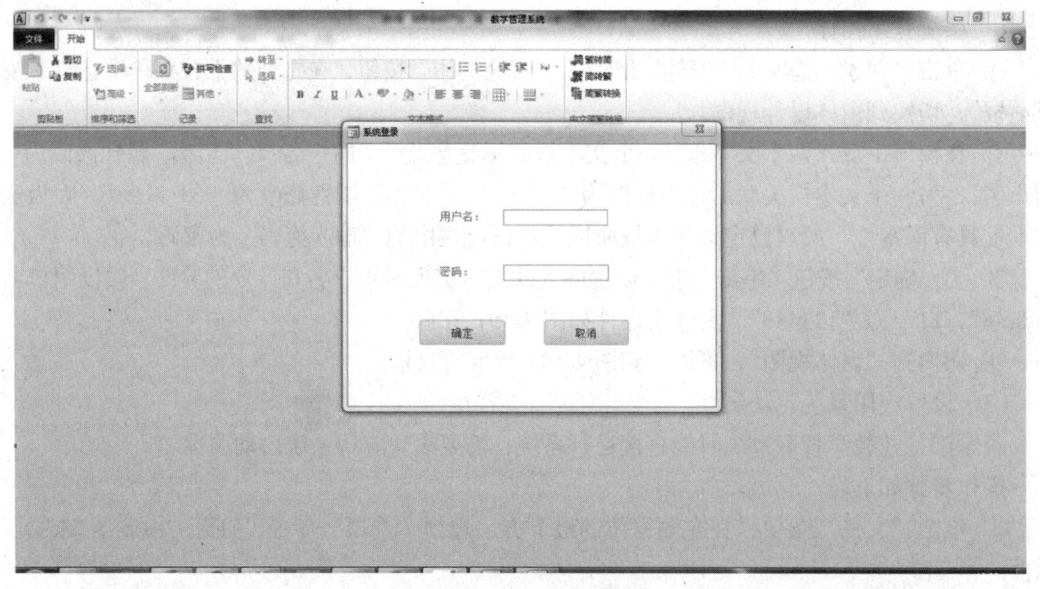

图 4-193 系统启动界面

4.4.4 练习

参照 4.4.3 中的步骤，根据 4.2.7 和 4.3.5 中的内容，创建一个简易的人事管理信息系统。

4.5 MySQL 数据库的使用

4.5.1 案例概述

1. 案例目标

MySQL 是最流行的关系型数据库管理系统，因其体积小、速度快、总体拥有成本低，尤其是开放源码这一特点，一般中小型网站的开发都选择 MySQL 作为网站数据库。

本案例主要介绍 MySQL 数据库的安装与连接，数据库的建立，数据表的增、删、改、查等操作。

2. 知识点

本案例涉及的主要知识点如下。

（1）MySQL 数据库的安装和连接；

（2）MySQL 数据库的基础用法。

4.5.2 MySQL 数据库的安装与连接

MySQL 被 Oracle 收购后有些变化：以前的版本都是免费的，社区版按 GPL 协议开源免费，商业版提供更加丰富的功能，但需要收费。

为了方便读者快捷地使用 MySQL，本书将使用一个绿色精简版的 MySQL，解压后就可以直接使用。

1. MySQL 安装和设置

下载文件“应用案例 15- MySql 数据库的应用.rar”至本地计算机的盘符（D 盘或 E 盘）下并解压缩。为了方便使用，可以将解压缩后的文件夹重命名为“MySQL5.5”，并将此文件夹作为实验文件夹，此时 MySQL 就已经安装好了。

MySQL 是基于客户端/服务器（C/S）的数据库管理系统，要使用 MySQL，必须先启动 MySQL 服务，然后使用 MySQL 客户端程序去连接已经启动的 MySQL 服务器，输入正确的用户名和密码。

（1）启动和关闭 MySQL 服务

进入实验文件夹，打开“MySQL 管理工具.bat”文件。如图 4-194 所示，按照提示输入“1”。然后按【Enter】键，启动 MySQL 服务。如果出现防火墙拦截界面，单击“允许”按钮。

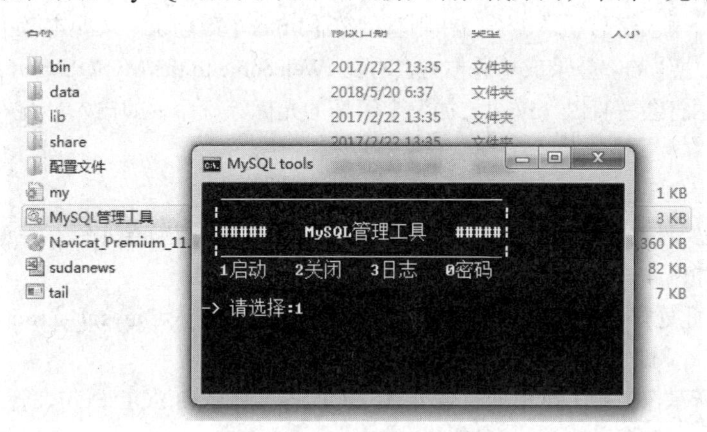

图 4-194 启动 MySQL 服务

要关闭 MySQL 服务，只要在图 4-194 中按照提示输入“2”，然后按【Enter】键即可。

（2）修改 MySQL 登录密码

MySQL 默认的登录用户名是 root，而默认的 root 密码是空，为了安全起见，建议用户一定要修改密码，这里将 root 密码改为 123456。要修改密码，应在图 4-194 的界面中输入 “0”并按【Enter】键，打开 MySQL 数据库密码设置界面。在图 4-195（a）中，输入新密码“123456”，然后输入“B”，就修改了登录密码。在图 4-195（b）中输入“Y”，就会自动重启 MySQL 服务。

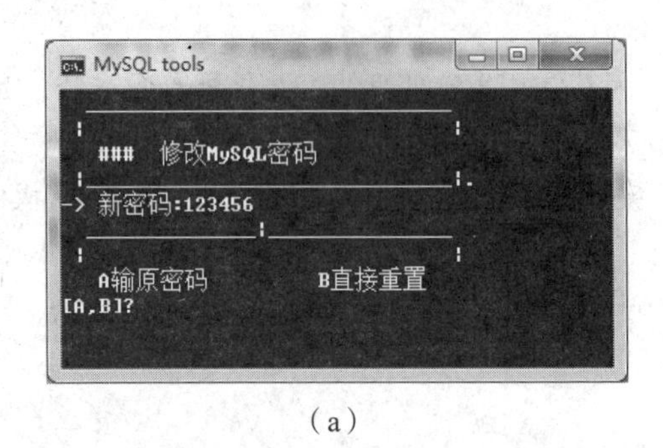

（a）

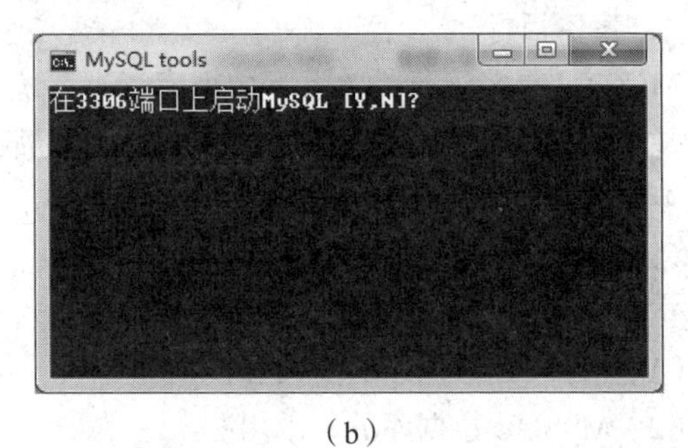

（b）

图 4-195 设置 root 账号密码并重启 NySQL 服务

2. 连接 MySQL 数据库

（1）以命令窗口方式连接 MySQL 数据库

当 MySQL 服务已经运行时，我们可以通过 MySQL 自带的客户端工具登录到 MySQL 数据库中，首先打开命令提示符，输入以下格式的命令。

mysql -h 主机名 -u 用户名 -p

- -h：该命令用于指定客户端所要登录的 MySQL 主机名，登录当前机器时该参数可以省略。
- -u：所要登录的用户名。
- -p：告诉服务器将会使用一个密码来登录，如果所要登录的用户名密码为空，可以忽略此选项。

以登录刚刚安装在本机的 MySQL 数据库为例，在命令行中输入 mysql -u root -p 按【Enter】键确认，如果安装正确且 MySQL 正在运行，会得到以下响应。

```
Enter password:
```

若密码存在，输入密码登录，不存在则直接按【Enter】键登录。按照本节中的安装方法，默认 root 账号是无密码的。登录成功后你将会看到 Welecome to the MySQL monitor... 的提示语。

然后命令提示符会一直以 mysql> 加一个闪烁的光标等待命令的输入，输入 exit 或 quit 退出登录。

具体操作步骤如下。

- 打开实验文件夹“MySQL5.5”中的“bin”文件，按住【shift】键，左键单击空白区域，打开右键菜单，如图 4-196 所示。
- 选择“在此处打开命令窗口”选项，打开命令窗口，输入“mysql -u root -p”，然后按照提示输入密码 123456，即可连接到 MySQL 服务器，如图 4-197 所示。

在图 4-197 所示窗口中，可以通过输入 MySQL 各种命令和 SQL 语句来管理和使用 MySQL 数据库。

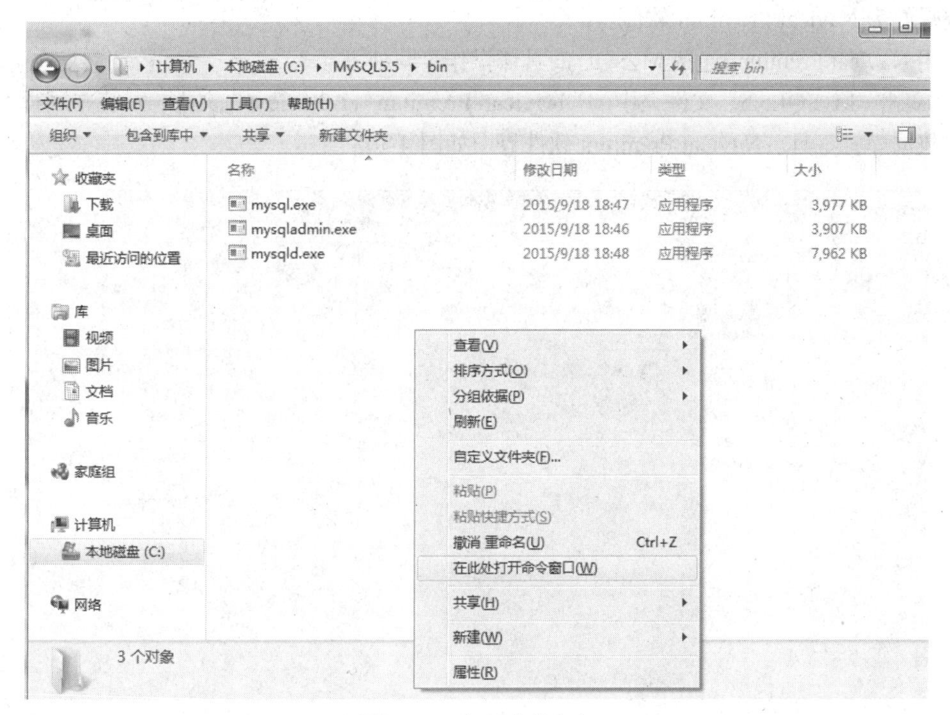

图 4-196　打开菜单命令

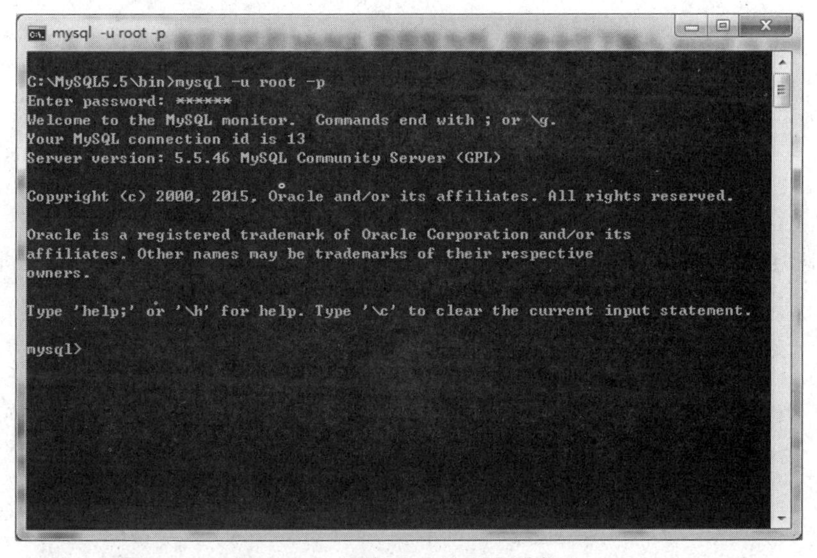

图 4-197　连接 MySQL 服务器窗口

（2）以图形化方式连接 MySQL 数据库

除了 MySQL 官方提供的命令方式的客户端软件外，很多公司也开发了图形化的客户端软件。Navicat Premium 就是其中的一员，该软件是一套可视化数据库管理工具，支持单一程序同时连接到包含 MySQL 在内的主流数据库。Navicat Premium 可满足现今数据库管理系统的使用功能，包括存储过程、事件、触发器、函数、视图等。该客户端软件的突出特点是简洁高效、功能强大，可以在世界的任何角落通过网络来维护远端的 MySQL 数据库。Navicat 的功能不仅符合专业开发人员的所有需求，对数据库服务器的新手来说学习起来也相当容易。本节所使用的图形化 MySQL

客户端软件为 Navicat Premium 软件。

使用 Navicat Premium 连接 MySQL 的具体操作步骤如下。

- 双击“MySQL5.5”文件夹中的“Navicat_Premium_11.0.10.exe”文件，安装并运行 Navicat 图形化数据库管工具。Navicat Premium 软件界图如图 4-198 所示。

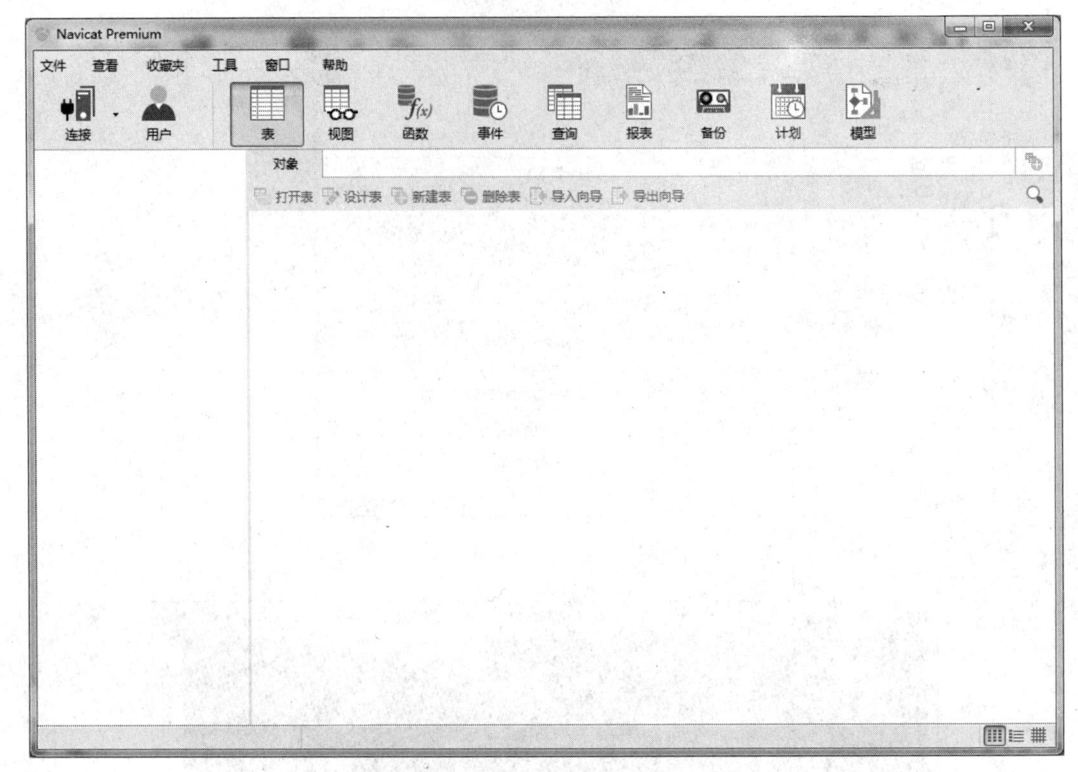

图 4-198 Navicat Premium 软件界面

- 单击“连接”菜单，选择“MySQL”（见图 4-199），新建一个 MySQL 数据库连接。

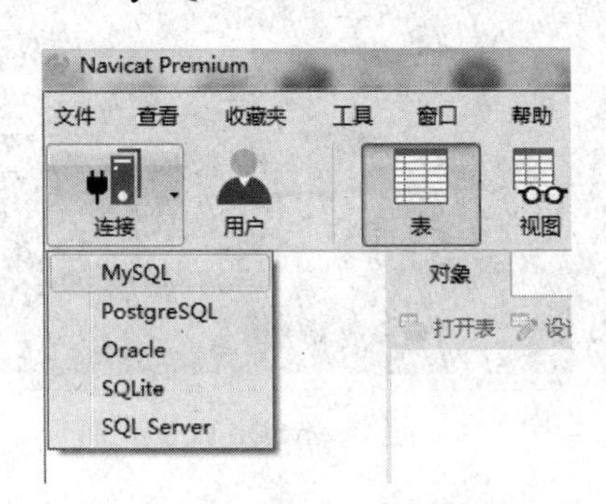

图 4-199 选择“MySQL 连接”

- 如图 4-200 所示，在“MySQL-新建连接”对话框中，输入密码“123456”并单击“测试连接”按钮，如果弹出“连接成功”对话框，表示可以连接上 MySQL，此时单击“确定”按钮即可成功建立连接。

- 双击左侧的“suda”连接，即可打开连接，然后就可以看到 MySQL 自带的 4 个数据库，如图 4-201 所示。

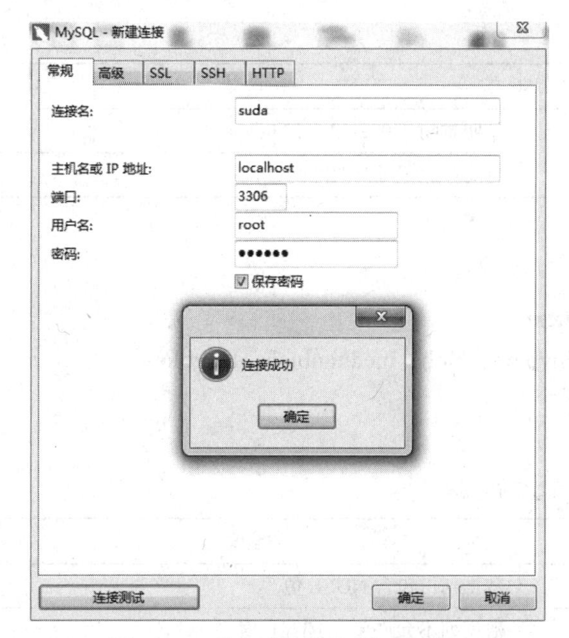

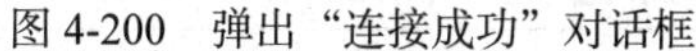
图 4-200 弹出“连接成功”对话框

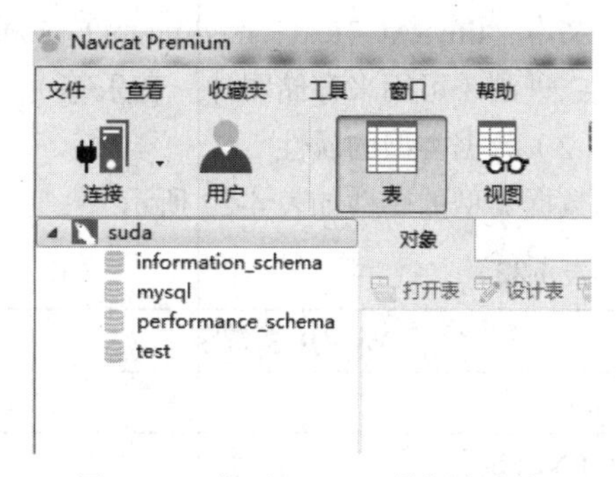

图 4-201 打开“suda”数据库连接

4.5.3 创建数据库与查询

MySQL 支持标准的 SQL 语言，本节不再对 SQL 语法做过多的介绍，仅仅举例说明 MySQL 中 SQL 语句的用法。建议读者使用 Navicat Premium 软件结合 SQL 语句操作 MySQL 数据库。本节以 5.5.4 节的教学信息管理数据库相关表结构为例，来说明 MySQL 数据库的基本使用方法。

需要注意的是 MySQL 和 Access 数据库都支持标准的 SQL 语言，但两个产品又都在标准 SQL 语言的基础中增加了各自的扩展语法。在 SQL 语言基本操作（增、删、改、查）中，MySQL 和 Access 差别不大，在 SQL 语言高级功能中，两个差异比较大，详细情况可以查看 MySQL 帮助文件。

1. 创建数据库

使用 CREATE DATABASE 命令创建教学信息管理数据库。

2. 创建数据表

要调用 SQL 语句创建表，必须先了解一下 MySQL 所支持的数据类型及其相关属性。

（1）数据类型

MySQL 有三大类数据类型，分别为数字、日期和时间、字符串，这三大类中又更细致地划分了许多子类型。

① 数字类型有如下两类。

整数：tinyint、smallint、mediumint、int、bigint。

浮点数：float、double、real、decimal。

② 日期和时间类型有 date、time、datetime、timestamp 等，如表 4-21 所示。

表 4-21 日期和时间类型

MySQL 日期和时间类型	含义
date	日期 '2008-12-2'
time	时间 '12:25:36'

续表

MySQL 日期和时间类型	含义
Datetime	日期时间 '2008-12-2 22:06:44'
timestamp	自动存储记录修改时间

③ 字符串类型有如下几类。

字符串：char、varchar。

文本：tinytext、text、mediumtext、longtext。

二进制（可用来存储图片、音乐等）：tinyblob、blob、mediumblob、longblob。

（2）数据类型的属性

数据类型的属性如表 4-22 所示。

表 4-22　数据类型的属性

MySQL 关键字	含义
NULL	数据列可包含 NULL 值
NOT NULL	数据列不允许包含 NULL 值
DEFAULT	默认值
PRIMARY KEY	主键
AUTO_INCREMENT	自动递增，适用于整数类型
UNSIGNED	无符号
CHARACTER SET name	指定一个字符集

（3）调用 SQL 语句创建数据表

① 创建学生表

在 Navicat Premium 软件中单击“查询”菜单，选择“新建查询”进入“查询编辑器”界面，输入以下 SQL 语句，就可以创建 Student 表了，如图 4-202 所示。

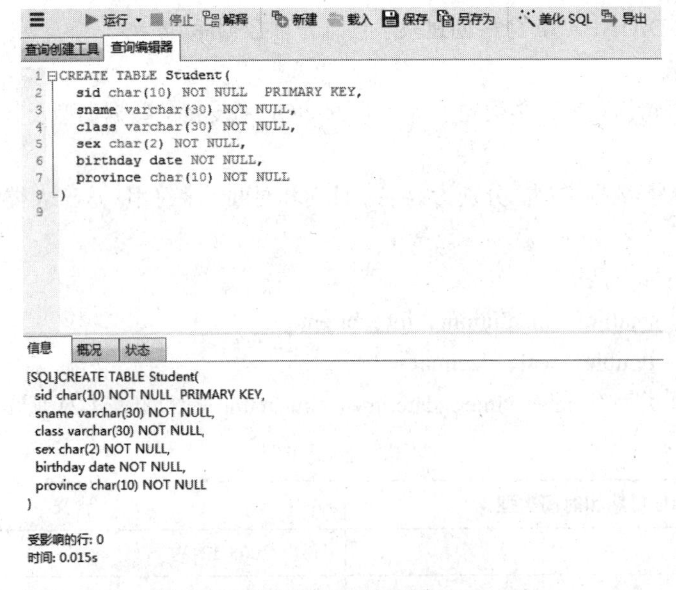

图 4-202　调用 SQL 语句创建 Student 表

```
CREATE TABLE Student(
  sid char(10) NOT NULL  PRIMARY KEY,
  sname varchar(30) NOT NULL,
  class varchar(30) NOT NULL,
  sex char(2) NOT NULL,
  birthday date NOT NULL,
  province char(10) NOT NULL
)
```

插入数据SQL语句示例如下。

```
INSERT INTO Student VALUES ('1442402034', '高潇雨', '轨14智能控制', '女', '1996/2/9','上海');
INSERT INTO Student VALUES ('1442402035', '朱涛', '轨14智能控制', '男', '1995/11/21','陕西');
INSERT INTO Student VALUES ('1442402045', '朱东东', '轨14智能控制', '男','1997/11/12','山东');
INSERT INTO Student VALUES ('1442402048', '杨旭', '机14机电工程', '男','1995/3/10','浙江');
……
```

注意：插入日期数据时，MySQL和Access略有不同，要在日期型数据两边加单引号，不需要加“#”。

② 创建教师表

```
CREATE TABLE Teacher(
  tid char(10) NOT NULL  PRIMARY KEY,
  tname varchar(30) NOT NULL,
  title varchar(10) NOT NULL
)
```

插入数据SQL语句示例如下。

```
INSERT INTO Teacher VALUES ('0203045', '费亚', '副教授');
INSERT INTO Teacher VALUES ('0601001 ', '顾文海', '讲师');
……
```

③ 创建课程表

```
CREATE TABLE Course(
  cid char(10) NOT NULL  PRIMARY KEY,
  cname varchar(30) NOT NULL,
  credit smallint NOT NULL,
  tid char(10) NOT NULL
)
```

给课程表中的tid添加外键可参考如下语句。

```
ALTER TABLE Course
ADD CONSTRAINT fk_TeacherCourse
FOREIGN KEY(tid)
REFERENCES Teacher (tid);
```

插入数据SQL语句示例如下。

```
INSERT INTO Course VALUES ('c01', '计算机应用基础', 3, '0601001');
INSERT INTO Course VALUES ('c02', 'C语言程序设计', 4,'0601001');
INSERT INTO Course VALUES ('c03', 'Python程序设计', 4,'0203045');
INSERT INTO Course VALUES ('c04', '计算机基础-大数据应用', 3,'0203045');
……
```

④ 创建成绩表

```
CREATE TABLE Grade(
```

```
  sid char(10) NOT NULL,
  cid char(10) NOT NULL,
  score smallint NOT NULL,
CONSTRAINT pk_sid_cid PRIMARY KEY(sid,cid),
CONSTRAINT fk_StudentGrade FOREIGN KEY (sid) REFERENCES Student(sid),
CONSTRAINT fk_CourseGrade FOREIGN KEY (cid) REFERENCES Course(cid)
)
```

插入数据 SQL 语句示例如下。

```
INSERT INTO Grade VALUES ('1442402034', 'c02', 77);
INSERT INTO Grade VALUES ('1442402034', 'c01', 87);
INSERT INTO Grade VALUES ('1442402035', 'c01', 85);
INSERT INTO Grade VALUES ('1442402045', 'c03', 81);
INSERT INTO Grade VALUES ('1442402045', 'c01', 99);
INSERT INTO Grade VALUES ('1442402045', 'c04', 83);
……
```

3. 创建查询

（1）查询学生表中所有学生的基本信息，并保存为“cx1”。

```
SELECT * FROM Student
```

（2）查询所有姓“朱”的学生的基本情况，并保存为“cx2”。

```
SELECT * FROM Student WHERE sname LIKE '朱%'
```

（3）显示学生表中的所有班级名称，查询结果中不出现重复的记录，并保存为“cx3”。

```
SELECT DISTINCT class FROM Student
```

（4）查询平均分在 75 分以上（含 75 分），并且没有一门课程在 70 分以下的学生的学号、平均分，并保存为“cx4”。

```
SELECT sid, Avg(score) AS 平均分 FROM grade GROUP BY sid
HAVING Avg(score)>=75 AND Min(score)>=70
```

（5）查询所有学生所有课程的成绩，并保存为“cx5”。

SQL 语句如下。

```
SELECT Student.sid, Student.sname, Student.class, Student.sex, Course.cname,
Course.credit, Grade.score
FROM Student
INNER JOIN (Course INNER JOIN Grade ON Course.cid = Grade.cid) ON Student.sid = Grade.sid
ORDER BY Student.sid;
```

查询结果如图 4-203 所示。

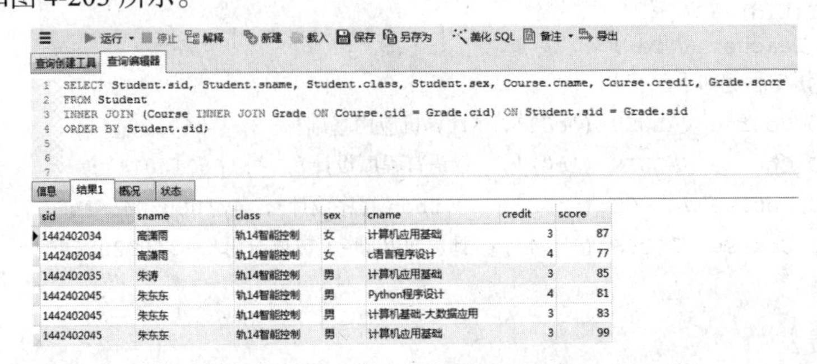

sid	sname	class	sex	cname	credit	score
1442402034	高潇雨	轨14智能控制	女	计算机应用基础	3	87
1442402034	高潇雨	轨14智能控制	女	c语言程序设计	4	77
1442402035	朱涛	轨14智能控制	男	计算机应用基础	3	85
1442402045	朱东东	轨14智能控制	男	Python程序设计	4	81
1442402045	朱东东	轨14智能控制	男	计算机基础-大数据应用	3	83
1442402045	朱东东	轨14智能控制	男	计算机应用基础	3	99

图 4-203　查询所有学生的所有成绩

4.5.4 应用案例 15：MySQL 数据库的应用

1. 案例要求

本案例建立一个 MySql 数据库及相关表，并导入 4.1.3 节中网络抓取的数据，然后在此基础上进行相应操作。

2. 软件下载

下载文件“应用案例 15-MySql 数据库的应用.rar”至本地计算机的盘符（D 盘或 E 盘）下并解压缩，为了方便使用，可以将解压缩后的文件夹重命名为“MySQL5.5”，并将此文件夹作为实验文件夹。

3. 启动 MySql 数据库并使用 Navicat Premium 进行连接

（1）进入实验文件夹，打开“MySQL 管理工具”文件，按照提示，输入“1”，然后按【Enter】键，启动 MySQL 服务，具体参照 4.5.2 小节步骤。

（2）修改 MySQL 数据库密码为“123456”，具体参照 4.5.2 节步骤。

（3）双击“Navicat_Premium_11.0.10.exe”文件，安装并运行 Navicat 图形化数据库管理工具。

（4）新建一个 MySQL 数据库连接，连接名为“suda”，具体步骤可以参照 4.5.2 小节。

4. 新建数据库

（1）右键单击图 4-201 中的“suda”数据库连接，在弹出的快捷菜单中选择“新建数据库”，进入“新建数据库”对话框。

（2）按照图 4-204 显示内容，设置“新建数据库”常规属性，单击“确定”按钮，即可创建好“suda”数据库。

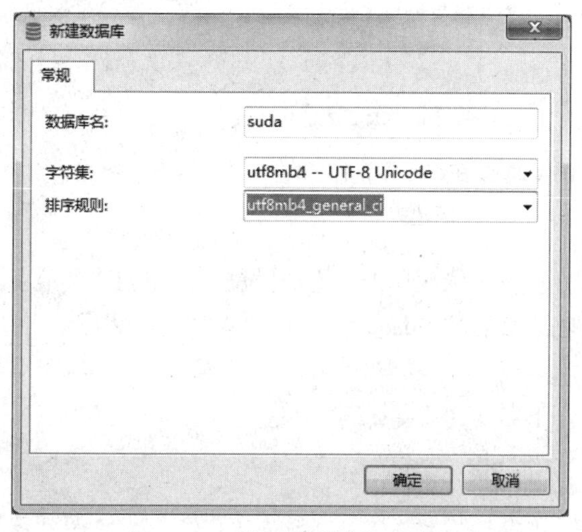

图 4-204 “新建数据库”对话框

5. 创建 sudanews 数据表

创建表 4-23 所示的数据表。

表 4-23 “sudanews”数据表字段

字段名称（字段含义）	数据类型	字段大小	允许空值	是否主键	其他
id（新闻编号）	int	11	否	是	自动增长
title（新闻标题）	varchar	100	否	否	
url（链接地址）	varchar	100	否	否	
source（新闻来源）	varchar	50	否	否	
date（发文日期）	varchar	20	否	否	

（1）鼠标左键双击“suda”数据库，打开“suda”数据库连接，然后在“表”栏目上点击右键，在弹出的快捷菜单中选择“新建表”，如图 4-205 所示。

（2）选择“新建表”之后，在进入的界面中按照图 4-206 所示内容输入栏位名为 id，类型为 int，长度为 11，选中“不是 null”，然后单击最后一个单元格，则会出现一个钥匙，表示是主键，最后在下面选中“自动递增”复选框。此时新闻编号字段就创建成功了。

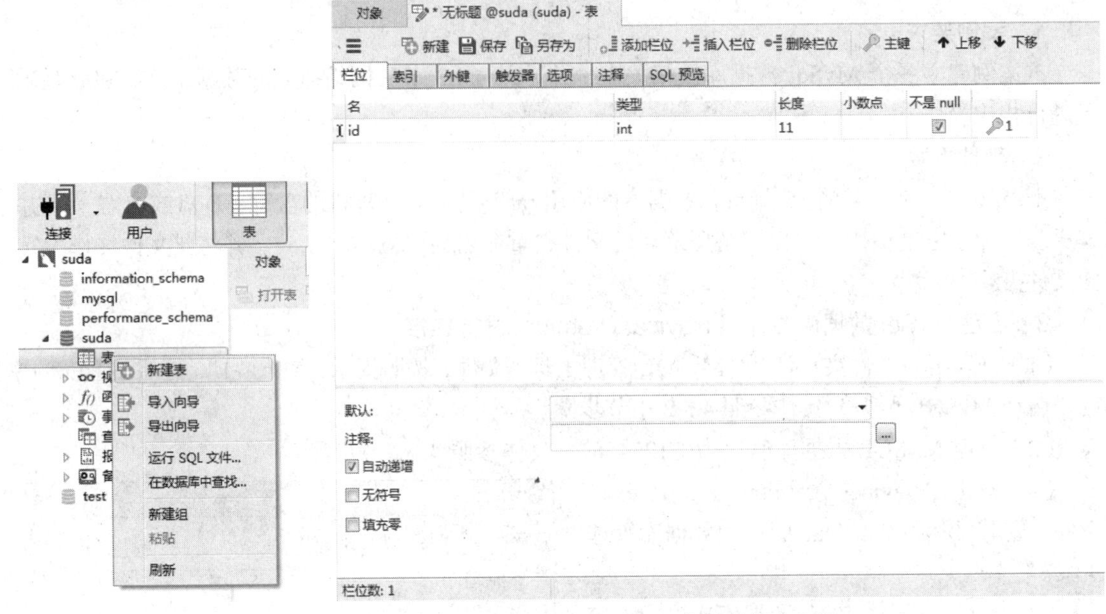

图 4-205 在右键菜单中选择“新建表”

图 4-206 新建数据表字段

（3）依次单击“添加栏位”按钮创建其他字段。所有字段创建完成后，单击“保存”按钮，输入表名“sudanews”（见图 4-207）。然后单击“确定”按钮。

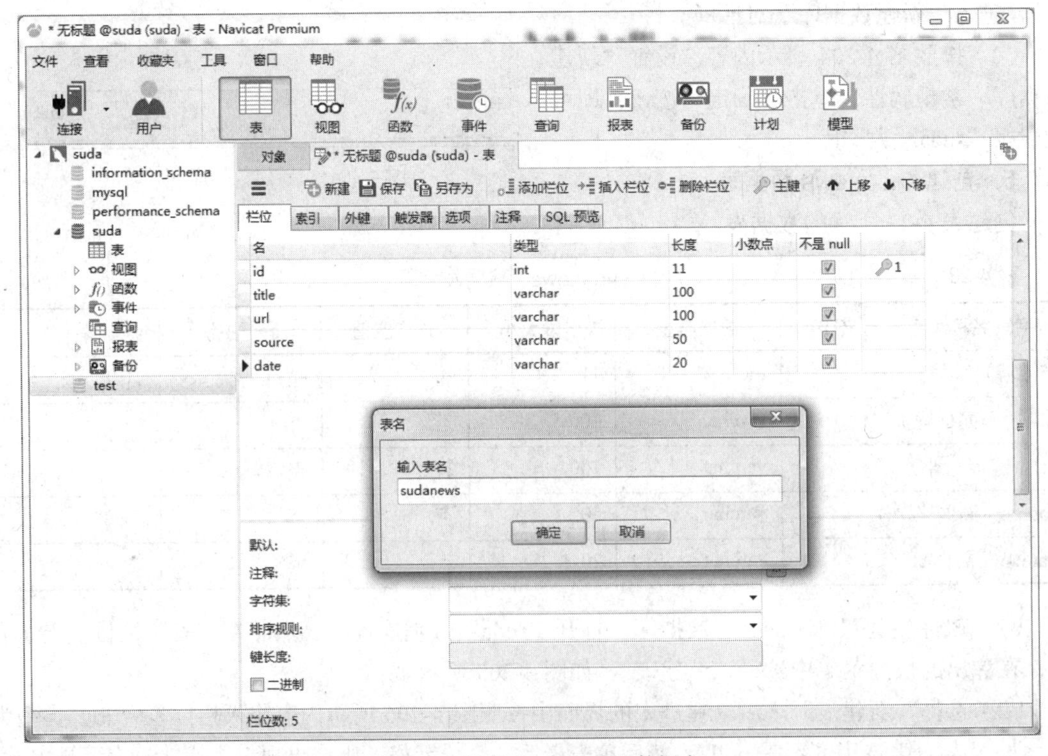

图 4-207 保存“sudanews”数据表

6. 导入数据

（1）给“sudanews”数据表导入 sudanews.xls（4.1.3 小节实验结果文件）文件中的数据。鼠标右键单击“sudanews”数据表（如果看不见表，可以在 suda 数据库右键菜单中选择“刷新”），在弹出的快捷菜单中选择“导入向导”，如图 4-208 所示。

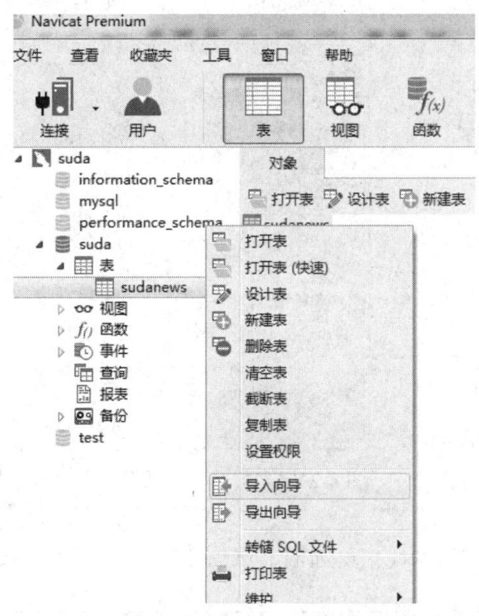

图 4-208 选择“导入向导”

（2）在打开的“导入导出”对话框中，选择“Excel 文件（*.xls）”（见图 4-209），然后单击“下一步”按钮。

图 4-209 选择导入类型

（3）单击“导入从”后面的按钮，然后在“打开”对话框中选择“sudanews.xls”文件（见图 4-210），然后单击“打开”按钮。

图 4-210 “打开”对话框

（4）选中图 4-211 中的“Sheet1”复选框，然后单击“下一步”按钮。

图 4-211 选中“Sheet1”复选框

（5）如图 4-212 所示，不修改任何内容，然后单击“下一步”按钮。

（6）如图 4-213 所示，不修改任何内容，然后单击“下一步”按钮。

（7）如图 4-214 所示，不修改任何内容，然后单击“下一步”按钮。

（8）如图 4-215 所示，不修改任何内容，然后单击“下一步”按钮。

（9）如图 4-216 所示，单击“开始”按钮，即可完成数据导入，如图 4-217 所示。

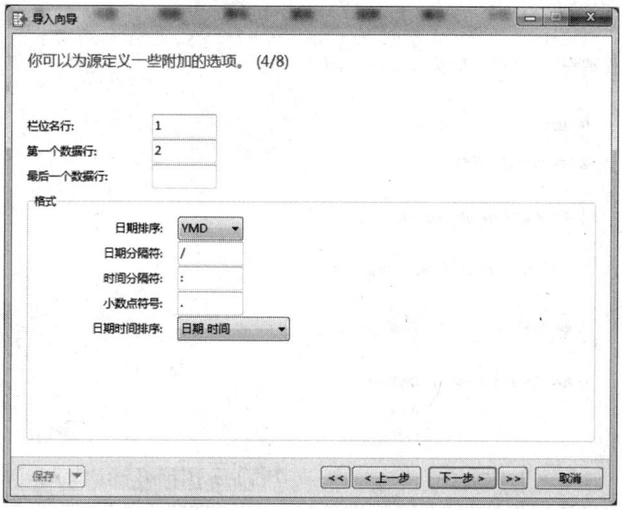

导入向导

你可以为源定义一些附加的选项。 (4/8)

栏位名行: 1

第一个数据行: 2

最后一个数据行:

格式

日期排序: YMD

日期分隔符: /

时间分隔符: :

小数点符号: .

日期时间排序: 日期 时间

保存　<<　< 上一步　下一步 >　>>　取消

图 4-212　定义附加选项

导入向导

选择目标表。你可选择现有的表，或输入新的表名。 (5/8)

源表	目标表	新建表
Sheet1	sudanews	

保存　<<　< 上一步　下一步 >　>>　取消

图 4-213　选择目标表

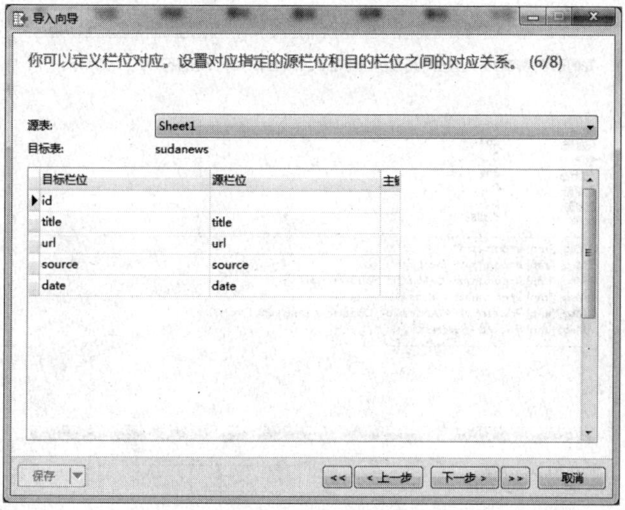

导入向导

你可以定义栏位对应。设置对应指定的源栏位和目的栏位之间的对应关系。 (6/8)

源表: Sheet1

目标表: sudanews

目标栏位	源栏位	主键
id		
title	title	
url	url	
source	source	
date	date	

保存　<<　< 上一步　下一步 >　>>　取消

图 4-214　设置原表与目标表字段对应关系

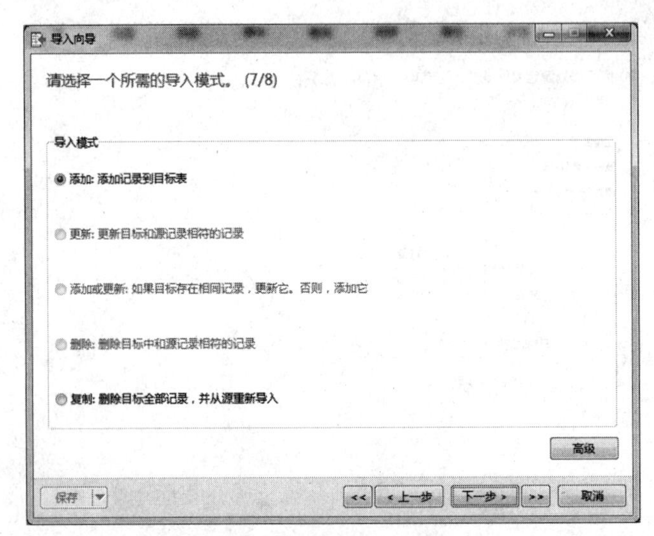

图 4-215　选择导入模式

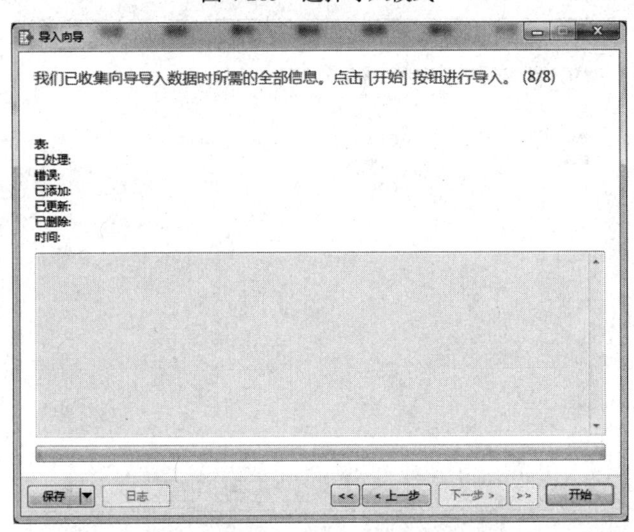

图 4-216　准备导入数据

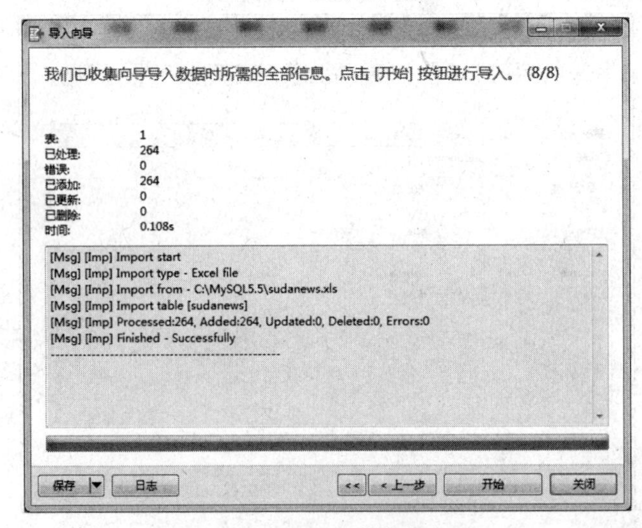

图 4-217　导入数据成功

7. 数据查询

（1）单击工具中的“查询”按钮，然后单击“新建查询” 进入“查询编辑器”界面，输入SQL语句，就可以进行数据查询了，如图4-218所示。

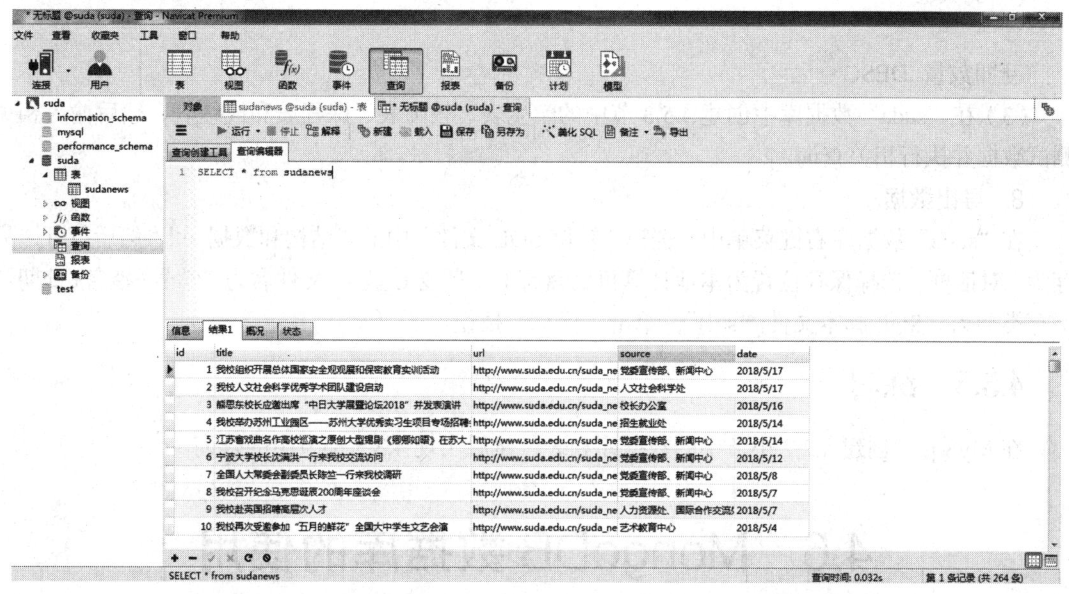

图4-218 调用SQL语句查询“sudanews”数据表中数据

（2）单击 “保存”按钮，打开“查询名”对话框，输入查询名为sncx1，单击“保存”按钮。调用SQL语句设计以下查询。

① 查询“sudanews”表中2018/5/17日发布的所有新闻信息，并保存为“sncx2”。

```
SELECT * FROM sudanews WHERE date='2018/5/17'
```

② 查询“sudanews”表校长办公室发布的所有新闻信息，并保存为“sncx3”。

```
SELECT * FROM sudanews WHERE source='校长办公室'
```

③ 查询2017年校长办公室发布的所有新闻标题、链接和日期，并保存为“sncx 4”。

```
SELECT
   title,
   url,
   date
FROM
   sudanews
WHERE
   source = '校长办公室'
AND date <= str_to_date('2017/12/31', '%Y/%m/%d')
AND date >= str_to_date('2017/1/1', '%Y/%m/%d')
```

④ 分类统计2018年各部门的发文情况，并按照新闻数量从多到少排序，并保存为“sncx 5”。

```
SELECT
   source AS 发文部门,
   count(source) AS 新闻数量
FROM
   sudanews
```

```
WHERE
   date <= str_to_date('2018/12/31', '%Y/%m/%d')
AND date >= str_to_date('2018/1/1', '%Y/%m/%d')
GROUP BY
   source
ORDER BY
```

新闻数量 DESC

（3）在“suda”数据库中创建 4.5.3 节中的学生表、教师表、课程表和成绩表，然后输入相关测试数据并执行相关查询。

8. 导出数据

在“suda”数据库右键菜单中，选择“转储 SQL 文件”中的“结构和数据…”，然后打开“另存为”对话框，选择保存位置为本地计算机的盘符（D 盘或 E 盘），文件名为“学号+姓名+日期”，保存类型为“SQL 脚本文件(*.sql)”，单击“保存”按钮。

4.5.5 练习

在 MySql 中创建 4.2.7 小节中的数据库和表，然后实现 4.3.5 小节中的查询。

4.6 MongoDB 数据库的使用

4.6.1 案例概述

1. 案例目标

MongoDB 是一个开源、跨平台、面向文档存储（非表）的 NoSQL 数据库。它支持的数据结构非常松散，因此可以存储比较复杂的数据类型和海量数据。

本案例将主要介绍 MongoDB 的一些基本概念和基本操作，如插入文档、更新文档、删除文档、查询文档等操作。

2. 知识点

本案例涉及的主要知识点如下。

（1）MongoDB 的安装与连接；

（2）MongoDB 的基本操作。

4.6.2 MongoDB 的安装与连接

1. MongoDB 的安装

MongoDB 可以应用于多个平台，这里主要介绍在 Windwos 平台的安装与使用。MongoDB 官网主要提供以下几个版本。

- MongoDB for Windows 64-bit，适合 64 位的 Windows Server 2008 R2、Windows 7 及最新版本的 Window 系统。
- MongoDB for Windows 32-bit，适合 32 位的 Window 系统及 Windows Vista。32 位系统上 MongoDB 的数据库最大为 2GB。
- MongoDB for Windows 64-bit Legacy，适合 64 位的 Windows Vista、Windows Server 2003

及 Windows Server 2008。

根据使用的系统下载对应的 32 位或 64 位的 .msi 文件，下载后双击该文件，按操作提示安装即可。

通过.msi 安装包的方式进行安装，带来的好处是直接作为 Windows 的服务进行管理。这里为了方便实验，将采用免安装的方式使用 MongoDB。

具体操作方法如下。

（1）访问 MongoDB 官方网站提供的文件列表。

（2）根据自己的需要选择对应的版本下载。考虑到实验环境的具体情况，本节下载了 32 位的 3.2.0 免安装版本。读者可以在教学网站下载文件“应用案例 16- MongoDB 的应用.rar”至本地计算机的盘符（D 盘或 E 盘）下并解压缩，为了方便使用，可以将解压缩后的文件夹重命名为“mongodb3.2.0”，并将此文件夹作为实验文件夹。

（3）在 mongodb3.2.0 文件夹中新建相关的文件与目录。

- 在 mongodb3.2.0 文件夹中新建 data 子文件夹，用于存放数据。
- 在 mongodb3.2.0 文件夹中新建 logs 子文件夹，用于存放日志。
- 在 mongodb3.2.0 文件夹中新建 mongo.config 文件，编辑 mongo.config 文件并输入图 4-219 所示内容。

（4）启动 MongoDB 服务。在 mongodb3.2.0 文件夹中，按住【Shift】键，左键单击空白区域，打开右键菜单，选择“在此处打开命令窗口”选项，打开命令窗口，进入 cmd 提示符控制台， 在光标处输入以下命令。

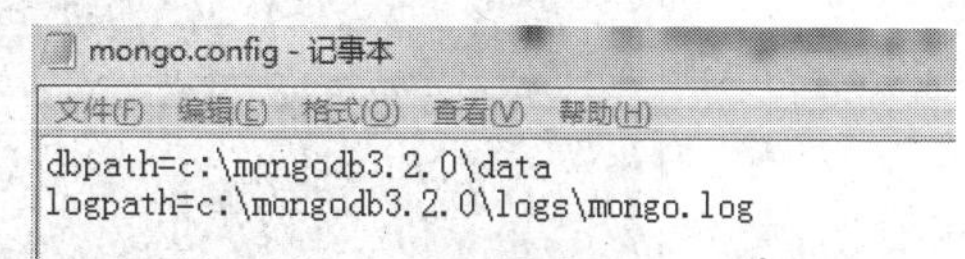

图 4-219　使用记事本程序在 mongo.config 文件中输入内容

```
cd bin
mongod --dbpath=c:\mongodb3.2.0\data --storageEngine=mmapv1
```

如果成功，系统会给出图 4-220 所示信息。

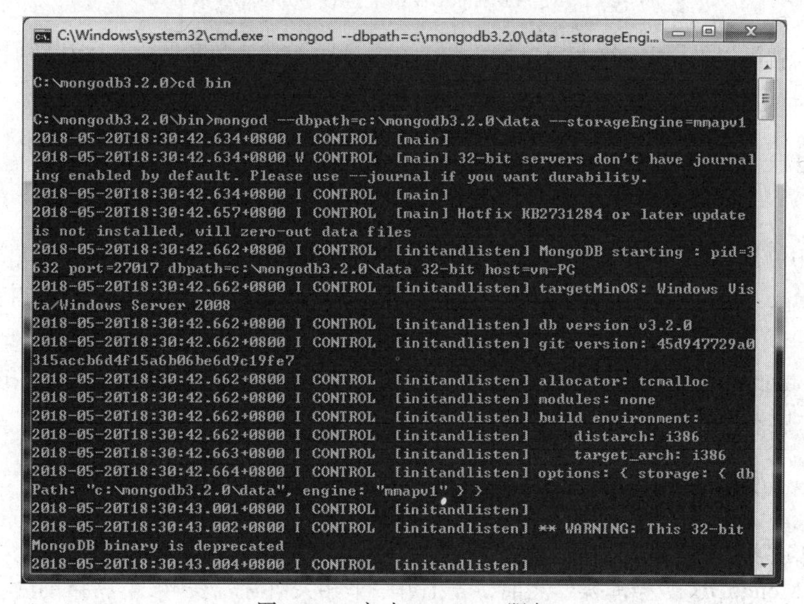

图 4-220　启动 MongoDB 服务

（5）在浏览器中输入网址“http://localhost:27017/”。如果服务启动成功，会出现以下一段话。

```
It looks like you are trying to access MongoDB over HTTP on the native driver port.
```

注意：启动成功以后，cmd 控制台窗口不能关闭，否则等于又关闭了 MongoDB 服务。

2. MongoDB 的连接

（1）使用 MongoDB shell 连接 MongoDB 数据库

如果需要管理和操作 MongoDB，你需要先打开 mongodb 目录下的 bin 目录，然后执行 mongo.exe 文件，MongoDB shell 是 MongoDB 自带的交互式 Javascript shell，用来对 MongoDB 进行操作和管理的交互式环境。

可以在 mongodb3.2.0 文件夹中再另打开一个 cmd 窗口，在光标处输入“bin\mongo”。

如果连接成功，系统会提示类似图 4-221 所示的信息。

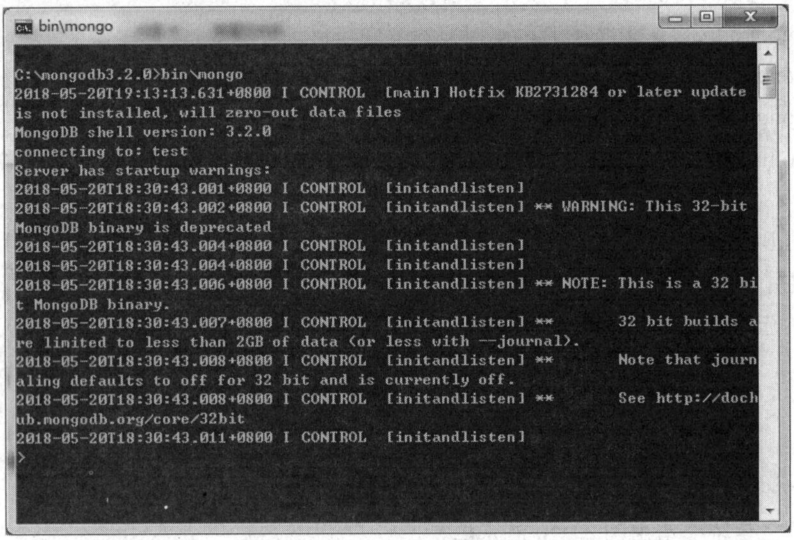

```
bin\mongo
C:\mongodb3.2.0>bin\mongo
2018-05-20T19:13:13.631+0800 I CONTROL  [main] Hotfix KB2731284 or later update
is not installed, will zero-out data files
MongoDB shell version: 3.2.0
connecting to: test
Server has startup warnings:
2018-05-20T18:30:43.001+0800 I CONTROL  [initandlisten]
2018-05-20T18:30:43.002+0800 I CONTROL  [initandlisten] ** WARNING: This 32-bit
MongoDB binary is deprecated
2018-05-20T18:30:43.004+0800 I CONTROL  [initandlisten]
2018-05-20T18:30:43.004+0800 I CONTROL  [initandlisten]
2018-05-20T18:30:43.006+0800 I CONTROL  [initandlisten] ** NOTE: This is a 32 bi
t MongoDB binary.
2018-05-20T18:30:43.007+0800 I CONTROL  [initandlisten] **       32 bit builds a
re limited to less than 2GB of data (or less with --journal).
2018-05-20T18:30:43.008+0800 I CONTROL  [initandlisten] **       Note that journ
aling defaults to off for 32 bit and is currently off.
2018-05-20T18:30:43.008+0800 I CONTROL  [initandlisten] **       See http://doch
ub.mongodb.org/core/32bit
2018-05-20T18:30:43.011+0800 I CONTROL  [initandlisten]
>
```

图 4-221　使用 MongoDB shell 连接 MongoDB 数据库

这个时候就可以在>提示符下通过输入相关命令，来管理和操作 MongoDB 数据库了。

由于 MongoDB shell 是一个 JavaScript shell，你可以运行一些简单的算术运算。

```
> 2 + 2
4
>
```

（2）使用可视化工具连接 MongoDB 数据库

Robomongo 是一个基于 Shell 的跨平台开源 MongoDB 可视化管理工具，支持 Windows、Linux 和 Mac，嵌入了 JavaScript 引擎和 MongoDB mongo，只要你会使用 mongo shell，你就会使用 Robomongo，它还提供了语法高亮、自动补全、差别视图等。Robomongo 现在已经更名为 Robo 3T，感兴趣的读者可以自行下载安装使用。

4.6.3　MongoDB 的基本操作

1. MongoDB 基础知识

在学习 MongoDB 数据库操作之前，先了解一下相关概念。表 4-24 将帮助读者更容易理解 MongoDB 中的一些概念。

表 4-24 MongoDB与传统 SQL 术语/概念比较

SQL 术语/概念	MongoDB 术语/概念	解释/说明
database	database	数据库
table	collection	数据库表/集合
row	document	数据记录行/文档
column	field	数据字段/域
index	index	索引
table joins		表连接，MongoDB 不支持
primary key	primary key	主键，MongoDB 自动将_id 字段设置为主键

（1）数据库

一个 MongoDB 中可以建立多个数据库。

执行"show dbs" 命令可以显示所有数据的列表。

执行 "db" 命令可以显示当前数据库对象或集合。

执行"use"命令，可以连接到一个指定的数据库，若数据库不存在，则新建数据库。

```
> use local
switched to db local
> db
local
>
```

以上实例命令中，"local" 是要连接的数据库。

数据库也通过名字来标识。数据库名可以是满足以下条件的任意 UTF-8 字符串。

- 不能是空字符串（""）。
- 不得含有' '（空格）、.、$、/、\和\0 (空字符)。
- 应全部小写。
- 最多 64 字节。

（2）文档

文档是一组键值（key-value）对（即 BSON）。MongoDB 的文档不需要设置相同的字段，并且相同的字段不需要相同的数据类型，这与关系型数据库有很大的区别，也是 MongoDB 非常突出的特点。

{"num":"1000", "name":"张三"}为一个简单的文档例子。

需要注意以下几点。

- 文档中的键值对是有序的。
- 文档中的值不仅可以是在双引号里面的字符串，还可以是其他几种数据类型（甚至可以是整个嵌入的文档）。
- MongoDB 区分类型和大小写。
- MongoDB 的文档不能有重复的键。
- 文档的键是字符串。除了少数例外情况，键可以使用任意 UTF-8 字符。

文档键命名规范如下。

- 键不能含有\0（空字符）。这个字符用来表示键的结尾。

- .和$有特别的意义，只有在特定环境下才能使用。
- 以下画线"_"开头的键是保留的（不是严格要求的）。

（3）集合

集合就是 MongoDB 文档组，类似于 RDBMS（Relational Database Management System，关系数据库管理系统）中的表格。

集合存在于数据库中，集合没有固定的结构，这意味着可以在集合中插入不同格式和类型的数据，但通常情况下我们插入集合的数据都会有一定的关联性。

例如，我们可以将以下不同数据结构的文档插入到集合中。

```
{"url":"www.baidu.com"}
{"url":"www.baidu.com","name":"baidu"}
```

当第一个文档插入时，集合就会被创建。

合法的集合名如下。

- 集合名不能是空字符串""。
- 集合名不能含有\0 字符（空字符），这个字符表示集合名的结尾。
- 集合名不能以"system."开头，这是为系统集合保留的前缀。
- 用户创建的集合名字不能含有保留字符。有些驱动程序的确支持在集合名里面包含，这是因为某些系统生成的集合中包含该字符。除非你要访问这种系统创建的集合，否则千万不要在名字里出现$。

（4）MongoDB 数据类型

表 4-25 所示为 MongoDB 中常用的数据类型。

表 4-25　MongoDB 常用数据类型

数据类型	描述
String	字符串。存储数据常用的数据类型。在 MongoDB 中，UTF-8 编码的字符串才是合法的
Integer	整型数值。用于存储数值。根据你所采用的服务器，可分为 32 位或 64 位
Boolean	布尔值。用于存储布尔值（真/假）
Double	双精度浮点值。用于存储浮点值
Min/Max keys	将一个值与 BSON（二进制的 JSON）元素的最低值和最高值相对比
Array	用于将数组、列表或多个值存储为一个键
Timestamp	时间戳。记录文档修改或添加的具体时间
Object	用于内嵌文档
Null	用于创建空值
Symbol	符号。该数据类型基本上等同于字符串类型，但不同的是，它一般用于采用特殊符号类型的语言
Date	日期时间。用 UNIX 时间格式来存储当前日期或时间。你可以指定自己的日期时间：创建 Date 对象，传入年月日信息
Object ID	对象 ID。用于创建文档的 ID
Binary Data	二进制数据。用于存储二进制数据
Code	代码类型。用于在文档中存储 JavaScript 代码
Regular expression	正则表达式类型。用于存储正则表达式

MongoDB 中存储的文档必须有一个_id 键。这个键的值可以是任何类型的，默认是个 ObjectId 对象。其中 ObjectId 类似唯一主键，可以很快地生成和排序，包含 12 bytes，含义是：前 4 个字节表示创建 UNIX 时间戳，接下来的 3 个字节是机器标识码，紧接的两个字节由进程 id 组成 PID，最后 3 个字节是随机数。

2. 创建数据库

MongoDB 创建数据库的语法格式如下。

```
use DATABASE_NAME
```

如果数据库不存在，则创建数据库，否则切换到指定数据库。

以下实例创建了数据库 suda。

```
> use suda
switched to db suda
> db
suda
>
```

如果要查看所有数据库，可以使用 show dbs 命令。

```
> show dbs
local  0.078GB
```

可以看到，刚创建的数据库 suda 并不在数据库的列表中，要显示它，需要向 suda 数据库插入一些数据。

```
> db.suda.insert({"name":"苏州大学"})
WriteResult({ "nInserted" : 1 })
> show dbs
local   0.078GB
suda  0.078GB
>
```

MongoDB 中默认的数据库为 test，如果你没有创建新的数据库，集合将存放在 test 数据库中。

3. 删除数据库

MongoDB 删除数据库的语法格式如下。

```
db.dropDatabase()
```

以下实例删除了数据库 suda。

首先，查看所有数据库。

```
> show dbs
local   0.078GB
suda  0.078GB
```

接下来切换到数据库 suda。

```
> use suda
switched to db suda
>
```

执行删除命令。

```
> db.dropDatabase()
```

```
{ "dropped" : "suda", "ok" : 1 }
```

最后，通过 show dbs 命令查看数据库是否删除成功。

```
> show dbs
local  0.078GB
>
```

4. 创建集合

MongoDB 中调用 createCollection() 方法来创建集合。

语法格式如下。

```
db.createCollection(name, options)
```

name 表示要创建的集合名称。

Options 为可选参数，指定有关内存大小及索引的选项。详细可查看 MongoDB 官方文档。

以下实例在 suda 数据库中创建 news 集合。

```
> use suda
switched to db suda
> db.createCollection("news")
{ "ok" : 1 }
>
```

如果要查看已有集合，可以使用 show collections 命令。

```
> show collections
news
system.indexes
```

在 MongoDB 中，不需要创建集合。当你插入一些文档时，MongoDB 会自动创建集合。

```
> db.test2.insert({"name" : "苏州大学"})
> show collections
test2
...
```

5. 删除集合

MongoDB 中调用 drop() 方法来删除集合。

语法格式如下。

```
db.collection.drop()
```

返回值：如果成功删除选定集合，则 drop() 方法返回 true，否则返回 false。

在数据库 suda 中，我们可以先通过 show collections 命令查看已存在的集合。

```
>use suda
switched to db mydb
>show collections
news
system.indexes
test2
>
```

接着删除集合 test2。

```
>db.test2.drop()
true
>
```

通过 show collections 再次查看数据库 suda 中的集合。

```
>show collections
news
system.indexes
>
```

从结果可以看出 test2 集合已被删除。

6. 插入文档

文档的数据结构和 JSON 基本一样。所有存储在集合中的数据都是 BSON 格式。BSON 是一种类 JSON 的一种二进制形式的存储格式，简称 Binary JSON。

MongoDB 调用 insert() 或 save() 方法向集合中插入文档，语法如下。

```
db.COLLECTION_NAME.insert(document)
```

以下文档可以存储在 MongoDB 的 suda 数据库 的 news 集合中。

```
>db.news.insert({
title: '宁波大学校长沈满洪一行来我校交流访问',
      source: '党委宣传部、新闻中心',
      url: 'http://www.suda.edu.cn',
      date: '2018/5/12'
})
```

以上实例中 news 是集合名，如果该集合不在该数据库中， MongoDB 会自动创建该集合并插入文档。

查看已插入文档的语法格式如下。

```
> db.news.find()
{ "_id" : ObjectId("5b02bb8f7e91c090b993803e"), "title" : "宁波大学校长沈满洪一
行来我校交流访问", "source" : "党委宣传部、新闻中心", "url" : "http://www.suda.
edu.cn", "date" : "2018/5/12" }
```

如果你需要以易读的方式来显示数据，可以调用 pretty() 方法，语法格式如下。

```
>db.news.find().pretty()
```

pretty() 方法以格式化的方式来显示所有文档。

例如上面已插入文档格式化显示如下内容。

```
> db.news.find().pretty()
{
        "_id" : ObjectId("5b02bb8f7e91c090b993803e"),
        "title" : "宁波大学校长沈满洪一行来我校交流访问",
        "source" : "党委宣传部、新闻中心",
        "url" : " http://www.suda.edu.cn",
        "date" : "2018/5/12"
}
>
```

我们也可以将数据定义为一个变量，示例如下。

```
> doc=({
title: '宁波大学校长沈满洪一行来我校交流访问',
      source: '党委宣传部、新闻中心',
      url: 'http://www.suda.edu.cn',
```

```
        date: '2018/5/12'
})
```

执行后显示结果如下。

```
{
            "title" : "宁波大学校长沈满洪一行来我校交流访问",
            "source" : "党委宣传部、新闻中心",
            "url" : "http://www.suda.edu.cn",
            "date" : "2018/5/12"
}
```

执行插入操作。

```
> db.news.insert(doc)
WriteResult({ "nInserted" : 1 })
>
```

插入文档也可以调用 db.col.save(document)。如果不指定 _id 字段，save() 方法类似于 insert() 方法。如果指定 _id 字段，则会更新该 _id 的数据。

7. 更新文档

MongoDB 调用 update() 和 save() 方法来更新集合中的文档。接下来让我们详细看下两个函数的应用及其区别。

（1）update() 方法

update() 方法用于更新已存在的文档，语法格式如下。

```
db.collection.update(
   <query>,
   <update>,
   {
     upsert: <boolean>,
     multi: <boolean>,
     writeConcern: <document>
   }
)
```

详细参数说明可以查询官方文档。

例如我们在集合 news 中插入如下数据。

```
>db.news.insert({
title: '宁波大学校长沈满洪一行来我校交流访问',
       source: '党委宣传部、新闻中心',
       url: 'http://www.suda.edu.cn',
       date: '2018/5/12'
})
```

接着通过 update() 方法来更新日期(date)。

```
> db.news.update({'date':'2018/5/12'},{$set:{ 'date':'2017/5/12'}})
WriteResult({ "nMatched" : 1, "nUpserted" : 0, "nModified" : 1 })   #输出信息
> db.news.find().pretty()
{
          "_id" : ObjectId("5b02bb8f7e91c090b993803e"),
          "title" : "宁波大学校长沈满洪一行来我校交流访问",
          "source" : "党委宣传部、新闻中心",
          "url" : "http://www.suda.edu.cn",
```

```
        "date" : "2017/5/12"
}
>
```

可以看到日期（date）由原来的 "2018/5/12" 更新为"2017/5/12"。

以上语句只会修改第一条发现的文档，如果要修改多条相同的文档，则需要设置 multi 参数为 true。

```
> db.news.update({'date':'2018/5/12'},{$set:{ 'date':'2017/5/12'}},{multi:true})
```

（2）save() 方法

save() 方法通过传入的文档来替换已有文档，语法格式如下。

```
db.collection.save(
   <document>,
   {
     writeConcern: <document>
   }
)
```

详细参数说明可以查询官方文档。

以下实例中替换了上面 _id 为 5b02bb8f7e91c090b993803e 的文档数据。

```
>db.news.save({
         "_id" : ObjectId("5b02bb8f7e91c090b993803e"),
         "title" : "宁波大学校长沈满洪一行来我校交流访问",
         "source" : "党委宣传部、新闻中心",
         "url" : " http://www.suda.edu.cn",
         "date" : "2020/5/12"
})
```

替换成功后，我们可以通过 find() 命令来查看替换后的数据，发现 date 由"2017/5/12"变为“2020/5/12”。

```
> db.news.find().pretty()
{
         "_id" : ObjectId("5b02bb8f7e91c090b993803e"),
         "title" : "宁波大学校长沈满洪一行来我校交流访问",
         "source" : "党委宣传部、新闻中心",
         "url" : " http://www.suda.edu.cn",
         "date" : "2020/5/12"
}
>
```

从 3.2 版本开始，MongoDB 提供以下更新集合文档的方法。

- db.collection.updateOne()，向指定集合更新单个文档。
- db.collection.updateMany()，向指定集合更新多个文档。

具体内容可以查询官方文档。

8. 删除文档

MongoDB remove()函数用来移除集合中的数据。

remove() 方法的基本语法格式如下。

```
db.collection.remove(
   <query>,
```

```
    <justOne>
)
```

如果你的 MongoDB 是 2.6 版本以后的，语法格式如下。

```
db.collection.remove(
   <query>,
   {
     justOne: <boolean>,
     writeConcern: <document>
   }
)
```

详细参数说明可以查询官方文档。

例如将以下文档执行两次插入操作。

```
db.news.insert({
title: 'test',
        source: '新闻中心',
        url: 'http://www.suda.edu.cn',
        date: '2018/5/2'
})
```

调用 find()函数查询数据，后两条是刚插入的新数据。

```
> db.news.find()
{ "_id" : ObjectId("5b02bb8f7e91c090b993803e"), "title" : "宁波大学校长沈满洪一行来我校交流访问", "source" : "党委宣传部、新闻中心", "url" : " http://www.suda.edu.cn", "date" : "2020/5/12" }
{ "_id" : ObjectId("5b040cf47e91c090b9938040"), "title" : "test", "source" : "新闻中心", "url" : "http://www.suda.edu.cn", "date" : "2018/5/2" }
{ "_id" : ObjectId("5b040d3c7e91c090b9938041"), "title" : "test", "source" : "新闻中心", "url" : "http://www.suda.edu.cn", "date" : "2018/5/2" }
>
```

接下来删除 title 为 'test' 的文档。

```
>db.news.remove({'title':'test'})
WriteResult({ "nRemoved" : 2 }) #删除了两条数据
>db.news.find()
{ "_id" : ObjectId("5b02bb8f7e91c090b993803e"), "title" : "宁波大学校长沈满洪一行来我校交流访问", "source" : "党委宣传部、新闻中心", "url" : " http://www.suda.edu.cn", "date" : "2020/5/12" }
>
```

从上面显示结果来看，新添加的两条数据已经被删除了。如果你只想删除第一条找到的记录，可以设置 justOne 为 1。

```
>db.COLLECTION_NAME.remove(DELETION_CRITERIA,1)
```

如果你想删除所有数据，可以使用以下方式（类似常规 SQL 的 truncate 命令）。

```
>db.col.remove({})
>db.col.find()
>
```

9. 查询文档

在 MongoDB 中查询文档，要调用 find()方法。find()方法以非结构化的方式来显示所有文档。

MongoDB 查询数据的语法格式如下。

```
db.collection.find(query, projection)
```

query：可选，使用查询操作符指定查询条件。

projection ：可选，使用投影操作符指定返回的键。查询时返回文档中的所有键值， 只需省略该参数即可（默认省略）。

除了调用 find()方法之外，还可调用 findOne() 方法，它只返回一个文档。

通过表 4-26 可以更好地理解 MongoDB 的条件语句查询。

表 4-26 MongoDB 与 RDBMS Where 语句比较

操作	格式	范例	RDBMS 中的类似语句
等于	{<key>:<value>}	db.col.find({"by":"苏州大学"}).pretty()	where by = '苏州大学'
小于	{<key>:{$lt:<value>}}	db.col.find({"likes":{$lt:10}}).pretty()	where likes < 10
小于或等于	{<key>:{$lte:<value>}}	db.col.find({"likes":{$lte:10}}).pretty()	where likes <= 10
大于	{<key>:{$gt:<value>}}	db.col.find({"likes":{$gt:10}}).pretty()	where likes > 10
大于或等于	{<key>:{$gte:<value>}}	db.col.find({"likes":{$gte:10}}).pretty()	where likes >= 10
不等于	{<key>:{$ne:<value>}}	db.col.find({"likes":{$ne:10}}).pretty()	where likes != 10

（1）MongoDB AND 条件

MongoDB 的 find() 方法可以传入多个键（key），每个键（key）以逗号隔开，即常规 SQL 的 AND 条件。

语法格式如下。

```
>db.news.find({key1:value1, key2:value2}).pretty()
```

以下实例通过 url 和 date 键来查询数据。

```
> db.news.find({"url":"http://www.suda.edu.cn", "date":"2020/5/12"}).pretty()
{
        "_id" : ObjectId("5b02bb8f7e91c090b993803e"),
        "title" : "宁波大学校长沈满洪一行来我校交流访问",
        "source" : "党委宣传部、新闻中心",
        "url" : "http://www.suda.edu.cn",
        "date" : "2020/5/12"
}
```

以上实例中类似于 WHERE 语句 WHERE url='http://www.suda.edu.cn' AND date='2020/5/12'。

（2）MongoDB OR 条件

MongoDB OR 条件语句使用了关键字 $or，语法格式如下。

```
>db.news.find(
   {
      $or: [
         {key1: value1}, {key2:value2}
      ]
   }
).pretty()
```

例如要查询 SQL 语句中的条件 WHERE url='http://www.suda.edu.cn' OR date='2020/5/12'。

在 MongoDB 中可以采用如下语法格式。

```
>db.news.find({$or:[{"url":" http://www.suda.edu.cn "},{" date ": "2020/5/12"}]}).pretty()
```

（3）AND 和 OR 联合使用

例如 SQL 语句为'where title ='宁波大学校长沈满洪一行来我校交流访问' AND (url ='http://www.suda.edu.cn' OR date='2020/5/12')'，在 MongoDB 中可以采用如下语法格式。

>db.news.find({"title":"宁波大学校长沈满洪一行来我校交流访问", $or: [{"url": " http://www.suda.edu.cn "},{" date ": "2020/5/12"}]}).pretty()

10. MongoDB 关系

MongoDB 的关系表示多个文档之间在逻辑上的相互联系。

MongoDB 中的关系可以是：1:1（1 对 1），1: N（1 对多），N : 1（多对 1），N : N（多对多）。

在 MongoDB 中，文档间可以通过嵌入和引用两种方式来建立联系。

（1）嵌入式关系

使用嵌入式，可以很方便地把多个具有简单结构的文档通过嵌入整合成一个单一的文档，这样更容易获取和维护数据。

譬如下面就是使用嵌入式方法，在包含用户信息的文档中，嵌入由多个字段构成的用户地址信息。

```
{
        "_id" : ObjectId("5b04d8b33bc35b1aa25cfa8f"),
        "name" : "user",
        "password" : "88888",
        "email" : " pony22@163.com ",
        "isAdmin" : false,
        "address" : {
                    "城市" : "苏州",
                    "街道" : "姑苏区十梓街 1 号"
        }
}
```

在关系型数据库中，要实现这种信息的存储，必须设置两张表。而在 MongoDB 中，用一个集合就可以存储。

（2）引用式关系

引用式关系是设计数据库时经常用到的方法，这种方法把用户数据文档和用户地址数据文档分开，通过引用文档的 id 字段来建立关系。

```
{
        "_id" : ObjectId("5b04d8b33bc35b1aa25cfa8f"),
        "name" : "user",
        "password" : "88888",
        "email" : " pony22@163.com ",
        "isAdmin" : false,
        "address" : ObjectId("5b04d8b33bc35b1aa25cfa8k ")
}
```

4.6.4 应用案例 16：MongoDB 的应用

1. 案例要求

本案例建立一个 MongoDB 数据库实例——博客系统数据库，并完成相应操作。该博客系统中包含 3 个集合，即用户集合（users）、博文集合（posts）、博文类别集合（categories）。

2. 复制素材

下载素材文件“应用案例 16-MongoDB 的应用.rar”至本地计算机的盘符（D 盘或 E 盘）下并解压缩，为了方便使用，可以将解压缩后的文件夹重命名为“mongodb3.2.0”，并将此文件夹作为实验文件夹。

3. 启动 MongoDB 并连接

（1）参照 4.6.2 小节内容，启动 MongoDB 服务。

（2）参照 4.6.2 小节内容，使用 MongoDB shell 连接到 MongoDB 数据库。

4. 新建 blog 数据库

连接到 MongoDB 数据库数据库后，新建一个 blog 数据库，如图 4-222 所示。

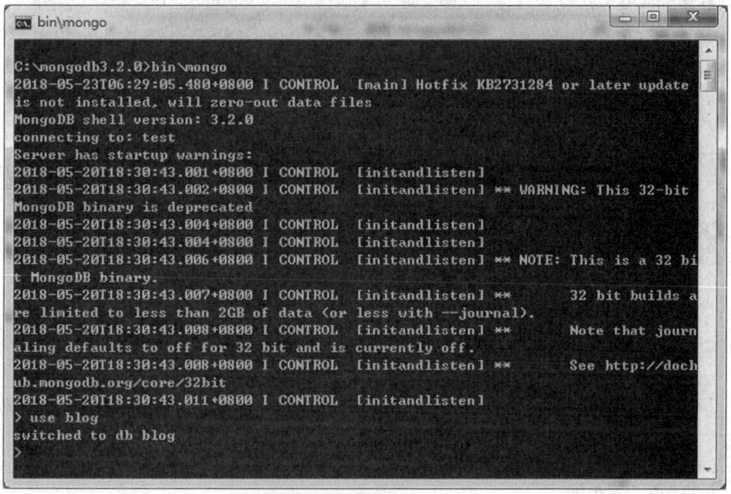

```
bin\mongo
C:\mongodb3.2.0>bin\mongo
2018-05-23T06:29:05.480+0800 I CONTROL  [main] Hotfix KB2731284 or later update
is not installed, will zero-out data files
MongoDB shell version: 3.2.0
connecting to: test
Server has startup warnings:
2018-05-20T18:30:43.001+0800 I CONTROL  [initandlisten]
2018-05-20T18:30:43.002+0800 I CONTROL  [initandlisten] ** WARNING: This 32-bit
MongoDB binary is deprecated
2018-05-20T18:30:43.004+0800 I CONTROL  [initandlisten]
2018-05-20T18:30:43.004+0800 I CONTROL  [initandlisten]
2018-05-20T18:30:43.006+0800 I CONTROL  [initandlisten] ** NOTE: This is a 32 bi
t MongoDB binary.
2018-05-20T18:30:43.007+0800 I CONTROL  [initandlisten] **       32 bit builds a
re limited to less than 2GB of data (or less with --journal).
2018-05-20T18:30:43.008+0800 I CONTROL  [initandlisten] **       Note that journ
aling defaults to off for 32 bit and is currently off.
2018-05-20T18:30:43.008+0800 I CONTROL  [initandlisten] **       See http://doch
ub.mongodb.org/core/32bit
2018-05-20T18:30:43.011+0800 I CONTROL  [initandlisten]
> use blog
switched to db blog
>
```

图 4-222 新建 blog 数据库

5. 创建集合

（1）创建集合 users，用于存储用户信息。

```
>db.createCollection("users")
```

（2）在 users 集合中插入两条记录，如图 4-223 所示。

```
>db. users.insert({
name: 'admin',
    password: '123456',
    email: 'zhagnsan@163.com',
    isAdmin: true,
    address:{
城市: '北京',
街道: '长安街 1 号'},
phone: '13920081023 '
})

>db. users.insert({
name: 'user',
password: '88888',
email: ' pony22@163.com ',
```

```
isAdmin: false,
address:{
城市: '苏州',
街道: '姑苏区十梓街 1 号'
}
})
```

```
bin\mongo
> db. users.insert({
... name: 'admin',
...     password: '123456',
...     email: 'zhagnsan@163.com',
...     isAdmin: true,
... address:{
... 城市: '北京',
... 街道: '长安街1号'},
... phone: '13920081023 '
... })
WriteResult({ "nInserted" : 1 })
> db. users.insert({
... name: 'user',
...     password: '88888',
...     email: ' pony22@163.com ',
...     isAdmin: false,
... address:{
...   城市: '苏州',
...   街道: '姑苏区十梓街1号'
... }
... })
WriteResult({ "nInserted" : 1 })
> _
```

图 4-223　在集合 users 中插入数据

查询结果如下。

```
> db.users.find().pretty()
{
        "_id" : ObjectId("5b04d8953bc35b1aa25cfa8e"),
        "name" : "admin",
        "password" : "123456",
        "email" : "zhagnsan@163.com",
        "isAdmin" : true,
        "address" : {
                "城市" : "北京",
                "街道" : "长安街 1 号"
        },
        "phone" : "13920081023 "
}
{
        "_id" : ObjectId("5b04d8b33bc35b1aa25cfa8f"),
        "name" : "user",
        "password" : "88888",
        "email" : " pony22@163.com ",
        "isAdmin" : false,
        "address" : {
                "城市" : "苏州",
                "街道" : "姑苏区十梓街 1 号"
        }
}
```

（3）创建类别集合（categories），用于存储发表博文类别。

```
db.createCollection("categories ")
```

（4）在 categories 集合中插入一条类别信息。

```
>db.categories.insert({
key: 100,
    name: '大数据'
})
> db.categories.find().pretty()
{
        "_id" : ObjectId("5b04cb3a3bc35b1aa25cfa8d"),
        "key" : 100,
        "name" : "大数据"
}
```

（5）创建博文集合（posts），并在其中插入一篇博文信息，如图 4-224 所示。其中博文类别引用 categories 集合中“大数据”类别的 ObjectId，作者引用 users 集合中“user”用户的 ObjectId。

```
>db.createCollection("posts")
>db.posts.insert({
pid: 10000,
title: '大数据的发展前景如何？',
categories: ObjectId("5b04cb3a3bc35b1aa25cfa8d"),
state : 'published',
author : ObjectId("5b04d8b33bc35b1aa25cfa8f"),
content: {
      brief : '<p>这里是一句话的简介</p> ',
      extended : '<p>这里是正文。</p> ',
   },
   date : '2018/5/12 '
})
```

图 4-224　在集合 posts 中插入数据

6. 数据导出

Mongodb 中的 mongoexport 工具可以把一个 collection 导出成 JSON 格式或 CSV 格式（类似于表格的形式）的文件。可以通过参数指定导出的数据项，也可以根据指定的条件导出数据。具体步骤如下。

（1）在 MongoDB shell 中输入 exit 命令，退出 MongoDB 数据库。

（2）在 MongoDB shell 中输入 bin\mongoexport--help 可以查看命令的帮助信息，如图 4-225 所示。

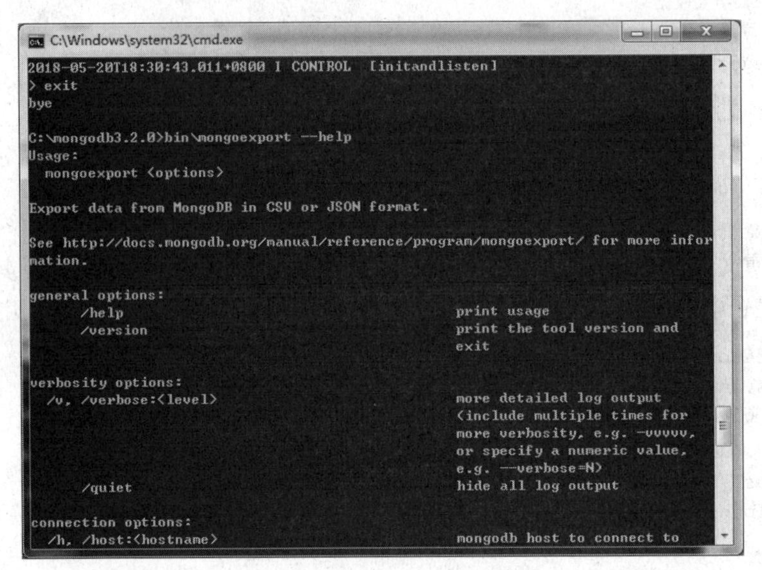

图 4-225　查看 mongoexport 帮助信息

（3）在 MongoDB shell 中输入以下命令导出 blog 数据库中的 3 个集合——用户集合（users）、博文集合（posts）、博文类别集合（categories），如图 4-226 所示。

```
bin\mongoexport -d blog -c users -o users.json
bin\mongoexport -d blog -c users -o posts.json
bin\mongoexport -d blog -c users -o categories.json
```

```
C:\mongodb3.2.0>bin\mongoexport -d blog -c users -o users.json
2018-05-23T12:08:39.461+0800    connected to: localhost
2018-05-23T12:08:39.465+0800    exported 2 records

C:\mongodb3.2.0>bin\mongoexport -d blog -c users -o posts.json
2018-05-23T12:15:11.807+0800    connected to: localhost
2018-05-23T12:15:11.811+0800    exported 2 records

C:\mongodb3.2.0>bin\mongoexport -d blog -c users -o categories.json
2018-05-23T12:15:29.998+0800    connected to: localhost
2018-05-23T12:15:30.002+0800    exported 2 records

C:\mongodb3.2.0>
```

图 4-226　分别导出 blog 数据库中的 3 个集合数据

（4）分别执行上述命令以后，系统将会在实验文件夹 mongodb3.2.0 中生成 3 个文件，分别是 users.json、posts.json、categories.json。

4.6.5　练习

将 4.4.3 小节中的“教学信息管理”数据库重新设计一下，改成使用 MongoDB 存储。

第5章 计算思维与程序设计

5.1 流程图绘制

5.1.1 案例概述

1. 案例目标

流程图是一种传统的算法表示方法，是人们对解决问题的方法、步骤、思路的一种描述。流程图利用图形化的符号框来代表各种不同性质的操作，并用有方向的流程线来连接这些操作，代表算法的执行方向。在执行具体工作之前，通过画流程图，可以帮助我们理清思路。绘制简单的流程图不需要专门的软件，用 Word、WPS 等带有图文编辑处理功能的软件都可以绘制流程图。

本节案例将使用 Word、WPS 创建若干个流程图，通过这些案例不但能帮助读者掌握流程图绘制的基本方法，而且可以加深读者对算法的理解。

2. 知识点

本案例涉及的主要知识点如下。

（1）在 WPS、Word 中设置绘图网格线；

（2）在 WPS、Word 中插入图形；

（3）在 WPS、Word 中调整图形；

（4）绘制流程图的基本方法；

（5）用流程图描述算法。

5.1.2 应用案例 17：用 WPS 绘制流程图

1. 目的

学习使用 WPS 制作流程图的基本方法。

2. 要求

（1）设计一个算法：输入两个正整数，在不使用乘法的情况下，输出这两个数的乘积。

（2）使用 WPS 文字处理软件绘制这个算法的流程图。

3. 准备工作

（1）准备一张白纸，在纸上画出该算法的流程图，书写整齐。

（2）创建实验结果文件夹。在 D 盘或 E 盘上新建一个“WPS 流程图”文件夹，用于存放结果文件。

4. 新建文档并保存

（1）启动 WPS，新建一个空白文档。

（2）单击快速访问工具栏中的“保存”按钮，打开“另存为”对话框。

（3）选择保存位置为“WPS 流程图”文件夹，文件名为“流程图 01”，保存类型为“WPS 文字文件（*.wps）”。单击“保存”按钮保存文件。

5. 设置绘图网格

在绘制流程图前，为使流程图工整美观，可以先设置绘图网格，在 WPS 中设置网格的方法如下。

（1）单击“页面布局”，单击工具栏中“对齐”按钮。

（2）在弹出的“对齐”菜单中选择“网格线”命令打开网格线。

（3）在弹出的“对齐”菜单中选择“绘图网格”命令打开“绘图网格”对话框。

（4）按图 5-1 所示进行设置。

图 5-1　WPS“绘图网格”对话框

6. 插入流程图图形

（1）单击“插入”选项卡，单击工具栏中的“形状”按钮。

（2）在弹出的“形状”列表（见图 5-2）中选择符合需要的图形，鼠标光标变成“+”字形状。

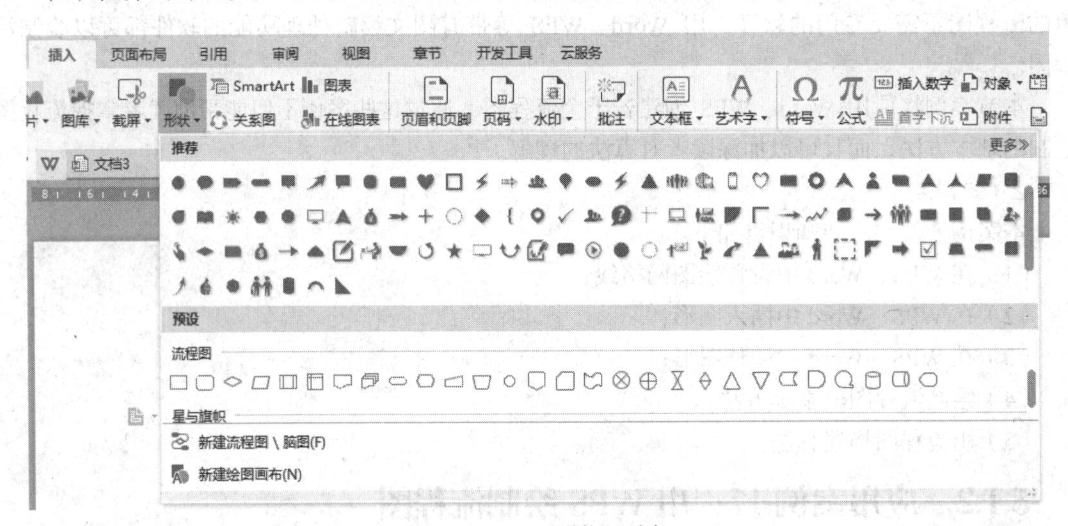

图 5-2　WPS“形状”列表

（3）在页面适当的位置拖动鼠标，前面选择的形状按拖动的尺寸绘制到页面上，用鼠标拖动形状，合理地摆放在网格线上。

（4）选择图形，并在图形上单击鼠标右键，打开图形的快捷菜单，在快捷菜单中选择“添加文字”命令，更改图形状态，否则后续步骤中的图形属性窗口会有不同。

（5）选择图形，并在图形上单击鼠标右键打开图形的快捷菜单，在快捷菜单上选择“设置对象格式”命令，打开图形的属性窗口。

（6）在图形的属性窗口中选择“形状选项”中的“填充与线条”，按图 5-3（a）所示设置形状的填充、颜色、边框线型，流程图绘制效果如图 5-4（a）所示。

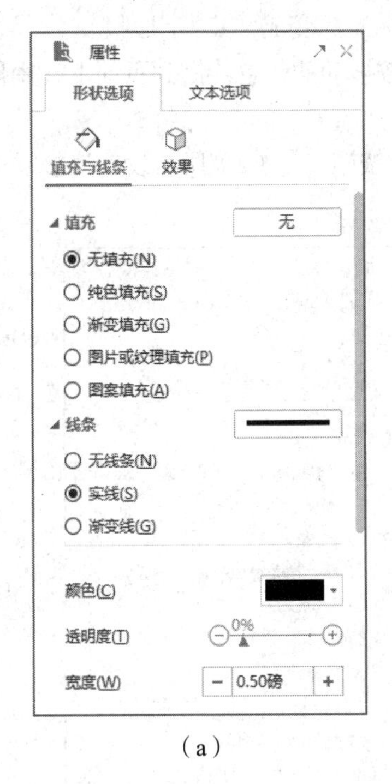

（a）

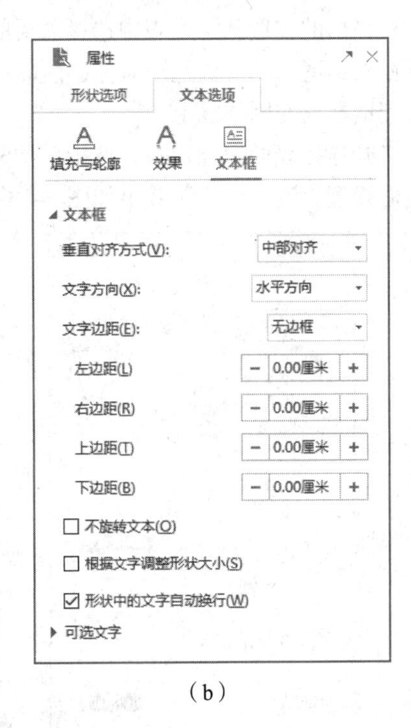

（b）

图 5-3　WPS 图形框设置

（7）为了在形状中容纳更多文字，在图形的属性窗口中选择“文本选项”中的“文本框”，将“文字边距”的上、下、左、右边距都设为 0，如图 5-3（b）所示。

（8）选择图形，并在图形上单击鼠标右键，在弹出的快捷菜单中选择“编辑文字”命令，即可在形状内输入文本，流程图绘制效果如图 5-4（b）所示。

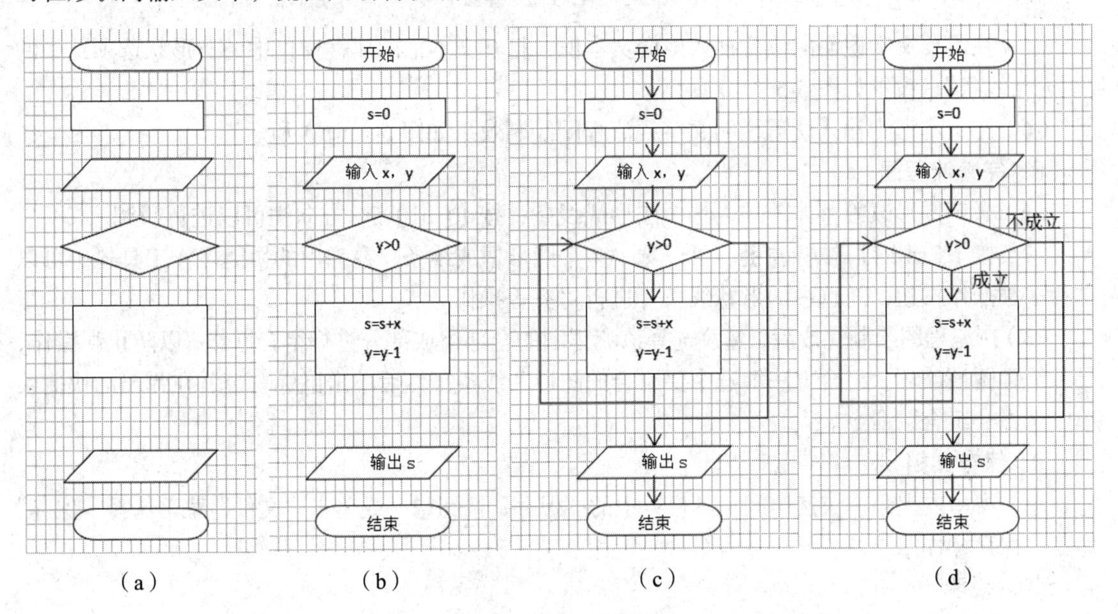

图 5-4　流程图绘制效果

7. 插入流程图连接线及说明

（1）单击“插入”选项卡，单击工具栏中的“形状”按钮。

（2）在弹出的“形状”列表中选择需要的线条，鼠标光标变成“+”字形状。

（3）在页面适当的位置拖动鼠标，前面选择的线条按拖动的位置绘制到页面上，用鼠标拖动线条，合理地摆放在网格线上。

（4）打开连接线的属性窗口，选中“填充与线条”，按图 5-5（a）所示设置连接线的填充、颜色、边框线型，流程图绘制效果如图 5-4（c）所示。

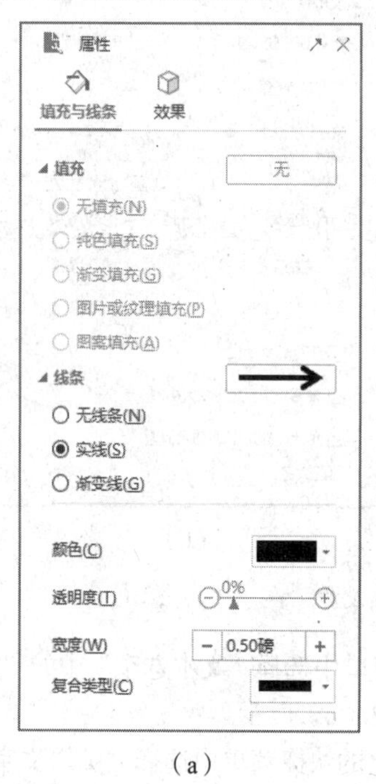

（a）

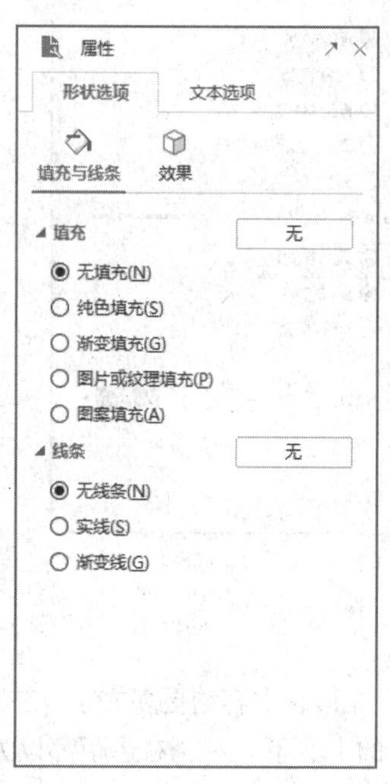

（b）

图 5-5 WPS 图形框设置

（5）在需要文字说明的位置插入横向文本框，打开文本框的属性窗口中的“形状选项”中的“填充与线条”，设置如图 5-5（b）所示。

（6）在文本框中输入所需说明文字，流程图绘制效果如图 5-4（b）所示。

8. 完善流程图

（1）微调图形改善整体效果，选中图形或线条，按【Ctrl】键+方向键可以进行微调。

（2）按【Ctrl】键+鼠标左键，可以选中多个图形框或线条，在弹出的快捷操作工具栏中可以选择多种操作按钮，对选中的形状线条等进行对齐等操作。

（3）在流程图绘制完成后，建议选择该流程图的全部组成部分进行组合操作，以防止误操作，导致流程图被破坏。组合方法即选中要组合的图形和线条，然后单击鼠标右键，在弹出的快捷菜单中选择“组合”命令。

9. 保存文档

单击窗口左上角“快速访问工具栏”中的“保存”按钮，或单击“文件”菜单选择“保存”命令，保存操作结果。

10. 说明

（1）使用网格，是为了更加容易地控制图形的大小和位置。

（2）要选中多个图形，应单击“开始”功能区的按钮 ，在弹出的菜单中选择“选择对象”，再选择图形、线条，选择更方便。

（3）如果有图形在画完之后发现不对，又要改成其他图形，选中该图形并单击鼠标右键，在弹出的快捷菜单中选择“更改形状”命令即可快速更改。

（4）一条主线下来的分支放在同一中线上。

（5）同一层次的图形放在同一水平线上。

（6）文字使用居中方式对齐。

（7）肘形连接线中线段可能会经过其他图形的区域，这时候可以拖动它的黄色控制点，使它不与其他图形重合。

5.1.3 应用案例18：用Word绘制流程图

1. 目的

学习使用Word制作流程图的基本方法。

2. 要求

（1）设计一个算法输入两个正整数，在不使用乘法的情况下，输出这两个数的乘积。

（2）使用Word文字处理软件绘制这个算法的流程图。

3. 实验准备工作

（1）准备一张白纸，在纸上画出该算法的流程图。

（2）创建实验结果文件夹。在D盘或E盘上新建一个“流程图-实验结果”文件夹，用于存放结果文件。

4. 新建文档并保存

（1）启动Word，新建一个空白文档。

（2）单击快速访问工具栏中的“保存”按钮，打开“另存为”对话框。

（3）选择保存位置为“Word 流程图”文件夹，文件名为“流程图 02”，保存类型为“Word文档（*.docx）”。单击“保存”按钮保存文件。

5. 设置绘图网格

在绘制流程图前，为使流程图工整美观，可以先设置绘图网格，在Word中设置网格的方法如下。

（1）选择“页面布局”选项卡“排列”组中的“对齐”按钮。

（2）在弹出的“对齐”菜单中选择“查看网格线”，打开网格线。

（3）在弹出的“对齐”菜单中选择“网格设置”，打开“绘图网格”对话框。

（4）按图5-6所示进行设置。

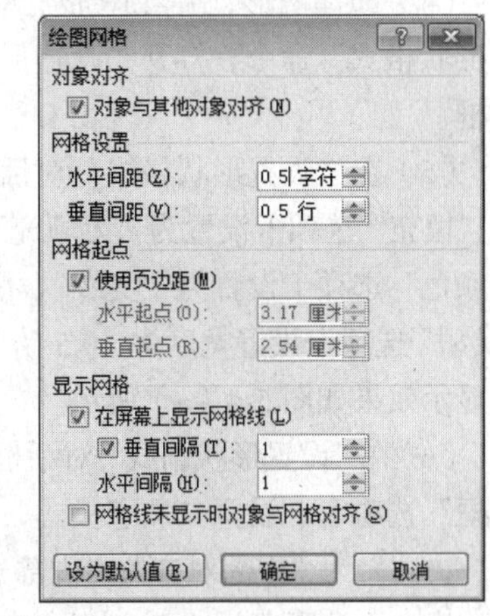

图5-6 Word 2010“绘图网格”对话框

6. 插入流程图图形

（1）单击“插入”选项卡“插图”组中的“形状”按钮。

（2）在弹出的“形状”列表（见图5-7）中选择符合需要的图形，鼠标光标变成“+”字形状。

（3）在页面适当的位置拖动鼠标，前面选择的形状按拖动的尺寸绘制到页面上，用鼠标拖动图形，合理地摆放在网格线上。

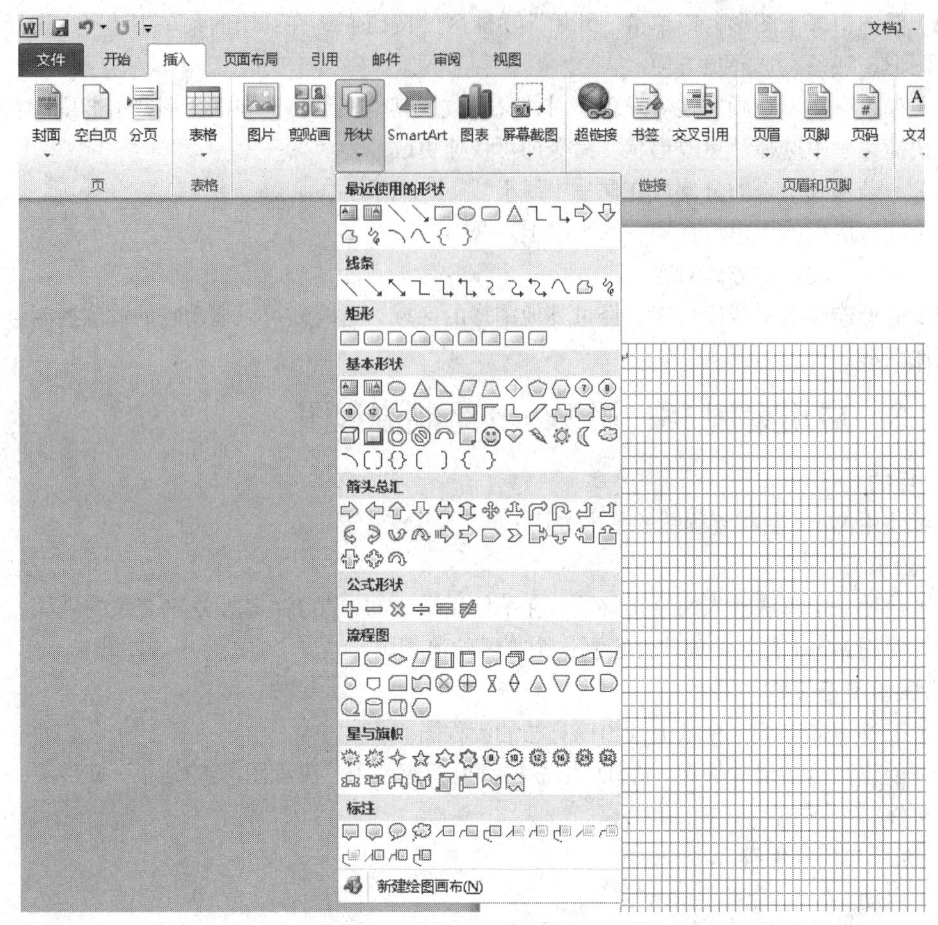

图 5-7　Word 2010“形状”列表

（4）选择图形，并在图形上单击鼠标右键，打开图形的快捷菜单，在快捷菜单中选择“设置形状格式”命令，打开“设置形状格式”对话框。

（5）在“设置形状格式”对话框中依次选择“填充”选项卡设置为“无填充”，选择“线条颜色”选项卡设置为“实线”“黑色”，选择“线型”选项卡设置宽度为“0.5 磅”，使图形绘制显示效果如图 5-4（a）所示。

（6）在“设置形状格式”对话框中选择“文本框”选项卡，设置“文字板式”中的“垂直对齐方式”为“中部对齐”，“内部边距”的上、下、左、右边距都设为 0，如图 5-8 所示。

图 5-8　Word 2010“设置形状格式”对话框

（7）选择图形，并在图形上单击鼠标右键，打开图形的快捷菜单，在快捷菜单中选择“添加文字”，即可在框图内输入文本，流程图绘制效果如图 5-4（b）所示。

7. 插入流程图连接线及说明

（1）单击“插入”选项卡“插图”组中的“形状”按钮。

（2）在弹出的“形状”列表中选择需要的线条，鼠标光标变成“+”字形状。

（3）在页面适当的位置拖动鼠标，前面选择的线条按拖动的位置绘制到页面上，用鼠标拖动线条，合理地摆放在网格线上。

（4）打开连接线的“设置形状格式”对话框，依次选择“填充”选项卡设置为“无填充”，选择“线条颜色”选项卡设置为“实线”“黑色”，选择“线型”选项卡设置宽度为“0.5 磅”，流程图线条绘制效果如图 5-4（c）所示。

（5）在需要文字说明的位置插入横向文本框，打开文本框的“设置形状格式”对话框，设置方法参照“插入图形”，区别是在“线条颜色”选项卡中设置“无线条”。

（6）在文本框中输入所需说明文字，使流程图绘制效果如图 5-4（d）所示。

8. 完善流程图

（1）微调图形改善整体效果，选中图形或线条，按【Ctrl】键+方向键可以进行微调。

（2）按【Ctrl】键+鼠标左键，可以选中多个图形框或线条，单击“页面布局”选项卡“排列”组中的“对齐”按钮，在弹出的快捷菜单中选择多个菜单项，对选中的形状、线条等进行对齐操作。

（3）在流程图绘制完成后，建议选择该流程图的全部组成部分进行组合操作，以防止误操作，导致流程图被破坏。组合方法即选中要组合的图形和线条，然后单击鼠标右键，在弹出的快捷菜单中选择“组合”命令。

9. 保存文档

单击窗口左上角“快速访问工具栏”中的“保存”按钮，或单击“文件”菜单→选择“保存”命令，保存操作结果。

10. 说明

Word 与 WPS 说明相似，主要区别是在 Word 中图形改成其他的图形方式与 WPS 不同，在 Word 中需要选中该图形，然后单击“绘图工具格式”选项卡“形状样式”组中的“编辑形状”按钮，在弹出的快捷菜单中选择“更改形状”命令。

5.1.4 练习

1. 用绘制流程图描述算法：输入英尺，输出转换为米后的值。

2. 绘制流程图描述算法：输入两个点的坐标，求两点之间的距离并输出。

3. 绘制流程图描述算法：描述一下今晚的计划——如果下雨，去图书馆上自习；否则，去爬山。

4. 绘制流程图描述算法：丢硬币决定明天计划——正面，则去机房上机；反面，则去逛街；硬币立起来不倒，则在宿舍睡觉。

5. 某夫人给她丈夫打电话：“下班顺路买 5 个包子，如果看到卖西瓜的，就买一个。”

当晚，该丈夫手拿一个包子进了家门……

请绘制流程图描述该夫人交代其丈夫购买包子、西瓜的思路流程图，以及其丈夫实际购买包子、西瓜的思路流程图，并比较其中的差别。

6. 绘制流程图描述算法：输入 x 值，输出如下函数值。

$$y=\begin{cases}1\ (x\geqslant 0)\\-1\ (x<0)\end{cases}$$

7. 绘制流程图描述算法：输入 x 值，输出如下函数值。

$$y=\begin{cases}x*1+100(x<-5)\\x*2(-5\leqslant x<0)\\x/1+10(0\leqslant x<5)\\1/x-100(x\geqslant 5)\end{cases}$$

8. 绘制流程图描述算法：修改应用案例中的算法，设计一个算法输入两个数（需要考虑负数的情况），在不使用乘法的情况下，输出这两个数的乘积。

9. 绘制流程图描述算法：求 1+2+3+…+100 的累加和，输出该累加和。

10. 绘制流程图描述算法：一个数如果恰好等于它的各因子之和，这个数就被称为“完数”。输出 1000 内的所有完数。

11. 绘制流程图描述算法：描述输出 1000 以内的所有回文数（所谓回文数，即该数正反读都一样，例如 123321）。

12. 绘制流程图描述算法：输入两个整数，求两个数的最大公约数并输出。

5.2 程序的编译与运行

5.2.1 案例概述

1. 案例目标

用 C 语言书写的程序文本称为 C 语言源程序，一个 C 语言源程序可以保存在一个或若干个文本文件中，C 语言源程序需要翻译成等价的机器语言程序才能在计算机上运行，实现翻译功能的软件被称为翻译程序或编译程序。编译程序以 C 源程序作为输入，而以机器语言表示的目标程序作为输出。

C 程序的编译过程一般分成以下几个步骤：编译预处理、编译、优化、汇编、链接并生可执行的机器语言程序文件。在一些 C 语言集成开发软件（通常被称为 C 语言集成开发环境）中，可以实现以上几个步骤所需要的全部功能。

本节案例将介绍 Dev-C++、Microsoft Visual Studio C++（一般简称为 VC++）这两个常用 C 语言集成开发环境的获取、安装及使用的基本方法，帮助读者掌握编辑、编译、运行 C 语言程序的基本方法。

2. 知识点

本案例涉及的主要知识点如下。

（1）Dev-C++的获取及安装方法；

（2）使用 Dev-C++编写、编译、运行 C 语言程序的方法；

（3）VC++的获取及安装方法；

（4）使用 VC++编写、编译 C、运行语言程序的方法。

5.2.2 应用案例 19：Dev-C++的安装与使用

1. 目的

学习并掌握 Dev-C++的获取、安装及基本使用方法。

2. 要求

在网络上下载并安装 Dev-C++，使用 Dev-C++编辑一个 C 语言源程序，编译并运行该程序。

3. 获取 Dev-C++

Dev-C++是一款免费的自由软件，只要同意遵守该软件的版权声明，任何用户都可以免费使用该软件。该软件网上的下载地址很多，用户可以通过网络搜索引擎查找下载。本案例从开源软件开发平台 SourceForge 下载，打开图 5-9 所示页面，在网页中单击“Download”按钮即可下载该软件。

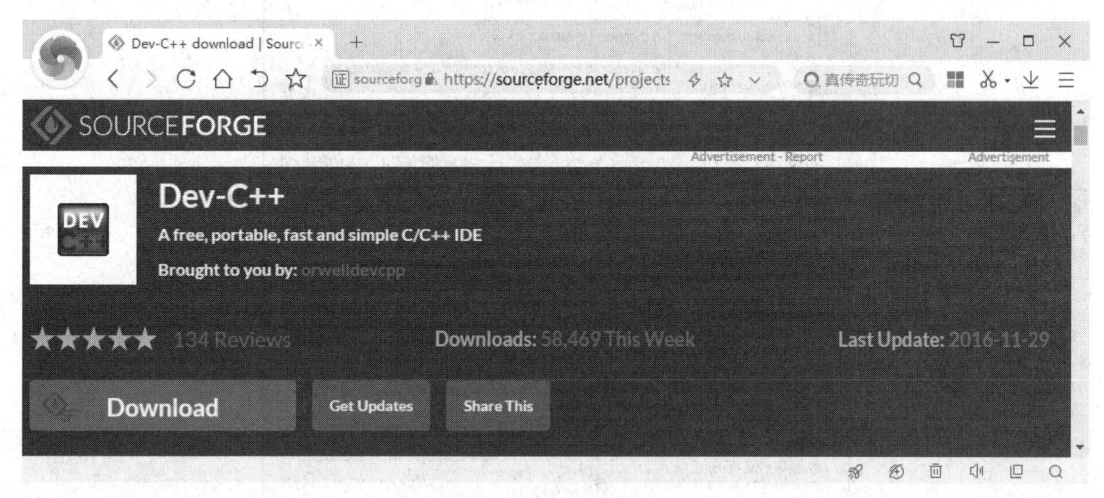

图 5-9 下载 Dev-C++页面

4. 安装 Dev-C++

（1）启动安装程序

与安装大部分软件一样，双击下载获取的 Dev-C++安装包中的安装程序，即可开始安装软件。

（2）选择安装语言

Dev-C++安装程序启动后，出现图 5-10 所示安装语言对话框，语言先默认选择 English（安装完成后初次运行 Dev-C++时可以选择不同语言），单击“OK”按钮开始安装。

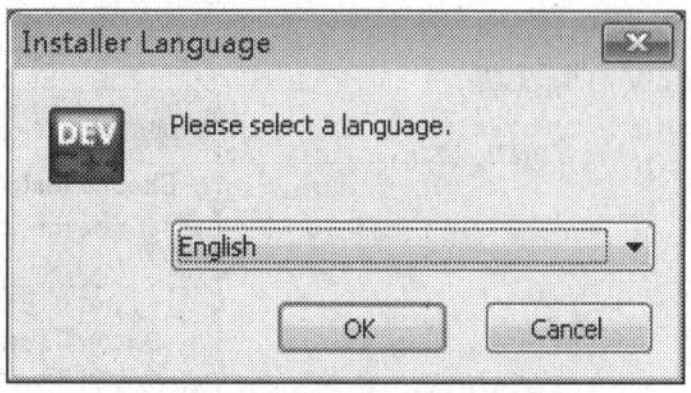

图 5-10 选择安装语言

（3）接受版权声明

安装时 Dev-C++安装程序会显示版权声明，如图 5-11 所示。用户只有单击“I Agree”按钮才能继续安装。

（4）选择安装组件

在接受版权声明后，安装程序显示选择组件对话框，如图 5-12 所示。默认安装组件一般不需要修改，单击“Next”按钮按照默认选择继续下一步。

（5）选择安装路径

在选择安装组件后，安装程序显示选择安装路径对话框，如图 5-13 所示。用户可以根据个人情况，选择 Dev-C++开发环境在计算机上的安装路径。选择完成之后单击“Install”按钮即可开始安装。

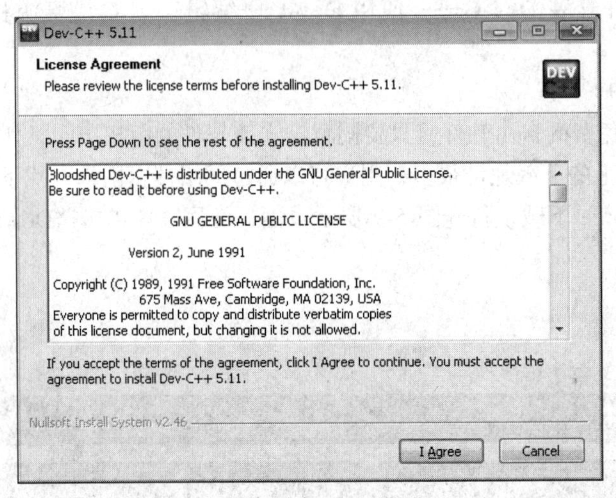

图 5-11　显示版权

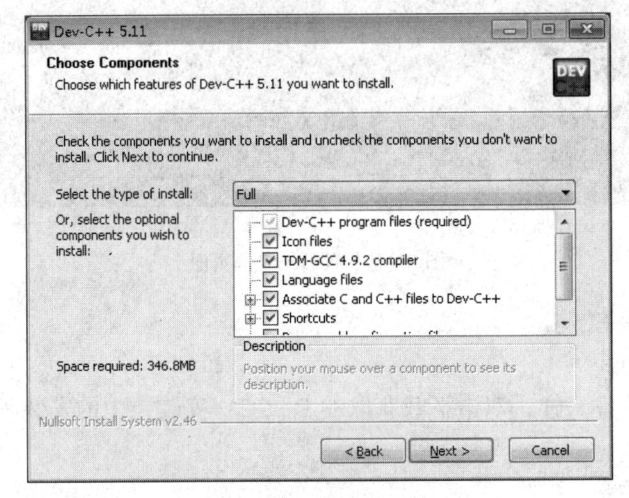

图 5-12　选择安装组件

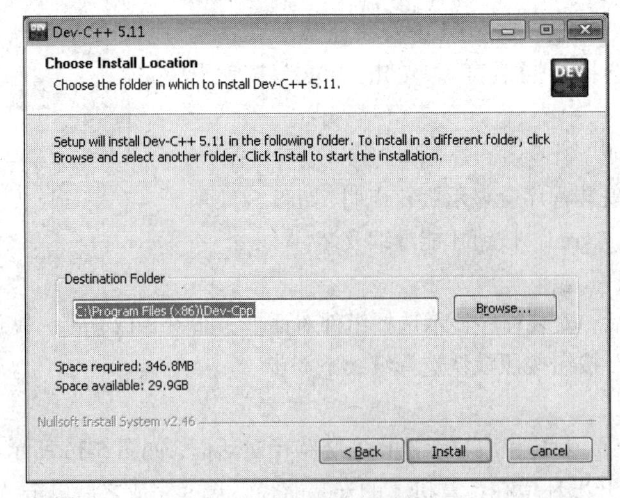

图 5-13　选择安装路径

（6）安装完成并运行 Dev-C++

Dev-C++安装完成显示图 5-14 所示对话框，用户可以按照默认设置选中“Run Dev-C++”复选框，然后单击“Finish”按钮在软件安装完成后启动 Dev-C++并进行设置。

图 5-14　安装完成对话框

（7）选择界面语言

软件第一次运行会提示选择界面语言对话框，在此用户就可以选择界面语言，本示例为选择“中文简体/Chinese”（见图 5-15），然后单击“Next”按钮进入下一步。

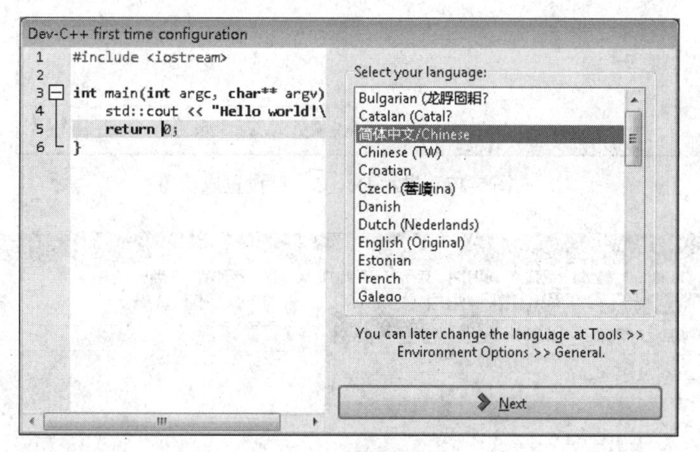

图 5-15　选择界面语言

（8）选择界面文字的颜色字体

在选择完界面语言对话框后，就要软件界面的字体、颜色，如图 5-16 所示。初学者选择默认设置即可，然后单击“Next”按钮进入下一步。

（9）完成安装

在图 5-17 所示对话框中单击“OK”按钮完成 Dev-C++的设置。

5. 使用 Dev-C++

（1）新建程序项目

启动 Dev-C++软件，在“文件”菜单中选择“新建”，在打开的菜单中选择“项目”，即可新建项目，如图 5-18 所示。

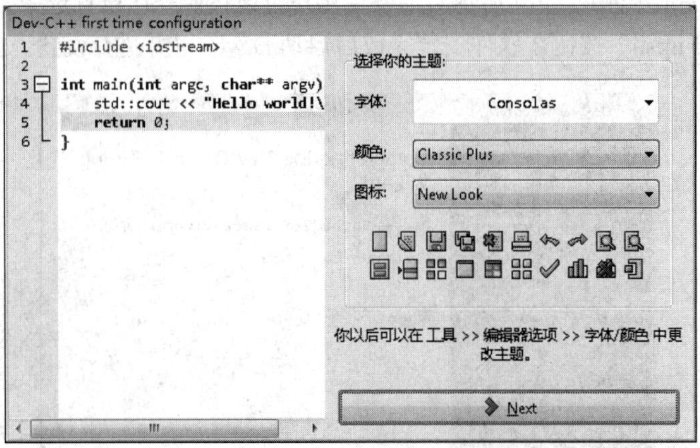

图 5-16　选择界面字体、颜色

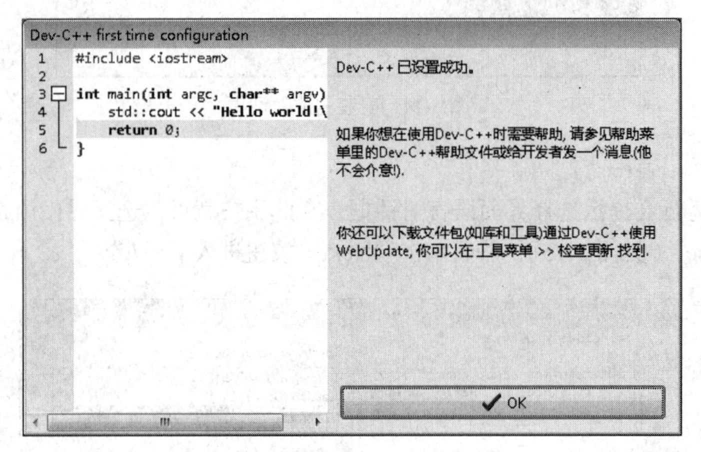

图 5-17　提示 Dev-C++已设置成功

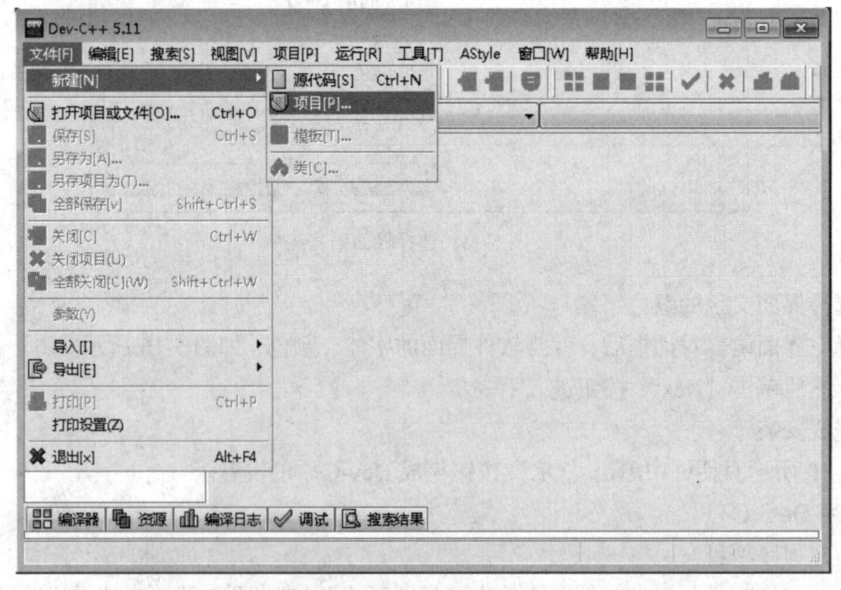

图 5-18　打开软件新建 C 程序

（2）选择新建项目类型

在“新项目”对话框“Basic”选项卡中选择“Console Application”项目类型，在“Basic”选项卡下面的选项中选中“C 项目”单选按钮，如图 5-19 所示。

图 5-19　选择新建项目类型

（3）设置项目名称

在“新项目”对话框“名称”下面的文本框中输入新建项目的名称，如图 5-20 所示。然后单击“确定”按钮。

（4）选择项目保存路径

在“新项目”对话框中单击“确定”按钮后弹出“另存为”对话框，通过该对话框，用户可以选择或新建保存项目的位置。

图 5-20　选择新建项目保存路径

（5）编辑 C 语言程序

经过前面几步即可完成一个 C 程序项目的创建，在新建的项目中 Dev-C++会生成一些示例代码，用户编辑这些代码即可完成 C 语言程序的编写。

在 Dev-C++的程序代码编辑窗口输入以下 C 语言源程序。注意：行号不需要输入，字母大小写、符号及换行要与给出的源程序一致。

```
#1 #include<stdio.h>
#2 void draw(int n)
#3 {
#4 int i,j;
#5 for (i=1-(n>>1); i<=n; i=i+1)
#6 if (i>=0)
#7 {
#8 for (j=0; j<i; j=j+1)
#9 printf("  ");
#10 for (j=1; j<=2*(n-i)+1; j=j+1)
#11 printf(" *");
#12 printf("\n");
#13 }
#14 else
#15 {
#16 for (j=i; j<0; j=j+1)
#17 printf("  ");
#18 for (j=1; j<=n+2*i+1; j=j+1)
#19 printf(" *");
#20 for (j=1; j<=-1-2*i; j=j+1)
#21 printf("  ");
#22 for (j=1; j<=n+2*i+1; j=j+1)
#23 printf(" *");
#24 printf("\n");
#25 }
#26 getchar();
#27 }
#28 int main()
#29 {
#30 int n=10;
#31 draw(n);
#32 return 0;
#33 }
```

（6）程序编译

如图 5-21 所示，在程序编辑完成后，选择“运行”菜单中的“编译”命令，可以对程序进行

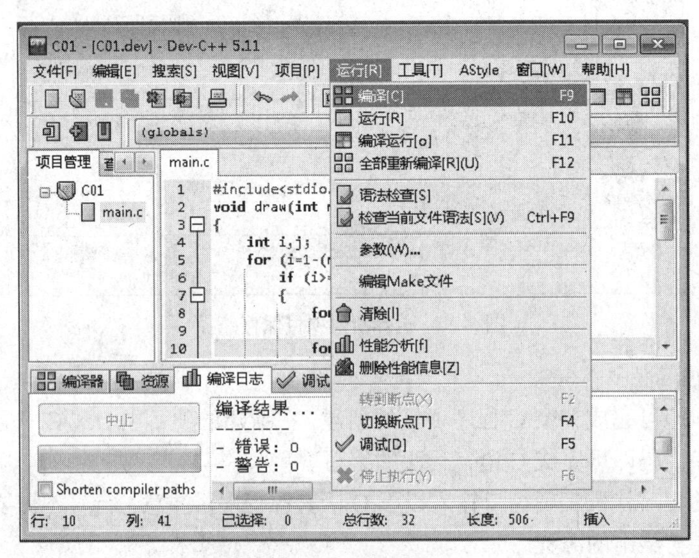

图 5-21　程序编译

编译。Dev-C++在“编译日志”窗口中显示编译结果，若程序无语法错误，该窗口中显示“错误：0”。如果有语法错误则显示错误，用户可以根据该窗口的错误提示修正错误，然后选择“运行”菜单中的“全部重新编译”命令重新编译。

注意：源程序的编辑输入很难一次全部正确，用户通常需要反复修改才能去除全部错误。常见的C语言编辑输入错误如下。

- 半角、全角错误：C语言源程序中除了单引号、双引号中的字母和符号，其他字母和符号都应该是半角。
- 大小写字母错误：C语言源程序中大小写字母含义不同，不能混用。
- 多写或少写分号：C语言源程序中分号代表语句结束，不能省略，有些语法结构中多写也不行。

在编译出现多个语法错误时，因为一个语法错误可能引起后面的多个错误，所以建议先修正第一个出现的错误。

（7）程序运行

在程序编译完成后，可以选择“运行”菜单中的“运行”命令运行程序，本例程序运行结果如图5-22所示。

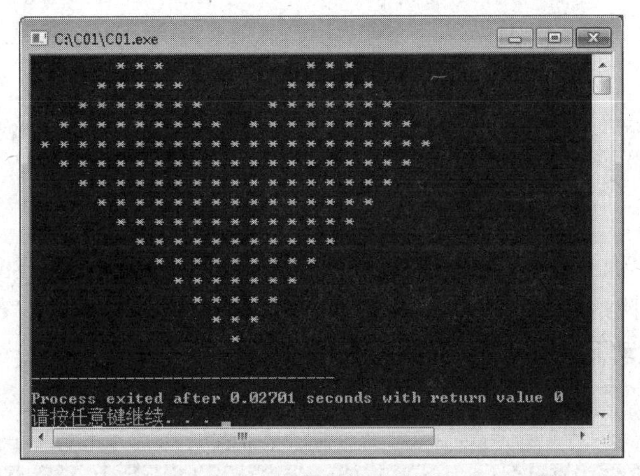

图5-22　程序运行结果

6. 说明

Dev-C++是一个Windows下的C和C++语言程序集成开发环境。它使用MingW32/GCC编译器，遵循C/C++标准。开发环境包括多页面窗口、工程编辑器及调试器等，在工程编辑器中集合了编辑器、编译器、连接程序和执行程序，提供高亮度语法显示，以减少编辑错误。Dev-C++拥有完善的调试功能，是一款适合初学者学习C或C++的开发工具。

5.2.3　应用案例20：VC++的安装与使用

1. 目的

学习并掌握VC++的获取、安装及基本使用方法。

2. 要求

在网络上下载并安装Visual Studio 2019，使用VC++编辑输入一个C语言源程序，编译并运行该程序。

3. 获得 VC++

与 Dev-C++不同，VC++是一款商业软件，较新版本的 VC++包含在微软公司推出的 Visual Studio 软件开发工具集中。Visual Studio 的最新零售版本可以通过微软的官方商城网站进行购买，图 5-23 为网站购买页面，4 个版本的 Visual Studio 开发工具集的差别在微软网站中的页面有详细介绍，商业用户可根据个人情况选择购买。

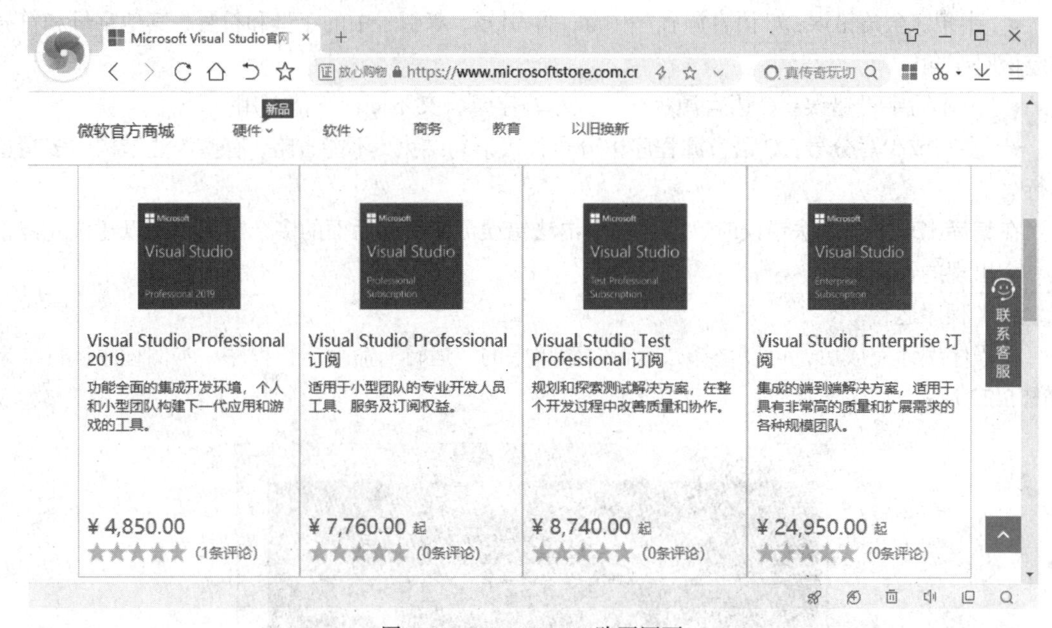

图 5-23 Visual Studio 购买网页

为了方便学生学习，微软公司提供有该软件开发环境的免费版 Visual Studio Community，通过微软 Visual Studio 网站可以免费下载。在图 5-24 所示网站网页中，选择“Communty 2017”，完成后续操作，即可自动下载该免费版安装程序。

图 5-24 选择“Community2017”

用户如果需要早期版本的 VC++，可以通过网络搜索引擎查找下载。

4. VC++安装

各版本的 VC++安装方法大同小异，若用户使用 Windows 7.0 SP1 以上操作系统，建议安装 VC++2017。下面介绍在 Windows 7.0 操作系统下安装免费版 VC++2019 的方法。这里以 15.6.7 版为例进行介绍，其他版本的操作过程类似。

（1）启动安装程序

与安装大部分软件一样，双击下载获取的“Communty 2019”安装程序，即可启动该软件安装程序。“Communty 2019”安装程序启动后显示图 5-25 所示界面，用户可单击“继续”按钮进行安装前配置。

图 5-25　Visual Studio Community 安装程序启动界面

（2）选择自己需要的模块和组件

Visual Studio Community 包括的功能模块非常多，用户可以根据个人需要进行选择，若用户仅进行 C、C++开发，可以在“工作负载”栏中选择“使用 C++的桌面开发”（见图 5-26），然后在摘要栏中选择安装的组件。

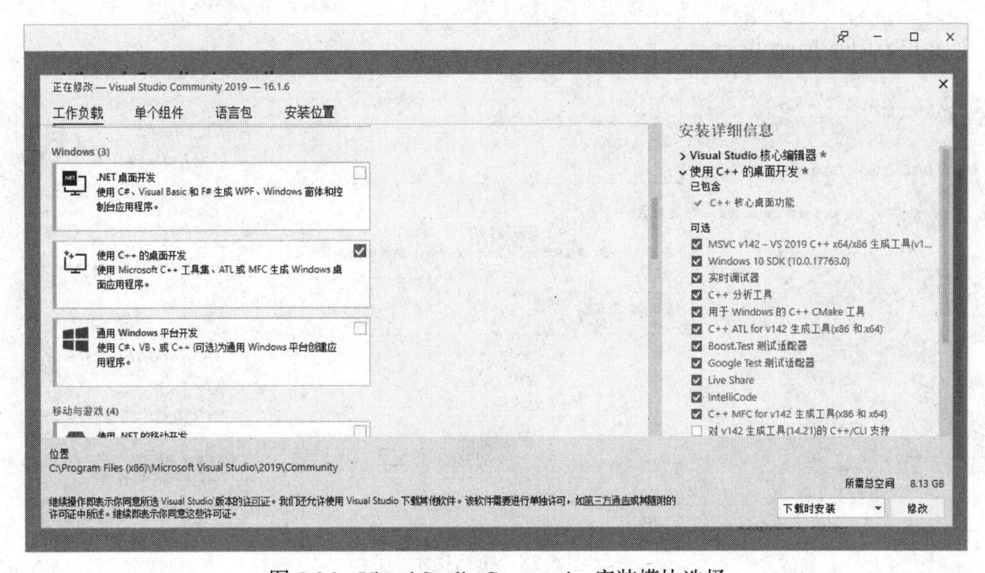

图 5-26　Visual Studio Community 安装模块选择

（3）开始安装

在用户选择自己需要的模块和组件后，即可单击“安装”按钮，安装程序即可自动从网站下载需要的文件并进行安装。安装过程如图 5-27 所示。

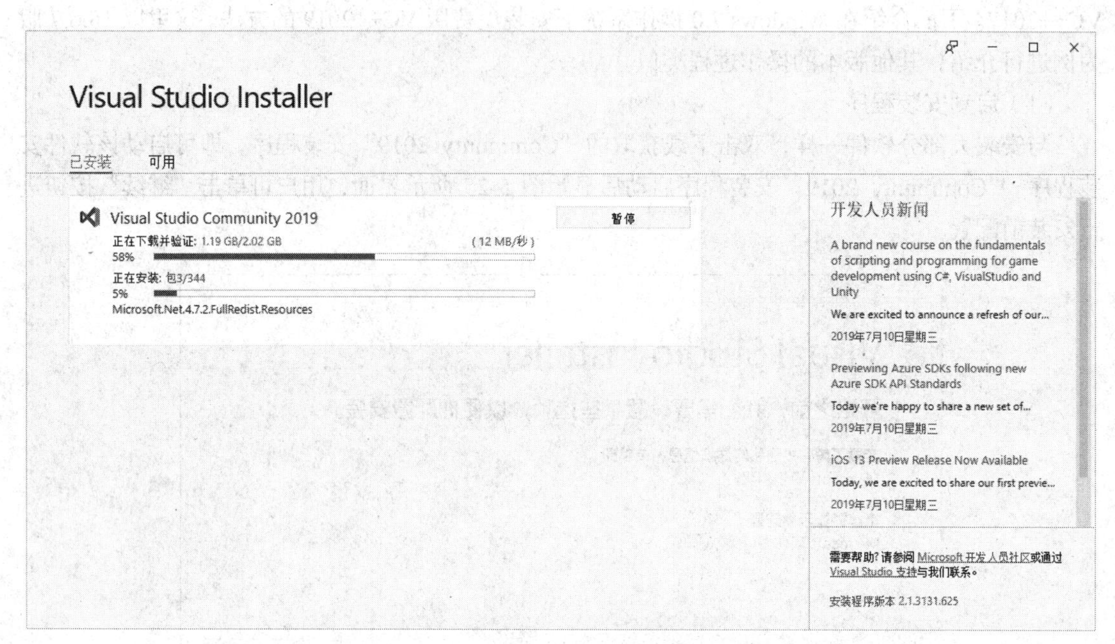

图 5-27 Visual Studio Community 安装过程

（4）安装完成

在 Visual Studio Community 安装完成后可能需要重启计算机，重启计算机的提示显示如图 5-28 所示。用户单击“重启”按钮，计算机重新启动后即可完成 Visual Studio Community 的安装。

图 5-28 重启提示

5. VC++使用

（1）登录账号

启动 Visual Studio Community 软件，在第一次使用 VC++之前，Visual Studio Community 会提示用户进行登录或新用户注册（见图 5-29），用户可以选择“注册”“登录”或“以后再说”。

（2）环境设置

在第一次使用 VC++之前，Visual Studio Community 会提示用户设置“编程环境”，如图 5-30 所示。在用户根据个人喜好设置完成后，单击“启动 Visual Studio”按钮即可启动 VC++软件。

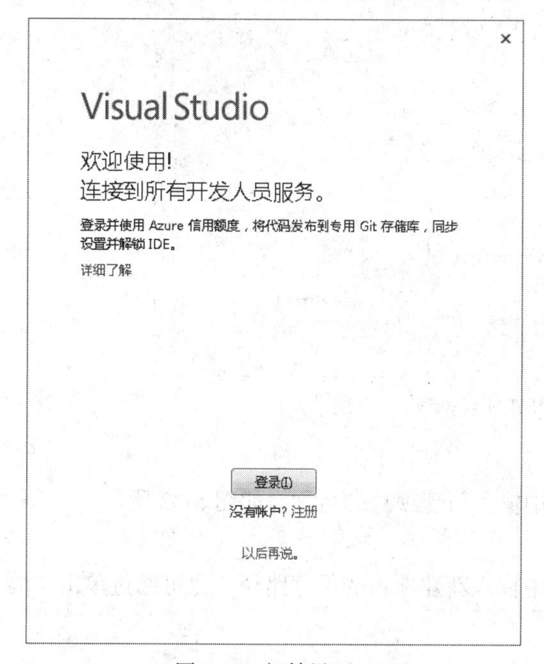

图 5-29　初始界面

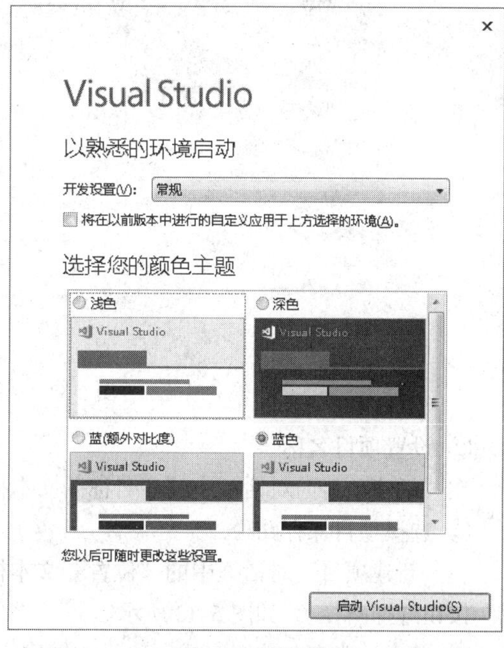

图 5-30　环境设置

（3）新建程序项目

Visual Studio Community 启动后，单击“文件”菜单，选择“新建”菜单中的“项目”新建项目，如图 5-31 所示。

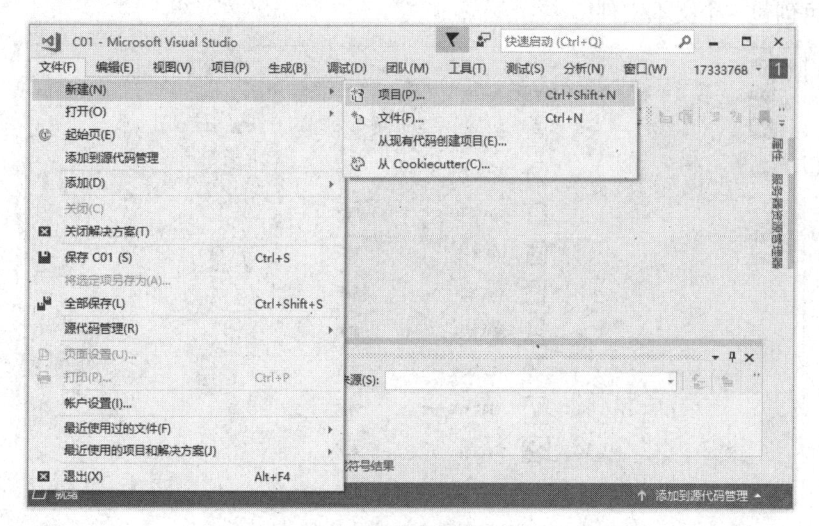

图 5-31　打开软件新建 C 程序

① 选择新建项目类型

在“新建项目”对话框中的左上栏选择“已安装/Visual C++/常规”选项，在其右侧栏选项中选择“空项目”，如图 5-32 所示。

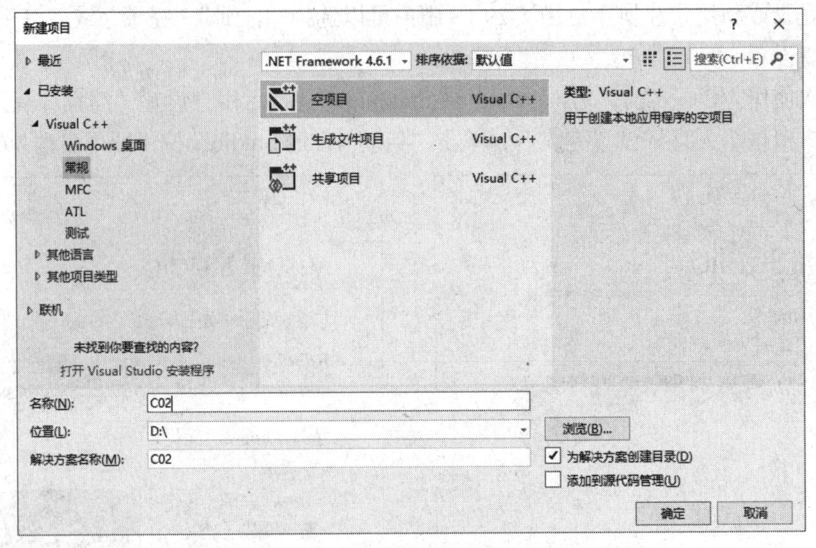

图 5-32 选择新建项目类型

② 设置项目名称

在“新建项目”对话框中的“名称”文本框中输入新建项目的名称，如图 5-32 所示。

③ 选择项目保存路径

在“新建项目”对话框中的“位置”文本框中输入新建项目的保存路径（也可通过单击“浏览”按钮选择路径），如图 5-32 所示。

④ 单击“确定”按钮完成新项目的创建

（4）创建文本文件

在“文件”菜单中选择“新建”菜单中的“文件”命令，在弹出的“新建文件”对话框中左上栏目选择“已安装/常规”项，在其右栏目中选择“文本文件”，如图 5-33 所示。然后单击“打开”按钮即可创建一个文本文件。

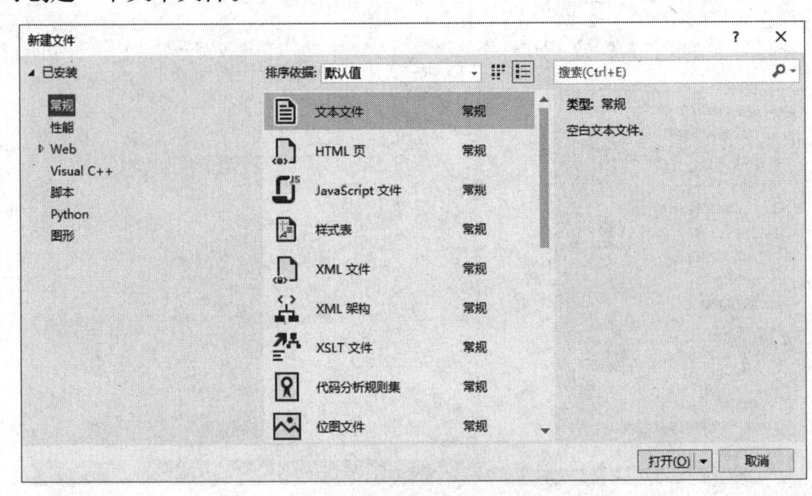

图 5-33 新建文本文件

（5）保存C语言源程序文件

选择“文件”菜单中的“保存”或“另存为”命令，在弹出的“另存文件为”对话框中选择位置（通常为新建项目文件下的项目名称文件夹），在“文件名”文本框中输入程序文件名（可用项目名称），用“.c”作为文件名后缀，如图5-34所示。然后单击“保存”按钮将上一步新建的文本文件保存为C语言源程序文件。

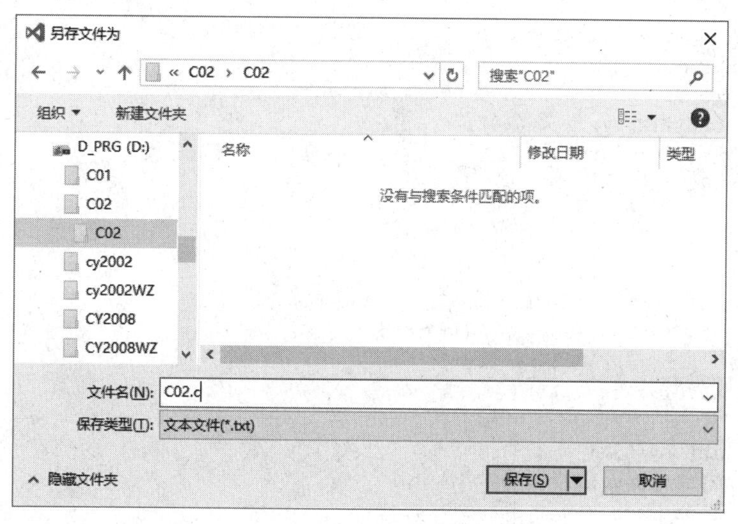

图5-34　保存为程序文件

（6）将C语言源程序文件添加到项目

打开“解决方案管理器”窗口，在“解决方案/项目名称/源文件”上单击鼠标右键，在弹出的菜单中选择“添加/现有项”命令，在弹出的“添加现有项”窗口中找到上一步保存的C语言源程序文件，如图5-35所示。然后单击“添加”按钮，将该C语言源程序文件添加到项目中。

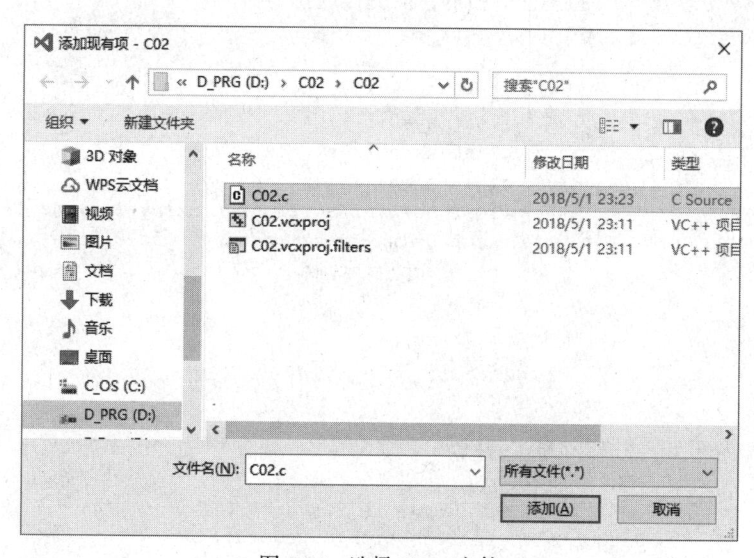

图5-35　选择C02.c文件

（7）编辑C语言程序

在C语言源程序文件的编辑窗口中输入以下C语言程序，注意字母大小写及符号等。

```
#1 #include <math.h>
#2 #include <windows.h>
#3 #include <tchar.h>
#4 float f(float x, float y, float z)
#5 {
#6   float a=x*x+9.0f/4.0f*y*y+z*z-1;
#7   return a * a * a-x * x * z * z * z-9.0f/80.0f * y * y * z * z * z;
#8 }
#9 float h(float x, float z)
#10 {  flort y;
#11  for (y=1.0f; y>=0.0f; y-=0.001f)
#12        if (f(x, y, z)<=0.0f)
#13              return y;
#14  return 0.0f;
#15 }
#16 int main()
#17 {  flort t;
#18  HANDLE o=GetStdHandle(STD_OUTPUT_HANDLE);
#19  _TCHAR buffer[25][80]={ _T(' ') };
#20  _TCHAR ramp[]=_T(".:-=+*#%@");
#21  for (t=0.0f;; t+=0.1f)
#22  {
#23        int sy=0;
#24        float s=sinf(t);
#25        float a=s * s * s * s *0.2f,z;
#26        for (float z=1.3f; z>-1.2f; z-=0.1f)
#27        {
#28              _TCHAR* p=&buffer[sy++][0];
#29              float tz=z * (1.2f - a),x;
#30              for (float x=-1.5f; x<1.5f; x+=0.05f)
#31              {
#32                    float tx=x* (1.2f + a);
#33                    float v=f(tx, 0.0f, tz);
#34                    if (v<=0.0f)
#35                    {
#36                          float y0=h(tx, tz);
#37                          float ny=0.01f;
#38                          float nx=h(tx+ny, tz)-y0;
#39                          float nz=h(tx, tz + ny)-y0;
#40                          float nd=1.0f/sqrtf(nx * nx+ny * ny+nz * nz);
#41                          float d=(nx+ny-nz) * nd * 0.5f+0.5f;
#42                          *p++=ramp[(int)(d * 5.0f)];
#43                    }
#44                    else
#45                          *p++=' ';
#46              }
#47        }
#48        for (sy=0; sy<25; sy++)
#49        {
#50              COORD coord = { 0, sy };
#51               SetConsoleCursorPosition(o, coord);
#52               WriteConsole(o, buffer[sy], 79, NULL, 0);
#53        }
#54        Sleep(33);
#55  }
#56 }
```

(8) 程序编译

如图 5-36 所示，在程序输入、编辑完成后，选择“生成”菜单中的“生成解决方案”命令对程序进行编译。VC++在“输出”窗口中显示编译结果，若程序无语法错误，该窗口中显示“成功 1 个”。如果有语法错误，则显示错误提示信息，用户可以根据错误提示修正错误，然后选择“生成”菜单中的“生成解决方案”命令重新编译。

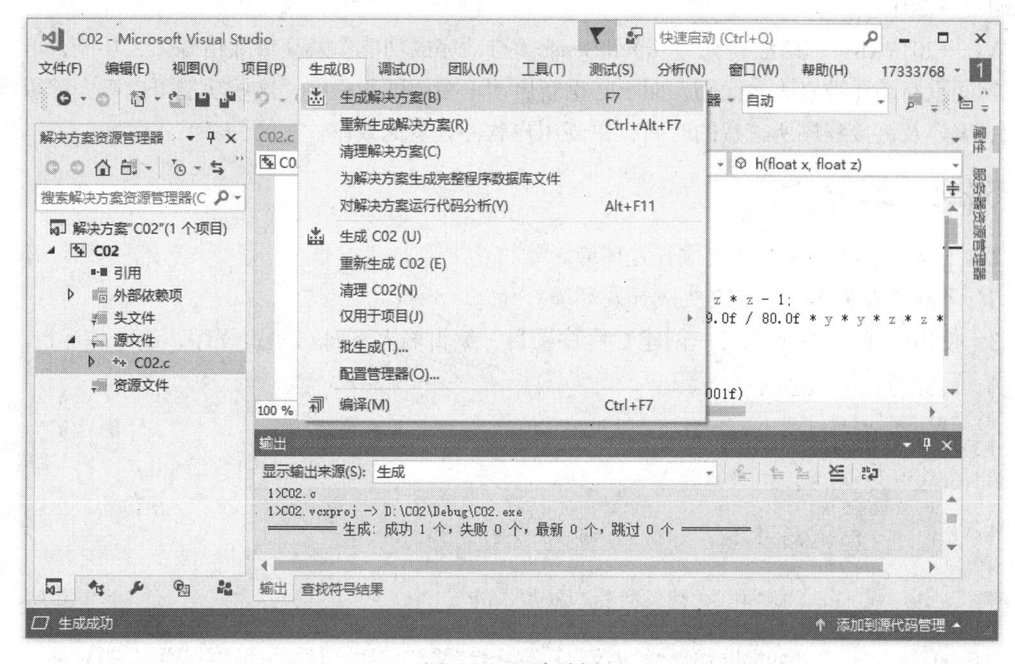

图 5-36 程序编译

(9) 程序运行

在程序编译完成后，可以选择“调试”菜单中的“开始执行（不调试）”命令运行程序。本例程序运行结果如图 5-37 所示。

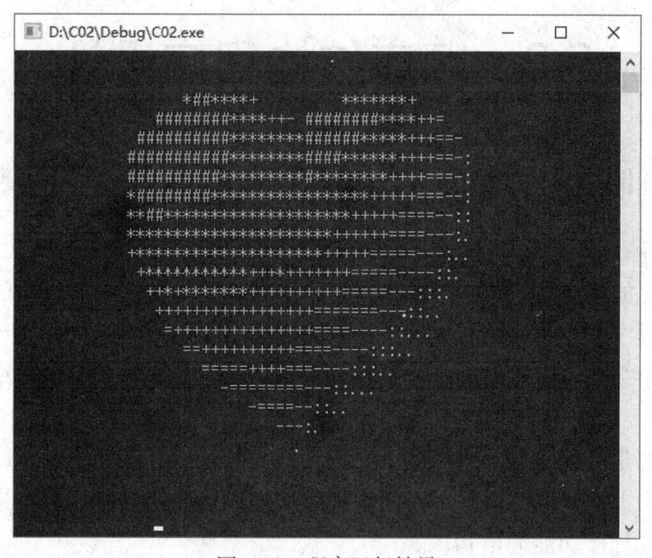

图 5-37 程序运行结果

6. 说明

Microsoft Visual C++（简称 Visual C++、MSVC、VC++或 VC）是微软公司推出的 C/C++开发工具，可用于开发 C 语言、C++及 C++/CLI 等语言程序。VC++集成了强大的程序调试工具，特别是集成了微软 Windows 视窗操作系统应用程序接口（Windows API）、三维动画 DirectX API、Microsoft .NET 框架。VC++是大型商用软件，历经多年发展版本众多，目前最新的版本是 Microsoft Visual C++ 2019。

VC++2019 拥有“语法高亮”、IntelliSense（自动完成功能）及高级除错等强大功能，可以在调试期间重新编译被修改的代码，而不必重新启动正在调试的程序。这些功能可以极大缩短程序编辑、编译及链接程序所花费的时间，提高用户软件开发的效率。

5.2.4 练习

1. 下载并安装 Dev-C++集成开发环境。
2. 下载并安装 VC++2019 集成开发环境。
3. 使用 Dev-C++ 或 VC++创建 C 程序项目，编辑输入下面 C 语言程序，编译并运行。

```
#1 #include <stdio.h>
#2 int main()
#3 {  flort y;
#4   for (y=1.5f; y>-1.5f; y-=0.1f)
#5   {  flort x;
#6        for (x=-1.5f; x<1.5f; x+=0.05f)
#7        {
#8               float z=x * x+y * y-1;
#9               float f=z * z * z-x * x * y * y * y;
#10              putchar(f <= 0.0f ? ".:-=+*#%@"[(int)(f * -8.0f)] : ' ');
#11       }
#12       putchar('\n');
#13  }
#14  getchar();
#15 }
```

5.3 顺序结构程序设计

5.3.1 案例概述

1. 案例目标

C 语言是结构化的程序设计语言，结构化使程序结构清晰，提高了程序的可靠性、可读性与可维护性。结构化程序的控制结构有 3 种，分别为顺序结构、分支结构和循环结构，这 3 种结构可以组合成各种复杂结构。顺序结构是最基本的程序结构，分支结构和循环结构中也都包含顺序结构。

每种程序结构都是由程序语句组成的。C 语言的语句根据其在程序中所起的作用可分为说明语句和可执行语句两大类。说明语句用于对程序中所使用的数据类型、数据进行声明或定义，可执行语句是用于完成程序功能的语句。

构成 C 语言程序的基本单位是函数，掌握并熟练使用函数是编写 C 语言程序的必备技能。本节将通过若干个案例，帮助读者了解说明语句和可执行语句的概念和用法，掌握 C 语言顺序结构程序的编写方法，掌握 C 语言函数的定义及使用方法。

2. 知识点

本节案例涉及的主要知识点如下。

（1）程序的顺序结构；

（2）C 语言的说明语句；

（3）C 语言的执行语句；

（4）C 语言顺序结构程序的编写方法；

（5）掌握 printf 函数的基本用法；

（6）掌握 scanf 函数的基本用法；

（7）掌握自定义函数的基本用法；

（8）掌握 system、kbhit、getch、rand、Sleep、HideCursor、GotoXY、SetColor、SetBkColor 等函数的基本用法。

5.3.2 应用案例 21：顺序结构

1. 目的

学习 C 语言顺序结构程序的编写方法。

2. 要求

使用 Dev-C++或 VC++编写一个 C 语言程序，通过该程序输入 3 个整数，求出这 3 个数的和、平均值，并在屏幕上输出。

3. 操作步骤

```
#1 #include <stdio.h>
#2 int main()
#3 {
#4   int a, b, c;
#5   int sum=0;
#6   double avg=0;
#7   printf("请输入 3 个整数，整数间用空格分开\n");
#8   scanf("%d%d%d", &a, &b, &c);
#9   sum=a+b+c;
#10  avg=sum/3.0;
#11  printf("3 个整数的和为%d，平均值为%.2f\n",sum,avg);
#12  getchar();
#13  return 0;
#14  }
```

4. 说明

（1）本程序输入的 3 个数据为整数，和也必然为整数，所以在程序#5 行定义整型变量 sum，用来保存 3 个整数的和。

（2）虽然本程序输入的 3 个数据为整数，但平均值可能包含小数，所以在程序#6 行定义 double 型变量 avg，用来保存这 3 个整数的平均值。

（3）程序#7 行提示用户应该输入的数据，这是一个良好的编程习惯。

（4）程序#8 行，注意，在 VC++2005 及以上版本中建议使用 scanf_s 函数取代 scanf 函数。

（5）程序 11#行输出 avg 变量时，%.2f 中的“.2”表示输出的浮点型数据小数点占 2 位。

（6）程序 12#行的 getchar()是标准 C 提供的库函数，调用该函数需要包含“stdio.h”头文件，该函数功能是读入一个字符并返回一个整数即该字符的 ASCII 码。需要注意的是用户输入的字符被存放在键盘缓冲区中，直到用户按【Enter】键，getchar()才能读入。getchar()与 scanf()相同的是，用户在输入内容后再按【Enter】键，getchar()才会读入，与 scanf()不同的是，getchar()可以读入【Enter】键的字符。该语句的作用是在#11 行输出结果后，等待用户输入一个字符后再结束程序。

5.3.3 应用案例 22：调用函数

1. 目的

学习函数的使用方法。

2. 要求

使用 Dev-C++或 VC++编写一个 C 语言程序，在屏幕绘制 3 架飞机。程序运行结果如图 5-38 所示。

图 5-38 在屏幕绘制 3 架飞机的效果

3. 操作步骤

```
#1 #include <stdio.h>
#2 #include <stdlib.h>
#3 #include <conio.h>
#4 #include <windows.h>
#5 void HideCursor(int x)// x=0 隐藏光标，x-1 显示光标
#6 {
#7   CONSOLE_CURSOR_INFO cursor_info = { 1, x };
#8   SetConsoleCursorInfo(GetStdHandle(STD_OUTPUT_HANDLE), &cursor_info);
#9 }
#10 void SetColor(int color)
#11 {
#12  HANDLE consolehwnd;
#13  consolehwnd=GetStdHandle(STD_OUTPUT_HANDLE);
#14  SetConsoleTextAttribute(consolehwnd, color);
#15 }
#16 void GotoXY(int x, int y)
```

```
#17 {
#18  COORD pos;
#19  pos.X=x-1;
#20  pos.Y=y-1;
#21  SetConsoleCursorPosition(GetStdHandle(STD_OUTPUT_HANDLE), pos);
#22 }
#23 void DrawPlan(int x, int y)
#24 {
#25  GotoXY(x, y);
#26  printf("      ▲");
#27  GotoXY(x, y + 1);
#28  printf("      █");
#29  GotoXY(x, y + 2);
#30  printf("      █");
#31  GotoXY(x, y + 3);
#32  printf("    ◢█◣");
#33  GotoXY(x, y + 4);
#34  printf("  ◢███◣");
#35  GotoXY(x, y + 5);
#36  printf("◢█████◣");
#37  GotoXY(x, y + 6);
#38  printf("    ◢█◣");
#39  GotoXY(x, y + 7);
#40  printf("  ◢███◣");
#41 }
#42 int main()
#43 {
#44  system("mode con cols=75 lines=22");
#45  HideCursor(0);
#46  SetColor(15);
#47  DrawPlan(10, 12);
#48  DrawPlan(30, 5);
#49  DrawPlan(50, 12);
#50  getchar();
#51  HideCursor(1);
#52  return 0;
#53 }
```

4. 说明

（1）自定义函数 HideCursor、SetColor、GotoXY 的功能及用法请参考清华大学出版社出版的《计算机基础与计算思维》第 6 章中的相关内容。

（2）因为本程序需要绘制 3 架飞机，为了减少重复代码，也为了使程序结构更加清晰，编写自定义函数 void DrawPlan(int x, int y)用于在坐标（x,y）处绘制一架飞机，重复调用该函数即可绘制多架飞机。

（3）程序#44 行语句调用 system 函数执行系统命令“mode con cols=75 lines=22”，用来设定程序的输出屏幕窗口的大小（75 列字符宽度、22 行字符高度），从而使程序输出的屏幕窗口内可以画下 3 架飞机。若 mode 命令执行报错，可在 mode 之前加上路径如“C:\\Windows\\system32\\mode con cols=75 lines=22”。

（4）程序#45 行语句调用自定义函数 HideCursor(0)关闭屏幕光标的显示，提高程序输出的显示效果。

（5）程序#46 行语句调用自定义函数 SetColor(15)设置输出字符的颜色为亮白色，使其后绘制飞机的颜色为亮白色，读者可以在这里尝试选择不同的颜色值设定不同的飞机颜色。

（6）程序#46～#49 行 3 次调用自定义函数 DrawPlan 在不同位置绘制 3 架飞机。在此读者可以考虑如果不调用函数 DrawPlan 在不同位置绘制这 3 架飞机，虽然可以实现，但程序要复杂得多。所以合理调用函数可以简化复杂程序的编写。

（7）程序#51 行语句调用自定义函数 HideCursor(1)恢复屏幕光标的显示。在程序运行结束前恢复程序对运行环境的修改，是一个良好的编程习惯。

5.3.4 练习

1. 单项选择题。

（1）以下叙述中正确的是________。

A. C 程序的基本组成单位是语句　　B. C 程序中的每一行只能写一条语句

C. 通常 C 语句以分号结束　　D. C 语句必须在一行内写完

（2）计算机能直接执行的程序是________。

A. 源程序　　B. 目标程序　　C. 汇编程序　　D. 可执行程序

（3）若有定义“int x=4;”，则执行语句“x=5>x>2;”后，x 的值为________。

A. 0　　B. 1　　C. 4　　D. 5

（4）若有定义“float a=3.0,b=4.0,c=5.0;”，则表达式 1/2*(a+b+c)的值为________。

A. 5.0　　B. 6　　C. 0.0　　D. 无答案

（5）表达式(int)((double)9/2)-(9)%2 的值是________。

A. 0　　B. 3　　C. 4　　D. 5

（6）下列程序的运行结果是________。

```
#include<stdio.h>
int main()
{
     float x=2.5;
     int y;
     y=(int)x;
     printf("x=%f,y=%d", x, y);
     return 0;
}
```

A. x=2.500000,y=2　　B. x=2.5,y=2

C. x=2,y=2　　D. x=2.500000,y=2.000000

（7）以下程序的输出结果是________。

```
#include<stdio.h>
int main()
{
     char c='z';
     printf("%c", c-25);
     return 0;
}
```

A. a　　B. z　　C. z-25　　D. y

（8）下面程序的输出结果是________。

```
#include<stdio.h>
```

```
int main()
{
      double d=3.2;
      int x=1.2, y;
     y=(x+3.8)/5.0;
      printf("%d\n", d*y);
      return 0;
}
```

A. 3　　B. 3.2　　C. 0　　D. 3.07

（9）下列程序执行后的输出结果是________。

```
#include <stdio.h>
int main()
{
      char x =0xFFFF;
      printf("%d\n",x);
      return 0;
}
```

A. -32767　　B. FFFE　　C. -1　　D. -32768

（10）有定义语句“int x,y;”，若要通过“scanf("%d,%d",&x,&y);”语句使变量 x 得到数值 11，变量 y 得到数值 12，下面 4 组输入形式中错误的是 ________。

A. 11<空格>12<回车>　　B. 11,<空格>12<回车>

C. 11,12<回车>　　D. 11,<回车>12<回车>

（11）运行以下程序，若从键盘上输入“10A10 <回车>”，则输出结果是________。

```
int m=0,n=0; char c='a';
scanf("%d%c%d",&m,&c,&n);
printf("%d,%c,%d\n",m,c,n);
```

A. 10,A,10　　B. 16,a,10　　C. 10,a,0　　D. 10,A,0

（12）若变量已正确说明为 int 类型，要通过语句“scanf("%d%d%d",&a,&b,&c);”给 a 赋值 1、b 赋值 2、c 赋值 3，不正确的输入形式是________。

A. 1<空格>2<空格>3<回车>　　B. 1,2,3<回车>

C. 1<回车>2<空格>3<回车>　　D. 1<空格>2<回车>3<回车>

（13）a、b、c 被定义为 int 型变量，若从键盘给 a、b、c 输入数据，正确的输入语句是________。

A. input a,b,c;　　B. read("%d%d%d",&a,&b,&c);

C. scanf("%d%d%d",a,b,c);　　D. scanf("%d%d%d",&a,&b,&c);

（14）已定义 c 为字符型变量，则下列语句中正确将'a'赋值给变量 c 的语句是________。

A. c='97'　　B. c="97"　　C. c=97　　D. c="a"

（15）以下程序的功能是给 r 输入数据后计算半径为 r 的圆面积 s，程序编译时出错。

```
#include <stdio.h>
int main()
{
     int r;
     float s;
     scanf("%d",&r);
     s=p*r*r;
     printf("s=%f\n",s);
     return 0;
```

```
}
```

出错的原因是 ________。

A. 注释语句书写位置错误　　B. 存放圆半径的变量 r 不应该定义为整型

C. 输出语句中格式描述符非法　D. 计算圆面积的赋值语句中使用了非法变量

（16）数字字符'0'的 ASCII 值为 48，以下程序运行后的输出结果是________。

```
#include <stdio.h>
int main()
{
    char a='1',b='2';
    printf("%c,",b+1);
    printf("%d\n",b-a);
    return 0;
}
```

A. 3,1　　B. 50,2　　C. 2,2　　D. 2,50

（17）当运行以下程序时输入“a<回车>”后，以下叙述正确的是________。

```
#include <stdio.h>
int main()
{
    char c1='1',c2='2';
    c1=getchar();
    c2=getchar();
    putchar(c1);
    putchar(c2);
    return 0;
}
```

A. 变量 c1 被赋予字符 a，c2 被赋予回车符

B. 程序将等待用户输入第 2 个字符

C. 变量 c1 被赋予字符 a，c2 仍是原有字符 2

D. 变量 c1 被赋予字符 a，c2 中无确定值

（18）以下叙述中正确的是________。

A. C 语言程序将从源程序中第一个函数开始执行

B. 可以在程序中由用户指定任意一个函数作为主函数，程序将从此开始执行

C. C 语言规定必须用 main 作为主函数名，程序将从此开始执行，在此结束

D. main 可作为用户标识符，用以命名任意一个函数作为主函数

（19）下述函数定义形式正确的是________。

A. int f(int x; int y)　　B. int f(int x,y)

C. int f(int x, int y)　　D. int f(x,y: int)

（20）以下程序运行后的输出结果是________。

```
#include<stdio.h>
int f(int x,int y)
{
    return ((y-x)*x);
}
int main()
{
    int a=3,b=4,c=5,d;
```

```
    d=f(f(a,b),f(a,c));
    printf("%d\n",d);
    return 0;
}
```

A. 10　　B. 9　　C. 8　　D. 7

2. 填空题。

（1）若有定义语句“int a=5;”，则表达式 a/10+a/10 的值是________。

（2）表达式(int)((double)(5/2)+2.5)的值是________。

（3）若有语句“double x=17;int y;”，当执行“y=(int)(x/5)%2;”之后，y 的值为________。

（4）写出以下程序运行的结果________。

```
#include <stdio.h>
int main()
{
    int i,j,m,n;
    i=8;
    j=10;
    m=i+1;
    n=j+i;
    printf("%d,%d,%d,%d",i,j,m,n);
    return 0;
}
```

（5）写出以下程序运行的结果________。

```
#include <stdio.h>
int main()
{
    char a ,b, c1,c2;
    float  x,y;
    a=3;
    b=7;
    x=8.5;
    y=71.82;
    c1='A';
    c2='a';
    printf("a=%d b=%d/n",a,b);
    printf("x=%f y=%f",x,y);
    printf("c1= %c,c2=%c",c1,c2);
    return 0;
}
```

（6）写出以下程序运行的结果________。

```
#include<stdio.h>
int main()
{
    int a=1,b=0;
    printf("%d",b=a+b);
    printf("%d\n",a=2*b);
    return 0;
}
```

（7）写出以下程序运行的结果________。

```
#include<stdio.h>
```

```
void fun(int p)
{
     int d=2;
     p=d+1;
     printf("%d",p);
}
int main()
{
      int a=1;
      fun(a);
      printf("%d\n",a);
      return 0;
}
```

3. 编写程序：输入一个矩形的长和宽，计算该矩形的面积并输出。

4. 编写程序：输入一个球体的半径 R，计算并输出球的体积。

5. 编写程序：输入 3 个数，求出这 3 个数的和、平均值，并在屏幕上输出。

6. 编写程序：输入一个 3 位整数，将其分解出百位、十位、个位，并求出各位之和、各位之积。

7. 编写程序：已知三角形的三边 a=3、b=4、c=5，求其面积 S。（提示：假设有一个三角形，边长分别为 a、b、c，三角形的面积 S 可由公式 S=sqrt(p(p-a)(p-b)(p-c))求得，而公式里的 p 为半周长，即 p=(a+b+c)/2。

8. 编写输出以下信息的程序。

```
**************************
   Very    Good!
**************************
```

9. 编写程序：求 $ax^2+bx+c=0$ 方程的根，a、b、c 由键盘输入，假设 $b^2-4ac>0$。

5.4 选择结构程序设计

5.4.1 案例概述

1. 案例目标

选择结构即通过判断给定的条件，根据判断的结果控制程序执行流程，它分为单分支、双分支及多分支 3 种选择结构，不同的分支结构有不同的语法格式和适用场合。掌握选择结构程序设计，是学习程序设计的基本要求，也是学习后续程序设计技术的前提。

本节将通过若干个案例，帮助读者了解选择结构的概念和用法，掌握 C 语言程序设计中选择结构程序的编写方法。

2. 知识点

本节案例涉及的主要知识点如下。

（1）选择结构的基本思想；

（2）if 语句的用法；

（3）if-else 语句的用法；

（4）switch 语句的用法；

（5）选择结构的嵌套及其用法。

5.4.2　应用案例23：单选择结构

1. 目的

学习C语言程序设计中if语句的用法。

2. 要求

使用Dev-C++或VC++编写一个C语言程序，输入3个线段的长度，判断这3个线段是否能构成一个三角形（三角形构成条件为两边长度之和大于第三边长度），并在屏幕上输出判断结果。

3. 操作步骤

```
#1 #include <stdio.h>
#2 int main()
#3 {
#4   double a, b, c;
#5   int flag=0;
#6   printf("请输入3个线段长度，长度间用空格分开\n");
#7   scanf("%lf%lf%lf", &a, &b, &c);
#8   if (a+b<c)
#9        flag=1;
#10  if (a+c<b)
#11       flag=1;
#12  if (b+c<a)
#13       flag=1;
#14  if (flag==0)
#15        printf("3个线段可以构成三角形\n");
#16  if (flag==1)
#17        printf("3个线段不可以构成三角形\n");
#18  getchar();
#19  return 0;
#20 }
```

4. 说明

（1）本程序在#5行定义整型变量flag，用来表示3个线段是否能构成三角形，0代表能构成三角形，1代表不能构成三角形。

（2）本程序给变量flag赋初值为0即首先假设3个线段能构成三角形，然后在程序#8～#13行枚举出所有3个线段不能构成三角形的条件并进行判断，只要有一个条件符合，flag即被赋值为1。

（3）程序#14～#17行根据flag值输出判断结果。

5.4.3　应用案例24：双选择结构

1. 目的

学习C语言程序设计中if-else语句的用法。

2. 要求

使用Dev-C++或VC++编写一个C语言程序，输入两个整数集合的范围，判断这两个集合是否有交集，如果有交集，求出这个交集的范围，并在屏幕上输出。

注意：每个整数集合用两个从小到大的整数来表示集合的范围，例如5、10表示的整数集合为5、6、7、8、9、10。

3. 操作步骤

```
#1 #include <stdio.h>
#2 int main()
#3 {
#4   int b1, e1, b2, e2, b3, e3;
#5   printf("请输入第一个集合的范围，整数间用空格分开\n");
#6   scanf("%d%d", &b1, &e1);
#7   printf("请输入第二个集合的范围，整数间用空格分开\n");
#8   scanf("%d%d", &b2, &e2);
#9   if (b1>=b2)
#10       b3=b1;
#11  else
#12       b3=b2;
#13  if (e1>=e2)
#14       e3=e2;
#15  else
#16       e3=e1;
#17  if (b3>e3)
#18       printf("两个集合无交集\n");
#19  else
#20       printf("两个集合有交集【%d,%d】\n",b3, e3);
#21  getchar();
#22  return 0;
#23 }
```

4. 说明

（1）程序#4 行说明的变量 b1、e1 存储用户输入的第一个集合的范围，b2、e2 存储用户输入的第二个集合的范围，b3、e3 存储两个集合交集的范围。

（2）本程序要求用户输入的集合范围 b1 小于等于 e1，b2 小于等于 e2。

（3）程序#9～#12 行用 b1、b2 中的较大值作为交集的起始位置，保存到 b3。

（4）程序#13～#16 行用 e1、e2 中的较小值作为交集的结束位置，保存到 e3。

（5）程序#17 行表示如果 b3 大于 e3，输出“两个集合无交集”。

（6）程序#19 行表示如果 b3 不大于 e3，输出两个集合的交集。

5.4.4 应用案例 25：选择结构嵌套

1. 目的

学习 C 语言程序设计中选择结构嵌套的用法。

2. 要求

已知，身体质量指数（BMI）是目前国际上常用的衡量人体胖瘦程度的标准，其计算公式为

BMI=体重（kg）÷[身高(m)×身高(m)]

WHO 组织设定中国人的参考标准为：BMI<18.5，表示偏瘦；BMI 为 18.5～23.9，表示正常；BMI>23.9，表示偏重；BMI≥28，表示肥胖。

使用 Dev-C++或 VC++编写一个 C 语言程序，输入一个人的身高和体重，判断这个人的体形是偏瘦、正常、偏重还是肥胖，并在屏幕上输出。

3. 操作步骤

```
#1 #include <stdio.h>
```

```
#2 int main()
#3 {
#4   double BMI,w,h;
#5   printf("请输入身高(m)和体重(kg)\n");
#6   scanf_s("%lf%lf", &h, &w);
#7   BMI=w/(h*h);
#8   if (BMI<18.5)
#9        printf("偏瘦\n");
#10  else
#11  {
#12       if(BMI<=23.5)
#13            printf("正常\n");
#14       else
#15       {
#16            if(BMI<28)
#17                 printf("偏重\n");
#18            else
#19                 printf("肥胖\n");
#20       }
#21  }
#22  getchar();
#23  return 0;
#24 }
```

4. 说明

(1)程序#4 行说明的变量 w、h 存储用户输入的体重和身高，变量 BMI 为根据用户输入的体重和身高计算得到的 BMI 值。

(2)程序#8 行判断身材是否偏瘦。

(3)程序#10～#21 行为正常、偏重、肥胖身材。

(4)程序#12 行判断身材是否正常。

(5)程序#14～#20 行为偏重、肥胖身材。

(6)程序#16 行判断身材是否偏重。

(7)程序#18 行判断身材为肥胖。

5.4.5 应用案例 26：多分支结构

1. 目的

学习 C 语言程序设计中多分支结构的用法。

2. 要求

输入华氏温度 F，利用式 C=5/9*(F−32)将华氏温度 F 转换成摄氏温度 C，根据转换结果摄氏温度 C 的不同值，按以下要求输出相应的提示。

C>40 时，在屏幕上输出“热”。

30<C≤40 时，在屏幕上输出“温暖”。

20<C≤30 时，在屏幕上输出“舒适”。

10<C≤20 时，在屏幕上输出“凉”。

0<C≤10 时，在屏幕上输出“冷”。

C≤0 时，在屏幕上输出“冰冻”。

3. 操作步骤

```
#1 #include <stdio.h>
#2 int main()
#3 {
#4   double F,C;
#5   printf("请输入华氏温度\n");
#6   scanf_s("%lF", &F);
#7   C = 5/9 * (F-32);
#8   switch ((int)C/10)
#9   {
#10  case 4:
#11       printf("热\n");
#12       break;
#13  case 3:
#14       printf("温暖\n");
#15       break;
#16  case 2:
#17       printf("舒适\n");
#18       break;
#19  case 1:
#20       printf("凉\n");
#21       break;
#22  case 0:
#23       printf("冷\n");
#24       break;
#25  default:
#26       if (C>4)
#27             printf("热\n");
#28       else
#29             printf("冰冻\n"); }
#30  getchar();
#31  return 0;
#32 }
```

4. 说明

（1）程序#4 行说明的变量 F 存储用户输入的华氏温度，变量 C 为根据用户输入的华氏温度计算得到的摄氏温度。

（2）程序#8 行使用了一个小技巧，通过将 C/10 将温度转换为可以和 switch 语句中 case 后面温度相比较的整数值。

（3）程序#10～#24 行，使用多分支判断并输出不同温度对应的不同文字描述。

（4）程序#25 行为所有 case 后面没有匹配值的温度（40℃以上或 0℃以下的温度）嵌入一个 if-else 语言，用来判断是热还是冰冻并输出。

5.4.6 练习

1. 单项选择题。

（1）已知有“int a,b,m,n;”，下列语法错误的语句是________。

A. if(a>b) printf("%d",a);　　B. if(a && b); a=b;

C. if(1)a=m;else a=n;　　D. if(a>0);{else a=n;}

（2）运行以下程序，当从键盘输入 32 时，程序输出结果是________。

```
#include <stdio.h>
int main()
{
     int x, y;
     scanf("%d", &x);
     y=0;
     if (x>=0)
     {
          if (x>0)
               y=1;
     }
     else
          y=-1;
     printf("%d", y);
     return 0;
}
```

A. 0　　B. −1　　C. 1　　D. 不确定值

（3）设有定义“int a=1,b=2,c=3;”，以下语句中执行效果与其他 3 个不同的是________。

A. if(a>b) c=a,a=b,b=c;　　B. if(a>b) {c=a,a=b,b=c;}

C. if(a>b) c=a;a=b;b=c;　　D. if(a>b) {c=a;a=b;b=c;}

（4）以下程序运行时，输入的值在________范围才会有输出结果。

```
#include <stdio.h>
int main()
{
     int x;
     scanf("%d",&x);
     if(x<=3)
         ;
     else
         if(x!=10)
              printf("%d\n",x);
}
```

A. 不等于 10 的整数　　B. 大于 3 且不等于 10 的整数

C. 大于 3 或等于 10 的整数　　D. 小于 3 的整数

（5）以下程序的输出结果是________。

```
#include<stdio.h>
int main()
{
     int a=2, b=-1, c=2;
     if (a>b)
          if (b<0)
               c=0;
          else
               c+=1;
     printf("%d\n", c);
     return 0;
}
```

A. 0　　B. 1　　C. 2　　D. 3

（6）以下程序的输出结果是________。

```
#include <stdio.h>
int main()
{
     int k=2;
     switch (k)
     {
     case 1:
          printf("%d\n", k=k+1);
          break;
     case 2:
          printf("%d", k=k+1);
     case 3:
          printf("%d\n",k=k+1);
          break;
     case 4:
          printf("%d\n", k=k+1);
     default:
          printf("Full!\n");
     }
     return 0;
}
```

A. 1 3　　B. 2 3　　C. 2 2　　D. 3 4

（7）以下程序的输出结果是________。

```
#include<stdio.h>
int main()
{
     int a=2, c=5;
     printf("a=%d, b=%d\n", a, c);
     return 0;
}
```

A. a=%2,b=%5　　B. a=2,b=5　　C. a=c,b=d　　D. a=%d,b=%d

（8）以下程序的输出结果是________。

```
#include<stdio.h>
int main()
{
     int a=12, b=5, c=-3;
     if (a>b)
          if (b<0)
               c=0;
          else
               c=c+1;
     printf("%d\n", c);
     return 0;
}
```

A. 0　　B. 1　　C. −2　　D. −3

（9）从键盘输入5，以下程序的输出结果是________。

```
#include<stdio.h>
int main()
{
```

```
    int x;
    scanf("%d", &x);
    if ((x=x-1) < 5)
        printf("%d", x);
    else
        printf("%d", x=x+1);
    return 0;
}
```

A. 3　　B. 4　　C. 5　　D. 6

（10）以下程序的输出结果是________。

```
#include<stdio.h>
int main()
{
    int a=15, b=21, m=0;
    switch (a%3)
    {
    case 0:
        m=m+1;
        break;
    case 1:
        m=m+1;
        switch (b%2)
        {
        default:
            m=m+1;
        case 0:
            m=m+1;
            break;
        }
    }
    printf("%d\n", m);
    getchar();
    return 0;
}
```

A. 0　　B. 1　　C. 2　　D. 3

（11）以下程序________。

```
#include<stdio.h>
int main()
{
    int x=3, y=0, z=0;
    if (x=z+y)
        printf("****");
    else
        printf("####");
}
```

A. 有语法错误不能通过编译

B. 输出****

C. 可以通过编译，但是不能通过连接，因而不能运行

D. 输出####

（12）两次运行以下程序，如果从键盘上分别输入6和4，则输出结果分别是________。

```
#include<stdio.h>
```

```
int main()
{
    int x;
    scanf("%d", &x);
    if ((x=x+1) > 5)
        printf("%d", x);
    else
        printf("%d\n", x=x-1);
    return 0;
}
```

A. 7　5　　B. 6　3　　C. 7　4　　D. 6　4

（13）以下程序的输出结果是________。

```
#include<stdio.h>
int main()
{
    int a=1, b=4, k;
    k=(a<0) && (b<=0);
    printf("%d%d%d\n", k, a, b);
    return 0;
}
```

A. 104　　B. 003　　C. 103　　D. 014

（14）能正确表示 a≥10 或 a≤0 的关系表达式是________。

A. a>=10 or a<=0　　B. a>=10 | a<=0

C. a>=10 && a<=0　　D. a>=10 || a<=0

（15）以下程序的输出结果是________。

```
#include<stdio.h>
int main()
{
    int a, b, c, x;
    a=b=c=0;
    x=35;
    if (!a)
        x=x-1;
    else
        if (b);
    if (c)
        x=3;
    else
        x=4;
        printf("%d\n",x);
    return 0;
}
```

A. 34　　B. 4　　C. 35　　D. 3

（16）表示关系 X≤Y≤Z 的 C 语言表达式为________。

A. (X<=Y)&&(Y<=Z)　　B. (X<=Y) and (Y<=Z)

C. (X<=Y<=Z)　　D. (X<=Y)&(Y<=Z)

（17）以下程序的输出结果是________。

```
#include<stdio.h>
```

```
int main()
{
      int a, b, c=246;
      a=c/100%9;
      b=(-1) && (-1);
      printf("%d, %d\n", a, b);
      return 0;
}
```

A. 2,1 B. 3,2 C. 4,3 D. 2,-1

（18）以下程序的输出结果是________。

```
#include<stdio.h>
int main()
{
      int a=-1, b=1, k;
      if ((a<0) && !(b<=0))
            printf("%d%d\n", a, b);
      else
            printf("%d%d\n", b, a);
      return 0;
}
```

A. −1 1 B. 0 1 C. 1 0 D. 0 0

（19）下列关于 switch 语句和 break 语句的结论中，正确的是________。

A. break 语句是 if 语句中的一部分

B. 在 switch 语句中必须使用 break 语句

C. 在 switch 语句中可根据需要使用或不使用 break 语句

D. break 语句只能用于 switch 语句中

（20）设有说明语句“int a=1,b=0;”，则执行下列语句后，输出为________。

```
switch (a)
{
case 1:
      switch (b)
      {
      case 0:
            printf("**0**");
            break;
      case 1:
            printf("**1**");
            break;
      }
case 2:
      printf("**2**");
      break;
}
```

A. **0** B. **0****2**

C. **0****1****2** D. 有语法错误

2. 填空题。

（1）与!(x>0)表达式等价的表达式为________，与!0 表达式等价的表达式为________。

（2）当 a=1、b=2、c=3 时，以下语句执行后，a、b、c 分别为________。

```
if(a>c)
    b=a;a=c;c=b;
```

（3）若有定义“int a=10,b=9,c=8;”，接着顺序执行下列语句后，变量 b 的值是________。

```
c=(a-=(b-5));
c=(a%11)+(b=3);
```

（4）表示“整数 x 的绝对值大于 5”时值为“真”的 C 语言表达式是________。

（5）以下程序的输出结果是 16，程序空白处应为________。

```
#include<stdio.h>
int main()
{
    int a=9, b=2;
    float x=______, y=1.1, z;
    z=a/2+b * x/y+1/2;
    printf("%5.2f\n", z);
    return 0;
}
```

（6）以下程序的输出结果是________。

```
#include<stdio.h>
int main()
{
    int a=100;
    if (a>100)
        printf("%d\n", a>100);
    else
        printf("%d\n", a<=100);
    return 0;
}
```

（7）若从键盘输入 58，则以下程序的输出结果是________。

```
#include<stdio.h>
int main()
{
    int a;
    scanf("%d", &a);
    if (a>50)
        printf("%d", a);
    if (a>40)
        printf("%d", a);
    if (a>30)
        printf("%d", a);
    return 0;
}
```

（8）以下程序的输出结果是________。

```
#include<stdio.h>
int main()
{
    int a=5, b=4, c=3, d;
    d=(a>b>c);
    printf("%d\n", d);
    return 0;
}
```

（9）以下程序的输出结果是________。

```
#include<stdio.h>
int main()
{
     int x=10, y=20, t=0;
     if (x==y)
     t=x;
     x=y;
     y=t;
     printf("%d, %d\n", x, y);
     return 0;
}
```

（10）若“int i=10;”，则执行完下列程序后，变量 i 的值为________。

```
switch (i)
{
     case 9:
          i=i+1;
     case 10:
          i=i+1;
     case 10:
          i=i+1;
     default:
          i=i+1;
}
```

（11）以下程序的输出结果是________。

```
#include<stdio.h>
int main()
{
     int x=2, y=-1, z=2;
     if (x<y)
          if (y<0)
               z=0;
          else
               z=z+1;
     printf("%d\n", z);
}
```

（12）设 x、y、z 均为 int 型变量，“x 或 y 中至少有一个小于 z”的表达式为________。

（13）已知 A=7.5、B=2、C=3.6，表达式 A>B&&C>A || A<B && !C 的值是________。

3. 某商店粽子每盒 80 元，端午节前夕，商店粽子促销，购满 3 盒（含）即可享受八折优惠,，购满 5 盒（含）即可享受七折优惠。编写程序，根据用户输入的购买盒数，计算出应付金额，并在屏幕上输出。

4. 编写程序：实现出租车计费，3km（含）以内起步价为 9 元，超出 3km 的部分每千米 2.4 元，要求输入里程数，在屏幕上输出乘客应付费用（出租车费采用四舍五入取整到元）。

5. 某产品生产成本 $c=c_1+mc_2$，其中 c_1 为固定成本，c_2 为单位产品可变成本。当生产数量 $m<10000$ 时，$c_1=20000$ 元，$c_2=10$ 元；当生产数量 $m\geqslant 10000$ 时，$c_1=40000$ 元，$c_2=5$ 元。编写程序，分别计算出生产数量为 6000 及 25000 时，总生产成本及单位生产成本。

6. 编写程序：输入三角形 3 边，判断组成的三角形是等腰三角形、等边三角形，还是直角三角形或普通三角形。

7. 某个电力公司对其用户的收费规定如下。

用电数量　　收费标准

0～200　　x*0.5（元）

201～400　　100+（x−200）*0.65（元）

401～600　　230+（x−400）*0.8（元）

601 以上　　390+（x−600）*1.0（元）

编写程序，对于一个输入的用电数量，计算用户应缴费额。

8. 编写程序：输入两个整数集合的范围，求出两个集合的并集范围，并在屏幕上输出。

例如：集合[3,5]与集合[4,50]的并集为[3,50]。

9. 编写程序：输入两个整数集合的范围，求出两个集合的差集范围，并在屏幕上输出。

例如：集合[3,5]与集合[4,50]的差集为[3,3]。

10. 编写程序：根据用户输入的数值，输出相应反馈信息。

输入 0：输出“不满意”。

输入 1：输出“十分满意”。

输入 2：输出“满意”。

输入 3：输出“基本满意”。

输入其他：输出“我要投诉!”。

11. 编写程序：根据存款利率计算表，计算所存钱的利率。

注意：假定存钱变量为 x，要求从键盘输入其值并选择存款方式，计算存款利率并输出显示。

利率规则如下：3 个月为 3.10%；6 个月为 3.30%；一年为 3.50%；二年为 4.40%；三年为 5.00%；五年为 5.50%；

如果输入其他利率，则提示输入错误。

12. 编写程序：从键盘上输入一个百分制成绩 score，输出成绩评定等级：90 以上为优秀；80～90 为良好；70～80 为中等；60～70 为及格；60 以下为不及格。

13. 编写程序：要求实现下面的功能：输入一个实数后，屏幕上显示如下菜单。

```
************************
1. 输出相反数
2. 输出平方数
3. 输出平方根
4. 退出
************************
```

输入相应选项，输出相应计算结果。

5.5 循环结构程序设计

5.5.1 案例概述

1. 案例目标

为了充分发挥计算机执行速度快的特点，通常需要将一些复杂问题转换为具有规律性的重复操作，这些重复操作被称为循环结构。在程序中，一组被重复执行的语句被称为循环体，决定循环次数的判断条件为循环的终止条件。程序中的循环语句是由循环体及循环的终止条件两部分组成的。

本节将通过若干个案例，帮助读者了解循环结构的概念和用法，掌握C语言循环结构程序的编写方法。

2. 知识点

本案例涉及的主要知识点如下。

（1）循环结构的基本思想；

（2）while语句的用法；

（3）do-while语句的用法；

（4）for语句的用法；

（5）循环结构的嵌套及其用法。

5.5.2 应用案例27：while循环

1. 目的

学习C语言程序设计中while语句的用法。

2. 要求

使用Dev-C++或VC++编写一个C语言程序，在屏幕上显示一个‘◆’，程序运行结果如图5-39所示，该符号在屏幕上不断左右往复运动，按任意键终止并退出程序。

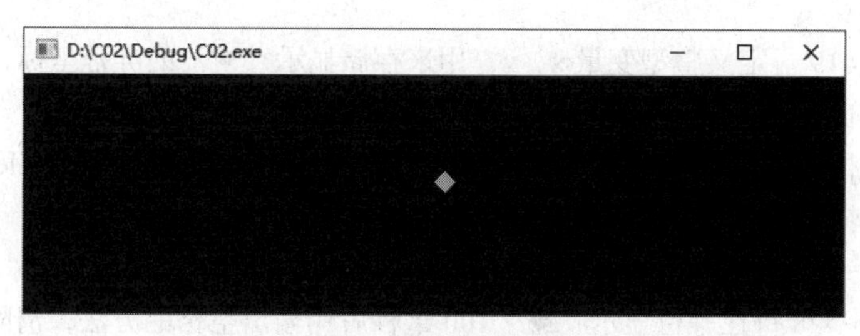

图5-39　程序运行结果

3. 操作步骤

```
#1 #include <stdio.h>
#2 #include <stdlib.h>
#3 #include <conio.h>
#4 #include <windows.h>
#5 void HideCursor(int x)
#6 {
#7  CONSOLE_CURSOR_INFO cursor_info={ 1, x };
#8  SetConsoleCursorInfo(GetStdHandle(STD_OUTPUT_HANDLE), &cursor_info);
#9 }
#10 void GotoXY(int x, int y)
#11 {
#12  COORD pos;
#13  pos.X=x-1;
#14  pos.Y=y-1;
#15  SetConsoleCursorPosition(GetStdHandle(STD_OUTPUT_HANDLE), pos);
```

```
#16 }
#17 int main()
#18 {
#19  int x=1, y=5, flag=0;
#20  system("mode con cols=70 lines=10");
#21  HideCursor(0);
#22  while (!kbhit())
#23  {
#24       GotoXY(x, y);
#25       printf("◆");
#26       Sleep(100);
#27       GotoXY(x, y);
#28       printf("  ");
#29       if (flag==0)
#30            x=x+1;
#31       else
#32            x=x-1;
#33       if (x==1)
#34            flag=0;
#35       if (x==69)
#36            flag=1;
#37  }
#38  HideCursor(1);
#39  return 0;
#40 }
```

4. 说明

（1）本程序在#19 行定义整型变量 x、y，用来存储显示‘◆’的屏幕坐标，整型变量 flag 用来表示‘◆’的当前移动方向，0 代表向左，1 代表向右。

（2）程序#22 行的 kbhit()函数用来检测是否有按键，若有按键则退出 while 循环。注意：在 VC2005 及以上版本中使用_kbhit()函数取代 kbhit()函数。

（3）程序#24～#25 行在屏幕坐标（x,y）处显示‘◆’。

（4）程序#26～#28 行在等待显示‘◆’100 毫秒后用输出空格的方法，清除之前在屏幕坐标（x,y）处显示的‘◆’。

（5）程序#29～#32 行根据 flag 的值确定当前移动方向，计算下一次显示‘◆’屏幕坐标 x。

（6）程序#33～#36 行根据下一次显示‘◆’屏幕坐标 x，判断‘◆’是否移动到屏幕边界，若已移动到屏幕边界，则通过修改 flag 的值，修改下一次‘◆’的移动方向。

5.5.3 应用案例 28：do-while 循环

1. 目的

学习 C 语言程序设计中 do-while 语句的用法。

2. 要求

使用 Dev-C++或 VC++编写一个 C 语言程序，在屏幕上显示一个‘◆’，可以用【A】键、【S】键、【D】键、【W】键修改光标运行的左、下、右、上 4 个移动方向，按【Q】键退出程序，程序运行结果如图 5-40 所示。

图 5-40　程序运行结果

3. 操作步骤

```
#1 #include <stdio.h>
#2 #include <stdlib.h>
#3 #include <conio.h>
#4 #include <windows.h>
#5 void HideCursor(int x)
#6 {
#7  CONSOLE_CURSOR_INFO cursor_info = { 1, x };
#8  SetConsoleCursorInfo(GetStdHandle(STD_OUTPUT_HANDLE), &cursor_info);
#9 }
#10 void GotoXY(int x, int y)
#11 {
#12  COORD pos;
#13  pos.X=x-1;
#14  pos.Y=y-1;
#15  SetConsoleCursorPosition(GetStdHandle(STD_OUTPUT_HANDLE), pos);
#16 }
#17 int main()
#18 {
#19  int x=35, y=10;
#20  int ch=0;
#21  system("mode con cols=70 lines=20");
#22  HideCursor(0);
#23  GotoXY(15, 5);
#24  printf("请用【A】键、【S】键、【D】键、【W】键控制光标运行方向，按【Q】键退出程序\n");
#25  do
#26  {
#27       GotoXY(x, y);
#28       printf("◆");
#29       Sleep(100);
#30       GotoXY(x, y);
#31       printf("  ");
#32       if (_kbhit())
#33            ch=_getch();
#34       switch (ch)
#35       {
#36       case 'W':
#37            if(y>1)
```

```
#38                 y=y-1;
#39             break;
#40         case 'A':
#41             if (x>1)
#42                 x=x-1;
#43             break;
#44         case 'S':
#45             if (y<20)
#46                 y=y+1;
#47             break;
#48         case 'D':
#49             if (x<69)
#50                 x=x+1;
#51             break;
#52         }
#53   }
#54 while (ch!='Q');
#55  HideCursor(1);
#56  return 0;
#57 }
```

4. 说明

（1）程序在#19 行定义整型变量 x、y，用来存储显示‘◆’的屏幕坐标，默认屏幕坐标为（35,10）。

（2）程序在#20 定义字符型变量 ch，用来存储用户输入的‘◆’移动方向。

（3）程序#32 行用来判断当前是否有键盘输入。_kbhit()函数用来检测是否有按键，若有按键则退出 while 循环。注意：在 VC2005 及以上版本中使用_kbhit()函数取代 kbhit()函数。

（4）程序#33 行用 getch 读入用户的键盘输入。

（5）程序#27～#29 行在等待 100 毫秒后用输出空格的方法，清除之前在屏幕坐标（x,y）处显示的‘◆’。

（6）程序#25～#52 行根据 ch 的值确定当前移动方向，修改下一次显示‘◆’屏幕坐标。

（7）程序#54 行判断用户输入的字符，如果是'Q'则终止循环。

5.5.4 应用案例 29：for 循环

1. 目的

学习 C 语言程序设计中 for 语句的用法。

2. 要求

已知圆心坐标（x1,y1），圆的半径为 r，则圆上与水平轴间弧度为 a 的点的坐标(x,y)为

$$x=x1+r\cos(a)$$

$$y=y1+r\sin(a)$$

使用 Dev-C++或 VC++编写一个 C 语言程序，在屏幕用‘◆’画一个圆，程序运行结果如图 5-41 所示。

3. 操作步骤

```
#1 #include <stdio.h>
#2 #include <stdlib.h>
#3 #include <conio.h>
#4 #include <windows.h>
#5 #include <math.h>
#6 void HideCursor(int x)
```

```
#7 {
#8  CONSOLE_CURSOR_INFO cursor_info = { 1, x };
#9  SetConsoleCursorInfo(GetStdHandle(STD_OUTPUT_HANDLE), &cursor_info);
#10 }
#11 void GotoXY(int x, int y)
#12 {
#13  COORD pos;
#14  pos.X=x-1;
#15  pos.Y=y-1;
#16  SetConsoleCursorPosition(GetStdHandle(STD_OUTPUT_HANDLE), pos);
#17 }
#18 int main()
#19 {
#20  double x1=22, y1=22,r=20;
#21  double x,y,a=0;
#22  int i;
#23  system("mode con cols=90 lines=45");
#24  HideCursor(0);
#25  for (i=0; i<60; i=i+1)
#26  {
#27        a+=(2*3.1415) / 60;
#28        x=x1+r * sin(a);
#29        x=x*2;
#30        y=y1-r*cos(a);
#31        GotoXY(round(x), round(y));
#32        printf("◆");
#33  }
#34  getchar();
#35  HideCursor(1);
#36  return 0;
#37 }
```

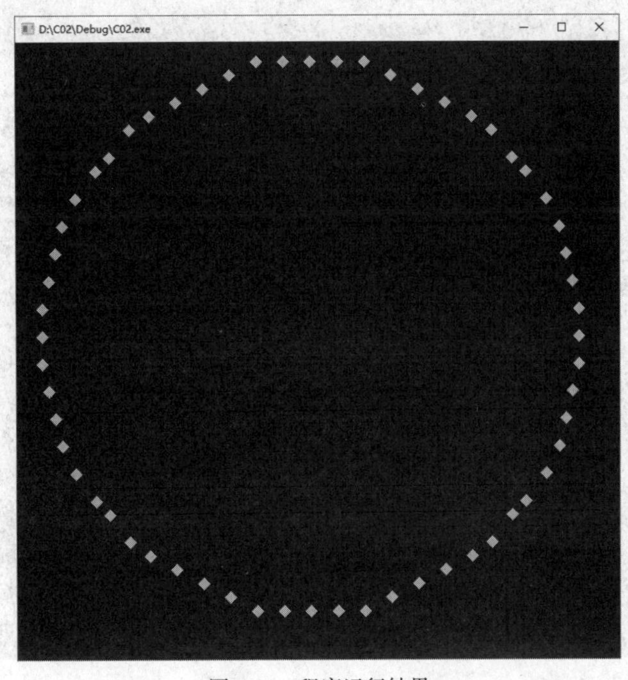

图 5-41　程序运行结果

4. 说明

（1）因为本程序用到 sin、cos 函数，这两个函数在“math.h”头文件中声明，所以#5 行包含“math.h”头文件。

（2）程序在#20 行定义 double 型变量 x1、y1，用作圆心的屏幕坐标，r 为圆的半径。

（3）程序在#21 行定义 double 型变量 x、y，用来存储圆上点的屏幕坐标，变量 a 为圆上点距水平轴的弧度。

（4）程序#25～#33 行围绕圆心(x1,y1)以 r 为半径，按等圆心角度画 60 个点。

（5）程序#27 行 a 在每次循环中递增 1/60 圆周弧度。

（6）程序#28 行计算 a 弧度对应的圆上点的 x 坐标。

（7）程序#29 行调整屏幕长宽坐标比例。

（8）程序#30 行计算 a 弧度对应的圆上点的 y 坐标。

（9）程序#31 行调用 GotoXY 函数设置输出‘◆’的屏幕坐标，round 函数用来对 double 数据四舍五入取整。

5.5.5 应用案例 30：循环嵌套

1. 目的

学习 C 语言程序设计中循环嵌套的用法。

2. 要求

使用 Dev-C++或 VC++编写一个 C 语言程序，在屏幕上随机动态显示礼花绽放的效果，程序运行结果如图 5-42 所示，按任意键退出程序。

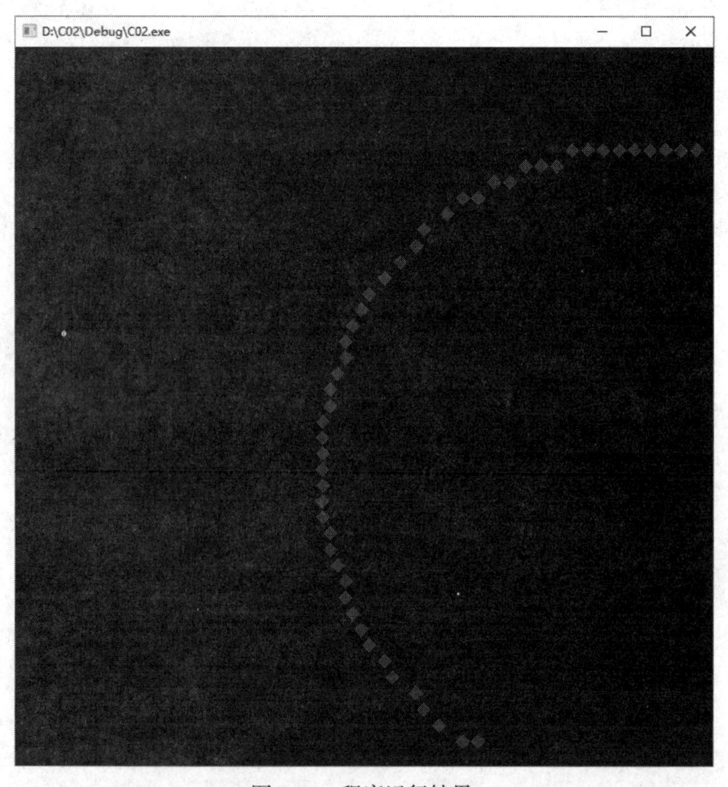

图 5-42 程序运行结果

3. 操作步骤

```
#1 #include <stdio.h>
#2 #include <stdlib.h>
#3 #include <conio.h>
#4 #include <windows.h>
#5 #include <math.h>
#6 void HideCursor(int x)
#7 {
#8  CONSOLE_CURSOR_INFO cursor_info = { 1, x };
#9  SetConsoleCursorInfo(GetStdHandle(STD_OUTPUT_HANDLE), &cursor_info);
#10 }
#11 void SetColor(int color)
#12 {
#13  HANDLE consolehwnd;
#14  consolehwnd=GetStdHandle(STD_OUTPUT_HANDLE);
#15  SetConsoleTextAttribute(consolehwnd, color);
#16 }
#17 void GotoXY(int x, int y)
#18 {
#19  COORD pos;
#20  pos.X=x-1;
#21  pos.Y=y-1;
#22  SetConsoleCursorPosition(GetStdHandle(STD_OUTPUT_HANDLE), pos);
#23 }
#24 void DrawCricle(int x1, int y1, int r)
#25 {
#26  double x, y, a=0;
#27  int i;
#28  for (i=0; i<120; i=i+1)
#29  {
#30        a+=(2 * 3.1415)/120;
#31        x=x1+r * sin(a);
#32        x=x * 2;
#33        y=y1-r * cos(a);
#34        x=round(x);
#35        y=round(y);
#36        if (!(x < 1 || x>89 || y < 1 || y>44))
#37        {
#38              GotoXY(x, y);
#39              printf("◆");
#40        }
#41  }
#42 }
#43 int main()
#44 {
#45  double x1, y1,r;
#46  int i,flag=0;
#47  system("mode con cols=90 lines=45");
#48  HideCursor(0);
#49  do
#50  {
#51        x1=rand() % 40+10;
#52        y1=rand() % 35+5;
#53        for (r=1; r<30; r=r+1)
#54        {
```

```
#55            SetColor(rand() %15+1);
#56            DrawCricle(x1, y1, r);
#57            Sleep(100);
#58            SetColor(0);
#59            DrawCricle(x1, y1, r);
#60            if (_kbhit())
#61            {
#62                 flag=1;
#63                 break;
#64            }
#65        }
#66  } while (!flag);
#67  HideCursor(1);
#68  return 0;
#69 }
```

4. 说明

（1）程序#24～#42 行自定义函数 Cricle 在指定位置(x1,y1)，以指定半径（r）画圆。

（2）程序#36～#40 行判断(x,y)坐标是否超过屏幕窗口范围，如果没有超过则画点。

（3）程序在#45 行定义整型变量 x1,y1，用来存储圆心的屏幕坐标，r 存储圆的半径。

（4）程序在#46 行定义变量 flag，用来存储循环退出标志，值为 0 代表不退出。

（5）程序在#49～#66 行的 do-while 循环不断在随机位置产生圆心坐标并调用内层循环画动态圆，直到 flag 值变为 1。

（6）程序在#51～#52 行在指定范围内随机产生圆心坐标。

（7）程序在#53～#64 行的 for 循环中以(x1,y1)为圆心以随机颜色及不断变大的半径画圆，直到半径超过 30 或发生按键操作。

（8）程序#55 行调用 rand 函数产生一个随机颜色，随机值+1 是为了避免产生黑色 0。

（9）程序#56 行调用 Cricle 函数画圆。

（10）程序#57～#59 行在圆显示 100 毫秒后通过画黑色圆来擦除圆。

（11）程序#60～#64 行判断是否有用户按键，如果有则将 flag 赋值为 1 并退出 for 循环。

5.5.6 练习

1. 单项选择题。

（1）语句“while (!e);”中的条件!e 等价于________。

A. e==0　　B. e!=1　　C. e!=0　　D. ～e

（2）下面有关 for 循环的正确描述是________。

A. for 循环只能用于循环次数已经确定的情况

B. for 循环是先执行循环体语句，后判定表达式

C. 在 for 循环中，不能用 break 语句跳出循环体

D. for 循环体语句中，如果需要包含多条语句，需要用花括号括起来组成一条复合语句

（3）C 语言中________。

A. 不能使用 do-while 语句构成的循环

B. do-while 语句构成的循环必须用 break 语句才能退出

C. do-while 语句构成的循环，当 while 语句中的表达式值为非零时结束循环

D. do-while 语句构成的循环，当 while 语句中的表达式值为零时结束循环

（4）C 语言中 while 和 do-while 循环的主要区别是________。

A. do-while 的循环体至少无条件执行一次

B. while 的循环控制条件比 do-while 的循环控制条件严格

C. do-while 允许从外部转到循环体内

D. do-while 的循环体不能是复合语句

（5）以下程序段________。

```
int x=-1;
do
{
     x=x*x;
}
while (!x);
```

A. 是死循环　　B. 循环执行二次　　C. 循环执行一次　　D. 有语法错误

（6）下列选项中不是死循环的是________。

A. i=100;

```
while(1)
{
      i=i%100+1;
      if (i==20)
break;
}
```

B. for (i=1;;i=i+1)

```
sum=sum+1;
```

C. k=0;

```
do
{
    k=k+1;
} while(k<=0);
```

D. s=3379;

```
while(s%2+3.0/2)
    s=s+1;
```

（7）与以下程序段等价的是________。

```
while(a)
{
    if(b)
          continue;
    c;
}
```

A. while (a)

```
{
    if(!b)
          c;
}
```

B. while (c)

```
{
    if(!b)
        break;
    c;
}
```

C. while (c)

```
{
    if(b)
        c;
}
```

D. while (a)

```
{
    if(b)
        break;
    c;
}
```

（8）以下程序的输出结果是________。

```
#include <stdio.h>
int main()
{
    int i;
    for(i=4;i<=10;i=i+1)
    {
        if (i%3==0)
            continue;
        printf("%d",i);
    }
    return 0;
}
```

A. 45　　B. 457810　　C. 69　　D. 678910

（9）以下程序的输出结果是________。

```
#include <stdio.h>
int main()
{
    int num=0;
    while(num<=2)
    {
        num=num+1;
        printf("%d",num);
    }
    return 0;
}
```

A. 1　　B. 1　2　　C. 1　2　3　　D. 1　2　3　4

2. 填空题。

（1）以下程序的输出结果是________。

```
#include <stdio.h>
int main()
{
    int s=0,k;
```

```
    for (k=7;k>=0;k=k-1)
    {
        switch(k)
        {
            case 1:
            case 4:
            case 7: s=s+1; break;
            case 2:
            case 3:
            case 6: break;
            case 0:
            case 5: s=s+2; break;
        }
    }
    printf("%d",s);
return 0;
}
```

（2）以下程序的输出结果是________。

```
#include <stdio.h>
int main()
{
    int i,j;
    for (i=4;i>=1;i=i-1)
    {
        printf("*");
        for (j=1;j<=4-i;j=j+1)
          printf("*");
        printf("\n");
    }
    return 0;
}
```

（3）以下程序的输出结果是________。

```
#include <stdio.h>
int main()
{
    int i,j,k;
    for (i=1;i<=6;i=i+1)
    {
        for (j=1;j<=20-2*i;j=j+1)
            printf(" ");
        for (k=1;k<=i;k=k+1)
            printf("%d",i);
        printf("\n");
    }
    return 0;
}
```

（4）以下程序的输出结果是________。

```
#include <stdio.h>
int main()
{
    int i,j,k;
    for (i=1;i<=6;i=i+1)
```

```
    {
        for (j=1;j<=20-3*i;j=j+1)
            printf(" ");
        for (k=1;k<=i;k=k+1)
            printf("%d",k);
        for (k=i-1;k>0;k=k-1)
            printf("%d",k);
        printf("\n");
    }
    return 0;
}
```

（5）以下程序的输出结果是________。

```
#include <stdio.h>
int main()
{
    int i,j,k;
    for (i=1;i<=4;i=i+1)
    {
        for (j=1;j<=20-3*i;j=j+1)
            printf(" ");
        for (k=1;k<=2*i-1;k=k+1)
            printf("*");
        printf("\n");
    }
    for (i=3;i>0;i=i-1)
    {
        for (j=1;j<=20-3*i;j=j+1)
            printf(" ");
        for (k=1;k<=2*i-1;k=k+1)
            printf("*");
        printf("\n");
    }
    return 0;
}
```

3. 编写程序：输入一批正数，输入 0 时结束循环，输出最大的正数。

4. 编写程序：输入一个正整数 $n(n\geqslant3)$，按 1+1/4+1/7+1/10…+1/(3*n−2) 计算前 n 项之和。

5. 编写程序：有 n 个西瓜，第一天卖一半多两个，以后每天卖剩下的一半多两个，问几天以后能卖完？说明：当西瓜个数为奇数时，卖一半为一半的整数，如当西瓜个数为 5 时，卖一半为卖 2 个。要求输入西瓜个数，输出天数。

6. 编写程序：读入一批正整数（以 0 为结束标志），求其中的奇数和。

7. 编写程序：已知四位数 3025 有一个特殊性质：它的前两位数字 30 和后两位数字 25 的和是 55, 而 55 的平方刚好等于该数（55*55=3025）。试编一程序打印所有具有这种性质的四位数。

8. 编写程序：求因数个数。给定一个正整数 n，求它的因数个数。如 6 的因数为 1、2、3、6，则因数个数为 4。

9. 编写程序：计算奇偶数。求 N（$N\leqslant100$）个数中奇数的平方和与偶数的立方和。要求：程序运行时，输入 N 后，屏幕显示“N 个数”；输出的平方和与立方和以空格隔开。

10. 编写程序：进行数位计算。对于输入的一个数字，计算它的各个位上的数字为偶数的和。例如：输入 1234，输出 6；输入 4321，输出 6；输入 51289，输出 10。

11. 编写程序：计算数根。对于一个正整数 n，将它的各个位相加得到一个新的数字，如果这个数字是一位数，则称之为 n 的数根，否则重复处理，直到它成为一个一位数，这个一位数也算是 n 的数根。例如：考虑 24，2+4=6，6 就是 24 的数根；考虑 39，3+9=12，1+2=3，3 就是 39 的数根。请编写程序，计算 n 的数根。

12. 编写程序：绘制图形，程序运行结果如图 5-43 所示。

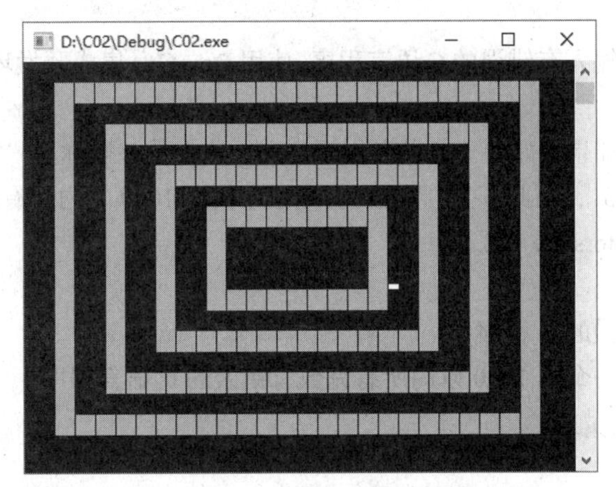

图 5-43 程序运行结果

5.6 程序的调试*

5.6.1 案例概述

1. 案例目标

程序调试是在编写的程序投入实际运行前，用各种方法进行测试，修正语法错误和逻辑错误的过程。这是保证计算机软件正确性的必不可少的步骤。语法错误在程序编译、链接阶段即可被发现，逻辑错误通常在程序运行过程中才能被发现。

程序中的错误通常被称为 bug，找到并排除程序中的错误称为调试（Debug），很多软件集成开发环境都提供了程序调试的方法。最常见的程序调试方法是在软件开发环境中模拟程序的各种运行过程，利用开发环境提供的监视工具监视程序运行过程中程序数据的变化情况，可以快速发现程序的逻辑错误或运行错误。单步（逐个语句或逐条指令）或可控制地执行程序被称为程序的跟踪调试。掌握程序的调试方法是学好程序设计必须掌握的基本技能。

本节将通过若干个案例，帮助读者了解程序调试的常用方法，掌握 Dev-C++、VC++集成开发环境提供的程序调试工具的基本用法。

2. 知识点

本案例涉及的主要知识点如下。

（1）常见程序调试方法；

（2）使用 Dev-C++提供的调试工具调试程序的基本方法；

（3）使用 VC++提供的调试工具调试程序的基本方法。

5.6.2 应用案例 31：Dev-C++程序调试

1. 目的

本案例以一个有逻辑错误的多重循环的 C 语言程序为例，讲解如何使用 Dev-C++集成开发环境下的程序调试工具发现并纠正程序错误的方法。

2. 要求

使用 Dev-C++编辑输入有错误的 C 语言程序，使用 Dev-C++集成开发环境下的程序调试工具，发现并纠正错误。

如前所述，一个数如果恰好等于它的各因子之和，这个数就被称为“完数”。例如，6 的因子为 1，2，3，而 6=1+2+3 ，因此 6 是“完数”。编程序找出 1000 之内所有的完数，并按下面的格式输出其因子：6 its factors are 1, 2, 3。

3. 操作步骤

（1）编辑输入有错误的 C 程序

下面的程序代码为一个求 1000 以内所有完数有错误的 C 语言程序。

```
#1 #include<stdio.h>
#2 int main()
#3 {
#4  int n,a,b,c,d,sum=0;
#5  for(a=0;a<=8;a=a++)            /* a 表示一个三位数中的百位 */
#6  {
#7       for(b=0;b<=8;b=b++)       /* b 表示一个三位数中的十位 */
#8       {
#9            for(c=1;c<=8;c=c++) /* c 表示一个三位数中的个位 */
#10           {
#11                n=100*a+b*10+c; /* n 表示一个 1000 以内的数 */
#12                for(d=1;d<n;d=d++)
#13                {
#14                        if(n%d==0)  /* 如果 n 能整除 d，则 d 是 n 的一个因子 */
#15                         sum=sum+d; /* sum 表示 n 的因子之和 */
#16                }
#17                if (n==sum)      /* 如果 n 与 sum 相等,则表明 n 是一个完数 */
#18                {
#19                     printf(" \n");
#20                     printf( "%d",n);
#21                     printf(" its factors are " );
#22                     for(d=1;d<n;d=d++)
#23                     {
#24                          if(n%d==0)
#25                              printf("%d",d);
#26                     }
#27                }
#28           }
#29      }
#30  }
#31  printf("\n");
#32  return 0;
#33 }
```

（2）编译程序

对输入的程序进行编译、链接，该程序不存在语法错误，如图 5-44 所示。

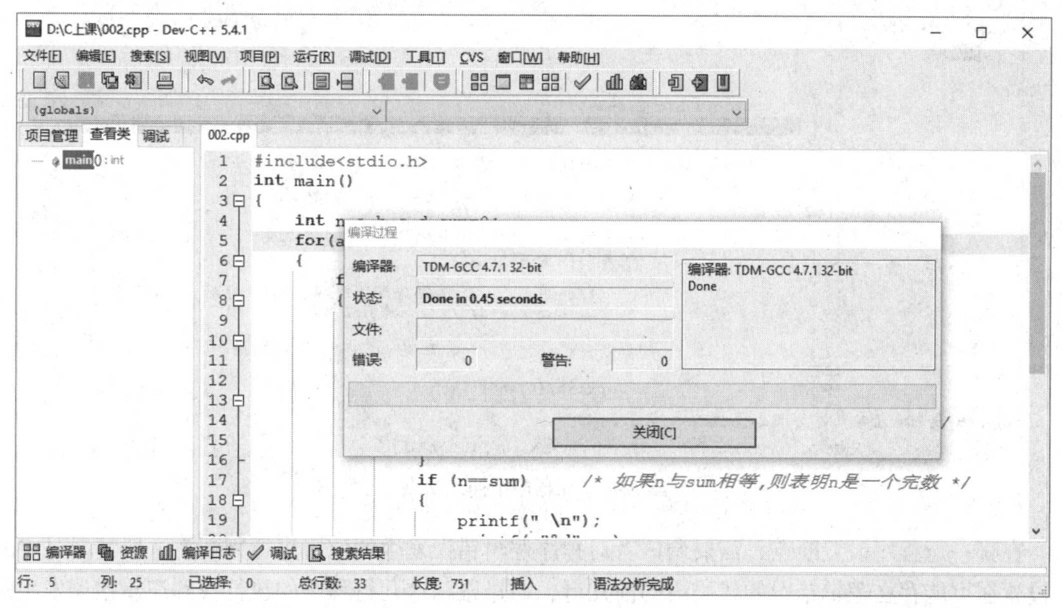

图 5-44　程序编译结果

（3）运行程序

运行该程序，结果如 5-45 所示。

图 5-45　程序运行结果

从图 5-45 可看出，程序运行后并没有输出 1000 以内的任何完数及其因子。从而可知程序存在逻辑错误，这时可以借助 Dev-C++提供的调试工具找出逻辑错误，并进行纠正。

（4）设置断点

在进行程序调试时，通常需要在程序的某一行代码设置断点。断点可理解为程序运行过程中的中断或暂停位置。当程序运行时，若遇到设置的断点，则会在断点所在的代码执行前暂停下来。其功能是使得开发者在特定的某行代码位置查看程序运行的状态，判断变量值、逻辑关系等是否符合开发者的预期要求。如果不符合预期要求，即说明在该处或之前发生了逻辑错误。

在程序中插入断点的方法：在代码编辑窗口最右边程序行号上单击鼠标左键。每单击一次，则会在当前光标所在程序行前插入断点（如果当前光标所在行前存在断点，则单击一次将会把已存在的断点删除）。如果某一行前存在断点，则该行会用红色显示，如图 5-46 所示。

```
1  #include<stdio.h>
2  int main()
3  {
4      int n,a,b,c,d,sum=0;
5      for(a=0;a<=8;a++)            /* a 表示一个三位数中的百位 */
6      {
7          for(b=0;b<=8;b++)        /* b 表示一个三位数中的十位 */
8          {
9              for(c=1;c<=8;c++)    /* c 表示一个三位数中的个位 */
10             {
11                 n=100*a+b*10+c;  /* n 表示一个1000以内的数 */
12                 for(d=1;d<n;d++)
13                 {
14                     if(n%d==0)   /* 如果n能整除d,则d是n的一个因子 */
15                         sum=sum+d; /* sum表示n的因子之和 */
16                 }
17                 if (n==sum)      /* 如果n与sum相等,则表明n是一个完数 */
18                 {
19                     printf(" \n");
```

图 5-46　在程序中插入断点

在哪一行程序设置断点，需要调试者对程序逻辑错误发生的位置进行判断。一般情况是将断点设置在可能存在逻辑错误的代码段的前几行，通过跟踪这几行程序的执行找到逻辑错误发生的位置和原因。如果无法把握，也可以将断点设置在比较靠前的位置甚至设置在程序的开始。需要注意的是设置断点的位置距离真正发生逻辑错误的位置越远，需要花费的调试时间也越多。

在本例中，由于暂时无法从程序运行结果和程序结构判断程序逻辑错误可能的位置，因此将断点设置在程序可执行代码的第一行（注意，应该将断点设置在可执行代码行上，而不应该将其设置在变量定义或是花括号等代码行）。

在设置了断点后，便可进行程序调试。要开始调试，可选择“调试”菜单中的“调试”命令（或者快捷键【F5】）开始调试程序，如图 5-47 所示。开始调试后，Dev-C++由编辑界面变为调试界面，并出现一个调试窗口。

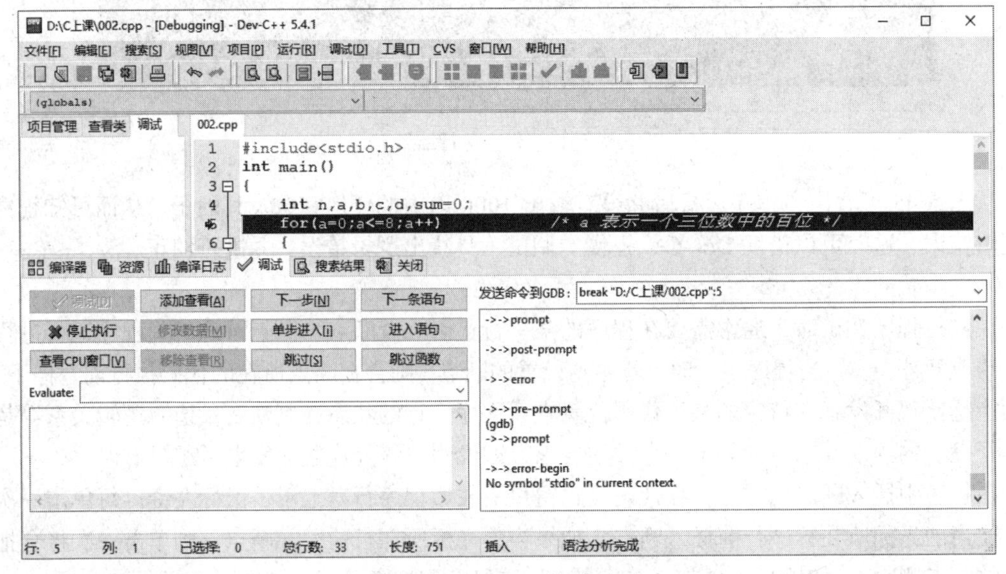

图 5-47　Dev-C++调试界面

（5）调试界面

下面简要介绍 Dev-C++的调试界面。与代码编辑界面不一样的是，Dev-C++的调试界面由左上和左下两个调试窗口组成。左上窗口可以列举出用户希望查看的变量的值，左下窗口包含用于程序调试的工具按钮。常用按钮功能如下。

①“调试”按钮

单击“调试”按钮将开始调试，快捷键为【F5】。

②“停止执行”按钮

单击该按钮将停止程序调试，返回至 Dev-C++代码编辑环境。在进行调试后，如发现逻辑错误需要进行改正，则可单击该按钮。

③“添加查看”按钮

单击“添加查看”按钮会弹出一个“新变量”对话框，在里面输入希望跟踪的变量名称，即可将该变量添加到左上调试窗口，在调试程序时可以观察这些变量值的变化。在左上的调试窗口中用鼠标右键快捷菜单中的“添加查看”命令，也可以添加查看变量。

④“修改数据”按钮

选中“查看类”中的变量，然后单击“修改数据”按钮，可以修改观察中的变量的值。

⑤“移除查看“按钮

选中“查看类”中的变量，然后单击“移除查看”按钮，可以删除观察中的变量。也可以选中这些变量，直接按【Delete】键移除查看。

⑥“下一步”按钮

每单击一次该按钮，程序将执行一行代码。快捷键为【F7】键。当需要执行的代码中包含函数调用时，不会进入函数中执行。

⑦“单步进入”按钮

每单击一次，程序将执行一行代码。当需要执行的代码中包含函数调用时，单击单步进入则会进入被调用的函数中执行。

⑧“跳过”按钮

程序执行到下一个断点。

⑨“跳过函数”按钮

程序将执行当前所在函数的所有代码后，返回至调用该函数的代码中。该功能与单步进入配合使用。例如，如果不小心单击了“单步进入”按钮后，可不必单步执行完所进入的某一函数，直接单击“跳过函数”按钮，即可返回至调用该函数的代码处。特别是单步进入了库函数时，该按钮非常管用。

⑩“查看 CPU 窗口”按钮

单击该按钮打开“CPU 窗口”，显示当前 CPU 执行状态。

（6）跟踪程序

首先分析程序可知，sum 用于保存一个数所有的因子之和，代码行 if (n==sum) 则表明 n 为完数。因此我们应该关注变量 n 及变量 sum，可在调试窗口中添加这两个变量对其进行监视。由于 n 的值由 a、b、c 3 个变量确定，因此可在 n = a* 100 + b * 10 + c 代码行设置断点。

在进行程序调试时，最重要的一点是调试人员需要根据当前变量的值判断当前执行的代码段对变量的改变是否符合程序编写的预期逻辑。例如在图 5-48 中，n 被赋值后，由于 n=1，则在执行 for(d=1; d<n; d=d++)循环时，该循环判断条件 d<n 应该为假，所以 sum 的值不会发生改变（仍

然为 0)。那么接下来的语句 if (n==sum) 也应该为假(因为 n = 1 而 sum = 0),因此 1 不为完数。

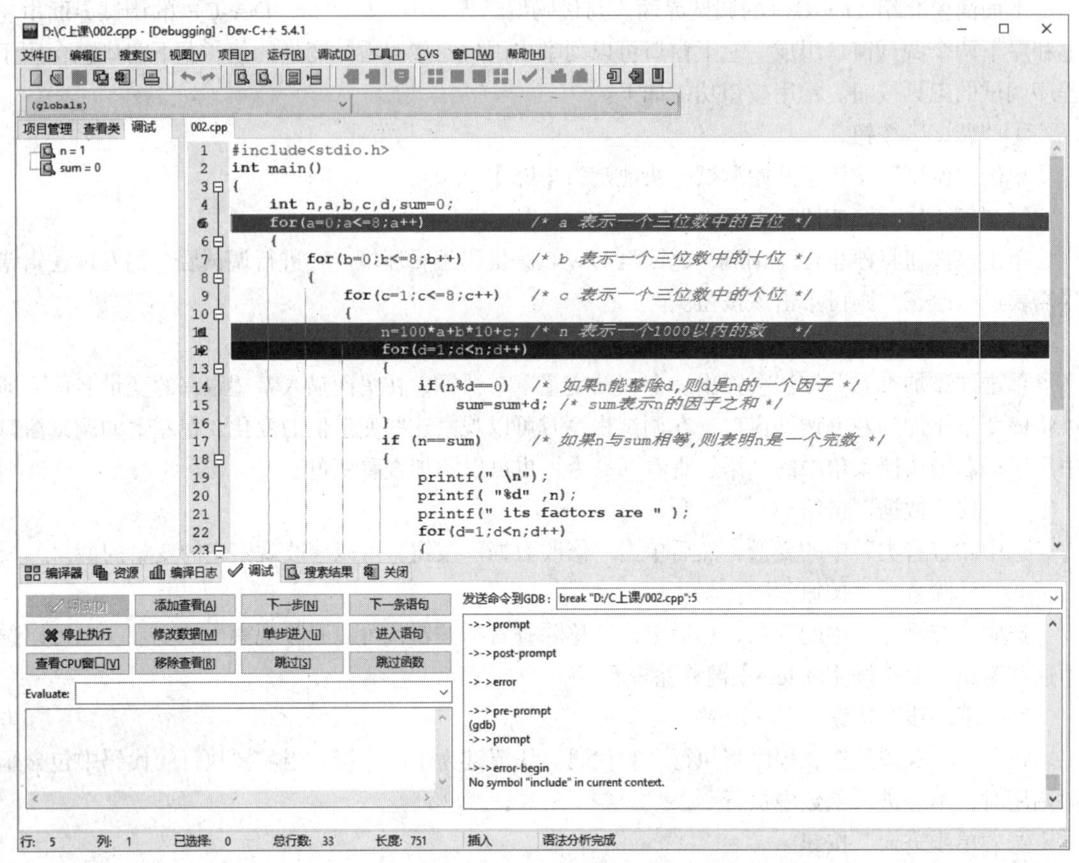

图 5-48 运行至 n = a * 100 + b* 10 + c 代码行

单击“跳过”按钮继续运行程序到断点,然后单击“下一步”按钮单步执行,观察变量 n 的值变为 2,当程序执行到 for (d=1; d < n; d=d++)时,由于 for 循环的条件是 d<n,因此该 for 循环总共能执行 1 次,而在 for 循环内 if(n%d == 0) 条件在 d=1 时为真,因此 sum 的值在执行完该 for 循环后应变为 1,如图 5-49 所示。从目前看,并没有发现其逻辑错误所在,那么可以再接着进行下一步调试。

因为数字 6 是完数,所以可以尝试查看当 n=6 时,for(d=1; d< n; d=d++)循环的执行过程。这时可以单击“跳过”按钮继续运行程序,由于在 n = a* 100 + b* 10 + c 代码行存在断点,因此每单击一次“跳过”按钮,程序运行到该行都会停下,并且每次停下时 n 的值都会发生变化。当在监视窗口中查看得知 n=5 时,因再次进行单步调试,断点语句执行后 n 被赋值为 6,单击“下一步”按钮进入 for(d=1; d < n; d=d++)循环中,添加查看变量 d,此时调试界面如图 5-50 所示。

图 5-50 所示为 n=6、d =1 时的程序调试界面,由于 d<6 在 d =1、2、3、4、5 的条件下为真,因此 for 循环应该能执行 5 次,而 n=6 的所有因子为 1、2、3,执行完这个 for 循环后,sum 的值应该为 6。请注意 d=1 时,sum =6,也就是说在未执行 for 循环时,sum 值就已为 6。那么执行完 for 循环后,sum=6+1+2+3=12。在 n=6 时,执行完 for 循环后,变量值如图 5-51 所示。

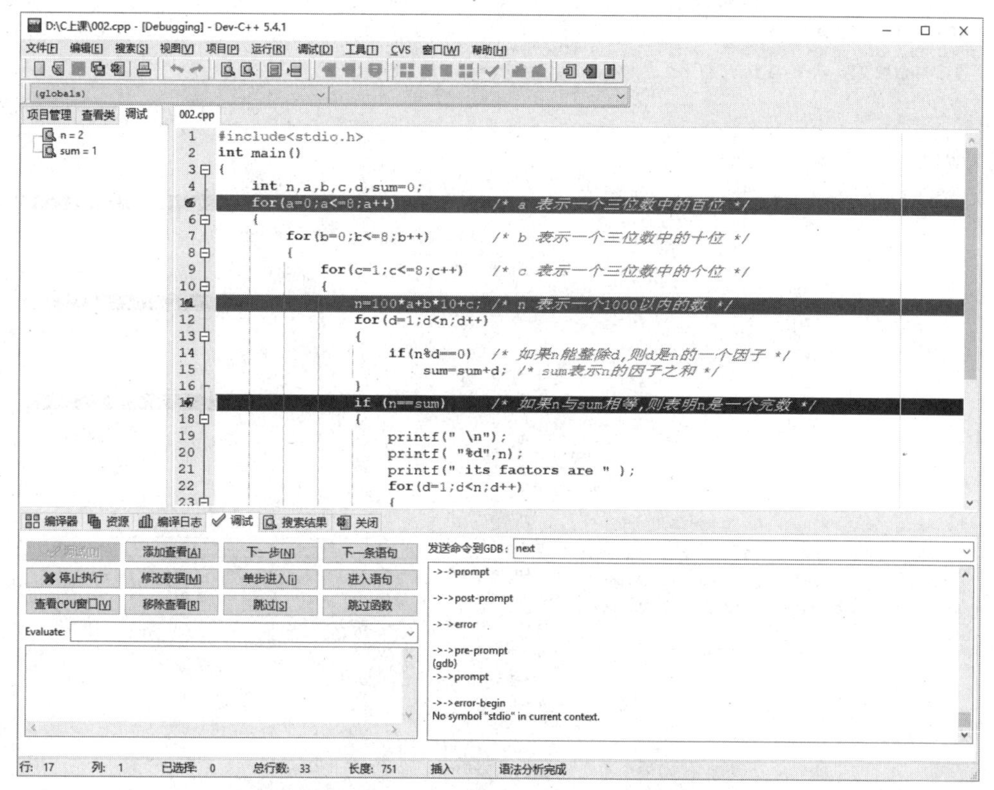

图 5-49 变量 n=2 时，执行完内层 for 循环后调试界面

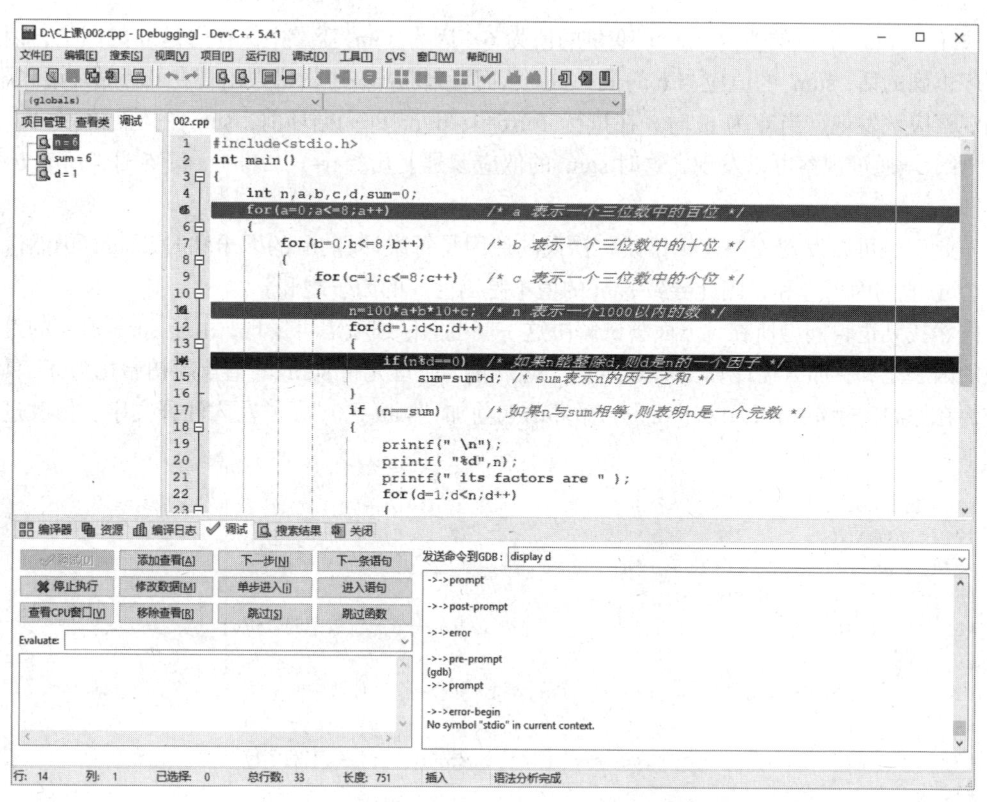

图 5-50 变量 n=6 时，进入 for 循环的调试界面

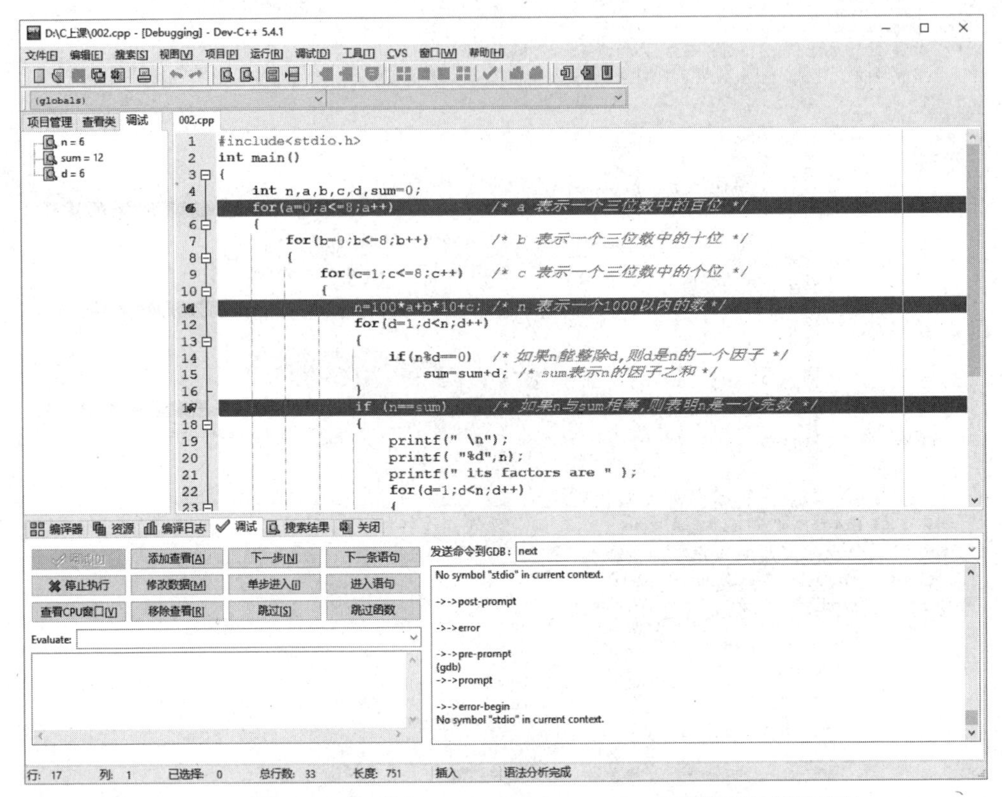

图 5-51　变量 n=6 时，执行完 for (d = 1; d < n; d=d++) 语句后的调试界面

请注意 sum 变量的值为 12，n 变量的值为 6。因为 sum 变量中保存的是 n 的因子，因此如果程序正确的话，sum 的值应与 n 的值一致。从而可判断出，逻辑错误出现在 for 循环语句附近，仔细观察应该发现，当 n 为 6 时，在执行 for(d=1; d<n; d++)循环前，sum 的值已经为 6，如图 5-50 所示。通过观察可以发现，这时 sum 的值应该是上几次 n=1、2、3、4、5 时，所有 n 的因子之和。

至此已经可以发现程序逻辑错误，错误的原因是每次计算 n 的因子和时，sum 仍然保存了上一个 n 值的因子之和，因此导致 sum 的值不是当前 n 的因子之和。

既然找到逻辑问题所在，下面尝试解决这一问题。仔细考虑可发现，由于 sum 保存的是上一个数的因子之和，那么在计算当前 n 的因子之和前，应首先将 sum 的值重新初始化为 0。具体修改应为在原#12 行 for(d=1; d < n; d++) 循环语句前加“sum = 0;”，并写入注释文字。修改过的代码如下。

```
#1 #include<stdio.h>
#2 int main()
#3 {
#4   int n,a,b,c,d,sum=0;
#5   for(a=0;a<=8;a=a++)              /* a 表示一个三位数中的百位 */
#6   {
#7         for(b=0;b<=8;b=b++)        /* b 表示一个三位数中的十位 */
#8         {
#9               for(c=1;c<=8;c=c++)  /* c 表示一个三位数中的个位 */
#10              {
#11                    n=100*a+b*10+c; /* n 表示一个 1000 以内的数 */
```

```
#12                 sum = 0;      /* 新增每次求 n 的因子时，先将 sum 赋值为 0 */
#13                 for(d=1;d<n;d=d++)
#14                 {
#15                         if(n%d==0)   /* 如果 n 能整除 d，则 d 是 n 的一个因子 */
#16                         sum=sum+d;  /* sum 表示 n 的因子之和 */
#17                 }
#18                 if (n==sum)     /* 如果 n 与 sum 相等,则表明 n 是一个完数 */
#19                 {
#20                     printf(" \n");
#21                     printf( "%d", n);
#22                     printf(" its factors are " );
#23                     for(d=1;d<n;d=d++)
#24                     {
#25                         if(n%d==0)
#26                             printf("%d",d);
#27                     }
#28                 }
#29             }
#30         }
#31     }
#32     printf(" \n");
#33     return  0;
#34 }
```

重新对程序进行编译，查看修改过后的程序运行结果有什么改变，是否正确。运行结果如图 5-52 所示。

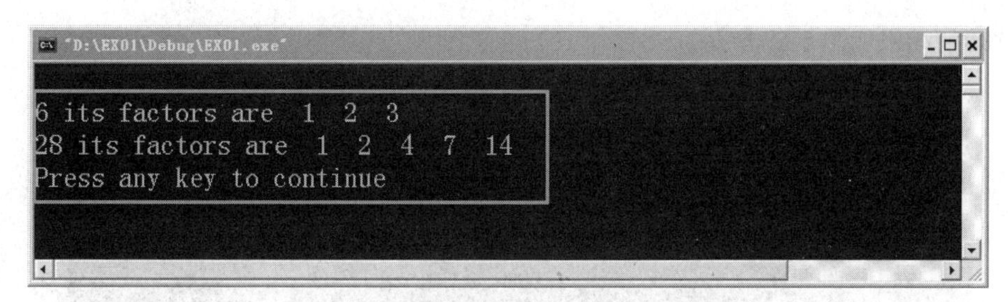

图 5-52　修改逻辑错误后，程序运行结果

查看程序运行结果可知，6、28 均为完数。现在的疑问是 1000 以内的完数是否只有 6 及 28 两个数？实际上，1000 以内的完数还应包括 496。因此可判定，程序虽然有改进，但其仍然存在逻辑错误。仔细观察上面的代码发现 n 的值由 a、b、c 3 个变量组成，而 a、b、c 3 个变量的范围为 0～8，因此 n 的范围并不是 1～999，从而使在计算 1000 以内完数时，遗漏了一些数，而这些数中包括完数 496。

修改#5、#7、#9 3 行语句，将 a、b、c 3 个变量的范围改为 0～9，最终改正的程序源代码如下。

```
#1 #include<stdio.h>
#2 int main()
#3 {
#4   int n,a,b,c,d,sum=0;
#5   for(a=0;a<=9;a=a++)           /* a 表示一个三位数中的百位 */
#6   {
#7       for(b=0;b<=9;b=b++)       /* b 表示一个三位数中的十位 */
#8       {
```

```
#9              for(c=1;c<=9;c=c++)   /* c 表示一个三位数中的个位 */
#10             {
#11                 n=100*a+b*10+c;  /* n 表示一个 1000 以内的数 */
#12                 sum = 0;         /* 新增每次求 n 的因子时,先将 sum 赋值为 0 */
#13                 for(d=1;d<n;d=d++)
#14                 {
#15                         if(n%d==0)  /* 如果 n 能整除 d,则 d 是 n 的一个因子 */
#16                         sum=sum+d;  /* sum 表示 n 的因子之和 */
#17                 }
#18                 if (n==sum)  /* 如果 n 与 sum 相等,则表明 n 是一个完数 */
#19                 {
#20                     printf(" \n");
#21                     printf( "%d",n);
#22                     printf(" its factors are " );
#23                     for(d=1;d<n;d=d++)
#24                     {
#25                         if(n%d==0)
#26                             printf("%d",d);
#27                     }
#28                 }
#29             }
#30         }
#31   }
#32   printf("\n");
#33   return  0;
#34 }
```

程序运行结果如图 5-53 所示。

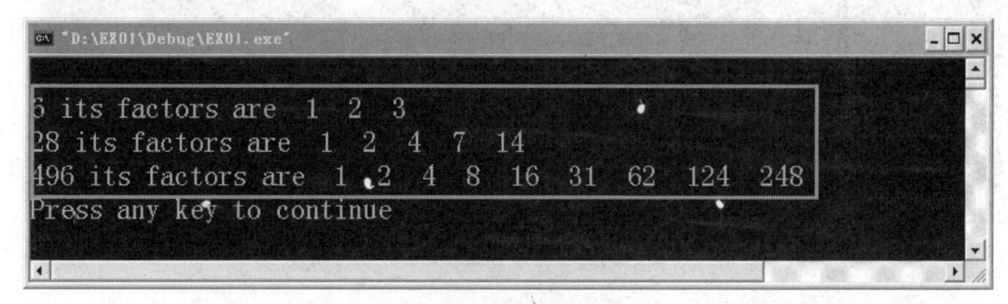

图 5-53　最终修改的程序运行结果

4. 说明

熟练掌握程序调试功能可以极大地提高程序纠错速度。

5.6.3　应用案例 32：VC++程序调试

1. 目的

本案例以一个有逻辑错误的多重循环的 C 语言程序为例，讲解如何使用 VC++集成开发环境下的程序调试工具，发现并纠正程序错误的方法。

2. 要求

使用 VC++编辑输入以下有错误的 C 语言程序，使用 VC++集成开发环境下的程序调试工具，发现并纠正错误。

编程序找出 1000 之内的所有的完数，并按下面的格式输出其因子：6 its factors are 1, 2, 3。

3. 操作步骤

（1）编辑输入有错误的 C 程序

下面的程序代码为一个求 1000 以内所有完数的有错误的 C 语言程序。

```
#1 #include<stdio.h>
#2 int main()
#3 {
#4  int n,a,b,c,d,sum=0;
#5  for(a=0;a<=8;a=a++)                 /* a 表示一个三位数中的百位 */
#6  {
#7        for(b=0;b<=8;b=b++)           /* b 表示一个三位数中的十位 */
#8        {
#9              for(c=1;c<=8;c=c++)     /* c 表示一个三位数中的个位 */
#10             {
#11                   n=100*a+b*10+c;    /* n 表示一个 1000 以内的数 */
#12                   for(d=1;d<n;d=d++)
#13                   {
#14                              if(n%d==0)  /* 如果 n 能整除 d,则 d 是 n 的一个因子 */
#15                              sum=sum+d;  /* sum 表示 n 的因子之和 */
#16                   }
#17                   if  (n==sum)          /* 如果 n 与 sum 相等,则表明 n 是一个完数 */
#18                   {
#19                          printf(" \n");
#20                          printf( "%d",n);
#21                          printf(" its factors are " );
#22                          for(d=1;d<n;d=d++)
#23                          {
#24                                if(n%d==0)
#25                                     printf("%d",d);
#26                          }
#27                   }
#28             }
#29        }
#30  }
#31  printf("\n");
#32  return  0;
#33 }
```

（2）编译程序

对输入的程序进行编译、链接，该程序不存在语法错误，如图 5-54 所示。

（3）运行程序

运行该程序，结果如 5-55 所示。

程序运行后并没有输出 1000 以内的任何完数及其因子。从而可知程序存在逻辑错误，下面可以借助 C++提供的调试工具找出该程序的逻辑错误，并进行纠正。

（4）设置断点

在程序中插入断点的方法：在代码编辑窗口最右边程序行号左侧单击鼠标左键，然后按【F9】键，也可以在当前光标所在程序行前插入断点（如果当前光标所在行前存在断点，则按【F9】键将会把已存在的断点删除）。如果某一行前存在断点，则该行左侧会用红色圆点标记，如图 5-56 所示。

图 5-54　程序编译结果

图 5-55　程序运行结果

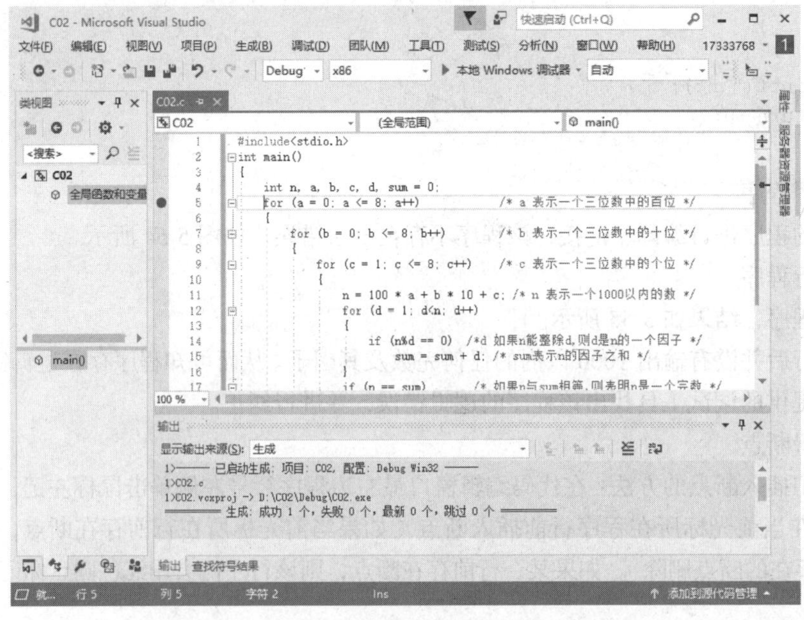

图 5-56　在程序中插入断点

在设置了断点后，便可进行程序调试。要开始调试，可选择“调试”菜单中的“开始调试”命令（或者按【F5】键）开始调试程序，如图 5-57 所示。开始调试后，VC++由编辑界面变为调试界面。

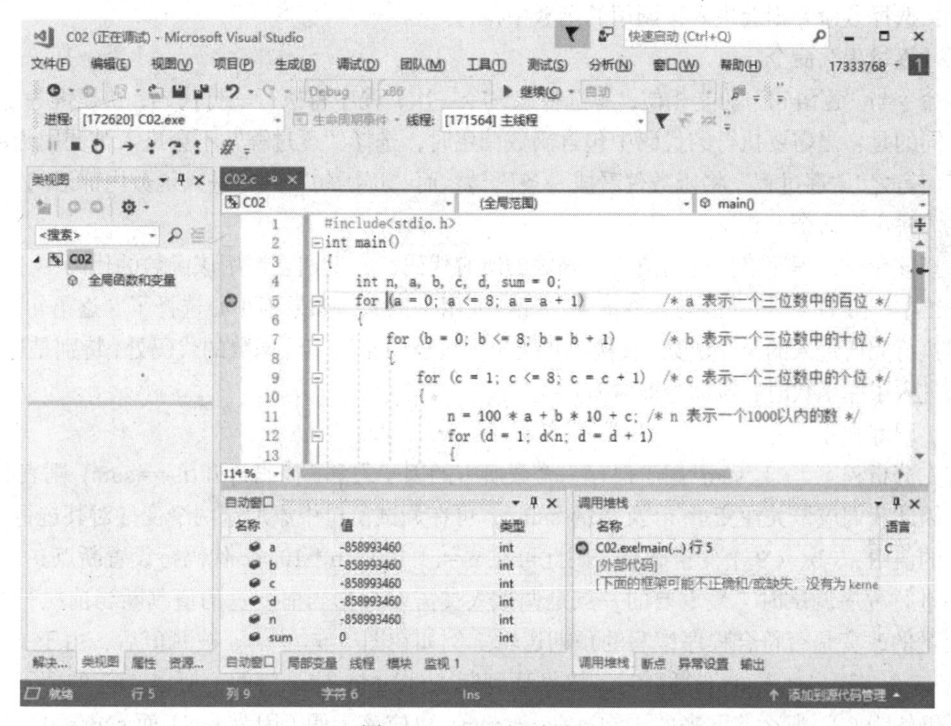

图 5-57 VC++调试界面

（5）调试界面

下面简要介绍 VC++的调试界面。与代码编辑界面不一样的是，VC++的调试界面下方由自动窗口、局部变量窗口、线程窗口、模块窗口、监视窗口等组成。自动窗口会列举出与程序当前所执行到的代码行上下几行所应用到的变量的值，图 5-57 中的自动窗口显示了与执行箭头指向的代码行上下几行对应的变量值（a、b、c、d、n、sum 几个变量的值，其中除了 sum 赋初值为 0 外，其他变量值均没有赋初值，VC++把没有赋初值的变量都初始化为-858993460）。监视窗口则可对调试者所指定的变量或表达式的值进行监视，需要监视某一变量，则可在监视窗口空白栏中双击，输入某一变量名即可。

调试菜单及调试工具栏包含用于程序调试的命令及工具按钮。“调试”菜单中常用的有如下几具。

①“重新启动”命令

选择该命令将结束本次调试，并重新开始新的调试，组合键为【Ctrl】+【Shift】+【F5】。在当前本次调试无效果或无法找到错误时可选择此命令，开始新的调试。

②“停止调试”命令

选择该命令将停止程序调试，返回至 VC++代码编辑环境，组合键为【Shift】+【F5】。在进行调试后，如发现逻辑错误需要进行改正，则可选择该命令。

③“应用代码更改”命令

如果在 VC++调试状态下对程序代码进行了更改，可使用该命令将更改应用于当前调试，而不必重新编译，组合键为【Alt】+【F10】。

④“逐语句”命令

每选择该命令一次，程序将执行一行代码，快捷键为【F11】。当需要执行的代码中包含函数调用时，选择该命令则会进入被调用的函数中执行。

⑤“逐过程”命令

该命令与“逐语句”功能相似，每选择该命令一次，程序将执行一行代码，快捷键为【F10】。两者不同的是：当需要执行的代码中包含函数调用时，选择“逐过程”不会进入被调用函数中执行（简而言之，“逐过程”将函数仅看成一条语句，而“逐语句”则将进入函数内部语句）。

⑥“跳出”命令

选择该命令，程序将执行当前所在函数的所有代码，并返回至调用该函数的代码中，组合键为【Shift】+【F11】。该功能与“逐语句”配合使用（例如，如果不小心选择了“逐语句”，可不必单步执行完所进入的某一函数，直接单步跳出即可返回至调用该函数的代码处，特别是选择“逐语句”进入了库函数时，该命令非常有用）。

（6）跟踪程序

首先分析程序可知，sum 用于保存一个数所有的因子之和，代码行 if (n == sum) 则表明 n 为完数。因此我们应该关注变量 n 及变量 sum ，可在调试窗口中添加这两个变量对其进行监视。由于 n 的值由 a、b、c 3 个变量确定，因此可在 n = a* 100 + b * 10 + c 代码行设置断点。

在进行程序调试时，最重要的一点是调试人员需要根据当前变量的值判断当前执行的代码段对变量的改变是否符合程序编写的预期逻辑。例如在图 5-58 中，n 被赋值后，由于 n=1，则在执行 for(d = 1; d < n; d++)循环时，该循环判断条件 d<n 应该为假，所以 sum 的值不会发生改变（仍然为 0）。那么接下来的语句 if (n == sum) 也应该为假（因为 n = 1 而 sum = 0），因此 1 不为完数。

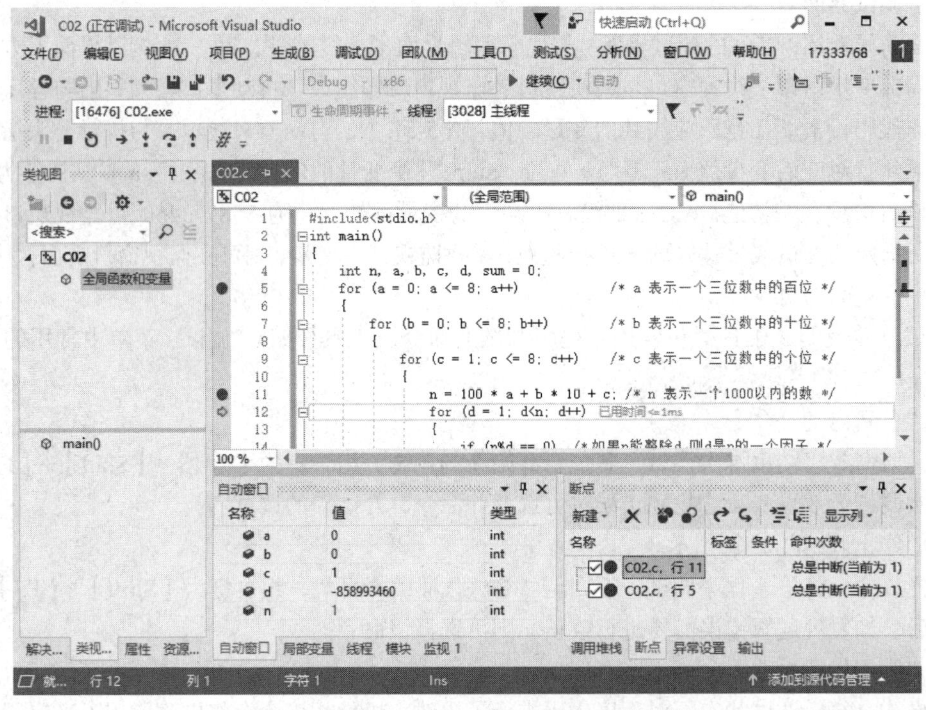

图 5-58　运行至 n = a * 100 + b* 10 + c 代码行

选中“跳过”按钮继续运行程序到断点，然后单击“下一步”按钮单步执行，观察变量 n 的值变为 2，当程序执行到 for (d = 1; d < n; d=d++)，由于 for 循环的条件是 d<n ，因此该 for 循环总共能执行 1 次，而在 for 循环内 if(n % d == 0) 条件在 d=1 时为真，因此 sum 的值在执行完该 for 循环后应变为 1，如图 5-59 所示。从目前看，并没有发现其逻辑错误所在，那么可以再接着进行下一步调试。

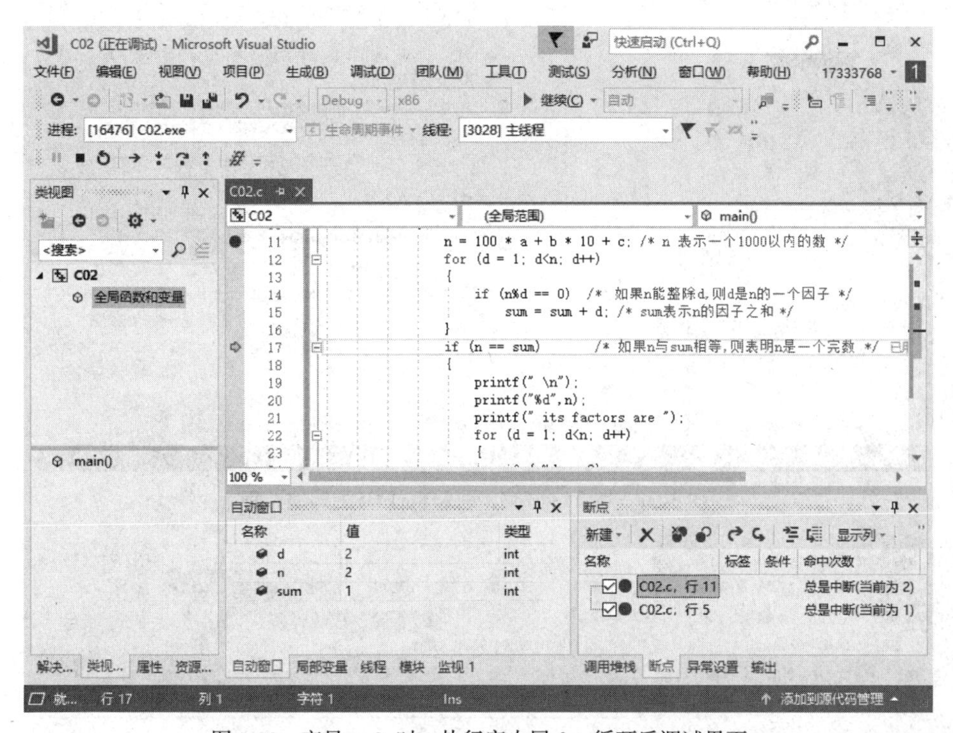

图 5-59 变量 n=2 时，执行完内层 for 循环后调试界面

因为数字 6 是完数，所以可以尝试查看当 n=6 时，for(d = 1; d< n; d=d+1)循环的执行过程。这时可以单击“跳过”按钮继续运行程序，由于在 n = a* 100 + b* 10 + c 代码行存在断点，因此每单击一次“跳过”按钮，程序运行到该行都会停下，并且每次停下时 n 的值都会发生变化，当在监视窗口中查看得知 n=5 时，因再次进行单步调试，断点语句执行后 n 被赋值变为 6，单击“下一步”按钮进入 for(d = 1; d < n; d=d++)循环中，此时调试界面如图 5-60 所示。

如图 5-60 所示，n=6、d =1 时，由于 d<6 在 d =1、2、3、4、5 的条件下为真，因此 for 循环应该能执行 5 次，而 n=6 的所有因子为 1、2、3，因此执行完这个 for 循环后，sum 的值应该为 6。请注意 d=1 时，sum =6，也就是说在未执行 for 循环时 sum 值就已为 6。那么执行完 for 循环后，sum 的值将会是 sum=6+1+2+3=12。在 n=6 时，执行完 for 循环后，变量值如图 5-61 所示。

请注意 sum 变量的值为 12，n 变量的值为 6。因为 sum 变量中保存的是 n 的因子，因此如果程序正确的话，sum 的值因与 n 的值一致。从而可判断出，逻辑错误出现在 for 循环语句附近。仔细观察应该发现，当 n 为 6 时，在执行 for(d = 1; d < n; d=d++)循环前，sum 的值已经为 6，如图 5-60 所示。通过观察可以发现，这时 sum 的值应该是上几次 n = 1、2、3、4、5 时，所有 n 的因子之和。

至此已经可以发现程序逻辑错误，错误的原因是每次计算 n 的因子和时，sum 仍然保存了上一个 n 值的因子之和，因此导致 sum 的值不是当前 n 的因子之和。

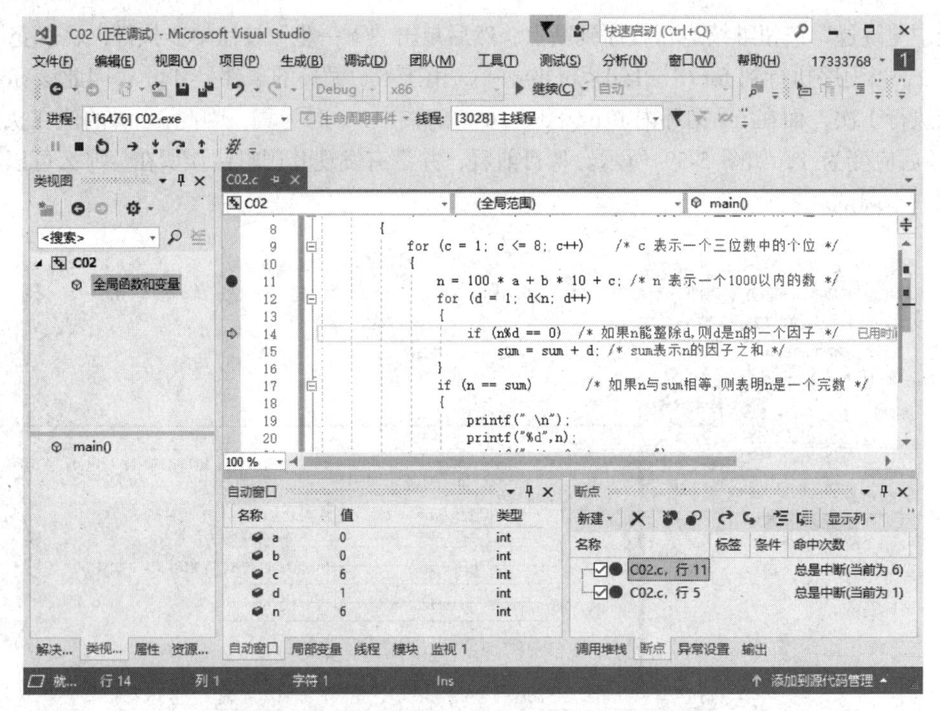

图 5-60 变量 n=6 时，进入 for 循环的调试界面

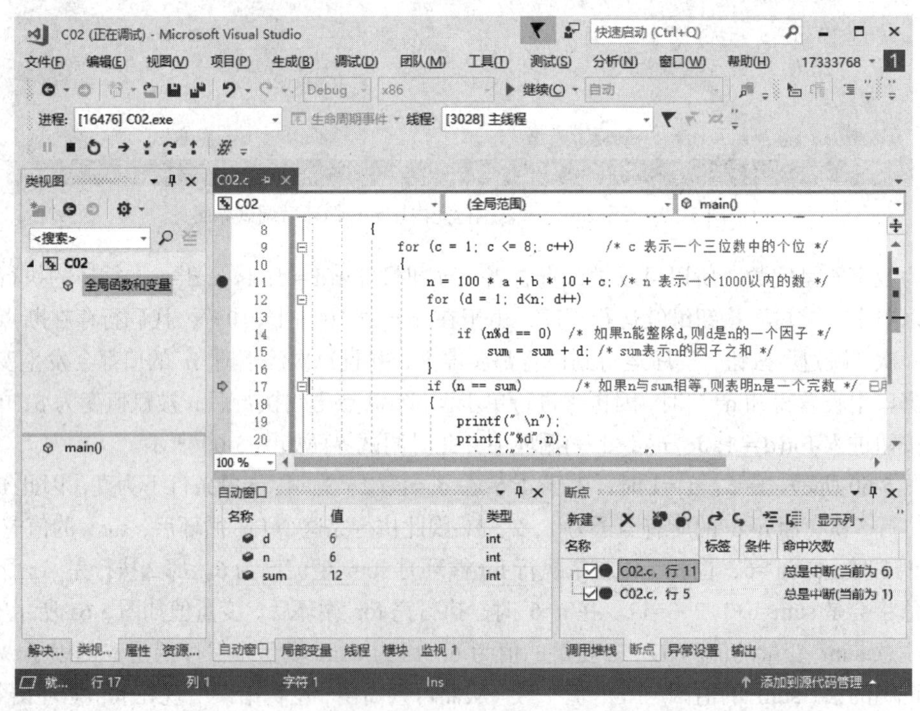

图 5-61 变量 n=6 时，执行完 for (d = 1; d < n; d=d++) 语句后的调试界面

既然找到逻辑问题所在，下面尝试解决这一问题。仔细考虑可发现，由于 sum 保存的是上一个数的因子之和，那么在计算当前 n 的因子之和前，应首先将 sum 的值重新初始化为 0。具体修改应为在原#12 行“for(d = 1; d < n; d=d++)”循环语句前加“sum = 0;”，并写入注释文字。

修改过的代码如下。

```
#1 #include<stdio.h>
#2 int main()
#3 {
#4  int n,a,b,c,d,sum=0;
#5  for(a=0;a<=8;a=a++)              /* a 表示一个三位数中的百位 */
#6  {
#7       for(b=0;b<=8;b=b++)         /* b 表示一个三位数中的十位 */
#8       {
#9            for(c=1;c<=8;c=c++)    /* c 表示一个三位数中的个位 */
#10           {
#11                n=100*a+b*10+c;   /* n 表示一个 1000 以内的数 */
#12                sum = 0;          /* 新增每次求 n 的因子时,先将 sum 赋值为 0 */
#13                for(d=1;d<n;d=d++)
#14                {
#15                         if(n%d==0)  /* 如果 n 能整除 d,则 d 是 n 的一个因子 */
#16                         sum=sum+d;  /* sum 表示 n 的因子之和 */
#17                }
#18                if  (n==sum)      /* 如果 n 与 sum 相等,则表明 n 是一个完数 */
#19                {
#20                     printf(" \n");
#21                     printf( "%d",n);
#22                     printf(" its factors are " );
#23                     for(d=1;d<n;d=d++)
#24                     {
#25                          if(n%d==0)
#26                              printf("%d ",d);
#27                     }
#28                }
#29           }
#30      }
#31  }
#32  printf("\n");
#33  return  0;
#34 }
```

重新对程序进行编译，查看修改过后的程序运行结果有什么改变，是否正确。运行结果如图 5-52 所示。

查看程序运行结果可知，6、28 均为完数。现在的疑问是 1000 以内的完数是否只有 6 及 28 两个数？实际上，1000 以内的完数还应包括 496。因此可判定，程序虽然有改进，但其仍然存在逻辑错误。仔细观察上面的代码发现 n 的值由 a、b、c 3 个变量组成，而 a、b、c 3 个变量的范围为 0～8，因此 n 的范围并不是 1～999，从而使得在计算 1000 以内完数时，遗漏了一些数，而这些数中包括完数 496。

修改#5、#7、#9 三行语句，将 a、b、c 三个变量的范围改为 0～9，最终改正的程序源代码如下。

```
#1 #include<stdio.h>
#2 int main()
#3 {
#4  int n,a,b,c,d,sum=0;
#5  for(a=0;a<=9;a=a++)          /* a 表示一个三位数中的百位 */
#6  {
```

```
#7        for(b=0;b<=9;b=b++)           /* b 表示一个三位数中的十位 */
#8        {
#9             for(c=1;c<=9;c=c++)      /* c 表示一个三位数中的个位 */
#10            {
#11                 n=100*a+b*10+c;     /* n 表示一个 1000 以内的数 */
#12                 sum = 0;            /* 新增每次求 n 的因子时,先将 sum 赋值为 0 */
#13                 for(d=1;d<n;d=d++)
#14                 {
#15                          if(n%d==0)  /* 如果 n 能整除 d,则 d 是 n 的一个因子 */
#16                          sum=sum+d; /* sum 表示 n 的因子之和 */
#17                 }
#18                 if (n==sum)  /* 如果 n 与 sum 相等,则表明 n 是一个完数 */
#19                 {
#20                        printf(" \n");
#21                        printf( "%d" ,n);
#22                        printf(" its factors are " );
#23                        for(d=1;d<n;d=d++)
#24                        {
#25                             if(n%d==0)
#26                                 printf("%d " ,d);
#27                         }
#28                 }
#29            }
#30       }
#31  }
#32  printf(" \n");
#33  return  0;
#34 }
```

程序运行结果如图 5-53 所示。

4. 说明

VC++有强大的程序调试功能，本案例仅介绍了其最基本的部分，读者可以在使用过程中逐步掌握。熟练应用程序调试功能可以极大地提高程序纠错速度。

5.6.4 练习

1. 编写一个函数判断传入的整数是否为素数，编写一个程序在 main()函数中调用该函数，输出所有 100 以内的素数。用本节讲授的程序调试方法，跟踪观察该程序执行过程中，各变量值的变化情况。

2. 编写一个函数求 N!，编写一个程序在 main()函数中调用该函数，输出 10 以内所有整数的阶乘。用本节讲授的程序调试方法，跟踪观察该程序执行过程中，各变量值的变化情况。

5.7 Windows 程序设计*

5.7.1 概述

1. 案例目标

计算机中的所有软、硬件资源都是由操作系统统一管理的。用户编写的程序若要使用计算机中的软、硬件资源，必须通过操作系统。目前主流操作系统虽然都是使用C语言编写的，使用C语言调用操作系统的各项功能也很有优势，但不同操作系统有着不同的软件开发接口（API），要调用这些接口，通常还需要使用相应操作系统的软件开发工具包（SDK），所以要掌握任何一种操作系统的软件开发技术，都需要大量的学习。

本节将通过一个完整案例，帮助读者了解在C语言程序中调用Windows系统功能的基本方法。因为VC++和Windows都是微软公司的产品，所以使用VC++开发Windows程序有着得天独厚的优势。本节案例将以VC++为开发工具，介绍使用C语言开发Windows程序的基本方法。

2. 知识点

本案例涉及的主要知识点如下。

（1）Windows程序运行模式；

（2）Windows消息的概念；

（3）Windows窗口函数；

（4）Windows基本绘图函数；

（5）Windows键盘、鼠标消息及处理方法。

5.7.2 应用案例33：Windows打字游戏

1. 目的

学习使用C语言编写Windows程序的基本方法。

2. 要求

编写一款打字游戏软件，功能如下：屏幕顶端不断随机坠落字母，如果字母落到屏幕底端将破坏程序窗口的矩形框，从而结束游戏。玩家必须在字母落到屏幕底端之前击毁坠落的字母。击毁坠落字母的方法是用键盘输入坠落的字母。字母随机产生的速度和下坠的速度会逐渐提高从而增加游戏难度，玩家在游戏过程中可以看到个人得分信息。游戏运行效果如图5-62所示。

图5-62 游戏运行效果

3. 新建 Windows 桌面应用项目

用 VC++创建 Windows 桌面应用程序，如图 5-63 所示。

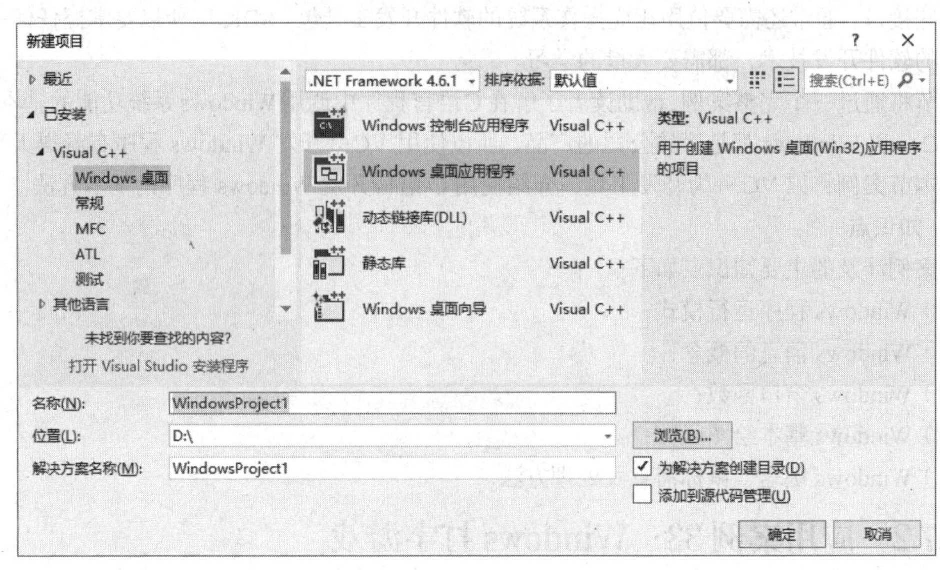

图 5-63 创建项目

4. 设置项目属性字符集

较新版本 VC++创建的项目使用的默认字符集为 Unicode，使用该字符集将导致很多标准 C 语言函数库中的字符串处理函数无法使用。若要继续使用这些 ANSI 字符串处理函数，只需将项目的字符集修改为“未设置”即可。修改项目的字符集的方法如下。

（1）打开项目的“类视图”窗口；

（2）在项目名称上单击鼠标右键，在弹出的快捷菜单中选择“属性”命令，打开项目的“属性页”窗口；

（3）在项目的“属性页”窗口选择“配置属性/常规”栏，修改右侧窗口“项目默认值/字符集”的值为“未设置”。

5. 创建游戏基本数据

在 WinMain()函数之前添加以下变量定义。

```
……
int left=100,top=20, right=left+250,bottom=top+400; //定义变量设置字母的下落区
char c1,c2;                   //定义变量 c1 保存当前下落的字母、c2 保存用户键入的字母
int x=-1,y=-1;                //定义变量保存下落字母当前下落位置坐标，-1 表示还没开始下落
int iScoring=0,iFail=0;       //定义变量记录得分和失败计数
int gameover=0;               //定义变量标识当前游戏是否已经失败
……
```

6. 修改菜单，增加“开始游戏”命令

打开资源编辑器，在 File 菜单下添加一个新的菜单项，ID 设置为 ID_START，该命令用来开始游戏，如图 5-64 所示。

7. 添加开始游戏代码

在窗口函数 WndProc()中添加命令消息处理代码，处理“开始游戏”命令，添加位置如下。

图 5-64 修改菜单，增加“开始游戏”命令

```
LRESULT CALLBACK WndProc(HWND hWnd, UINT message, WPARAM wParam, LPARAM lParam)
{
……
    switch (message)
    {
        ……
        case WM_COMMAND:
                ……
            switch (wmId)
            {
                case ID_START:                  //添加新菜单的 ID
                    if(gameover==1)
                        KillTimer(hWnd,2);
                    gameover=0;
                    iScoring=0;
                    iFail=0;
                    c1=rand()%26+'A';
                    x=left+5+(c1-'A')*9;
                    y=top;
                    SetTimer(hWnd,1,10,NULL);       //处理新菜单的输入
                    break;
                ……
            }
    }
……
}
```

8. 处理 WM_PAINT 消息，刷新游戏画面

在窗口函数 WndProc()中修改 WM_PAINT 消息处理代码，实现游戏画面绘制，修改内容如下。因为本段代码用到 sprintf()_s 函数（sprintf_s()是 VC2005 开始推出的 sprintf 函数的安全升级版），需要在本文件开始加上“#include <stdio.h>”。

```
case WM_PAINT:
    {
      PAINTSTRUCT ps;
```

```
        HDC hdc = BeginPaint(hWnd, &ps);
        // TODO: 在此处添加使用 hdc 的任何绘图代码...
      RECT rt;
      GetClientRect(hWnd, &rt);
      DrawBk(hdc, left, top, right, bottom);
      ShowScoring(hdc, right + 20, top + 50, iScoring, iFail);
      if (gameover)
            GameOver(hdc, left + 80, top + 130);
      else
      {
            char szTemp[8];
            sprintf_s(szTemp, "%c", c1);
            ::TextOut(hdc, x, y, szTemp, lstrlen(szTemp));
      }
       EndPaint(hWnd, &ps);
}
break;
```

9. 处理用户输入的字符，判断是否击中

在窗口函数 WndProc()中添加输入字符消息处理代码，处理用户键盘的输入，添加位置如下。

```
case WM_CHAR:              //添加键盘输入消息处理
     {
     c2 = (wParam >= 'a' && wParam <= 'z')? wParam + 'A' - 'a': wParam;;
     HDC  hdc=GetDC(hWnd);
     Fire(hdc,left+5+(c2-'A')*9+4,top,bottom);
     ReleaseDC(hWnd,hdc);
     if(c2==c1)
     {
          c1=rand()%26+'A';
          x=left+5+(c1-'A')*9;
          y=top;
          iScoring=iScoring+1;
     }
     else
          iFail=iFail+1;
}
break;                  //处理键盘输入结束
```

10. 处理定时器消息，处理字母下落位置及在 GameOver 时显示相应画面

在窗口函数 WndProc()中添加定时器消息处理代码，处理字母下落及在 GameOver 时显示动态画面，添加位置如下。

```
case WM_TIMER:          //添加定时器消息处理
     switch(wParam)
     {
     case 1:            //标识为 1 的定时器
          y=y+iScoring/10+1;
          if(y>bottom-40)
          {
               gameover=1;
               KillTimer(hWnd,1);
               SetTimer(hWnd,2,300,NULL);
          }
          InvalidateRect(hWnd, 0, 0);
```

```
            break;
        case 2:
            InvalidateRect(hWnd, 0, 0);
            break;
        }
        break;
```

11. 绘制游戏画面背景

在窗口函数 WndProc()之前添加绘制游戏画面背景函数 DrawBk()，该函数在窗口函数 WndProc()在处理 WM_PAINT 消息时调用。

```
void DrawBk(HDC hdc,int x1,int y1,int x2,int y2)
{
      Rectangle(hdc,x1,y1,x2,y2);        //绘制一个矩形标识出字母下落范围
      char s[100]="ABCDEFGHIJKLMNOPQRSTUVWXYZ";
      TextOut(hdc,x1+5,y2-25,s,lstrlen(s));
}
```

12. 输出计分栏

在窗口函数 WndProc()之前添加绘制游戏画面背景函数 ShowScoring()，该函数在窗口函数 WndProc()在处理 WM_PAINT 消息时调用。

```
void ShowScoring(HDC hdc,int x,int y,int iScoring,int iFail)
{
      char szTemp[32];
      TextOut(hdc,x,y,"当前得分：",lstrlen("当前得分："));
      y=y+20;
      sprintf_s(szTemp,"%d",iScoring);
      TextOut(hdc,x,y,szTemp,lstrlen(szTemp));
      y=y+20;
      TextOut(hdc,x,y,"当前失误：",lstrlen("当前失误："));
      y=y+20;
      sprintf_s(szTemp,"%d",iFail);
      TextOut(hdc,x,y,szTemp,lstrlen(szTemp));
}
```

13. 显示游戏结束

在窗口函数 WndProc()之前添加显示游戏结束动态效果的函数 ShowScoring()，该函数在窗口函数 WndProc()在处理 WM_PAINT 消息时调用。

```
void GameOver(HDC hdc,int x,int y)
{
 COLORREF OldColor,NewColor=RGB(rand()%255,rand()%255,rand()%255);
 OldColor=SetTextColor(hdc,NewColor);        //设置文本颜色为红色
 ::TextOut(hdc,x,y,"GAME OVER !",lstrlen("GAME OVER !"));
 SetTextColor(hdc,OldColor);                 //恢复原文本颜色
}
```

14. 显示按键射击

在窗口函数 WndProc()之前添加显示游戏结束动态效果的函数 ShowScoring()，该函数在窗口函数 WndProc()在处理 WM_CHAR 消息时调用。

```
void Fire(HDC hdc,int x,int y1,int y2)
```

```
{
 HPEN hOldPen,hNewPen=CreatePen(PS_DASHDOTDOT,1,RGB(255,0,0)); //创建新画笔
 hOldPen=(HPEN)SelectObject(hdc,hNewPen);        //选择新画笔、保存旧画笔
 MoveToEx(hdc,x,y1,NULL);
 LineTo(hdc,x,y2);

 Sleep(100);

 HPEN hNewPen2=CreatePen(PS_SOLID,1,RGB(255,255,255)); //创建新画笔
 SelectObject(hdc,hNewPen2);                     //选择新画笔、保存旧画笔
 MoveToEx(hdc,x,y1,NULL);
 LineTo(hdc,x,y2);

 SelectObject(hdc,hOldPen);                      //恢复旧画笔
 DeleteObject(hNewPen);                          //删除画笔
 DeleteObject(hNewPen2);                         //删除画笔
}
```

15. 说明

本案例“新建项目”“资源编辑”截图为VC++2017，代码适用于VC++2005以后版本。若使用早期VC++版本，需要将sprintf_s()函数换回sprintf()函数。

5.7.3 练习

1. 编写程序，将应用案例27中的程序改成Windows程序。
2. 编写程序，将应用案例28中的程序改成Windows程序。
3. 编写程序，将应用案例29中的程序改成Windows程序。
4. 编写程序，将应用案例30中的程序改成Windows程序。
5. 编写程序，优化、完善应用案例33中的打字游戏程序。

参考文献

[1] 蒋银珍，周红，李海燕，等. 大学计算机基础应用案例教程［M］. 北京：人民邮电出版社，2015.

[2] 沈玮，周克兰，钱毅湘，等. Office 高级应用案例教程［M］. 北京：人民邮电出版社，2015.

[3] 郑小玲. Access 数据库实用教程［M］. 2 版. 北京：人民邮电出版社，2013.

[4] 王飞飞，崔洋，贺亚茹. MySQL 数据库应用从入门到精通［M］. 2 版. 北京：中国铁道出版社，2014.

[5] 王朝晖，黄蔚. C 语言程序设计学习与实验指导［M］. 3 版. 北京：清华大学出版社，2016.